東大入試詳解 25年
生物 第3版

2023~1999

問題編

駿台文庫

はじめに

もはや21世紀初頭と呼べる時代は過ぎ去った。連日のように技術革新を告げるニュースが流れる一方で，国際情勢は緊張と緩和をダイナミックに繰り返している。ブレイクスルーとグローバリゼーションが人類に希望をもたらす反面，未知への恐怖と異文化・異文明間の軋轢が史上最大級の不安を生んでいる。

このような時代において，大学の役割とは何か。まず上記の二点に対応するのが，人類の物心両面に豊かさをもたらす「研究」と，異文化・異文明に触れることで多様性を実感させ，衝突の危険性を下げる「交流」である。そしてもう一つ重要なのが，人材の「育成」である。どのような人材育成を目指すのかは，各大学によって異なって良いし，実際各大学は個性を発揮して，結果として多様な人材育成が実現されている。

では，東京大学はどのような人材育成を目指しているか。実は答えはきちんと示されている。それが「東京大学憲章」（以下「憲章」）と「東京大学アドミッション・ポリシー」（以下「AP」）である。もし，ただ偏差値が高いから，ただ就職に有利だからなどという理由で東大を受験しようとしている人がいるなら，「憲章」と「AP」をぜひ読んでほしい。これらは東大のWebサイト上でも公開されている。

「憲章」において，「公正な社会の実現，科学･技術の進歩と文化の創造に貢献する，世界的視野をもった市民的エリート」の育成を目指すとはっきりと述べられている。そして，「AP」ではこれを強調したうえで，さらに期待する学生像として「入学試験の得点だけを意識した，視野の狭い受験勉強のみに意を注ぐ人よりも，学校の授業の内外で，自らの興味・関心を生かして幅広く学び，その過程で見出されるに違いない諸問題を関連づける広い視野，あるいは自らの問題意識を掘り下げて追究するための深い洞察力を真剣に獲得しようとする人」を歓迎するとある。つまり東大を目指す人には，「広い視野」と「深い洞察力」が求められているのである。

当然，入試問題はこの「AP」に基づいて作成される。奇を衒った問題はない。よく誤解されるように超難問が並べられているわけでもない。しかし，物事を俯瞰的にとらえ，自身の知識を総動員して総合的に理解する能力が不可欠となる。さまざまな事象に興味を持ち，主体的に学問に取り組んできた者が高い評価を与えられる試験なのである。

本書に収められているのは，その東大の過去の入試問題25年分と，解答・解説である。問題に対する単なる解答に留まらず，問題の背景や関連事項にまで踏み込んだ解説を掲載している。本書を繰り返し学習することによって，広く，深い学びを実践してほしい。

「憲章」「AP」を引用するまでもなく，真摯に学問を追究し，培った専門性をいかして，公共的な責任を負って活躍することが東大を目指すみなさんの使命と言えるであろう。本書が，「世界的視野をもった市民的エリート」への道を歩みだす一助となれば幸いである。

駿台文庫 編集部

目 次

※掲載した「問題」は出題当時のままですので，現在の教科書等と異なる内容が含まれている場合があります。

出題分析と入試対策

年度	番号	項　目	内　容
23	1	細胞遺伝子発現 バイオテクノロジー	細胞周期，DNA 修復，がん細胞，がん抑制遺伝子(2 ヒット理論)，ゲノム医療
	2	代謝 植物の環境応答	光合成，転流(ソースとシンク)，窒素同化，植物ホルモン，分化と資源の分配
	3	免疫 遺伝子発現	血液型物質と遺伝子，酵素活性と突然変異，転写と翻訳，ウイルス，適応免疫
22	1	動物の環境応答 バイオテクノロジー	古典的条件付け・記憶形成のしくみ，空間認識とニューロン，遺伝子操作
	2	植物の環境応答 代謝・生体膜	光合成の環境適応，アブシシン酸の輸送と気孔開閉，生体膜の脂質成分
	3	動物の発生 遺伝子発現	細胞間情報伝達と細胞分化，ノッチシグナルの張力依存性仮説
21	1	動物の環境応答 遺伝子発現・代謝	乾燥ストレス耐性と遺伝子発現の調節，代謝機構と遺伝子発現，転写調節
	2	植物の環境応答 植物の情報伝達	屈性とオーキシン，オーキシンの極性輸送と生体膜，刺激の受容とシグナル伝達
	3	動物の性・遺伝 適応	性決定と性モザイク，形質発現，遺伝計算，性転換の適応的意義，性転換の機構
20	1	遺伝子発現 バイオテクノロジー	染色体突然変異とがん，細胞の増殖，PCR 法による検出，分子標的薬
	2	植物の環境応答 代謝・種間関係	植物ホルモン，菌根菌の共生，寄生植物，気孔開閉と水分調節，タンパク質の活性変化
	3	動物の系統分類 動物の発生	多細胞動物の系統分類，体制の進化と発生，分子系統樹，珍渦虫の系統学的位置
19	1	動物の発生 遺伝子発現	細胞間の相互作用と細胞分化，遺伝子発現と細胞分化，受容体，誘導，運命の決定
	2	光合成と光 傷害応答	光－光合成曲線，光合成速度と環境要因，光化学系の損傷と回復，タンパク質の分解
	3	生物の集団 生物進化	変異，自然選択，種間関係と形質，表現型多型，表現型可塑性と選択，ホルモンと体色

出題分析と入試対策

年度	番号	項　目	内　容
18	1	遺伝子発現 バイオテクノロジー	転写，選択的スプライシング，バイオインフォマティクスと発現量の分析
	2	遺伝子と形質 生物進化	タスマニアデビルの悪性腫瘍，突然変異とがん，電気泳動と遺伝，有袋類の適応放散
	3	植物の生殖 植物の環境応答	春化と光周性，花芽形成，環境条件とフィトクロムの変化，光による成長制御の進化
17	1	分化と遺伝子発現 循環系・免疫系	セントラルドグマ，RNA 干渉，ウイルス，リンパ球の分化と遺伝子突然変異，循環系
	2	代謝・進化 植物の形態形成	光合成速度と呼吸速度，光受容体，つる植物の成長戦略と形態・運動，つる性の進化
	3	生物と環境 適応	種間関係の利害，捕食者の行動と被食者の防御の相互作用，繁殖戦略と環境
16	1	分化と遺伝子発現 バイオテクノロジー	組織と幹細胞，細胞分化と遺伝子発現，遺伝子操作，循環系，生体防御，恒常性，排出
	2	細胞の構造と機能 代謝・進化	色素体と共生，遺伝子発現，タンパク質の構造と機能，光合成，代謝と根の成長
	3	生物の集団・生態系 生物の環境応答	生物多様性と種間関係(食物連鎖，キーストーン種)，概日リズム，植物の生体防御
15	1	動物の恒常性 内分泌系	腎臓の機能，体液浸透圧，細胞膜，ホルモンと受容体，遺伝子型と形質
	2	植物の生殖	自家不和合性，連鎖，遺伝子発現，形質と突然変異，重複受精，花粉管の誘引
	3	生物の集団 生態系	物質生産とバイオーム，生物多様性と種間関係(競争，摂食)，環境の保全と外来種
14	1	発生と遺伝子発現 バイオテクノロジー	動物の系統分類，哺乳類の発生，酸素解離曲線，キメラ，ゲノム刷り込み
	2	代謝・植物ホルモン 生物の集団	窒素代謝，化学合成，根粒形成と植物ホルモン，突然変異と形質，植物の調節
	3	細胞分裂・DNA タンパク質の機能	DNA 合成，遺伝子発現，細胞周期，DNA の損傷と修復，タンパク質の領域と機能

出題分析と入試対策

年度	番号	項　目	内　容
13	1	生殖と遺伝 系統分類	動物の系統分類，ホルモン受容体，染色体と遺伝子，連鎖と組換え，性決定
	2	環境と植物 遺伝子発現と分化	光発芽，気孔の形成，気孔の開閉，植物ホルモンと環境への応答，突然変異，光合成
	3	遺伝子発現と形質 ゲノムと進化	ウイルス，ゲノム，遺伝子と形質，突然変異と形質，分子進化
12	1	動物の発生 遺伝子発現と発生	動物発生のしくみ，誘導と決定，体軸の決定，形態形成運動(原腸形成)と遺伝子産物
	2	植物の生殖・遺伝 バイオテクノロジー	重複受精，戻し交配と品種改良，DNA マーカー，遺伝子導入，植物ホルモンと組織培養
	3	生物の集団 適応と進化	バイオーム，遷移，種間関係，隔離と種分化，生物の分布と環境の変化
11	1	生殖・発生 運動と代謝	動物の配偶子形成，動物の受精，精子の運動，エネルギー生産と呼吸
	2	植物の体制	陸上植物の生活史と進化，植物の器官形成，植物の体制(葉序と開度)
	3	遺伝子発現	遺伝子の発現調節，タンパク質の修飾と活性，突然変異と形質(遺伝子型と表現型)
10	1	生体防御・免疫	抗体産生のしくみ，抗体の構造と機能，抗原抗体反応，自己と非自己
	2	遺伝子発現と発生 植物の調節	花器官の形成機構(ABC モデル)，遺伝子と形質発現，突然変異，花成とフロリゲン
	3	刺激と反応 神経系	神経系，感覚と脳，平衡感覚と眼球運動，反射と興奮性・抑制性ニューロン
09	1	遺伝子発現 発生の機構	母性因子と発生，母性因子と体軸の決定，遺伝子発現の調節・分化と遺伝子発現
	2	環境と植物	植物ホルモン，屈性とオーキシン，重力屈性・重力感知のしくみとアミロプラスト
	3	集団遺伝 生物の進化	共生説，母性遺伝，DNA と系統進化，自然選択と DNA，遺伝子頻度(ABO 式血液型)

出題分析と入試対策

年度	番号	項　目	内　容
08	1	細胞分裂 遺伝	染色体の構造・体細胞分裂・減数分裂，乗換えと組換え・三点交雑・染色体地図
	2	恒常性	内分泌系・自律神経系，腎臓の機能・尿の生成・クリアランス，血糖と糖尿
	3	同化と異化 窒素代謝・窒素循環	ミトコンドリアの構造と機能，原核細胞の代謝・呼吸・硝化・脱窒作用・窒素固定
07	1	動物の反応 恒常性	筋の構造と機能・心臓の構造と機能，自律神経系による調節，循環系と酸素運搬
	2	植物の生殖 光合成・窒素同化	植物組織の構造と機能，光補償点，葉の成長と転流，植物の生殖，種子の成長と転流
	3	遺伝・遺伝子 分子進化	DNA 複製と分裂，遺伝の法則，遺伝子発現・中立説と分子進化，突然変異
06	1	細胞 遺伝子発現	細胞小器官，スプライシング，リボソームの進化，タンパク質の合成と分泌
	2	光合成 環境と植物	光合成の機構，生産構造図・葉面積指数・光-光合成曲線，生態系の現存量と純生産
	3	遺伝子と形質 集団遺伝	生物の相互作用，連鎖と組換え・DNA マーカー，鎌状赤血球貧血症とマラリア
05	1	細胞分裂 DNA の複製	細胞分裂の特徴，細胞周期の所要時間，DNA の複製，半保存的複製を証明した実験
	2	系統と進化 植物の調節	ゲノム，系統と同化色素，共生説，葉の構造と光合成，光屈性，重複受精，細胞質遺伝
	3	感覚・動物の発生 集団遺伝	視覚と盲斑，遺伝子と形質，赤緑色覚異常，クローン動物の形質
04	1	バイオテクノロジー 生物の相互作用	プロトプラスト，共生説と葉緑体，浸透圧，タンパク質の局在化，遺伝子の導入
	2	刺激と感覚 遺伝子発現	味覚の受容，興奮の伝導・忌避行動，交配実験，ゲノムと形質，免疫
	3	核酸とゲノム 系統と進化	核酸の構造・DNA の複製，逆転写酵素，ゲノムと遺伝子，突然変異と進化，ウイルス
03	1	動物の行動 集団遺伝	捕食行動と学習，擬態と被食，工業暗化，自然選択と進化，環境と個体群

出題分析と入試対策

年度	番号	項　　目	内　　容
03	2	遺伝子発現 植物の調節	花芽形成と遺伝子，花芽形成と光周性，花・器官形成の分子機構，花の形成と突然変異
	3	遺伝子発現 がんと細胞増殖	がんと突然変異，がん抑制遺伝子とがん化機構，突然変異と形質，遺伝子発現と細胞死
02	1	生体防御・免疫 生体物質	免疫のしくみと応用，細胞間情報伝達物質，白血球のはたらきと生体における意義
	2	発生 系統と分類	動物の発生と器官分化，組織分化，胚発生と動物の系統分類
	3	生殖と生活史 遺伝・適応	代謝の反応系，被子植物の生殖，母性遺伝，自家受粉の意義，集団内での遺伝子の拡散
01	1	生体物質・酵素 細胞分裂	タンパク質の構造，酵素の機能と特徴，細胞の増殖，細胞分裂と突然変異
	2	減数分裂 バイオテクノロジー	配偶子形成のしくみ，クローン，遺伝子導入とトランスジェニック生物
	3	物質循環 環境問題	炭素循環とエネルギー，地球温暖化，窒素循環・硝化・窒素固定，人工肥料と富栄養化
00	1	集団遺伝 適応と進化	相利共生，生殖の機構，個体群，個体および個体群の適応度，隔離と種分化
	2	光合成と物質生産 植物の調節と光	光合成速度と限定要因・気孔の開閉，植物群落と環境・生産構造図，光と植物
	3	プリオン バイオテクノロジー	遺伝子の本体・遺伝子発現，プリオン，遺伝子操作
99	1	消化・酵素・ホルモン・遺伝子発現・突然変異	消化器官の機能，消化管ホルモンの作用，血糖量調節，突然変異と遺伝子産物，遺伝子発現
	2	生殖・生活史・遺伝・遺伝子産物・系統分類	植物の生活史，植物の分類，自家不和合性の遺伝，遺伝子産物と遺伝子の対応，遺伝的多様性
	3	行動・ホルモンと性成熟・浸透圧調節・神経・運動	浸透圧調節，行動の種類，仮説検証のための実験方法，神経と興奮の伝導・伝達，運動とATP，ホルモンと性成熟，ホルモン合成の調節，ホルモンと卵成熟のしくみ

年度	大問	設問ごとの制限行数						計算問題	行数合計（大問）	行数総計
		1行	2行	3行	4行	5行	6行			
23	1	5	2	3	1			1	22	30行
	2	1	2	1				(−)	8	
	3							(−)	(−)	
22	1	2	1	1				(−)	7	26行
	2	2	2	1				(−)	9	
	3		3		1			(−)	10	
21	1		2	1				(−)	7	23行
	2		2	1				(−)	7	
	3			3				1	9	
20	1		1	1				1	5	34行
	2	2	1	5				(−)	19	
	3		2	2				(−)	10	
19	1		1			1		(−)	7行	21～23行
	2	1		2				(−)	7行	
	3			3				(−)	7～9行	
18	1			1				5	3行	19行
	2		1	2					8行	
	3			1		1		1	8行	
17	1			1				1	3行	14行＋α
	2	1(*)	1	1				(−)	5行＋α	
	3		3					1	6行	
16	1		4					(−)	8行	24行
	2	3	2					1	7行	
	3		3	1				1	9行	
15	1	6	3					2	12行	28行
	2		2	1				(−)	7行	
	3	3	3					1	9行	
14	1	4		1				2	7行	24行＋α
	2		2		1			1	8行	
	3	1(*)		3				(−)	9行＋α	

年度	大問	設問ごとの制限行数						計算問題	行数合計（大問）	行数総計
		1行	2行	3行	4行	5行	6行			
13	1	1	1					1	3行	15行
	2	1	2					(－)	5行	
	3			1	1			(－)	7行	
12	1	1	4					(－)	9行	25行
	2		5					2	10行	
	3		3					(－)	6行	
11	1	1	2					(－)	5行	18行
	2	2	2					3	6行	
	3	5	1					(－)	7行	
10	1		2	3				(－)	13行	29～31行
	2		3	1				(－)	9行	
	3		3	1				(－)	7～9行	
09	1	1	1	2				(－)	9行	21～23行
	2	3	1	1				(－)	7～8行	
	3		3					3	5～6行	
08	1		1	2				1	8行	25～27行
	2		2					3	2～4行	
	3	1	3	1		1		(－)	15行	
07	1	2	2	1				(－)	7～9行	24～28行
	2		4					1	6～8行	
	3		2	1	1			2	11行	
06	1	1	5					(－)	11行	36行
	2	1	1	2		1		6	14行	
	3	1	5					2	11行	
05	1	2	1					4	4行	24行＋α
	2		5				1(*)	1	10行＋α	
	3		5					1	10行	
04	1	2	2	3	1			(－)	17～19行	36～43行＋α
	2	4	3				1(*)	1	8～10行＋α	
	3	1	2	3				1	11～14行	

年度	大問	設問ごとの制限行数						計算問題	行数合計(大問)	行数総計
		1行	2行	3行	4行	5行	6行			
03	1	6	2					1	10行	26行
	2	2	2					(−)	6行	
	3	6	2					(−)	10行	
02	1	1	7				1(*)	(−)	15行＋α	33行＋α
	2		3					(−)	6行	
	3	1	4	1				(−)	12行	
01	1	3	2		2			1	15行	44行
	2	4	4					(−)	12行	
	3	3	4	2				(1)	17行	
00	1	1	3	1	1			1	14行	34行
	2	1	4	1				(−)	12行	
	3		4					(−)	8行	
99	1	1	6	1				(−)	16行	30行
	2		1					1	2行	
	3		3	2				(−)	12行	

設問ごとの制限行数は上限で分類した。表中の(*)は「制限なし」である。

出題分析と対策

◆分量◆

大問は全3題。1大問で異なるテーマを扱う場合もあるため，テーマは5～6個あるといえる。論述問題に加え，実験考察・推論問題・計算問題などが含まれるので，制限時間内で解くには多い印象を受けるだろう。

◆パターン◆

大問には〔文〕が1～数個含まれ，各〔文〕に関する小問が並ぶ。基本的な知識に関する小問(形式は空欄補充・用語記述・記号選択・論述など多様)が並び，その後に，推論・考察を求める小問が並ぶのが典型的パターンである。推論・考察を求める小問も多様な形式(記号選択・空欄補充・論述)で出題される。

論述問題は1～2行のものが多いが4行以上の長いものもある。行数制限なので字数に神経質になる必要はない。グラフや図表の読解と推論や，計算がよく出題されるほか，グラフや図を描く問題の出題もある。

◆内容◆

1大問は**動物**，1大問は**植物**を中心とし，残る1大問は**分子・細胞**や**適応**(**進化**や**生態**)など，幅広く出題されている。したがって，2～3年では偏りがあっても，たまたまと考えるべきだろう。現代生物学の流れを反映して，**遺伝子発現**はさまざまな題材で問われる。また，2年続けて同じ分野や類似の題材，類似の設問が出題されることもあり，「去年出たから」といった小手先の判断は無意味である。

受験生に目新しい題材を出題する傾向は一貫しているが，知識として要求するのではなく，関連する基本的知識を使って，**科学の考え方**で推論すれば解答できる設問になっている。しくみや因果関係，根拠を問うものが多く，こうした設問では操作の説明や結果の要約にしない注意が必要である。実験条件の意味を問う，実験を構成させるなど，**科学の考え方**を意識した出題はどの大学でも出題されるが，東大の場合は，それらに加えて，**仮説検証**をもとにする設問が非常に目立つ。

ここで，**科学の考え方**について確認しておく。次の図は，**科学的研究の流れ**を単純化したものである。

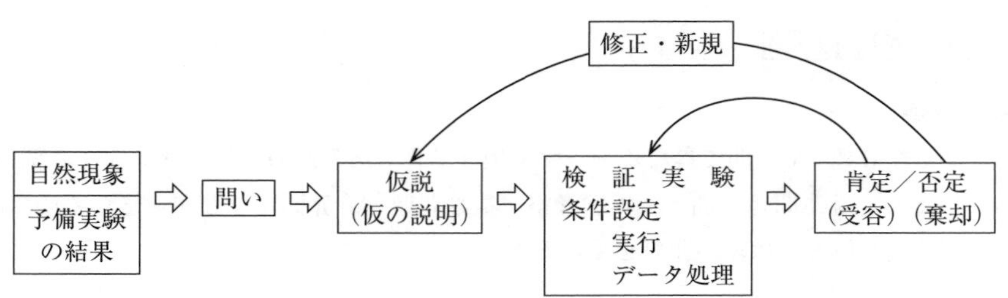

自然現象のなかに〈問い〉を見つけて，その〈問い〉について〈仮説〉を立てる。その〈仮説〉を〈実験〉で検証していく。〈実験〉によって〈仮説〉を検証する場合には，

① 〈仮説〉が正しいものとして〈実験〉の結果を予想する。

② 〈実験〉を実際に行い，その結果と予測を比較する。

③ 予測と実際の結果が一致した場合には〈仮説〉が肯定され，一致しなかった場合には〈仮説〉は否定される。

という流れになる。〈仮説〉が否定されたら修正し，〈仮説〉が肯定されても，角度を変えて検証実験を繰り返す。そして，ようやく〈仮説〉が〈問い〉に対する〈答え・説明〉として認められる。

東大入試では，ある題材について，上図の流れの一部を問題にしていることが多いので，どの部分に相当するかを見抜くことが大切になる。

◆難易度◆

難易度は変動するが，直近では19年度～17年度が標準的である。14年度は3大問とも非常に難しいレベルだったが，このようなことは滅多にない(採点基準の調整があったと推測される)。東大入試の難しさは，細かい知識を求められる点ではなく，基本的知識を使って生命現象をイメージし，何を明らかにする実験なのかを読み取る点にある。また，説明文が長く，計算，推論・考察，論述と時間を要する設問が中心なので，読解・思考に正確さと速度の両方が必要な点も克服しなくてはならない。

◆入試対策◆

東大入試では，正確な読解や科学的な考察・推論，的確な論述が求められる。いわば，科学研究の土台となる力が要求されており，今後も変わらないだろう。

正確に読解し考えるには正確な知識が必要である。しかし，東大入試が要求する知識とは，記憶した用語や事項のことではない。もちろん記憶すべき用語や事項はあるが，より重要なのは自然現象のしくみを理解することである。しくみの理解には，関

与する要素を知り要素相互の関係を理解しなくてはならない。自然現象を“因果関係のストーリー”として理解した上で記憶し，連想できるように“ストーリー”どうしを結びつけることが望まれる。この目的には，**教科書の通読**が想像以上に有用である。東大志望者の中には，細かい点に意識が向き過ぎ，基本的事項に関する正確な知識を身につける努力を忘れる諸君もいるが，それでは駄目だと肝に銘じておこう。

科学的な考察力と表現すると不安を感じる諸君も，**科学的に考えるスキル**と表現すれば，練習で身につくと感じてくれるだろうか。実際，入試で問われる科学的に考える力は，**科学的に考えるスキル**と呼べる範囲がほとんどである。**スキルの習得には**(過去の科学者を)真似ることが大切である。つまり，前頁の図をイメージして，教科書の内容(過去の研究の成果)がどんな根拠に基づいているのかを知り，科学者のつもりで思考実験すること，そして，対立する仮説を否定するためにどんな工夫をしたか理解することが重要である。「なぜそう結論できるのか」と自問して自分の言葉で答え，図やグラフを描き写して確認する。出題された題材と教科書の題材との類似に気づくことが解答のポイントになる問題が多いので，こうした地道な努力が価値をもつことになる。

考察問題つまり**科学的に考えるスキル**を使う問題への対策には，スキルを使う練習が要る。考察に苦手意識がある諸君には，**第一段階として，ゆっくりと時間をかけて1つの大問(東大の過去問など)を解く**ことを薦めたい。前頁の図をイメージして，自分なりのメモをつくり解答をつくろう。**第二段階は，第一段階で使った問題を時間内に解く練習**である。初めて解くつもりで思考過程を再現して時間内に解く練習をしよう。**第三段階が初見の問題での練習**だが，闇雲に新しい問題に手を出すのは駄目である。ここでも，時間無制限で解いたり，繰り返して解いて道筋を復元するなど丁寧に練習しよう。もし，復元できないならその問題を卒業できていない。復元できるまで繰り返し解こう。

生物の場合，21 世紀に入っての学問の進歩が入試と教科書に反映している。そのため，東大 25 年に収録された過去問を解いたときに，教科書に載っている題材が扱われていて肩透かしを感じる諸君もいるだろう。しかし，出題時の教科書にはない題材で，当時の受験生にとっては初見の内容だったのである。東大入試は，昔も今も，受験生が知らない題材について考察を求めている。したがって，現在の科学のニュース(新聞・TV・科学雑誌など)に目と耳を向けておきたい。そして，過去問を解く際に，これは知っていると思っても，しっかりと思考の筋道を確かめて欲しい。それが，未知の題材を克服する力を磨くことになる。過去問以外では，『実戦模試演習　東京大学への理科』や『生物　新・考える問題 100 選』(いずれも駿台文庫)が役に立つ。

出題分析と入試対策

東大入試には，基本的知識そのものを問う設問や知識から容易に推論できる設問，正確に読み取れば正答できる設問もある。こうした設問で失点しないためには，『生物　記述・論述問題の完全対策』(駿台文庫)などを利用して，知識の確認と書く練習をするのが望ましい。東大入試の論述問題は行数制限の形式になっており，書くべきポイント１つにつき１行が目安になる。たとえば，「3行程度」の設問ならば，3つのポイントを見つけてから書く練習をしよう。大切なのは採点される要素(ポイント)がそろっていることなので，字の小さい人は3つのポイントを含む答案が2行で書けてしまっても気にする必要はない。地道な練習を知識論述問題で行っておけば，考察論述も克服できるはずである。

的確に論述する力の習得には，科学的な文章を多く読み，自分の手でたくさん書くしかない。ただし，誤った努力では効果がないので三つのことに注意しよう。一つ目は用語を正しく使うこと。「乗換えと組換え」の違いは気をつけている諸君が多いだろうが，たとえば「DNA 合成の基質は塩基」は誤り(正しくは塩基ではなくヌクレオチド)であり，「予定運命の決定」も誤用(正しくは「発生運命の決定」)である。生物学用語を並べても全体として意味をなさない答案は容赦無くバツにされる。二つ目は設問の要求に的確に答えること。設問の要求とずれていては正しい内容でも正解にならない。三つ目はチェックを受けること。誤りを指摘されるのは苦痛だが避けては上達できない。痛みの分だけ合格に近づくと思い頑張ろう。

最後に，東大入試に向かう正しい姿勢を書いておく。東大入試では，読解・思考・論述のスピードが重要になるので，そのすべてを速くする努力が必要になる。読解で言えば，時間が足りないからと関係が“ありそう”なところを拾い読みするのは誤った姿勢である。東大入試では，全体を大まかに把握する速い読み方と細部を理解する精確な読み方の使い分けが必要なのだ。思考・論述も同様で，時間内にすべての解答を書くために，雑に考え雑に書くのは誤った姿勢である。質と速度を同時に実現するのは困難だが，二つの方向性を意識して，まずは，質の高い答案を作ることを練習しよう。その後，すばやくポイントを絞って考察し文章にする練習をすれば，十分な速度を身に着けられる。しっかりと準備をして良い結果を得て欲しいと思う。

2023年

解答時間：2科目150分
配　　点：120点

第1問

次のⅠ，Ⅱの各問に答えよ。

Ⅰ　次の文1と文2を読み，問A～Mに答えよ。

［文1］

ヒトの生命は，生殖細胞である精子と卵子にそれぞれ［ 1 ］本ずつ含まれる父親由来と母親由来の染色体を受け継いで，［ 2 ］本の染色体をもつ受精卵としてスタートする。生殖細胞の分化の過程では，減数分裂が起こる。減数分裂では，1回のDNA合成に続いて，2回の細胞分裂が起こる。1回目の分裂では，父親由来と母親由来の相同染色体どうしが平行に並んで対合し，染色体DNAの一部が，同一，もしくは，ほぼ同一な配列をもつ染色体DNAの一部によって置き換わる組換え(ア)という現象が起こる。この時，対合した2本の相同染色体の間でDNAの一部が相互に入れ換わる乗換えが起こることが多い。その後，染色体は細胞の赤道面に並び，細胞の両端から伸びる紡錘糸によって引っぱられ，両極に移動する。その後，細胞質は二分され，続いて，2回目の分裂が行われる。減数分裂の全過程を通して，1個の母細胞から［ 3 ］個の娘細胞ができ，娘細胞の染色体数は，母細胞の染色体数の［ 4 ］分の1となる。

［文2］

ヒトの体を構成する細胞のうち，生殖細胞以外の細胞のことを体細胞という。体細胞分裂は，細胞周期(イ)に沿って進行する。細胞周期は，増殖細胞においては繰り返し進行する。ただし，正常細胞では，放射線などによってDNA損傷が生じた場合には，それに応答して，細胞周期の進行が停止する。一方，組換えという現象は，体細胞において，放射線などによってDNAの二本鎖が切断される場合にも起こり，DNA修復に関与する。(ウ)体細胞における組換えでは，減数分裂にお

<u>ける組換えとは異なる点も存在する。まず，鋳型となる染色体が両者で異なる。</u>また，減数分裂における組換えとは異なり，体細胞における組換えでは，乗換えは起こらない。二本鎖切断の入った染色体の切断部位周辺の DNA 配列は，鋳型となるもう一方の染色体の DNA 配列によって置き換えられるが，この時に鋳型となった染色体では DNA 配列の置き換えは起こらない。

実験1　タンパク質Xは，遺伝性乳がん・卵巣がんの原因遺伝子産物の1つとして知られる。一方，タンパク質Xは，細胞周期の進行に関わるタンパク質と複合体を形成する。そこで，タンパク質Xの細胞周期の制御における役割を調べることにした。タンパク質Xをコードする遺伝子 X を欠損していないヒト細胞(野生株)と遺伝子 X を欠損したヒト細胞のそれぞれについて，放射線を照射する前の細胞と放射線を照射後 24 時間経過した細胞を多数採取した。DNA と結合すると蛍光を発する色素を用いて染色することにより，一つ一つの細胞に含まれる DNA 量を計測した。その結果，図1—1のような分布となった。

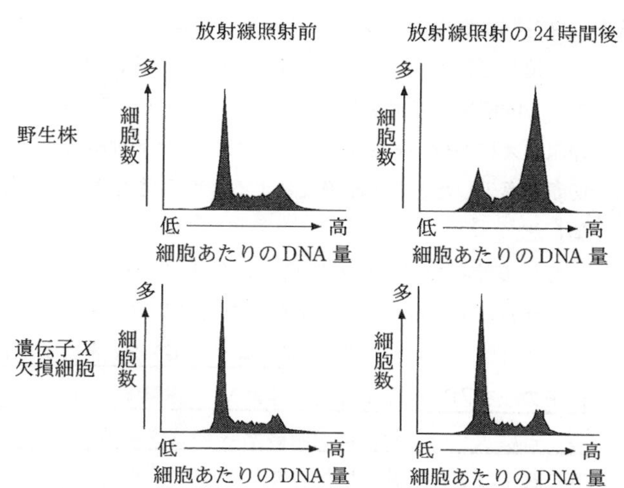

図1—1　野生株と遺伝子 X 欠損細胞における放射線照射前と放射線照射 24 時間後の細胞あたりの DNA 量の分布

実験 2　細胞周期の進行と DNA 複製は密接に関連している。タンパク質 X の DNA 複製における機能を調べるために，遺伝子 *X* を欠損していないヒト細胞(野生株)と遺伝子 *X* を欠損したヒト細胞を用いて，放射性同位元素で標識した DNA 構成成分の細胞内への取り込みを測定することによって放射線照射前後の DNA 合成量を調べた。その結果，図 1 — 2 のようなグラフが得られた。

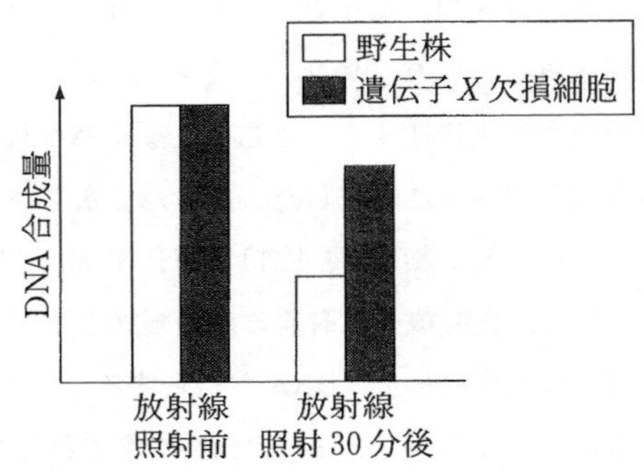

図 1 — 2　野生株と遺伝子 *X* 欠損細胞の放射線照射前後の DNA 合成量

実験 3　タンパク質 Y は，タンパク質 X と同様に，遺伝性乳がん・卵巣がんの原因遺伝子産物の 1 つとして知られる。一方，タンパク質 Y は，組換えの中心的酵素と直接結合することも分かっている。そこで，タンパク質 Y の組換えにおける役割を調べるために，ヒト細胞を用いて，DNA 二本鎖切断を導入したときの組換えによる修復の発生頻度を測定する実験系を構築した。

この実験系では，配列置換型と欠失型の緑色蛍光タンパク質(*Green Fluorescent Protein*(*GFP*))遺伝子を含むレポーター遺伝子を準備した(図 1 — 3 と図 1 — 4 を参照)。(エ)配列置換型 *GFP-a* 遺伝子では，正常 *GFP* 遺伝子の配列内に存在する制限酵素 M の認識配列内に，変異を複数導入することによって，新たに制限酵素 N の認識配列を生成し，その認識配列内に終止コドンを導入した。欠失型 *GFP-b* 遺伝子では，5′ 末端と 3′ 末端の両方に欠失を入れた(図 1 — 3)。なお，制限酵素 M も制限酵素 N も，ヒト細胞では通常発現しない。

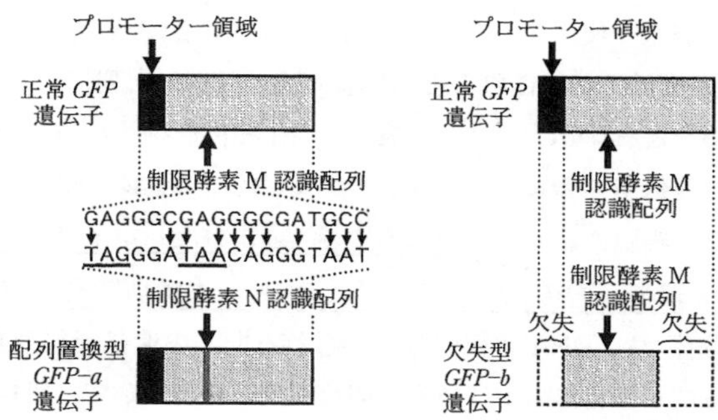

図１—３　配列置換型 *GFP–a* 遺伝子（左）と欠失型 *GFP–b* 遺伝子（右）の構造
制限酵素 N 認識配列内の下線部（TAG，TAA）は，いずれも終止コドンである。また，欠失型 *GFP–b* 遺伝子において，開始コドンは欠失していない。

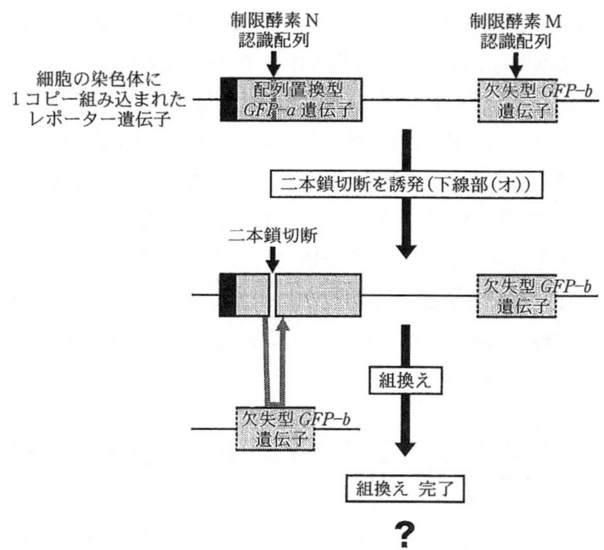

図１—４　組換えの発生頻度を測定する実験系
配列置換型 *GFP–a* 遺伝子，欠失型 *GFP–b* 遺伝子を連結している黒い線は，これらの遺伝子とは関係がない DNA 配列を表している。

この実験系で使用するレポーター遺伝子は，配列置換型 *GFP–a* 遺伝子と欠失型 *GFP–b* 遺伝子が，これらとは関係のないDNA配列によって直線状に連結された構造をとる(図1―4)。組換えの発生頻度を調べたい細胞に対して，このレポーター遺伝子を導入し，1コピーが安定的に染色体に組み込まれた細胞を準備する。この細胞において，(オ)染色体に組み込まれたレポーター遺伝子上の配列置換型 *GFP–a* 遺伝子内の「ある1箇所」にDNA二本鎖切断を誘発する。その後，姉妹染色分体(注：DNAの複製時に作られる同一の遺伝子配列を持つ染色体)，あるいは，同じ染色体の中にある相同な配列を鋳型として，組換えによって二本鎖切断が修復されると，細胞は正常なGFPタンパク質を発現し，緑色の蛍光を発するようになる。緑色の蛍光を発する細胞の割合が，その細胞における組換え頻度に相当する。

遺伝子 *Y* を欠損していないヒト細胞(野生株)と遺伝子 *Y* を欠損したヒト細胞を用いて，この実験系で，それぞれの細胞の組換え頻度を測定した結果，遺伝子 *Y* 欠損細胞では，野生株の2割程度まで組換え頻度が低下していた。

実験4　タンパク質Yは，組換えによるDNA二本鎖切断の修復以外に，別の機能も有することが明らかになってきた。遺伝子 *Y* を欠損していないヒト細胞(野生株)と遺伝子 *Y* を欠損したヒト細胞を用いて，3つ以上の中心体を有する細胞の頻度を調べたところ，遺伝子 *Y* 欠損細胞では野生株と比べて，その頻度は明らかに上昇していた。また，遺伝子 *Y* 欠損細胞では野生株と比べて，染色体の数の異常(異数体)が多く見られた。

〔問〕

A　[1]～[4]に入る適切な数字をそれぞれ答えよ。

B　下線部(ア)について，減数分裂における組換えの生物学的意義は何か。20字以内で述べよ。

C　下線部(イ)の細胞周期が進行する過程を，次の語群の語句を全て用いて，3～4行で説明せよ。

［語群］　M期，DNA量，染色体，G1期，複製，
微小管，G2期，分裂，分配，S期

D　下線部(ウ)について，減数分裂における組換えでは，父親由来と母親由来の相同染色体を鋳型に用いるのに対し，体細胞における組換えでは，DNA 損傷の入っていない姉妹染色分体を鋳型として用いる。体細胞における組換えは，細胞周期のどの段階で起こるか。以下の選択肢(1)～(4)の中から，正しいものを全て選べ。

(1)　G1 期

(2)　G2 期

(3)　M 期

(4)　S 期

E　実験 1 において，放射線照射後の野生株においては，細胞周期のどの段階の細胞が増加しているか。1 つ答えよ(例：◯期)。なお，細胞分裂期にある細胞の割合は，野生株と遺伝子 *X* 欠損細胞との間で差が見られなかったものとする。

F　実験 1 の結果から読み取れるタンパク質 X の機能を，細胞周期の制御を踏まえ，影響を与える細胞周期の段階(例：◯期)を具体的に示しながら，1 行で述べよ。

G　実験 2 の結果から読み取れるタンパク質 X の機能を，細胞周期の制御を踏まえ，影響を与える細胞周期の段階(例：◯期)を具体的に示しながら，1 行で述べよ。ただし，この実験系では，使用した放射性同位元素による DNA の切断や分解は無視できるものとする。

H　実験 3 の下線部(エ)において，配列置換型 *GFP–a* 遺伝子や欠失型 *GFP–b* 遺伝子からは，正常に機能する GFP タンパク質は産生されない。それぞれにおいて，正常なタンパク質が産生されない理由を，タンパク質の発現もしくは構造異常の観点から，合わせて 2 ～ 3 行で説明せよ。

I　実験3の下線部(オ)を実施するためには，実験上，どのような方法をとれば良いか。1行で簡潔に述べよ。なお，ここでの「ある1箇所」とは，図1—4に示した二本鎖切断の部位とする。

J　実験3の組換えの発生頻度を測定する実験系を示した図1—4の中で，組換えによる修復が成功したときに生成されるレポーター遺伝子部分は，どのような構造をとると考えられるか。次の選択肢(1)～(6)の中から，もっとも適切な図を1つ選べ。

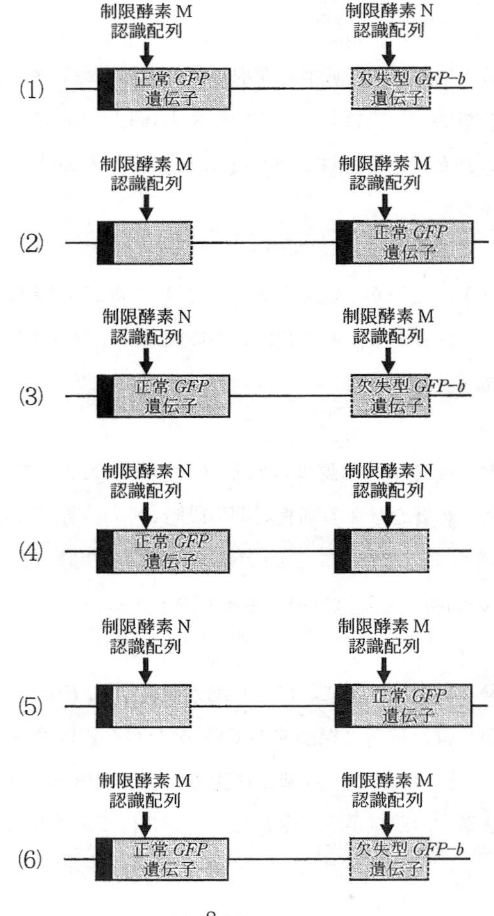

K　ある患者のがん組織の遺伝子解析を行ったところ，遺伝子 Y のミスセンス変異(＝遺伝子の DNA 配列の1塩基対が変化することによって，アミノ酸の1つが別のアミノ酸に置換される変異のこと)が見つかった。この変異については，これまでにヒトにおける病的意義が明らかにされていない。実験3で構築した実験系を用いて，このミスセンス変異が組換え修復に与える影響を調べるためには，どのような細胞を準備して，組換え頻度を比較すれば良いか。実験3で用いたレポーター遺伝子を導入した遺伝子 Y の欠損細胞を材料として用いることを前提として，2～3行で答えよ。

L　放射線照射によって細胞内の DNA に二本鎖切断が生じ，その修復に失敗して二本鎖切断が残存した場合，その細胞ではどのような現象が起こるか。10字以内で答えよ。

M　実験4において，細胞内の中心体の数が増えると，染色体の数の異常(異数体)が引き起こされる理由について，中心体の細胞内における役割を踏まえて，2行以内で説明せよ。

II　次の文3を読み，問Nと問Oに答えよ。

［文3］

近年，がんゲノム医療が医療の現場で実践されるようになった。がんゲノム医療では，がん患者の腫瘍細胞だけでなく，正常細胞のゲノム情報も検査することにより，後天的に発生した遺伝子異常だけでなく，先天的に親から受け継がれた遺伝子異常が見つかることもある。

遺伝子 Y は，がん抑制遺伝子であり，一対の遺伝子の片方だけに病的な異常がある(第1ヒット)だけではがんは発症しない。もう一方の遺伝子にも病的な異常(第2ヒット)が起きて，タンパク質Yの機能が欠損したときに，初めてがんを発症する。

生殖細胞に遺伝子Yのヘテロ接合型の病的な変異を有する人は，遺伝性の乳がん，卵巣がん，膵臓がんの発症リスクが高いことが知られている。図1―5は，生殖細胞に遺伝子Yの病的な変異を有する家系の一例である。

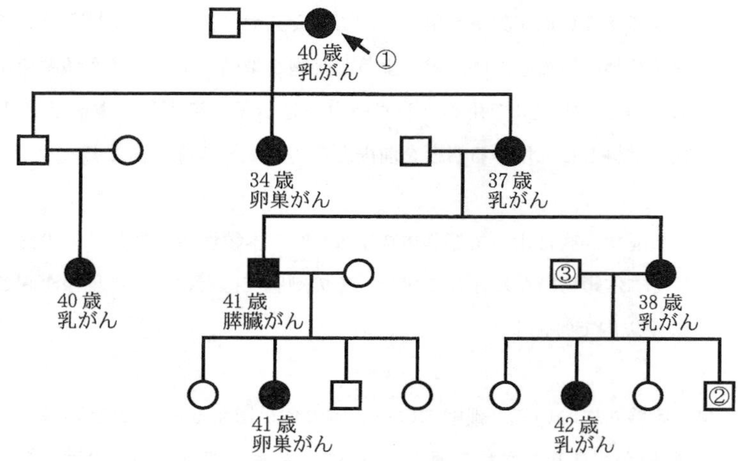

図1―5　生殖細胞に遺伝子Yの病的な変異を有する遺伝性がん家系の一例
四角印は男性，丸印は女性を指す。黒塗りの四角や丸は，がんを発症した人を指し，それぞれの発症年齢と発症したがんの種類が記されている。

〔問〕

N　図1―5の家系において，①番の女性の2人の娘は，いずれも生殖細胞に遺伝子Yのヘテロ接合型の病的な変異を受け継いでいたことが判明している。この2人における正常細胞とがん細胞の違いを，遺伝子Yの状態とタンパク質Yの機能が保たれているかどうか，という観点から，2～3行で説明せよ。

O　図1―5において，②番の男性は，遺伝子検査を受けたことがない。この男性の将来の子どもが生殖細胞の病的な遺伝子Yの変異を受け継ぐ確率は，どれくらいか。次の選択肢の中から，もっとも適当なものを選び，その確率になる理由を2行以内で述べよ。ただし，②番の男性の(将来の)子どもの母親，および，②番の男性の父親(＝③番の男性)における生殖細胞の遺伝子 Y は正常であり，②番の男性の母親は，生殖細胞に遺伝子 Y のヘテロ接合型の病的な変異を有するものとする。

［選択肢］　0％，1.25％，2.5％，5％，7.5％，10％，
12.5％，25％，50％，75％，100％

第2問

次のⅠ，Ⅱの各問に答えよ。

Ⅰ　次の文章を読み，問A～Fに答えよ。

被子植物では，光合成によって葉でつくられた炭水化物が植物の体内を移動して，呼吸や器官の成長に使われたり貯蔵されたりする。植物体内での炭水化物の移動を考えるときには，炭水化物を供給する器官のことをソース，炭水化物が受容される器官のことをシンクと呼ぶ。ソースからシンクへの炭水化物の輸送は，多くの植物でスクロースが維管束(ア)の師部を移動することにより行われる。ソースとなる葉では，葉肉細胞でつくられたスクロースが，細胞間をつなぐ原形質連絡を通って葉脈へと運ばれる。葉脈の師部における師管へのスクロースの輸送は，積み込みと呼ばれ，植物種によって異なる方法(イ)で行われる。積み込まれたスクロースは，師管を通ってシンクとなる器官へと輸送される。

ソースとシンクの間の師部を介したスクロースの移動の様子は，炭素の安定同位体[注1](以下 ^{13}C と表記する)を利用した実験によって明らかにできる。こうした実験の結果から，植物体内にあるシンクとなる複数の器官がソースからのスクロースを競合して獲得していること(ウ)がわかっている。果樹Xで個体内のソースとなる葉からシンクとなる器官へのスクロースの移動の様子を明らかにするために，実験1と実験2を行った。

注1　質量数13の炭素で，自然界に一定の割合で安定して存在する。

実験1　常緑性の果樹Xでは，図2—1に示すように初夏の5月に花が咲き，夏から果実が成長を始めて翌年の2月から3月に成熟する。8月に(1)果実をすべて切除した個体(全切除)，(2)全果実の2/3を切除した個体(2/3切除)，(3)全果実の1/3を切除した個体(1/3切除)，(4)果実をすべて残した個体(切除なし)をつくった。そして，果実がさかんに成長する10月に一部の葉から ^{13}C を含む $^{13}CO_2$ を光合成によって多量に植物へ取り込ませ，その3日後に器官を採取し，根，茎，葉，果実の ^{13}C 含量と，根，茎，葉のデンプン濃度を測定した。さらに，(1)から(4)と同様の処理をした個体で，翌年の5月に花の数を調べた。この実験の結果を，図2—2に示す。

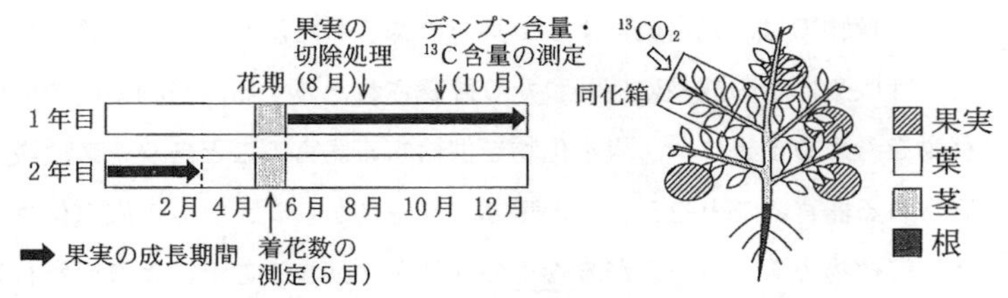

図2—1　果樹Xを使った炭素安定同位体の取り込み実験
(左)開花と果実の成長の時期と測定を行った時期，(右)果実Xの一部の枝を透明な箱(同化箱)に密閉し，^{13}C を含む $^{13}CO_2$ を光合成により植物に取り込ませた。

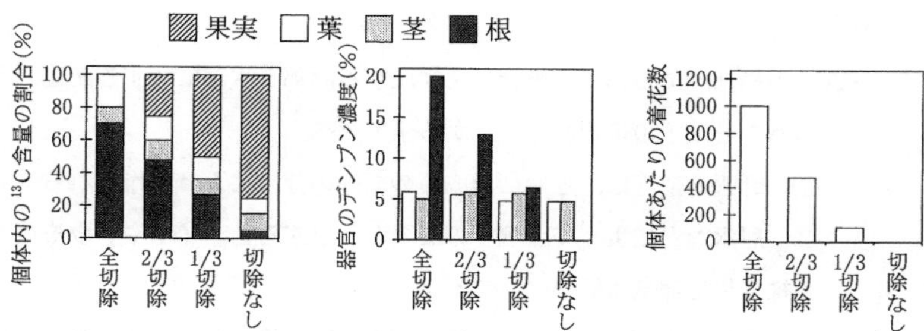

図 2 ― 2　果樹 X における果実切除が個体の成長に及ぼす影響

果実の切除処理をした個体における(左)炭素安定同位体含量(^{13}C 含量)の個体内での割合，(中)器官のデンプン濃度，(右)翌年 5 月の個体あたりの着花数。左のグラフでは，$^{13}CO_2$ を取り込ませた枝での値は除いてある。

実験 2　果実をすべて残した果樹 X の個体で，毎年 10 月に根でのデンプン濃度を 5 年間，測定し続けた。この実験の結果は，図 2 ― 3 のようになった。この測定の間，大きな災害や天候不順はなかったものとする。

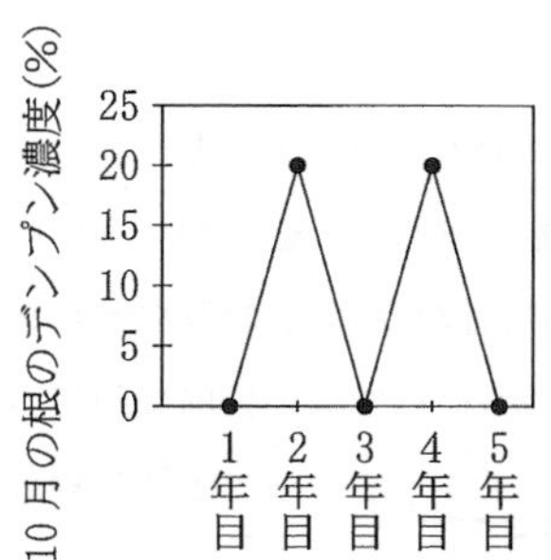

図 2 ― 3　果実をすべて残した果樹 X の個体における根のデンプン濃度の年変動

グラフ中の 1 年目は，実験を開始した年とする。

2023年　入試問題

〔問〕

A　下線部(ア)について。維管束を構成する師部と木部に関する記述のうち正しいものを以下の選択肢(1)~(5)から全て選べ。

(1)　師管と道管は，ともに形成層の細胞の分裂によって作られる。

(2)　冠水などによって土壌中の酸素が不足すると，イネやトウモロコシでは維管束に通気組織が発達する。

(3)　木部で水が通る細胞は，被子植物では道管が主であり，裸子植物とシダ植物，コケ植物では仮道管である。

(4)　茎の屈性に関与する植物ホルモンであるオーキシンは道管を通って極性移動をする。

(5)　木化した茎と根では木部は内側に師部は外側に発達する。

B　下線部(イ)について。炭水化物の積み込みについて，以下の文中の［1］から［6］に最もよくあてはまる語句を以下の語群から選べ。ただし，語句は複数回選んでもかまわない。

多くの植物で葉脈を観察すると，師部の細胞と葉肉細胞とが接した部分の面積当たりの原形質連絡の個数が，多い植物の種と少ない植物の種に分けられる。原形質連絡は細胞間の物質の移動を可能にしており，図2―4のように原形質連絡の多い種では，葉肉細胞でつくられたスクロースが原形質連絡を経由して［1］によって師部の細胞へ運ばれる。このとき，スクロース濃度は［2］よりも［3］で高い。一方で原形質連絡の少ない種では，葉肉細胞でつくられたスクロースは細胞の細胞質から細胞壁へ移動し，［4］によって師部の細胞へ運ばれる。このとき，スクロース濃度は［5］で［6］よりも高くなることが多い。

〔語群〕　細胞質，細胞膜，細胞壁，葉肉細胞，師部の細胞，能動輸送，受動輸送，エンドサイトーシス，エキソサイトーシス，浸透圧，膨圧

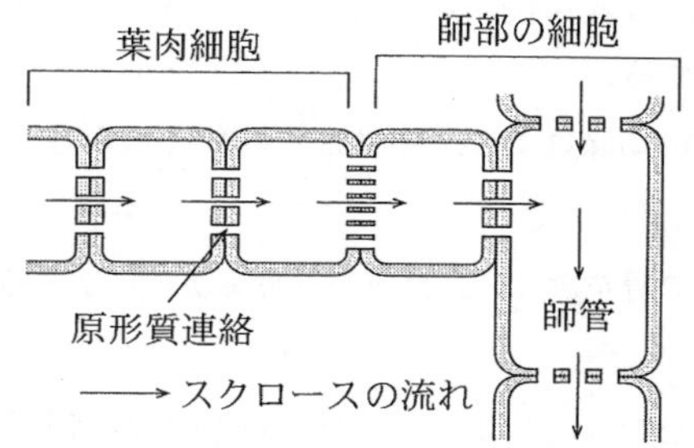

図2―4　葉肉細胞と師部の細胞の間に多くの原形質連絡をもつ種における
スクロースの積み込みの模式図

C　Bの文中にあるような葉脈で師部の細胞と葉肉細胞の間で多くの原形質連絡がみられる植物のなかには，スクロースにガラクトースが結合したラフィノースやスタキオースといったオリゴ糖を師管で輸送するものがある。これらの植物では，葉肉細胞から移動したスクロースが師部の細胞でオリゴ糖に変換される。また，葉肉細胞と師部の細胞とをつなぐ原形質連絡は，スクロースだけを輸送する植物のものよりも内径が細い。こうした植物はオリゴ糖を合成することで，スクロースだけを輸送するよりも大量の糖を輸送できる。それを可能にする機構について以下の語句を全て用いて3行程度で説明せよ。ただし，ガラクトースの供給は十分にあり，スクロースがオリゴ糖に変換される反応は十分に速く進むものとする。

拡散，原形質連絡，濃度勾配，逆流

D　下線部(ウ)について。実験1を行ったところ，図2―2のような結果を得た。この実験に関連して，以下の選択肢(1)~(5)から正しいものを1つ選べ。

(1)　光合成で吸収された ^{13}C の総量は，各器官で検出された ^{13}C の量の合計とほぼ等しい。

(2)　検出された ^{13}C は，測定した器官に含まれる細胞壁やデンプン，糖だけに由来する。

(3) 光合成で吸収された ^{13}C は，ソースから近い距離にある器官へ優先して供給される。

(4) 果実の切除により，果樹Xでは秋に葉や茎よりも根で乾燥重量が増加する。

(5) 翌年の着花数は，光合成を行う葉が秋に増えることで増加する。

E　実験2を行ったところ，図2―3のような結果を得た。実験2で根のデンプン濃度を測定した10月に，個体についている果実の総乾燥重量の年変化のパターンを予想してグラフに図示せよ。同時に，果実の総乾燥重量を予想した根拠を2行程度で説明せよ。ただし，果実の総乾燥重量は着花数に比例するとする。また，測定を行った5年間で果樹Xにつく果実の総乾燥重量の最大値は変化せず，個体内のスクロースの分配と着花数は，図2―2の結果から読み取れる関係に従うものとする。さらに，グラフ中の1年目は実験を開始した年とする。

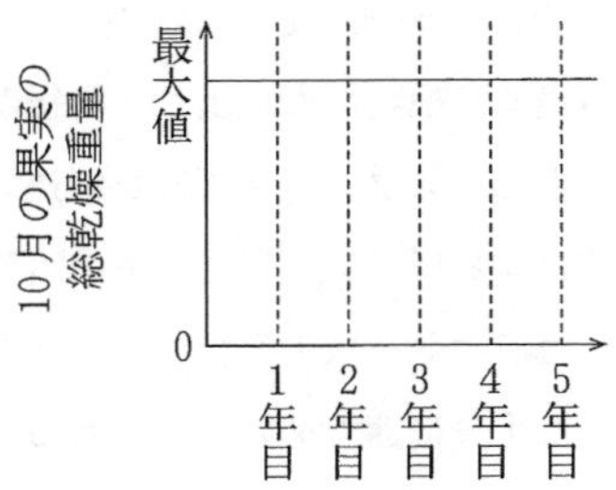

F　果樹Xで8月に果実の半分を切除した個体を複数つくり，10月の果実の総乾燥重量を5年間にわたって測定した。果実の切除は実験を開始した1年目のみに行い，一度測定に用いた個体は実験から除外した。この実験の結果について推察されることで正しいものを以下の選択肢(1)～(6)から全て選べ。ただし，果実の総乾燥重量は着花数に比例するとする。また，測定を行った5年間で果樹Xにつく果実の総乾燥重量の最大値は変化せず，個体内のスクロースの分配と着花数は，図2―2の結果から読み取れる関係に従うものとする。

10月の果実の総乾燥重量は,

(1) 2年目より4年目で多い。
(2) 2年目と4年目でほぼ等しい。
(3) 2年目より4年目で少ない。
(4) 3年目より5年目で多い。
(5) 3年目と5年目でほぼ等しい。
(6) 3年目より5年目で少ない。

Ⅱ　次の文章を読み，問G～Kに答えよ。

窒素は植物を構成する必須元素のひとつであり，土壌から根で吸収される。土壌中の主要な窒素源のひとつである硝酸塩(または硝酸イオン)は植物に取り込まれたあと，(エ)窒素同化によってアミノ酸に変換されて(オ)タンパク質合成の材料となる。タンパク質の一部は生体内で酵素として機能し，植物の様々な代謝反応を円滑に進行させている。植物の成長は，土壌中の利用できる硝酸塩の濃度に強く左右される。これは，光合成速度を高めるために，CO_2を固定する酵素を多量に必要とするからである。

植物は窒素を効率的に利用するために，生育する窒素環境に応答して形態を変える。例えば，土壌中の硝酸塩の濃度に対する応答では，植物ホルモンAを介した仕組みによって，植物の(カ)葉や茎(地上部)と根(地下部)の乾燥重量の比が変化する。植物ホルモンAを介した土壌の硝酸塩への応答を詳しく調べるために，実験3を行った。

実験3　モデル植物であるシロイヌナズナの野生型植物を低濃度と高濃度の硝酸塩を施肥した土壌で育てた。さらに，植物ホルモンAの生合成酵素の遺伝子が欠損した変異体Yを用意し，野生型植物と変異体Yとで地上部(葉，茎)と地下部(根)の接ぎ木実験を行い，それぞれを高濃度の硝酸塩を施肥した土壌で育てた。接ぎ木は複数の植物の器官をその切断面でつなぐ園芸の手法で，切断面の維管束がつながることにより接ぎ木した植物の器官は通常の植物と同様に成長できる。これらの植物で地上部と地下部の乾燥重量と植物ホルモンAの濃度を測定し，図2—5の結果を得た。

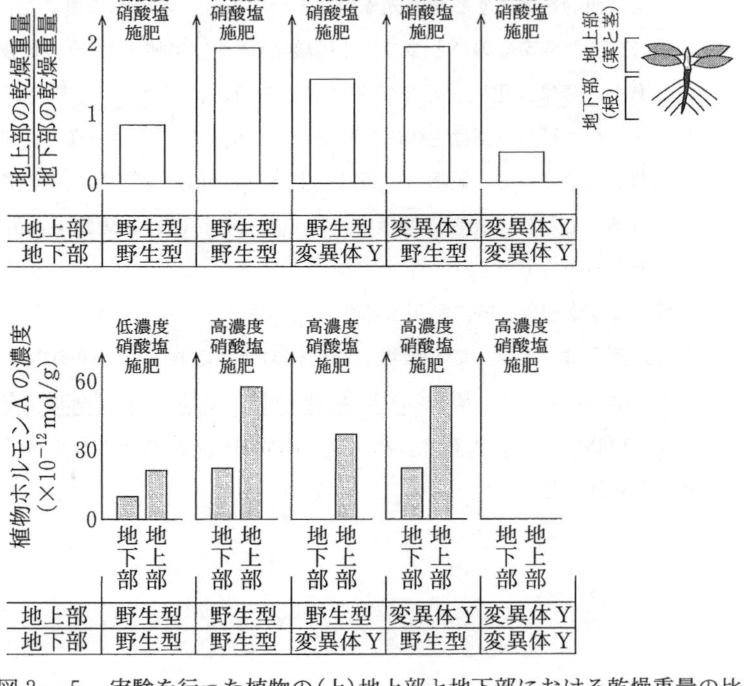

図2—5　実験を行った植物の(上)地上部と地下部における乾燥重量の比と(下)植物ホルモンAの濃度

グラフ下部の表は，接ぎ木した地上部と地下部に使った植物の系統を示している。

地上部	野生型	野生型	野生型	変異体Y	変異体Y
地下部	野生型	野生型	変異体Y	野生型	変異体Y

〔問〕

G　下線部(エ)について。窒素同化は，硝酸イオンから亜硝酸イオンになる反応と，亜硝酸イオンがアンモニウムイオンになる反応，そしてアンモニウムイオンがアミノ酸に取り込まれる反応の3つからなる。e^- は電子，Pi は無機リン酸であるとして，以下の化学式中の［7］から［9］にあてはまる数字もしくは物質名を答えよ。

$NO_3^- + 2H^+ +$ ［7］ $e^- \longrightarrow NO_2^- + H_2O$

$NO_2^- + 8H^+ +$ ［8］ $e^- \longrightarrow NH_4^+ + 2H_2O$

NH_4^+ ＋グルタミン酸＋ ATP $\longrightarrow$ ［9］ ＋ ADP ＋ Pi

H　多くの草本植物では窒素同化の反応は主に葉で行われ，その反応速度は光環境に強く依存する。これらの理由をあわせて1行程度で説明せよ。

I　下線部(オ)について。植物がもつタンパク質について，選択肢(1)～(5)から正しいものを全て選べ。

(1)　クロロフィルは光合成に必要な波長の光を吸収するタンパク質である。

(2)　フォトトロピンは青色光を受容するタンパク質である。

(3)　花成ホルモンであるフロリゲンはタンパク質である。

(4)　種子発芽に関与する植物ホルモンのジベレリンはタンパク質である。

(5)　電子の受け渡しに貢献する補酵素の NADPH はタンパク質である。

J　下線部(カ)について。図2―5のグラフから土壌中の硝酸塩濃度に応答して地上部と地下部の乾燥重量の比が変化することが読みとれる。高い硝酸塩濃度を施肥したときの地上部と地下部の乾燥重量の比の適応的な意義について，個体の光合成量の観点から以下の語句を全て用いて2行程度で説明せよ。

酵素，光合成速度，葉面積

K　実験3の実験結果について図2―5のグラフをもとに，以下の文中の［10］から［16］に最もよくあてはまる語句を以下の語群から選べ。ただし，語句は複数回選んでもかまわない。

シロイヌナズナでは，植物ホルモンAの生合成が［10］で行われ，高濃度の硝酸塩の施肥は植物ホルモンAの生合成を［11］。また，植物体内では植物ホルモンAは［12］から［13］の方向へ移動する。さらに，地上部と地下部の乾燥重量の比が［14］の植物ホルモンAの濃度とより強く相関する。以上の結果から，植物ホルモンAは［15］における成長を［16］という作用をもち，地上部と地下部の乾燥重量の比を変化させることが推測される。

〔語群〕　地上部，地下部，地上部と地下部，促進させる，変化させない，抑制させる

第3問

次の文1～3を読み，問A～Kに答えよ。

［文1］

ヒトのABO式血液型は，赤血球膜上にある糖タンパク質の糖鎖構造で決定される。A型のヒトはA型糖鎖を持ち，B型のヒトはB型糖鎖を持つ。また，AB型のヒトはA型糖鎖とB型糖鎖の両方を持っている。図3―1に示すように，A型のヒトではH型糖鎖にN-アセチルガラクトサミンが付加されてA型糖鎖が形成され，B型のヒトではH型糖鎖にガラクトースが付加されてB型糖鎖が形成される。A型とB型の糖鎖を形成するABO式血液型糖転移酵素(以下，糖転移酵素)は，354アミノ酸残基からなるタンパク質である。A型のヒトはA型糖鎖を形成するA型糖転移酵素(以下，A型酵素)を，B型のヒトはB型糖鎖を形成するB型糖転移酵素(以下，B型酵素)を持ち，AB型のヒトはA型糖転移酵素とB型糖転移酵素の両方を持っている。またO型の糖転移酵素遺伝子からは，活性を持たない糖転移酵素が産生される。

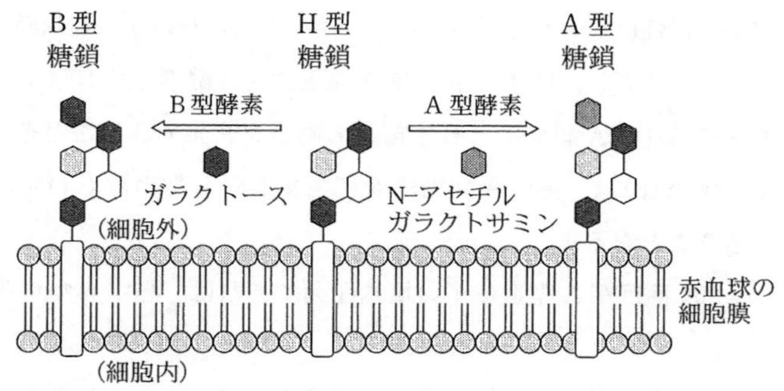

図3―1　ABO式血液型を決める糖転移酵素による糖鎖付加反応の模式図

A　以下の文中の空欄に適切な語句を，以下の語群から選択して記入せよ。

解答例：1—○○，2—△△

新生児は，生まれつきABO血液型の抗原に対する［ 1 ］を産生する能力を持っている。［ 2 ］による［ 1 ］の産生は，T細胞を必要とせず［ 3 ］遺伝子の再構成は行われない。

［語群］ 免疫グロブリン，自然抗体，B細胞，T細胞，樹状細胞，食細胞

B　A型のヒトはA型酵素をコードするA型遺伝子を持ち，B型のヒトはB型酵素をコードするB型遺伝子を持つ。A型酵素とB型酵素を比較すると，176番目と235番目と266番目と268番目のアミノ酸残基が異なっている。この4ヶ所について，A型とB型の，どちらかの遺伝子型を持つキメラ遺伝子を作製した。それぞれのキメラ遺伝子から産生される糖転移酵素の活性を測定した結果を表3—1に示す。例として，AABBと表記したキメラ遺伝子は，176番目と235番目のコドンがA型，266番目と268番目のコドンがB型の塩基配列である。表3—1の結果から，キメラ遺伝子の糖転移酵素活性についての記述として，適当なものを以下の選択肢(1)~(4)から全て選べ。ただし，酵素活性AはA型糖鎖を，酵素活性BはB型糖鎖を，酵素活性ABはA型糖鎖とB型糖鎖の両方を産生できることを示す。また酵素活性A(B)は，主にA型糖鎖を産生するがB型糖鎖もわずかながら産生できることを示す。

(1)　266番目がA型遺伝子の塩基配列であれば，必ずA型の酵素活性をもつ。

(2)　266番目がB型遺伝子の塩基配列であれば，必ずB型の酵素活性をもつ。

(3)　268番目がA型遺伝子の塩基配列であれば，必ずA型の酵素活性をもつ。

(4)　268番目がB型遺伝子の塩基配列であれば，必ずB型の酵素活性をもつ。

表3―1　各キメラ遺伝子を発現させたヒト培養細胞で検出された糖転移酵素活性

キメラ遺伝子 (176, 235, 266, 268番目)	糖転移酵素活性
AAAB	A
AABA	AB
AABB	B
ABAA	A
ABAB	A(B)
ABBA	AB
ABBB	B
BAAA	A
BAAB	A
BABA	AB
BABB	B
BBAA	A
BBAB	A(B)
BBBA	AB
AAAA(A型遺伝子)	A
BBBB(B型遺伝子)	B

C　B型遺伝子の268番目のアミノ酸残基について，野生型以外の19種類の置換変異体を作製した。これらの置換変異体と野生型遺伝子を含め20種類のB型遺伝子のすべての場合について，糖転移活性を測定する実験を行った。表3―2に，作製したB型遺伝子の持つ268番目のアミノ酸残基の種類と，産生された酵素活性を測定した結果を示す。B型の酵素活性を持つ糖転移酵素のアミノ酸残基に共通する性質について，最も適当なものを以下の選択肢(1)~(4)から1つ選べ。

(1)　側鎖が持つ正電荷

(2)　側鎖の疎水性

(3)　側鎖の大きさ

(4)　側鎖の分岐構造

D　表3―1と表3―2から考えられるA型遺伝子とB型遺伝子の268番目のアミノ酸残基として，最も適当なものをそれぞれ答えよ。

解答例：A型―○○，B型―△△

表3—2　作製したB型遺伝子の268番目のアミノ酸残基と，産生された糖転移酵素の活性

アミノ酸残基			糖転移酵素活性	
日本語名	3文字表記	1文字表記	A型	B型
アラニン	Ala	A	−	+++
アルギニン	Arg	R	−	−
アスパラギン	Asn	N	−	−
アスパラギン酸	Asp	D	−	−
システイン	Cys	C	−	−
グルタミン	Gln	Q	−	−
グルタミン酸	Glu	E	−	−
グリシン	Gly	G	+	+
ヒスチジン	His	H	−	−
イソロイシン	Ile	I	−	−
ロイシン	Leu	L	−	−
リシン	Lys	K	−	−
メチオニン	Met	M	−	−
フェニルアラニン	Phe	F	−	−
プロリン	Pro	P	−	−
セリン	Ser	S	−	+
トレオニン	Thr	T	−	−
トリプトファン	Trp	W	−	−
チロシン	Tyr	Y	−	−
バリン	Val	V	−	−

表中の＋は酵素活性の高さを示す。＋＋＋は＋より高い酵素活性を持つ。

E　活性を持たない糖転移酵素を産生するO型糖転移酵素遺伝子のホモ接合型のヒト(遺伝子型はOO)は，A型糖鎖とB型糖鎖のいずれも持たない。しかしながら，A型酵素もしくはB型酵素を持っていても，H型糖鎖を持たない場合はO型となる。H遺伝子はH型糖鎖を産生する活性を持った酵素をコードし，h遺伝子は活性を失った酵素をコードする。あるO型の父親とA型の母親から，B型の子供が生まれた。以下の選択肢(1)~(5)から，両親の持つH型糖鎖産生酵素と糖転移酵素の遺伝子型として最も適切なものを1つ選べ。

(1)　父親はHhAB　　母親はhhOA

(2)　父親はHHBB　　母親はHhAA

(3)　父親はhhOO　　母親はHhOA

(4)　父親はHhOB　　母親はHHAA

(5)　父親はhhBB　　母親はHHOA

[文2]

タンパク質合成は，リボソームがmRNAに結合し，[1]を認識することによってはじまる。mRNAの連続した3つの塩基からなるコドンが，1つのアミノ酸に対応している。各コドンと塩基対形成する[2]をもつtRNAがmRNAに結合することで，塩基配列がアミノ酸に変換される。リボソームが1コドンずつずれるごとに，コドンに対応する[2]を持ったtRNAが結合する。tRNAによって運搬されたアミノ酸どうしは，[3]結合によって連結される。真核生物のほとんどのmRNAの5′側の末端には[4]とよばれる構造が，3′側の末端には[5]とよばれる構造が付加されており，いずれの構造も翻訳を促進する。一方で，[6]や[7]などの細胞小器官では，細胞質のリボソームとは異なるリボソームを用いて翻訳反応を行っており，mRNAも[4]や[5]の構造を持っていない。[6]や[7]は，それぞれシアノバクテリアと好気性の細菌に構造と機能の点でよく似ており，これらの生物が別の宿主細胞に取り込まれて[8]するうちに，細胞小器官となった[8]説が広く受け入れられている。

細胞内のリボソームは，核から合成されたmRNAのみでなく，ウイルス由来のmRNAやmRNAワクチンなどの外来のmRNAも翻訳する。SARS-CoV-2は，新型コロナウイルス感染症(COVID-19)の原因となるウイルスである。SARS-CoV-2ウイルス粒子が細胞に取り込まれた後，宿主細胞に導入されたウイルスRNAを鋳型にして，ウイルス由来のmRNA(ウイルスmRNA)が新たに合成される。その後，ウイルスmRNAを鋳型にしてリボソームが翻訳を行い，ウイルスタンパク質が合成される。

F　空欄に最も適切な語句を記入せよ。

解答例：1—複製，2—合成

G　SARS-CoV-2を宿主細胞に感染させたのち，3，5，8時間経過した後に，宿主細胞内で新しく合成される宿主タンパク質とウイルスタンパク質の合計量を測定した結果を，図3―2―aに示す。また，リボソームが結合する宿主mRNAとウイルスmRNAの割合を解析した結果を，図3―2―bに示す。ウイルス感染後の細胞に関する記述として，適当なものを以下の選択肢(1)~(6)から全て選べ。ただし，リボソームが結合するmRNA量は，そのmRNAから合成されるタンパク質量と比例するものと考えよ。

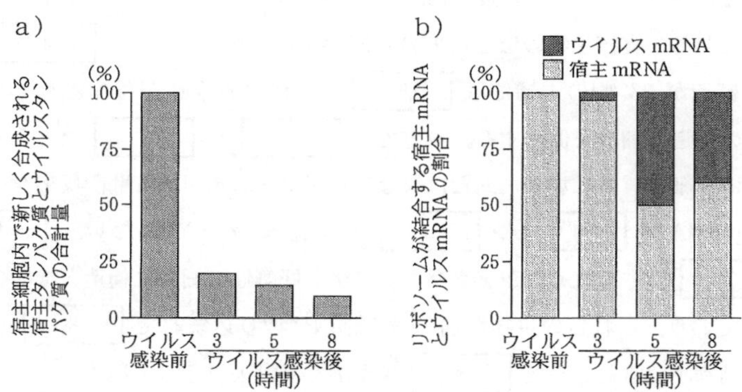

図3―2　宿主細胞内で合成されるタンパク質量とリボソームが結合するmRNA量
a）宿主細胞内で新しく合成される宿主タンパク質とウイルスタンパク質の合計量を，ウイルス感染前を100％とした相対値で示す。b）リボソームが結合する宿主mRNAとウイルスmRNAの割合を示す。

(1) 感染3時間後にウイルスmRNAから合成されるタンパク質量は，宿主mRNAから合成されるタンパク質量より少ない。

(2) 感染3時間後に宿主mRNAから合成されるタンパク質量は，ウイルス感染前と比較して低下する。

(3) ウイルスmRNAから合成されるタンパク質量は，感染5時間後より感染3時間後が多い。

(4) 宿主mRNAから合成されるタンパク質量は，感染5時間後より感染3時間後が少ない。

(5) 宿主mRNAから合成されるタンパク質量は，感染8時間後より感染3時間後が少ない。

(6) ウイルスmRNAから合成されるタンパク質量は，感染8時間後より感染3時間後が少ない。

［文3］

ヒト白血球型抗原(HLA)は，主要な組織適合性遺伝子の産物であり，「自己」と「非自己」の識別などの免疫反応に重要な役割を果たす。図3—3に示すように，ウイルスが細胞に感染すると，ウイルス由来のペプチドが樹状細胞の膜にあるクラスⅠのヒト白血球型抗原(HLA–I)の表面に提示される。HLA–Iの表面に提示されたペプチドは，細胞障害性T細胞膜にあるT細胞受容体によって認識される。ある型のHLA–Iを発現する細胞にSARS–CoV–2を感染させた後，HLA–Iに結合したSARS–CoV–2由来のペプチドを複数同定した。同定したペプチドとHLA–Iとの親和性を測定する方法として，一定濃度の対照ペプチドとの競合結合試験がある。一定濃度の対照ペプチドに対して，様々な濃度の目的のペプチドを加えた後，HLA–Iに結合している対照ペプチド量を測定し，対照ペプチドの結合を50％阻害するペプチドの濃度をIC_{50}とする。

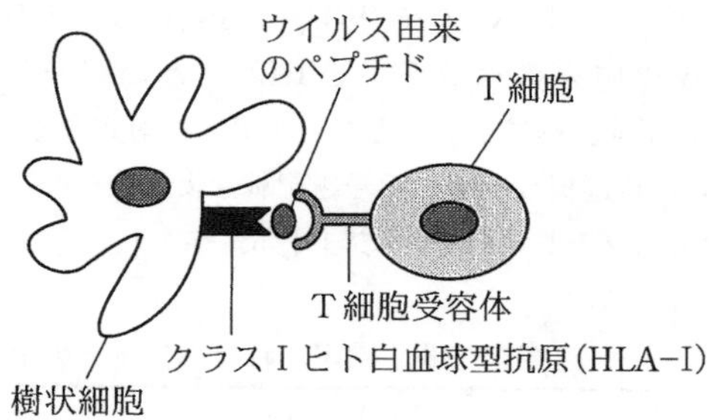

図3—3　T細胞受容体によるHLA–Iに結合したペプチドの認識

H　図3—4はHLA–Iに結合したSARS–CoV–2由来のペプチドについて，HLA–Iとの親和性を測定した結果である。ペプチド1～5に関する記述として，最も適当なものを以下の選択肢(1)～(6)から1つ選べ。

(1)　ペプチド3のIC_{50}は，1.0×10^{-8} mol/L以上である。

(2)　ペプチド4のIC_{50}は，1.0×10^{-8} mol/L以上である。

(3)　ペプチド1のIC_{50}は，1.0×10^{-10} mol/L以下である。

(4)　ペプチド5のIC_{50}は，1.0×10^{-10} mol/L以下である。

(5)　HLA–Iとの親和性は，ペプチド3よりペプチド1の方が低い。

(6)　HLA–Iとの親和性は，ペプチド2よりペプチド4の方が高い。

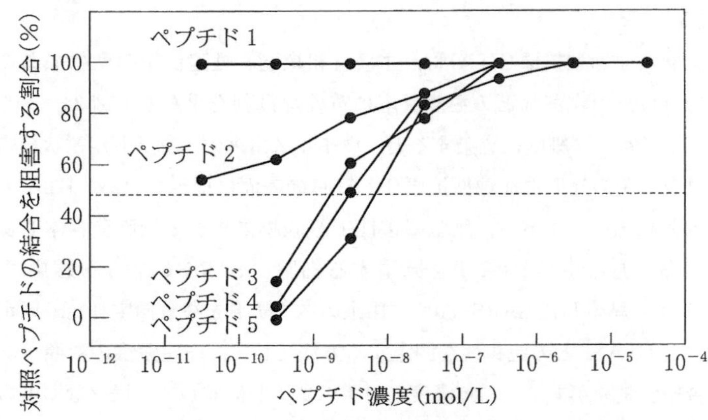

図3—4　SARS-CoV-2由来のペプチドのHLA-Iに対する親和性の測定結果
対照ペプチドの結合が阻害された割合と個々のペプチド濃度の関係を示す。

I　図3—4に示すペプチド1～5を含めて，HLA-Iに結合したSARS-CoV-2由来のペプチドとHLA-Iとの親和性を測定した結果を表3—3に示す。ペプチド4とペプチド5に対応するペプチドを表3—3の記号a～kから選択し，その記号を記載せよ。

解答例：ペプチド4—x，ペプチド5—y

表3—3　同定されたペプチドのIC_{50}

記号	ペプチドの アミノ酸配列	IC_{50}($\times 10^{-10}$ mol/L)
a	GLITLSYHL	< 1
b	MLLGSMLYM	< 1
c	FGDDTVIEV	38
d	STSAFVETV	260
e	ELPDEFVVVTV	12
f	YLNSTNVTI	120
g	SLEDKAFQL	200
h	KAFQLTPIAV	78
i	ELPDEFVVV	4600
j	FASEAARVV	4950
k	LEDKAFQL	38910

ペプチドのアミノ酸配列を1文字表記で示す。アミノ酸の1文字表記については，表3—2と表3—4を参考にせよ。

J　SARS-CoV-2は，宿主細胞表面のアンジオテンシン変換酵素2（ACE 2）タンパク質に結合してヒト細胞に侵入する。SARS-CoV-2のウイルス粒子の外側に存在するスパイクタンパク質SがACE 2に結合し，ウイルス粒子は細胞に取り込まれる。以下は，スパイクタンパク質Sの翻訳領域のうち，開始コドンから数えて61番目のコドンから90番目までのコドンの塩基配列である。この領域は，ペプチド1とペプチド2を合成するためにリボソームが翻訳する領域を含んでおり，下線部はペプチド2の翻訳領域である。ペプチド1に対応するペプチドを表3—3の記号a～kから選択し，その記号を記載せよ。

61-AAUGUUACUUGGUUCCAUGCUAUACAUGUC-70

71-UCUGGGACCAAUGGUACUAAGAGGUUUGAU-80

81-AACCCUGUCCUACCAUUUAAUGAUGGUGUU-90

表3—4　コドン暗号表

UUU フェニルアラニン	UCU	UAU チロシン	UGU システイン
UUC Phe(F)	UCC セリン	UAC Tyr(Y)	UGC Cys(C)
UUA	UCA Ser(S)	UAA 終止コドン	UGA 終止コドン
UUG	UCG	UAG	UGG トリプトファン Trp(W)
CUU ロイシン	CCU	CAU ヒスチジン	CGU
CUC Leu(L)	CCC プロリン	CAC His(H)	CGC アルギニン
CUA	CCA Pro(P)	CAA グルタミン	CGA Arg(R)
CUG	CCG	CAG Gln(Q)	CGG
AUU イソロイシン	ACU	AAU アスパラギン	AGU セリン
AUC Ile(I)	ACC トレオニン	AAC Asn(N)	AGC Ser(S)
AUA	ACA Thr(T)	AAA リシン	AGA アルギニン
AUG メチオニン Met(M)	ACG	AAG Lys(K)	AGG Arg(R)
GUU	GCU	GAU アスパラギン酸	GGU
GUC バリン	GCC アラニン	GAC Asp(D)	GGC グリシン
GUA Val(V)	GCA Ala(A)	GAA グルタミン酸	GGA Gly(G)
GUG	GCG	GAG Glu(E)	GGG

K　ペプチド1とペプチド2に関する特徴として適当なものを，以下の選択肢⑴～⑸から全て選べ。表3－4にコドン暗号表を示す。

⑴　ペプチド2は，スパイクタンパク質Sと同じ読み枠で翻訳される。

⑵　ペプチド2は，スパイクタンパク質Sと異なる読み枠で翻訳される。

⑶　ペプチド1は，スパイクタンパク質Sと異なる読み枠で翻訳される。

⑷　ペプチド1は，スパイクタンパク質Sと同じ読み枠で翻訳される。

⑸　ペプチド1とペプチド2は，異なる読み枠で翻訳される。

2022 年

解答時間：2 科目 150 分
配　　点：120 点

第 1 問

次のⅠ，Ⅱの各問に答えよ。

Ⅰ　次の文 1 と文 2 を読み，問 A ～ I に答えよ。

［文 1］

光合成生物にとって，時々刻々と変化する光環境の中で，光の射す方向や強度に応じた適応的な行動をとることは，生存のために必須である。緑藻クラミドモナスは眼点と呼ばれる光受容器官によって光を認識し，光に対して接近や忌避をする［ 1 ］を示す。近年，この眼点の細胞膜で機能する「チャネルロドプシン」と呼ばれる膜タンパク質に注目が集まってきた。チャネルロドプシンは，脊椎動物の視覚において機能するロドプシンと同じく，生体において光情報の変換にはたらく光受容タンパク質である。ロドプシンは，［ 2 ］というタンパク質と［ 3 ］が結合した形で構成されており，光受容過程では網膜上の高い光感度を示す視細胞である［ 4 ］において主に機能する。光が受容されることにより，ビタミン A の一種である［ 3 ］が［ 2 ］から遊離し，そのシグナルが細胞内の他のタンパク質へと伝達された結果，［ 4 ］に電気的な変化が生じる。一方で，チャネルロドプシンは光駆動性のチャネルであり，青色光を吸収するとチャネルが開き，陽イオン，特にナトリウムイオンを［ 5 ］に従って細胞外から内へと［ 6 ］によって通過させる。このチャネルロドプシンを神経科学研究へと応用し，多様な行動を司る神経細胞の働きの解明が進んできた。

［文 2］

図 1 ― 1 で示すように，実験動物であるマウスは，<u>部屋 A で電気ショックを受け，恐怖記憶を形成することにより，再度，部屋 A に入った際に過去の恐怖記憶を想起し，「すくみ行動」という恐怖反応を示す</u>(ア)ようになる。一方で，部屋 A

とは異なる部屋Bに入った時には，すくみ行動は示さない。脳内では，記憶中枢である海馬という領域の神経細胞が，記憶の形成と想起に関わっていることが明らかになっており，「記憶形成時に強く興奮した一部の神経細胞が，再度，興奮することにより，記憶の想起が引き起こされる」と考えられている。(イ)

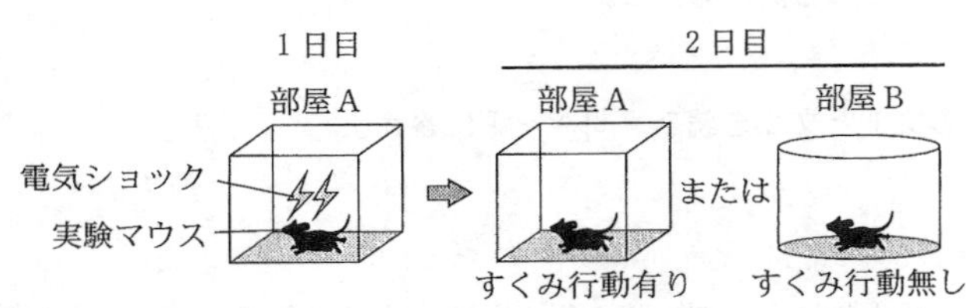

図1―1　恐怖記憶の形成とすくみ行動

さらに，近年では遺伝子組換え技術を組み合わせ，海馬の神経細胞における記憶の形成・想起のメカニズムが詳しく研究されている。例えば，特定の刺激によって興奮した神経細胞の機能を調べるための遺伝子導入マウスが作製された。強く興奮した神経細胞内で転写・翻訳が誘導される遺伝子Xの転写調節領域を(ウ)利用して，図1―2に示すような人工遺伝子を海馬の神経細胞に導入した。遺伝子Xの転写調節領域の働きで発現したタンパク質Yは，薬剤Dが存在する条件下でのみ，調節タンパク質としてタンパク質Y応答配列に結合し，その下流に位置するチャネルロドプシン遺伝子の発現を誘導することができる。

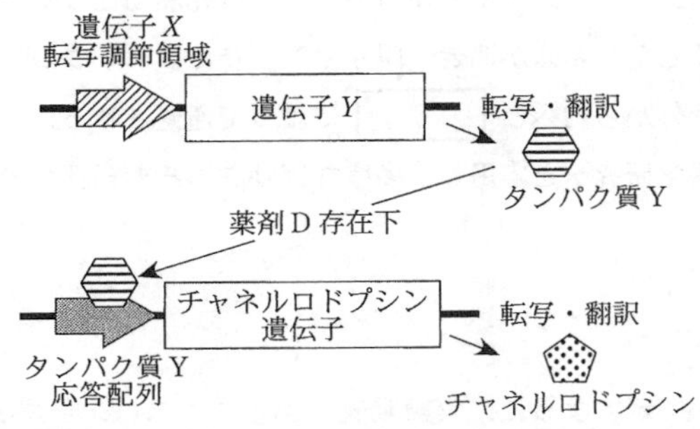

図1―2　海馬の神経細胞に導入した人工遺伝子

図1―2の遺伝子導入を施したマウスを用いて，図1―1と同様の行動実験を行った。1日目に部屋Aで電気ショックを与え，恐怖記憶を形成させた後，2日目に部屋Aまたは部屋Bの中に入れ，その際のすくみ行動の時間を測定した。

その際，薬剤Dと青色光照射の有無の組み合わせにより，図1―3に示す実験群1～実験群4を設定した。「薬剤D投与有り」では1日目の電気ショックを与える前にマウスに薬剤Dを投与した一方，「薬剤D投与無し」では薬剤Dを投与せずに電気ショックを与えた。(エ)投与した薬剤Dは電気ショックを与えた後，速やかに代謝・分解された。また，「青色光照射有り」では，2日目にマウスを部屋Aまたは部屋Bに入れた際に，海馬領域に対してある一定の頻度(1秒間に20回)で青色光照射を行った。一方，「青色光照射無し」では青色光照射は行わなかった。それぞれの実験群における2日目のすくみ行動の時間を図1―3に示す。ただし，(オ)実験群2のマウスは2日目の行動実験では，すくみ行動以外の顕著な行動変化は現れず，恐怖記憶以外の記憶は想起されなかった。

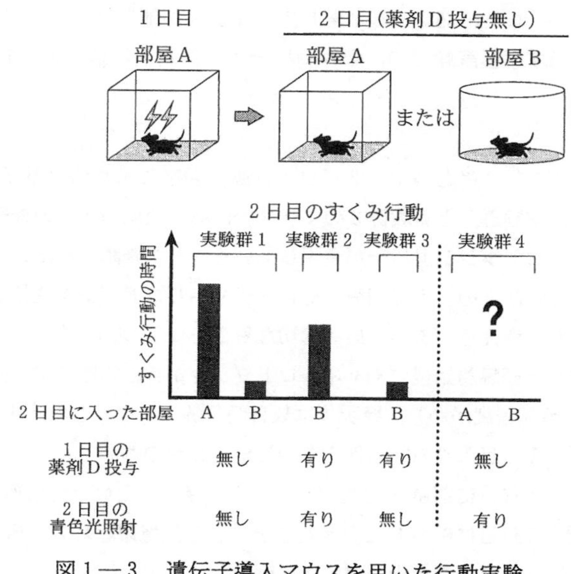

図1―3　遺伝子導入マウスを用いた行動実験

2022年　入試問題

〔問〕

A [1] ～ [6] に入る最も適切な語句を，以下の語群の中から1つずつ選べ。

〔語群〕 錐体細胞，光屈性，フェロモン，レチナ，走化性，ペニシリン，ATP，桿体細胞，レチナール，能動輸送，形成体，走光性，オプシン，濃度勾配，受動輸送，吸光性，ミオグロビン，生殖細胞，競争阻害，グルコース

B 生体膜の選択的透過性においてポンプの持つ機能を，生体エネルギーとの関連に触れつつ，問Aの語群で挙げられた語句を3つ用いて1行程度で説明せよ。ただし解答文で，用いた語句3つには下線を引くこと。

C 人為的にチャネルロドプシンを発現させた哺乳類の神経細胞に青色光を照射すると，神経細胞において何が起こると予想されるか，イオンの流れも含めて2行程度で説明せよ。

D パブロフの行った実験にも共通する，下線部(ア)のような行動現象を何と言うか。また，図1―1に関して，マウスが部屋Aにおいてのみすくみ行動を示す学習課題での，条件刺激と無条件刺激は何かをそれぞれ単語で答えよ。

E 図1―3において，2日目の行動実験後に海馬の神経細胞を調べたところ，実験群2と実験群3のマウスでは海馬領域の一部の神経細胞のみにチャネルロドプシン遺伝子が発現していることが確認された。下線部(ウ)(エ)を考慮すると，どのような刺激に応じてチャネルロドプシン遺伝子の発現が誘導されたと考えられるか，最も適切なものを以下の(1)～(4)の中から1つ選べ。ただし，誘導開始後にチャネルロドプシンが神経細胞内で十分量発現するまで24時間程度かかり，発現後は数日間分解されないものとする。

(1) 1日目よりも前の何らかの記憶形成時の刺激

(2) 1日目に部屋Aで電気ショックを受けたという記憶形成時の刺激

(3) 2日目に部屋Bに入ったことによる記憶想起時の刺激

(4) 2日目の青色光照射による刺激

F　図1―3に示される実験群2のマウスが，部屋Bですくみ行動を示したのは何故か。実験群1と実験群3の部屋Bでの結果を考慮し，青色光照射により何が起こったかに触れながら，理由を3行程度で述べよ。

G　図1―3に示される実験群4のマウスが，部屋A・部屋Bで示すすくみ行動の時間について，最も適切なものを以下の(1)~(6)の中から1つ選べ。ただし，光照射そのものはマウスの任意の行動に影響を与えないものとする。また，すくみ行動の時間の絶対値については，併記した実験群1・実験群2の結果を参考にせよ。

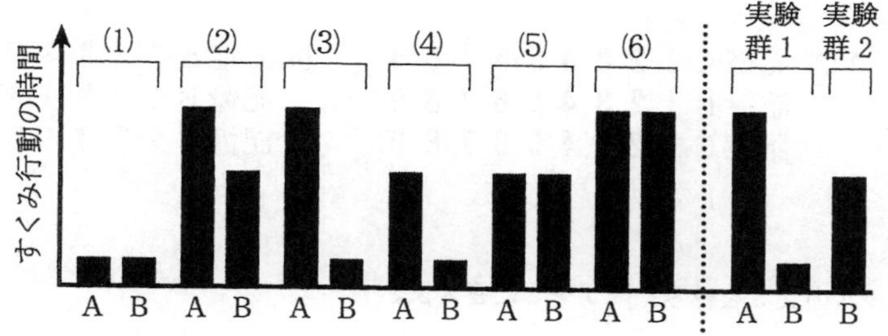

H　実験群2と同様の薬剤D投与有り・青色光照射有りという条件で，部屋Aとも部屋Bとも全く異なる部屋Cにおいて2日目に青色光照射を行うと，実験マウスはどのような行動をどの程度示すと予想されるか，1行程度で述べよ。

I　海馬領域の神経細胞が，「限られた数の細胞」で「膨大な数の記憶」を担うためには，どのような神経細胞の「組み合わせ」でそれぞれの記憶に対応する戦略が最適だと考えられるか。海馬が仮に1～9の異なる9つの神経細胞で構成されていると仮定し，記憶A・記憶B・記憶C...という膨大な数の記憶を担う際の，神経細胞と記憶の対応関係の例として最も適切なものを以下の(1)~(6)の中から1つ選べ。ただし，文2と問Eの実験結果，および下線部(イ)

(オ)を考慮せよ。また，太黒字で示された番号が記憶形成時に興奮した神経細胞とする。

(1) 記憶A 1 **2** 3 4 **5** 6 **7** 8 9
記憶B 1 **2** 3 4 **5** 6 **7** 8 9
記憶C 1 **2** 3 4 **5** 6 **7** 8 9
⋮　⋮

(2) 記憶A 1 **2** 3 4 5 6 7 8 9
記憶B 1 2 3 4 5 6 7 **8** 9
記憶C 1 2 3 **4** 5 6 7 8 9
⋮　⋮

(3) 記憶A **1 2 3 4 5 6 7 8 9**
記憶B **1 2 3 4 5 6 7 8 9**
記憶C **1 2 3 4 5 6 7 8 9**
⋮　⋮

(4) 記憶A **1** 2 3 4 5 **6** 7 8 **9**
記憶B 1 **2** 3 **4** 5 6 **7** 8 9
記憶C 1 2 3 **4** **5** 6 7 8 **9**
⋮　⋮

(5) 記憶A **1** 2 3 4 5 **6** 7 8 **9**
記憶B 1 **2** **3** 4 5 6 **7** 8 9
記憶C 1 2 3 **4** **5** 6 7 **8** 9
⋮　⋮

(6) 記憶A 1 2 3 4 5 6 **7** 8 9
記憶B 1 2 3 4 5 6 **7** 8 9
記憶C 1 2 3 4 5 6 **7** 8 9
⋮　⋮

II　次の文3を読み，問J～Lに答えよ。

［文3］

マウスを含めた多くの動物は，自身のいる空間を認識し，空間記憶を形成・想起できることが知られている。これまでに空間認識の中心的役割を担う「場所細胞」という神経細胞が海馬領域で発見されてきた。それぞれの場所細胞は，空間記憶の形成後にはマウスの滞在位置に応じて異なった活動頻度(一定時間あたりの，活動電位の発生頻度)を示す。図1―4に，マウスがある直線状のトラックを右から左，または左から右へと何往復も歩行し，この空間を認識した際の5つの異なる場所細胞の活動頻度を示した。

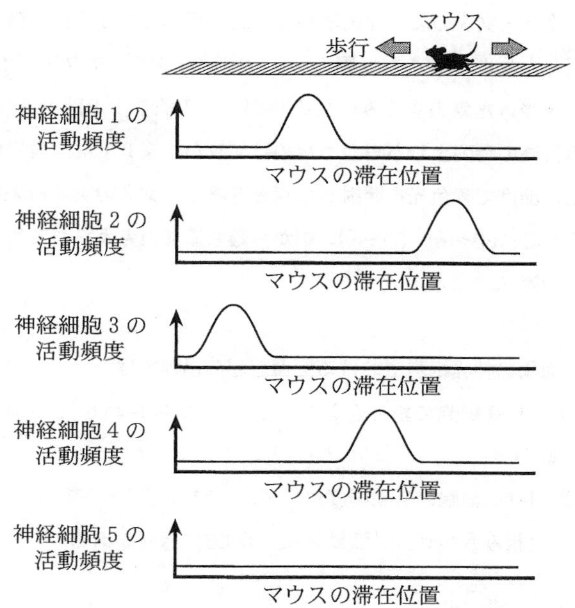

図 1 ― 4　マウスの滞在位置に応じた，場所細胞の活動頻度の変化

〔問〕

J　社会性昆虫であるミツバチは，餌場の位置などの空間を認識・記憶し，コロニー内の他個体に伝達する。餌場が近いときと遠いときに示す，特徴的な行動の名称をそれぞれ単語で答えよ。

K　図 1 ― 4 について，マウスが直線状のトラックを右端から左端まで歩行するのにしたがい，神経細胞 1 ～神経細胞 5 は経時的にどのような順番で活動頻度の上昇が観察されると考えられるか。3 → 5 → 1 という形式で順番を示せ。ただし，含まれない番号があってもよいものとする。

L　文2・文3のような実験から，記憶想起における神経細胞の働きの一端が明らかになってきた。図1—3の実験群2で，マウスが部屋Bで青色光照射を受けた際のすくみ行動の時間が，実験群1の部屋Aで観察されたすくみ行動の時間よりも短かったのは何故か。文2では，海馬領域全体にある一定の頻度で青色光を照射した点を考慮し，文3の実験結果をもとに，以下の(1)〜(3)，(4)〜(6)，(7)〜(9)の中から最も適切と考えられるものをそれぞれ1つずつ選べ。

海馬の神経細胞における記憶想起の過程では，

(1)　「神経細胞の組み合わせ」(以下，「組み合わせ」と表記)にのみ意味がある。

(2)　「神経細胞の活動頻度」(以下，「活動頻度」と表記)にのみ意味がある。

(3)　「組み合わせ」と「活動頻度」の両方に意味がある。

実験群1の2日目において，マウスが部屋Aに入れられた際，恐怖記憶を担う細胞は記憶想起するために，

(4)　適切な「組み合わせ」と，適切な「活動頻度」で興奮した。

(5)　適切な「組み合わせ」と，適切でない「活動頻度」で興奮した。

(6)　適切でない「組み合わせ」と，適切な「活動頻度」で興奮した。

実験群2の2日目において，一定の頻度で与えた青色光照射の刺激によって，恐怖記憶を担う細胞が刺激された。それらの細胞の興奮は，実験群1の2日目に部屋Aに入れられた時と比較して，記憶想起するために，

(7)　適切な「組み合わせ」と，適切な「活動頻度」で興奮した。

(8)　適切な「組み合わせ」と，適切でない「活動頻度」で興奮した。

(9)　適切でない「組み合わせ」と，適切な「活動頻度」で興奮した。

第2問

次のⅠ，Ⅱの各問に答えよ。

Ⅰ　次の文章を読み，問A～Fに答えよ。

光合成は生物が行う(ア)同化反応の一種である。光合成は，光エネルギーを化学エネルギーに変換し，無機物から有機物を生み出す反応であり，(イ)十分な光が供給される昼間に行われる。これに対して，(ウ)光が当たらない夜間には光合成は行われず，光合成に関わる酵素の多くが不活性化される。植物では，この不活性化には，(エ)実験1で示すような光合成に関わる酵素タンパク質の特定のアミノ酸残基が受ける化学修飾が関与することがわかっている。このタンパク質化学修飾は，光合成で発生する還元力を利用して，酵素活性を直接的に調節する巧妙な仕掛けだと考えられている。朝が来て植物に光があたると，これらの酵素は再び活性化され，光合成が再開される。このとき，(オ)実験2に示すように，光合成能力が最大化されるまでの時間は，植物体への光の照射範囲に影響される。

光合成を行う原核生物であるシネココッカスの一種では，夜間にメッセンジャーRNAのほとんどが消失する。この(カ)メッセンジャーRNAの消失は，薬剤処理によって昼間に光合成を停止させても誘導される一方，夜間に呼吸を阻害すると誘導されない。また，この種のシネココッカスを昼間に転写阻害剤で処理すると死滅するが，夜間に転写阻害剤で処理しても，その生存にはほとんど影響がない。

このように，光合成生物は昼夜の切り替わりに応答して積極的に生理活性を調節し，それぞれの環境に適した生存戦略を進化させている。

実験 1　光合成に必須なシロイヌナズナ由来の酵素 A について実験を行った。

酵素 A タンパク質の末端領域には，周囲の酸化還元状態に依存してジスルフィド結合を形成しうる側鎖をもつ 2 つのシステイン残基(Cys①および Cys②)がある。酵素活性を調べるため，野生型酵素 A および Cys②を含むタンパク質末端領域を欠失した変異型酵素 A' を作製した。作製した酵素にジスルフィド結合の形成を誘導し，活性を測定したところ，図 2 ― 1 に示す結果を得た。さらに，野生型酵素 A あるいは変異型酵素 A' を発現するシロイヌナズナ植物体を作製し，異なる明暗期条件で 30 日間生育させて生重量を測定した結果を，図 2 ― 2 に示した。

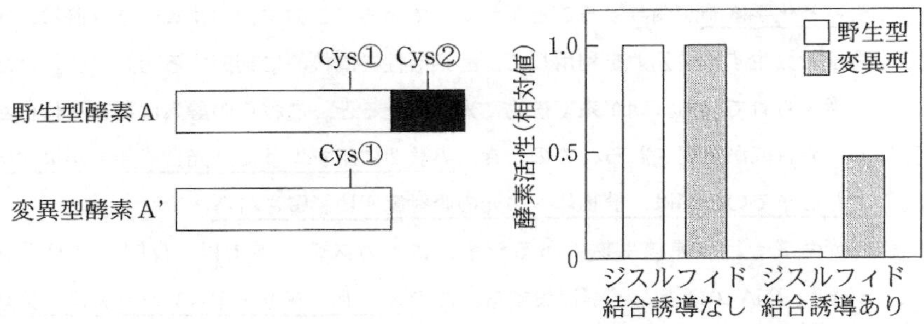

図 2 ― 1　光合成に関わる酵素 A のタンパク質の一次構造の模式図(左)と野生型酵素 A および変異型酵素 A' の酵素活性(右)

変異型酵素 A' では，野生型酵素 A のうち，Cys②を含む黒塗りで示す部分が欠失している。棒グラフは，野生型酵素 A のジスルフィド結合誘導なしの条件の値を 1.0 とした場合の相対酵素活性を示している。

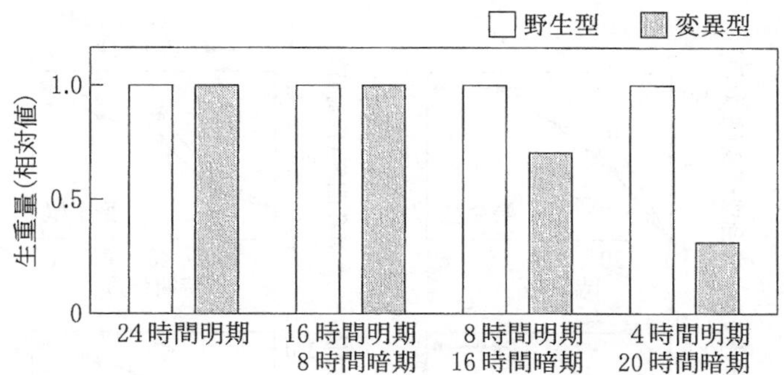

図 2 ― 2　野生型酵素 A あるいは変異型酵素 A' を発現するシロイヌナズナを異なる明暗期条件で成長させたときの植物体生重量

各条件における野生型酵素を発現するシロイヌナズナの生重量を 1.0 とした場合の相対生重量を示している。

実験 2　暗所に静置していたシロイヌナズナ野生型植物およびアブシシン酸輸送体欠損変異体 X に光を照射し，光合成速度と気孔開度を測定した。図 2 ― 3 のように光合成速度と気孔開度を測定する葉 1 枚にのみ，あるいは植物体全体に光を照射したところ，図 2 ― 4 に示す結果を得た。

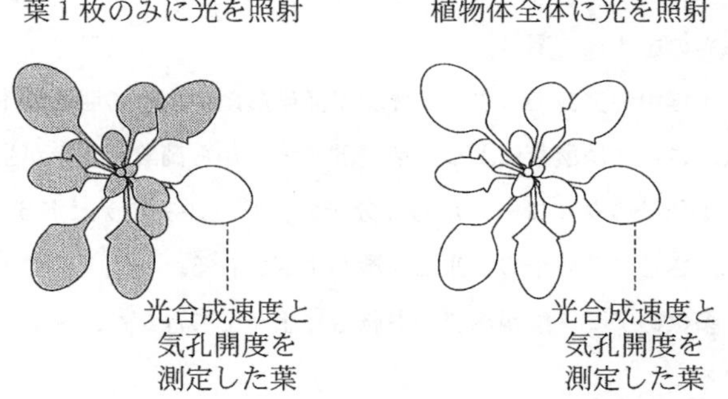

図 2 ― 3　シロイヌナズナ野生型植物およびアブシシン酸輸送体欠損変異体 X への光照射方法

植物体の白く示した部分に光を照射して，光合成を活性化した。

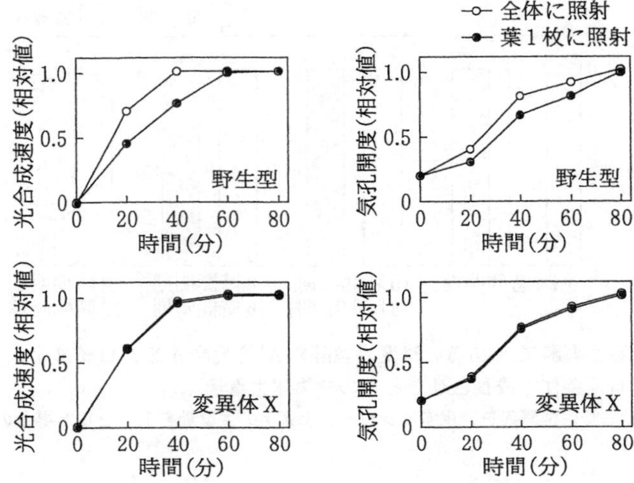

図2―4　シロイヌナズナ野生型植物およびアブシシン酸輸送体欠損変異体Xの光合成速度と気孔開度

野生型および変異体Xのそれぞれの最大値を1.0としたときの，相対光合成速度および相対気孔開度を示している。

〔問〕

A　下線部(ア)について。以下の(1)~(4)の生物学的反応のうち，同化反応に含まれるものをすべて選べ。

(1)　土壌中のアンモニウムイオンが亜硝酸菌によって亜硝酸イオンに変換され，さらに硝酸菌によって亜硝酸イオンから硝酸イオンが生成される。

(2)　1分子のグルコースから2分子のグリセルアルデヒド3-リン酸が作られ，さらに2分子のピルビン酸が生成される。

(3)　多数のアミノ酸がペプチド結合によってつながれ，タンパク質が合成される。

(4)　細胞内に取り込まれた硫酸イオンが亜硫酸イオンに，さらに亜硫酸イオンが硫化物イオンに変換され，*O*-アセチルセリンと硫化物イオンが結合することでシステインが生成される。

B　下線部(イ)について。一般的な植物は，十分な光が当たっている昼間に二酸化炭素を取り込み，光合成を行う。一方，CAM 植物と呼ばれる植物は，二酸化炭素の取り込みを夜間に行うことが知られている。以下の(1)～(3)のCAM 植物について述べた文章として正しいものを，(a)～(d)から1つずつ選べ。ただし，(a)～(d)は複数回選んでもかまわない。

解答例：(1)―(a)，(2)―(b)，(3)―(c)

(1)　砂漠に生育するサボテン科の多肉植物

(2)　藻類が繁茂する湖沼に生育するミズニラ科の水生植物

(3)　熱帯雨林の樹上や岩場に生息するパイナップル科の着生植物

(a)　湿度や温度が最適条件に近く，光が十分強い場合には，葉内の二酸化炭素濃度が光合成の制限要因となりうるため，二酸化炭素を濃縮する機構を発達させている。

(b)　日中に気孔を開くと，体内水分が激しく奪われてしまうため，相対湿度が高い夜間に気孔を開いて二酸化炭素を吸収する。

(c)　周辺の二酸化炭素濃度が低いため，他の生物が呼吸を行い二酸化炭素濃度が上昇する夜間に，積極的に二酸化炭素吸収を行う。

(d)　共生している菌類が作り出す栄養分を共有することで発芽・成長し，ある程度育った段階から光合成を行うようになる。

C　下線部(ウ)について。こうした酵素の1つに，二酸化炭素の固定を行うリブロース 1,5-ビスリン酸カルボキシラーゼ/オキシゲナーゼ(略してルビスコ)がある。ルビスコが活性化されているときに光合成速度を低下させる要因を2つ挙げ，その理由をそれぞれ1行程度で述べよ。

D　下線部(エ)について。図２―１および図２―２に示された実験１の結果から推察されることについて述べた以下の(1)~(4)のそれぞれについて，正しいなら「○」を，誤っているなら「×」を記せ。

解答例：(1)―○

(1)　酵素Ａのジスルフィド結合は，十分な光合成活性を得るため，昼間に積極的に形成される必要がある。

(2)　酵素Ａの不活性化は，Cys②を介したジスルフィド結合によってのみ制御されている。

(3)　ジスルフィド結合による酵素Ａの活性制御は，明期の時間よりも暗期の時間が長くなるほど，植物の生育に影響を与える。

(4)　変異型酵素A'を発現する植物では，光合成活性が常に低下するため，昼の時間が短くなると植物の生育が悪くなる。

E　下線部(オ)について。野生型において，葉１枚のみに光を照射するより植物体全体に光を照射した方が，光合成能力が最大化するまでの時間が短いのは，どういう機構によると考えられるか。図２―４で示した結果から考えられることを，アブシシン酸のはたらきに着目して３行程度で説明せよ。

F　下線部(カ)について。この機構について考えられることを，エネルギーの供給と消費の観点から，以下の３つの語句をすべて使って２行程度で説明せよ。

呼吸，ATP，能動的

Ⅱ　次の文章を読み，問G～Jに答えよ。

葉緑体は植物に特有の細胞小器官であり，原始的な真核生物にシアノバクテリアが取り込まれ，共生することで細胞小器官化した(キ)と考えられている。この考えの根拠の1つが，シアノバクテリアと葉緑体との間で見られる，膜を構成する脂質分子種の類似性である。生体膜を形成する極性脂質には大きく分けてリン脂質と糖脂質が存在し，植物の細胞膜とミトコンドリア膜はリン脂質を主成分としている。これに対して，シアノバクテリアと葉緑体の膜の主成分は糖脂質であり，大部分が，図2―5に示すような糖の一種ガラクトースをもつガラクト脂質(ク)である。

では，なぜそもそもシアノバクテリアは糖脂質を主成分とする膜を発達させたのだろうか。その理由については，貧リン環境への適応(ケ)がその端緒であったという説が有力視されている。遺伝子操作によって図2―5に示すジガラクトシルジアシルグリセロール(DGDG)の合成活性を大きく低下させたシアノバクテリアでは，通常の培養条件では生育に影響はないが，リン酸欠乏条件下では生育が大きく阻害される。また，植物では，リン酸欠乏条件下ではDGDGの合成が活性化され，ミトコンドリアや細胞膜のリン脂質がDGDGに置き換わる(コ)様子も観察される。糖脂質を主成分とする膜の進化は，光合成生物が，光合成産物である糖をいかに積極的に利用してさまざまな栄養環境に適応してきたのかを教えてくれる。

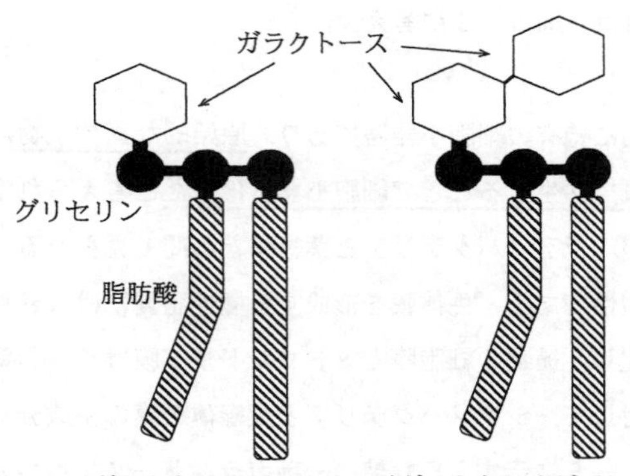

図2―5　シアノバクテリアと葉緑体の膜に多く存在する糖脂質である，ガラクト脂質構造の模式図

黒で塗った領域はグリセリンに，斜線で示した領域は脂肪酸に，白い六角形はガラクトースに由来する部分を，それぞれ示している。

〔問〕

G　下線部(キ)の考えを細胞内共生説とよぶ。この考えに関連した以下の(1)～(4)の記述のうち，正しいものをすべて選べ。

(1)　シアノバクテリアが葉緑体の起源であり，古細菌がミトコンドリアの起源であると考えられている。

(2)　葉緑体やミトコンドリアは，共生初期には独自のDNAをもっていたが，現在ではそのすべてを失っている。

(3)　真核生物の進化上，ミトコンドリアと葉緑体の共生のうち，ミトコンドリアの共生がより早い段階で確立したと考えられている。

(4)　シアノバクテリアの大繁殖による環境中の酸素濃度の低下が，細胞内共生を促した一因であると考えられている。

H　下線部(ク)について。ガラクト脂質の生合成に関わる酵素について分子系統樹を作成した時，細胞内共生説から想定される系統関係を表した図として最も適したものを，以下の(a)~(e)から1つ選べ。ただし，バクテリアAおよびBは，シアノバクテリア以外のバクテリアを示している。

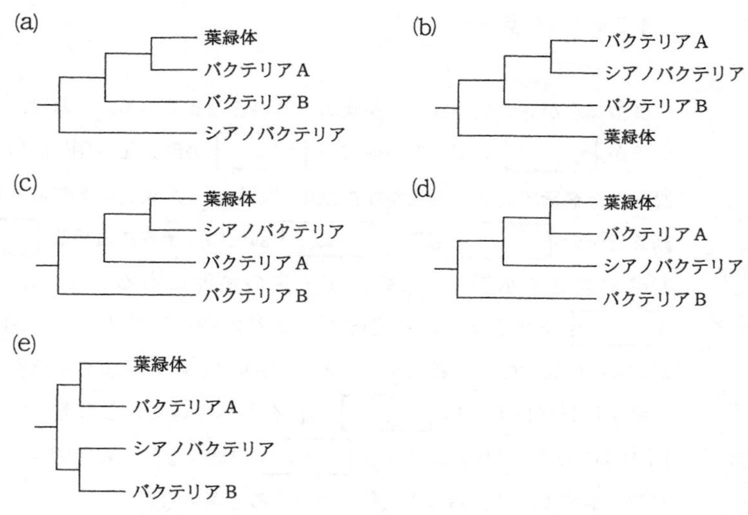

I　下線部(ケ)について。貧リン環境下で膜の主成分を糖脂質とすることの利点を，リンの生体内利用の観点から2行程度で説明せよ。

J　下線部(コ)について。以下の文章は，リン酸欠乏時にリン脂質と置き換わる糖脂質が，モノガラクトシルジアシルグリセロール(MGDG)ではなくジガラクトシルジアシルグリセロール(DGDG)である理由について考察している。文章の空欄を埋めるのに最も適した語句を下の選択肢から選び，解答例にならって答えよ。ただし，語句は複数回選んでもかまわない。

解答例：1—親水性

真核細胞がもつ生体膜は，脂質二重層からなっている。これは，リン脂質分子が［ 1 ］の部分を内側に，［ 2 ］の部分を外側に向けて二層にならんだ構造である。脂質が水溶液中でどういった集合体を形成するかは，脂質分子の［ 1 ］部位と［ 2 ］部位の分子内に占める［ 3 ］の割合に大きく依存し，この比が一定の範囲にあるとき，分子の形が［ 4 ］を取るため，安定的な二重層構造が可能となる。図2—5のMGDGとDGDGの模式図を見ると，DGDGはMGDGよりガラクトース分子約1個分だけ大きい［ 5 ］部位をもっている。この違いによって，DGDGの分子はMGDGよりも［ 4 ］に近くなり，安定的な二重層構造を取りやすく，リン脂質の代替となりうると考えられる。

選択肢：親水性，疎水性，可溶性，不溶性，面積，体積，長さ，円筒形，
円錐形，球形

第3問

次のⅠ，Ⅱの各問に答えよ。

Ⅰ　次の文章を読み，問A～Dに答えよ。

(ア)脊椎動物の中枢神経系が形成される過程において，神経幹細胞が多様なニューロンへと分化することが知られている。正常な個体発生では，全ての神経幹細胞が一度にニューロンへと分化してしまい神経幹細胞が予定よりも早く枯渇することがないように調節されている。ここではノッチシグナルと呼ばれる以下のシグナル伝達経路が重要なはたらきをしている。

リガンドである膜を貫通するタンパク質(デルタタンパク質)が，隣接する神経幹細胞の表面に存在する受容体(ノッチタンパク質)を活性化する。デルタタンパク質により活性化されたノッチタンパク質は，酵素による2段階の切断を経て，細胞内へとシグナルを伝達する(図3―1)。最初に細胞外領域が膜貫通領域から切り離され，次に細胞内領域が膜貫通領域から分離する。切り離されたノッチタンパク質の細胞内領域は核内へと輸送され，それ自身がゲノムDNAに結合することにより標的遺伝子の転写を制御する。標的遺伝子の機能により，ノッチシグナルが入力された細胞は未分化な神経幹細胞として維持される。

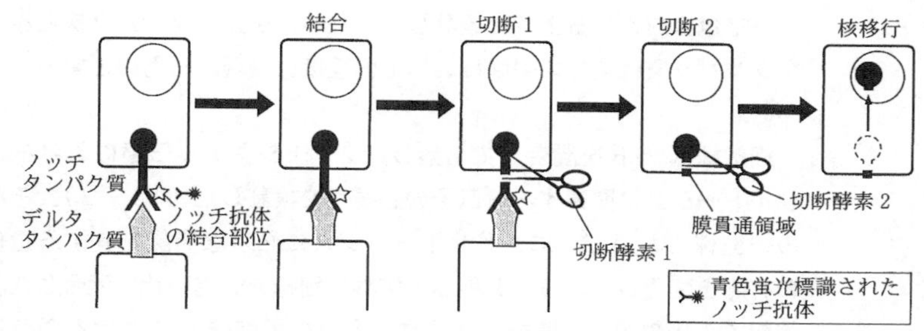

図3―1　ノッチタンパク質が活性化される過程
リガンドであるデルタタンパク質との結合が引き金となり，ノッチタンパク質の2段階の切断が起こる。最終的に細胞内領域が核内に輸送され，標的遺伝子の転写を制御する。ノッチタンパク質の細胞外領域にある星印は，実験2で使用するノッチ抗体(ノッチタンパク質を認識する抗体)の結合部位を示している。

ノッチシグナル伝達の活性化機構を明らかにするために，次の一連の実験を行った。

実験1　ショウジョウバエなどのモデル動物においては，エンドサイトーシス(イ)に関わる遺伝子の突然変異体が，ノッチシグナルの欠損と同様の発生異常を示す。このことから，エンドサイトーシスに関連する一連の遺伝子がノッチシグナルの伝達に必要であることが推測された。ノッチシグナルの送り手の細胞(デルタタンパク質を発現する細胞)と，受け手の細胞(ノッチタンパク質を発現する細胞)のどちらにおいてエンドサイトーシスが必要であるか調べるために以下の実験を行った。

初期条件ではノッチタンパク質とデルタタンパク質のどちらも発現しない培養細胞を用いて，次のような2種類の細胞株を作製した。

受け手細胞株A：改変したノッチタンパク質が常に一定量発現するように設計した。改変したノッチタンパク質の効果により，入力されたノッチシグナルの量に依存して，緑色蛍光タンパク質が合成される。緑色蛍光タンパク質は核に集積するように設計されているため，核における緑色蛍光強度を測定することにより，ひとつひとつの細胞に入力されたノッチシグナルの量を知ることができる。なお，全ての細胞は同様にふるまうものとする。

送り手細胞株B：デルタタンパク質とともに，赤色蛍光タンパク質が常に一定量合成されるように設計した。なお，デルタタンパク質と赤色蛍光タンパク質は全ての細胞において同程度に発現するものとする。

細胞株AとBを混合して培養し，ノッチシグナル伝達におけるエンドサイトーシスに関連する遺伝子の必要性を検証した(図3—2)。それぞれの細胞株において，エンドサイトーシスに必須な機能を有する遺伝子Xの有無を変更してから，2種類の培養細胞株を一定の比で混合した。混合状態での培養を2日間行った後に，多数の細胞株Aにおける緑色蛍光強度を測定した(図3—3)。なお，図3—3に示す結果は，4つの実験条件における多数の細胞の測定値の平均を，条件1の値が1.0になるように標準化したものである。培養容器中の細胞数は4つの実験条件間で同一であったものとする。

条件1：野生型(機能的な遺伝子Xが存在する状態)の受け手細胞株Aと，野生型の送り手細胞株Bを使用した。

条件2：遺伝子Xを除去した受け手細胞株Aと，野生型の送り手細胞株Bを使用した。

条件3：野生型の受け手細胞株Aと，遺伝子Xを除去した送り手細胞株Bを使用した。

条件4：遺伝子Xを除去した受け手細胞株Aと，遺伝子Xを除去した送り手細胞株Bを使用した。

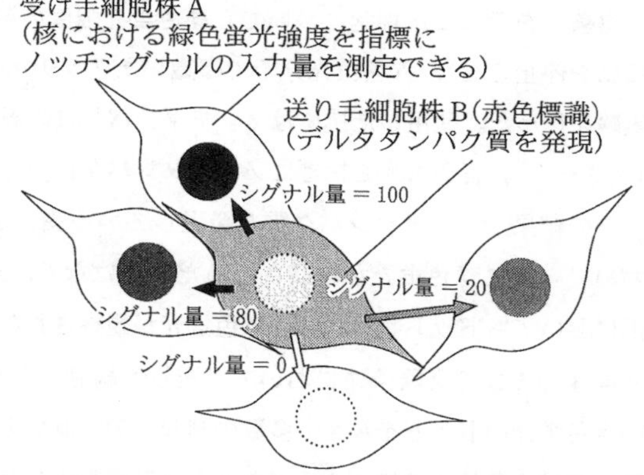

図3―2　ノッチシグナルの受け手細胞株Aと送り手細胞株Bの模式図
細胞株AとBの2種類を混合して培養した。細胞株Bだけが赤色蛍光タンパク質で標識されているため，2種類の細胞株を識別することが可能である。細胞株Aの核における緑色蛍光強度の測定値を指標にノッチシグナルが入力された量を評価する。

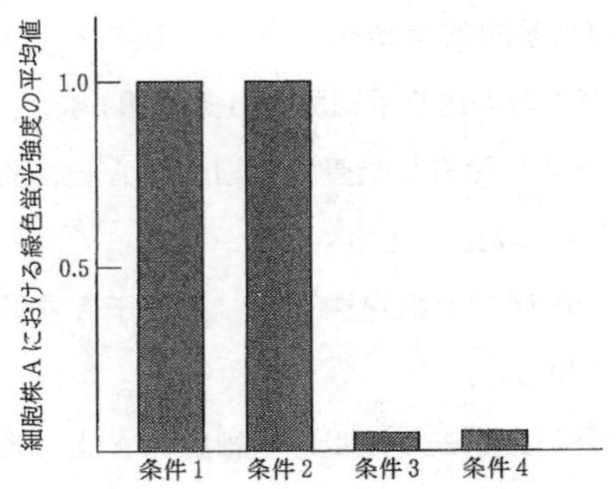

図3—3　ノッチシグナル伝達における遺伝子Xの必要性を調べた実験の結果

実験2　実験1を行なった細胞について，緑色蛍光強度の測定後に固定し(生命活動を停止させ)，青色蛍光分子で標識したノッチ抗体を用いて免疫染色実験を行った。使用した抗体はノッチタンパク質の細胞外領域に結合する(図3—1)。青色蛍光を指標にノッチタンパク質の分布を観察した。

その結果，ノッチタンパク質を発現している受け手細胞株Aの表面において一様に青色蛍光が観察されるだけではなく，送り手細胞株Bの内部においてもドット状(点状)の青色蛍光が観察された(図3—4)。実験1と同様の4つの実験条件において，送り手細胞株Bにおける細胞あたりの青色蛍光のドットを数え，多数の細胞での計測数の平均を得た。なお，測定値は，条件1の値が1.0になるように標準化した(図3—5)。

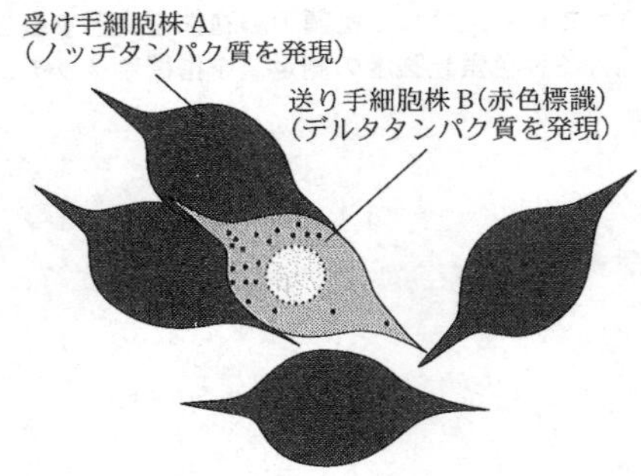

図3—4　ノッチタンパク質を認識する抗体を用いた免疫染色像
青色蛍光分子で標識したノッチ抗体の分布を黒い色で表示している。

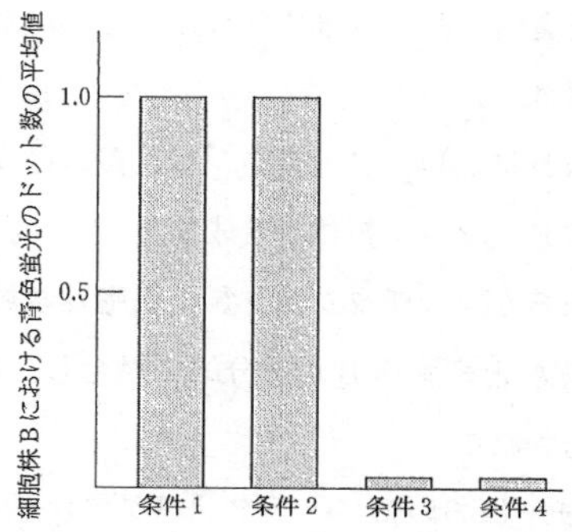

図3―5　ノッチ抗体を用いた免疫染色実験の結果

〔問〕

A　下線部(ア)に関して，両生類の中枢神経系が発生する過程を2行程度で説明せよ。ただし，「形成体」，「脊索」，「外胚葉」，「誘導」，「原口背唇部」の語句を必ず含めること。また解答文で，用いた語句5つには下線を引くこと。

B　下線部(イ)に関して，エンドサイトーシスとはどのような現象か，2行程度で説明せよ。

C　ノッチシグナル伝達における遺伝子Xの必要性を調べた図3―3の実験結果について，以下の(1)~(5)の選択肢から適切な解釈をすべて選べ。

(1)　遺伝子Xの機能は，ノッチシグナルを受容する細胞において必要である。

(2)　遺伝子Xの機能は，ノッチシグナルを受容する細胞において必要でない。

(3)　遺伝子Xの機能は，ノッチシグナルを送る細胞において必要である。

(4)　遺伝子Xの機能は，ノッチシグナルを送る細胞において必要でない。

(5)　遺伝子Xの機能は，ノッチシグナル伝達には関係しない。

D　問題文と実験1と2の結果を元に，以下の(1)~(7)の選択肢から適切な解釈をすべて選べ。

(1)　細胞株Bにおいてノッチタンパク質の合成が促進された。

(2)　細胞株Bがノッチ抗体を合成した。

(3)　細胞株Bがノッチタンパク質の細胞外領域を取り込んだ。

(4)　細胞株Aと細胞株Bが部分的に融合し，細胞株Aの内容物が細胞株Bへと輸送された。

(5)　細胞株Aにおいてノッチタンパク質が切断されたために，ノッチタンパク質の細胞外領域が細胞株Aから離れた。

(6)　細胞株Aにおける遺伝子Xの機能により，ノッチシグナルが活性化し，ノッチタンパク質を細胞外へと排出した。

(7)　遺伝子Xはノッチタンパク質の細胞外領域の分布に影響しない。

II　次の文章を読み，問Ｅ～Ｈに答えよ。

Ｉの実験により，ノッチシグナルの伝達とエンドサイトーシスとの関係がわかった。しかし，エンドサイトーシスがノッチシグナルの伝達をどのように制御するのかは長年解明されず，様々な仮説が提唱されてきた。現在受け入れられている仮説のひとつが「ノッチシグナルの張力依存性仮説」(ウ)である。この仮説では，エンドサイトーシスにより発生する張力が，ノッチシグナルの活性化に不可欠であると考えられている。ノッチシグナル伝達における張力の重要性を検証するために次の実験を行った。

実験 3　DNA は 4 種類のヌクレオチドが鎖状に重合し，2 本の鎖が対合した二重らせん構造をとる。望みの配列の DNA 鎖を容易に化学合成できる利点により，DNA を「紐」あるいは「張力センサー」として活用することができる。例えば，図 3 ― 6 のように，DNA の「紐」が耐えられる，張力限界値(引っ張り強度)を測定することが可能である。ある値を超える力がかかると，DNA の「紐」の一方の端が基盤から離れる。上向きに引き上げる力の大きさを少しずつ大きくし，DNA の「紐」の一端が基盤から離れる直前の力の大きさ(pN：ピコニュートンを単位とする)を張力限界値と見なすことができる。同一構造の多数の分子についての測定結果を統計的に処理することにより，特定の構造の DNA 分子の張力限界値を求めることができる。

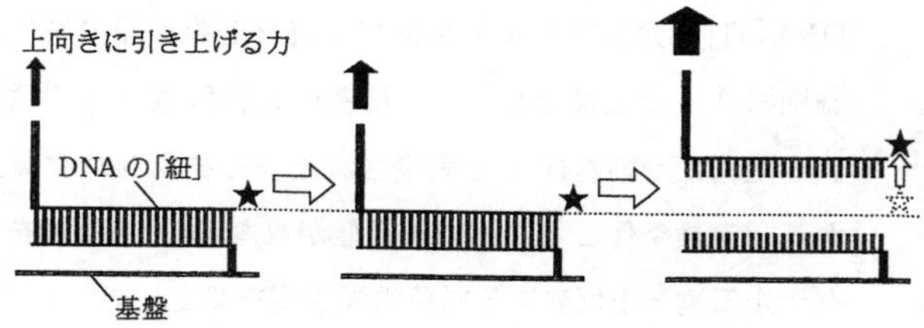

図 3 ― 6　DNA「紐」の張力限界値の測定原理

DNA「紐」を上向きに引っ張り上げる力を徐々に大きくしていき，「紐」の端点(星印)が基盤から大きく離れる直前の力の大きさをもとに張力限界値を求めた。

同様の測定方法により，図3－7のようなGC含量(DNAを構成する塩基に占めるグアニンとシトシンの割合。GC%)と塩基対の数が異なる様々な構造のDNA「紐」について，張力限界値を測定したところ，値の大きさは次の順になった。

(1)＜ α ＜ β ＜ γ ＜ δ

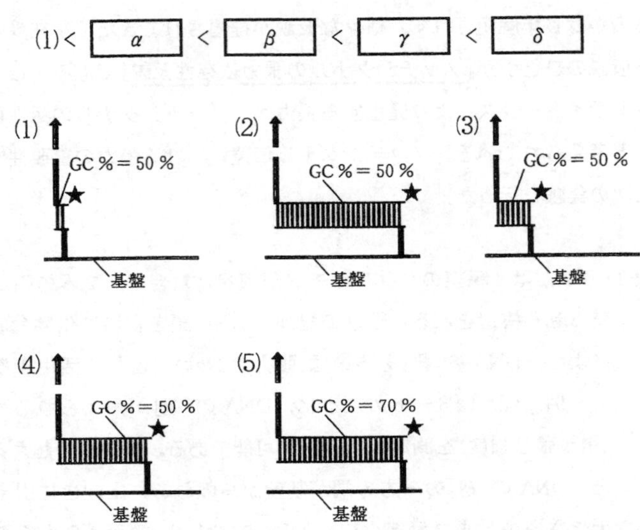

図3－7　DNA「紐」の張力限界値に対する塩基組成や塩基対の数の影響
それぞれのDNA「紐」の構造は等しい縮尺で描いてあり，DNA「紐」の中の縦線の本数は相対的な塩基対の数を示している。

実験4　実験1で作成した野生型の受け手細胞株Aを，張力限界値が異なるDNA「紐」に結びつけたデルタタンパク質の上で培養した(図3－8)。DNA「紐」を介してデルタタンパク質を培養容器の底に固定し，その上で細胞株Aを2日間培養した。培養中の細胞はたえず微小な運動を続けているために，細胞株Aと固定されたデルタタンパク質との間に張力がかかる。実験条件ごとに張力限界値が異なるDNA「紐」を使用し，ノッチシグナル伝達量を反映する緑色蛍光強度を測定した。5つの実験条件における多数の細胞の測定値を平均し，条件1の値が1.0になるように標準化した(図3－9)。

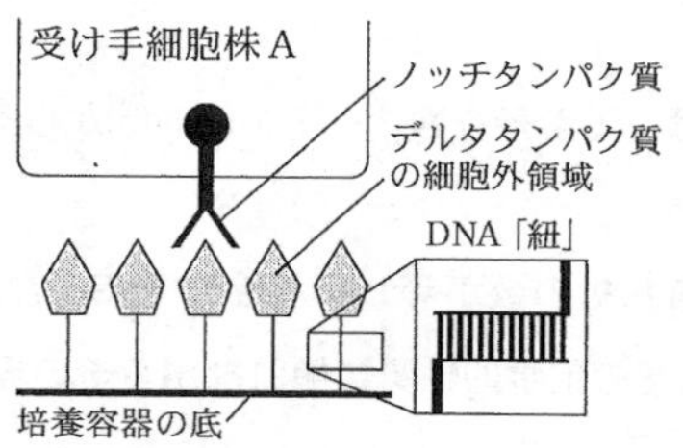

図3―8　ノッチ―デルタタンパク質間の張力が，ノッチシグナル伝達に与える影響を評価する実験の原理

実験条件

条件1：30 pN まで耐えられる DNA「紐」を使用する。

条件2：12 pN まで耐えられる DNA「紐」を使用する。

条件3：6 pN まで耐えられる DNA「紐」を使用する。

条件4：30 pN まで耐えられる DNA「紐」を使用し，かつ，培養液に DNA 切断酵素を添加する。ただし，DNA 切断酵素は細胞内には入らないものとする。

条件5：デルタタンパク質を DNA「紐」に結合せず，培養液中に溶解した状態にする。

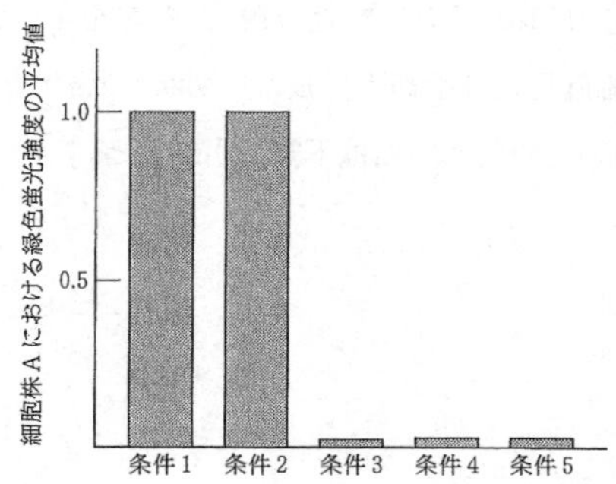

図3―9　ノッチ―デルタタンパク質間の張力が，ノッチシグナル伝達に与える影響を評価する実験の結果

〔問〕

E　α～δに当てはまる番号を図3—7の(2)～(5)からそれぞれ選べ。

F　DNA「紐」は塩基対の数が等しい場合でもGC含量の違いにより張力限界値が異なる。塩基の化学的性質に触れながらその理由を2行程度で述べよ。

G　図3—9に示す実験4の結果について，以下の(1)～(5)の選択肢から正しい解釈をすべて選べ。

(1)　ノッチタンパク質を活性化できる最小の張力は30 pNよりも大きい。

(2)　ノッチタンパク質を活性化できる最小の張力は12 pNよりも大きく，30 pN以下である。

(3)　ノッチタンパク質を活性化できる最小の張力は6 pNよりも大きく，12 pN以下である。

(4)　ノッチタンパク質を活性化できる最小の張力は6 pN以下である。

(5)　細胞株Aにおいて，ノッチシグナルが活性化するためには張力は必要でない。

H　図3—1に示す一連の過程に着目し，実験1～4の結果を踏まえて下線部(ウ)「ノッチシグナルの張力依存性仮説」の内容を4行程度で説明せよ。ただし，「受け手細胞」「送り手細胞」「張力」「切断」の語句を必ず含めること。また解答文で，用いた語句4つには下線を引くこと。

2021年

解答時間：2科目150分
配　　点：120点

第1問

次のⅠ，Ⅱの各問に答えよ。

Ⅰ　次の文1と文2を読み，問A～Eに答えよ。

［文1］

水は，ほとんどの生物の体内において最も豊富に存在する分子であり，生命活動の維持に必須である。水は代謝活動を担う化学反応の場を提供するとともに，(ア)生体分子やそれらが集合して形成する生体構造の維持にも重要な役割を果たす。このため，陸上に生息する多くの生物にとって水の確保は最優先課題の1つである。一方で，一部の生物種には，水をほぼ完全に失っても一時的に生命活動を停止するだけで，水の供給とともに生命活動を回復するものが知られている。このような乾燥ストレスに非常に高い耐性を示す動物ヨコヅナクマムシ(図1―1)と，その近縁種のヤマクマムシについて，以下の実験を行った。

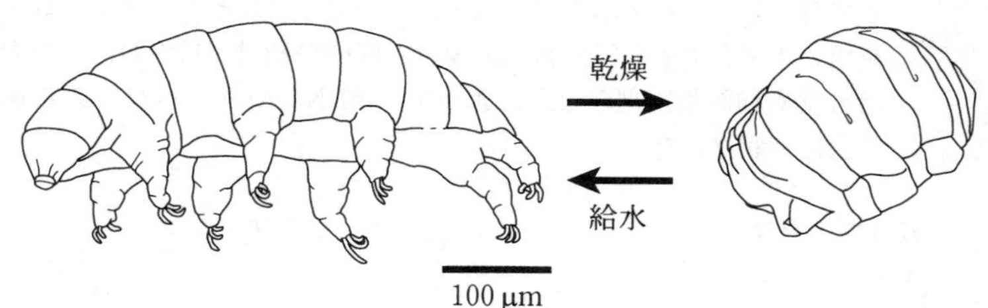

図1―1　ヨコヅナクマムシの乾燥と給水
乾燥すると右のように体を縮めて丸まった状態になる。

実験1　通常条件下で飼育したヨコヅナクマムシとヤマクマムシとを，厳しい乾燥条件に曝露(以降，この操作を「乾燥曝露」と呼ぶ)した後，給水後の生存率を調べたところ，図1―2に示すように種間に大きな違いが観察された。次に，乾燥曝露の前に，ヤマクマムシが死なない程度に弱めた乾燥条件に1日曝露しておくと(以降，この操作を「事前曝露」と呼ぶ)，乾燥曝露後のヤマクマムシの生存率が大きく上昇し，ヨコヅナクマムシとほとんど同じになった。

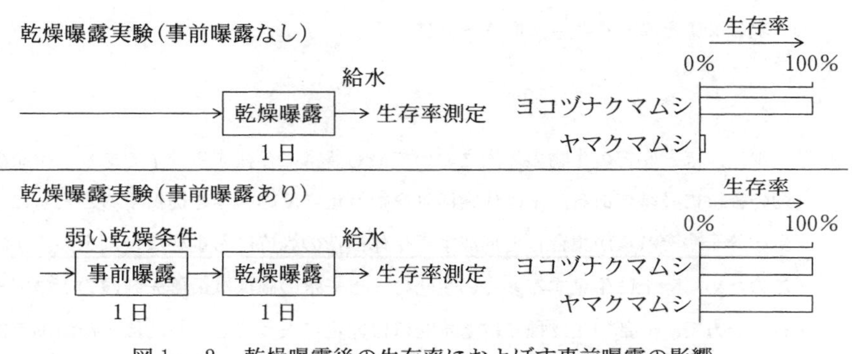

図1―2　乾燥曝露後の生存率におよぼす事前曝露の影響

実験2　ヨコヅナクマムシとヤマクマムシそれぞれに転写阻害剤を投与した後，事前曝露と乾燥曝露とを行い，給水後の生存率を測定した。対照として阻害剤で処理しない条件や，事前曝露のみで乾燥曝露を行わない条件も合わせて解析した。その結果は，図1―3のようになった。また，翻訳阻害剤を用いた場合にも転写阻害剤の場合と同様の結果が得られた。なお，転写阻害剤や翻訳阻害剤の投与によって，mRNAやタンパク質の新規合成は完全に抑制された。

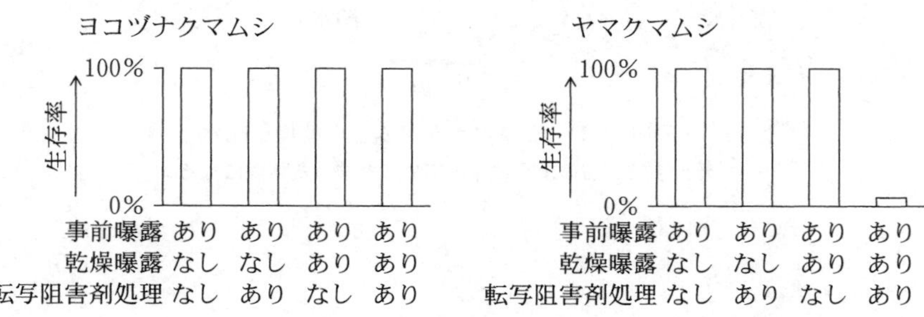

図1―3　生存率に与える乾燥曝露と転写阻害剤の影響

［文2］

3つの遺伝子A，B，Cはクマムシの乾燥ストレス耐性に関わっている。これらの遺伝子のいずれかを欠損させたヤマクマムシについて，事前曝露と乾燥曝露とを行ったところ，野生型に比べて生存率が大きく低下した。野生型ヤマクマムシにおける遺伝子A，B，CのmRNA量について次のような実験を行った。

実験3　ヤマクマムシを3群に分け，1群はそのまま(阻害剤なし)，次の1群には転写阻害剤を投与，最後の1群には翻訳阻害剤を投与した。その後，各群を事前曝露条件に置き，個体中の遺伝子A，B，CのmRNA量を経時的に測定したところ，図1―4の結果を得た。

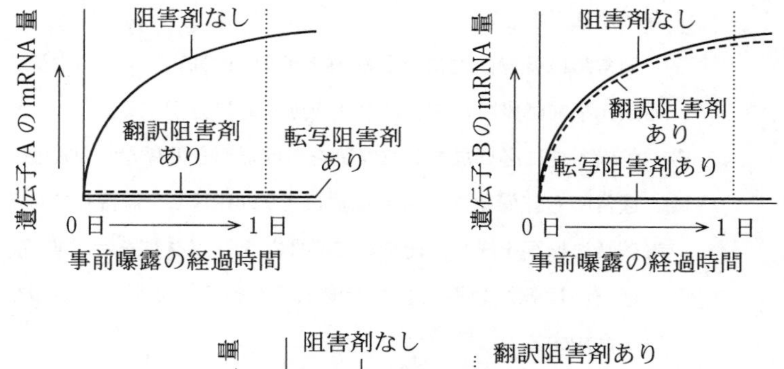

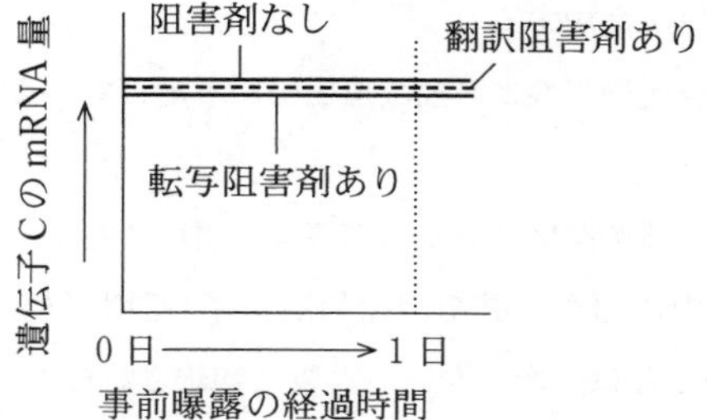

図1―4　事前曝露処理中の遺伝子A，B，CのmRNA量の変化

〔問〕

A　下線部(ア)について，水の存在下で安定化される生体構造の1つに生体膜がある。生体膜の主要な構成成分の特徴に触れつつ，水が生体膜の構造維持および安定化に果たす役割を3行程度で説明せよ。

B　実験1の結果から，ヨコヅナクマムシとヤマクマムシには乾燥ストレス耐性に違いがあると考えられる。実験2の結果と合わせて，ヨコヅナクマムシとヤマクマムシの乾燥ストレス耐性について最も適切に説明しているものを下記の選択肢(1)〜(6)から1つずつ選び，ヨコヅナクマムシ−(1)，ヤマクマムシ−(2)のように答えよ。なお，同じものを選んでもよい。

(1)　薬剤への感受性が強いため，転写阻害剤や翻訳阻害剤の投与によって生存率が低下する。

(2)　通常時は乾燥耐性に必要な遺伝子の mRNA とタンパク質を保持しているが，事前曝露時にタンパク質を選択的に分解する。

(3)　乾燥耐性に必要なタンパク質を事前曝露と関係なく常時保持している。

(4)　通常時も乾燥耐性に必要な遺伝子の mRNA を保持しているので，事前曝露時に転写を経ず，速やかに必要なタンパク質を合成する。

(5)　通常時は乾燥耐性に必要な遺伝子を転写しておらず，事前曝露時に転写・翻訳する。

(6)　乾燥耐性に必要な遺伝子が不足している。

C　生体の環境ストレス応答は，環境ストレスの感知から始まる。この情報が核内に届き，最初の標的遺伝子(初期遺伝子)が転写される。転写された mRNA は，次にタンパク質に翻訳され様々な機能を発揮する。翻訳されたタンパク質の中に転写を調節する因子(調節タンパク質)が含まれている場合，それらによって新たな標的遺伝子(後期遺伝子)の転写が開始される。実験3の結果に基づき，遺伝子 A，B，C のうち，乾燥ストレスに対する初期遺伝子と考えられるものをすべて示し，その結論に至った理由を2行程度で説明せよ。

D　遺伝子Aがコードするタンパク質Aはヨコヅナクマムシの乾燥耐性にも必須であった。また，乾燥曝露後の生存率が事前曝露の有無によらず0％であるクマムシ種Sにも遺伝子Aが見いだされた。種Sにタンパク質Aを強制的に発現させると乾燥曝露後の生存率が上昇した。ヨコヅナクマムシと，タンパク質Aを強制発現していない野生型の種Sそれぞれについて，事前曝露時のタンパク質Aの量の変化パターンとして最も適切と考えられるものを次の図中の(1)～(4)から選べ。解答例：ヨコヅナクマムシ−(1)，種S−(1)。

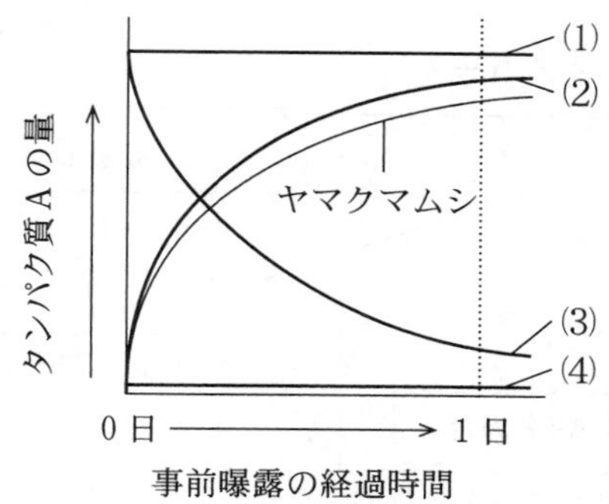

比較のためヤマクマムシにおける変化パターンを細線で示してある。

E　ヤマクマムシの乾燥ストレス耐性を阻害する2種の薬剤としてYとZが見いだされた。事前曝露の前にヤマクマムシを薬剤Yもしくは薬剤Zで処理すると，事前曝露と乾燥曝露とを行った後の生存率が顕著に低下した。薬剤Yで処理した場合，事前曝露時の遺伝子A，BのmRNA量の増加はともに阻害されたが，薬剤Zで処理した場合は遺伝子AのmRNA量の増加のみが阻害された。薬剤Yと薬剤Zそれぞれについて，上記の結果を説明する作用点として可能性のある過程を下記の経路からすべて挙げ，薬剤Y−(1)，(2)，薬剤Z−(1)，(3)のように答えよ。

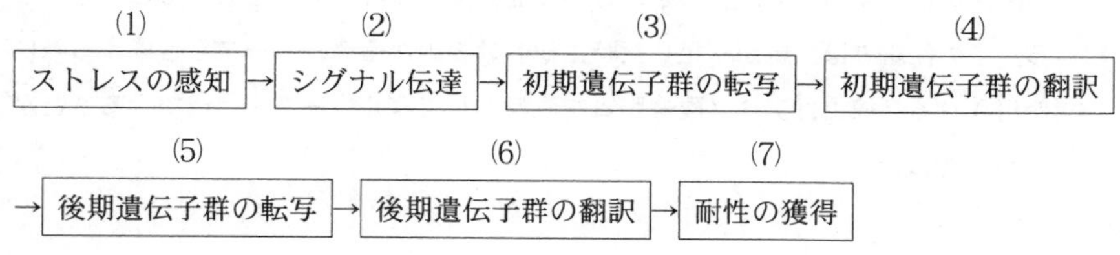

Ⅱ　次の文章を読み，問F～Ｉに答えよ。

ある種の線虫は4日間の事前曝露を行うと乾燥耐性を示すようになる。この線虫では，事前曝露時に糖の一種であるトレハロースが大量に蓄積し，これが耐性に必須である。トレハロースは，グルコースから作られるG1とG2を基質として酵素Pによって合成される(図1―5)。線虫の変異体Pは，酵素Pが機能を失っておりトレハロースを蓄積しないため，乾燥耐性を示さない。

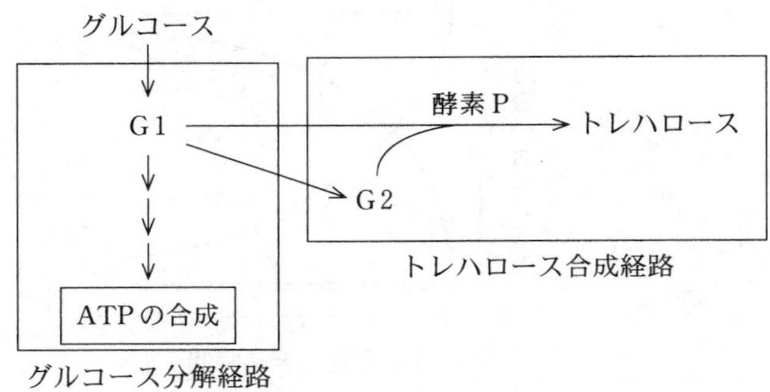

図1―5　グルコース分解経路とトレハロース合成経路

グルコースは，細胞の主要なエネルギー源として分解され，生体のエネルギー通貨とも呼ばれるATPの産生に利用される。この反応は3つの過程，[1]，[2]，[3]に分けられる。[1]，[2]によって生じた<u>NADHや$FADH_2$は，ミトコンドリアの内膜ではたらく[3]に渡されてATP合成に利用される</u>(イ)。グルコース分解の第1段階である[1]は，多数の酵素によって触媒される多段階の反応である。その多くは可逆反応であり，一部の不可逆反応のステップについても逆反応を触媒する別の酵素が存在するため，反応を逆方向に進めてグルコースを合成することもできる。この仕組みは，糖が不足した時に他の栄養源からグルコースを合成する際に使用される。線虫はアミノ酸や脂質を原料としてグルコースを合成できることが分かっている。

実験4　この線虫において，乾燥耐性が低下した新たな変異体Xを単離した。さらに，変異体Xから酵素Pが機能を失った二重変異体P：Xも作出した。野生型，変異体P，変異体X，および二重変異体P：Xについて，事前曝露によるトレハロースの蓄積量を解析したところ，図1―6のようになった。また，各変異体について，トレハロースを産生する酵素Pの個体あたりの活性を，基質であるG1およびG2が十分にある条件下で測定した結果，図1―7のようになった。

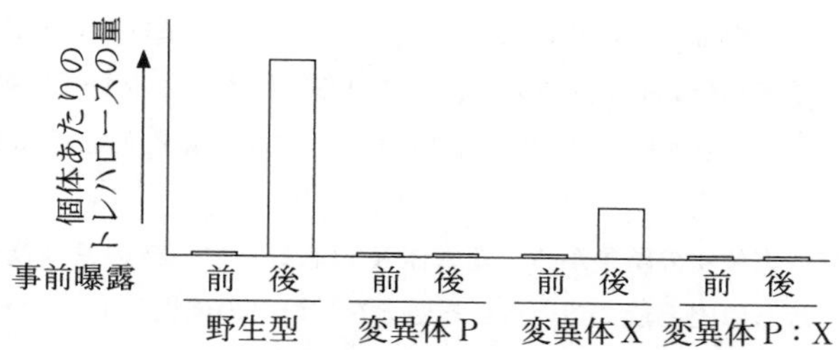

図1―6　各変異体における事前曝露時のトレハロースの蓄積量の変化

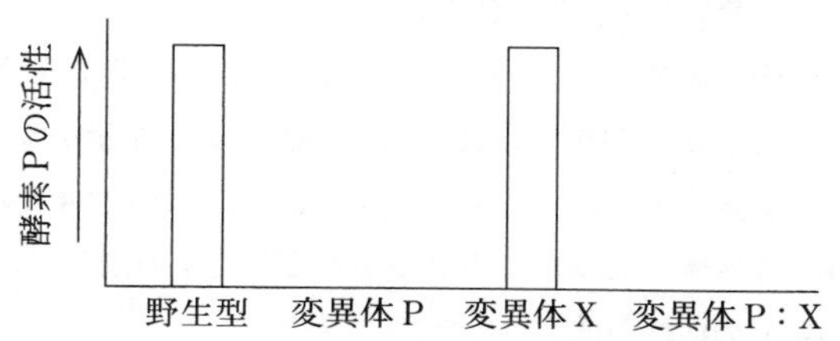

図1―7　各変異体における個体あたりの酵素Pの活性

実験5　生体内における物質代謝の挙動を知るためには，放射性同位体で標識した化合物を生物に取り込ませた後，その物質がどのような物質に変化するかを放射線を指標に調べるという方法がある。炭素の放射性同位体である ^{14}C で標識した酢酸を餌に混ぜて線虫に3日間摂取させた。その後，放射標識された物質を解析したところ，野生型でも変異体Xでも放射標識された酢酸は検出されず，エネルギー貯蔵物質として知られる脂質の一種トリグリセリドが顕著に放射標識されていた。その後，4日間の事前曝露を行ったところ，野生型では放射標識されたトリグリセリドがほぼ完全に消失し，代わりに放射標識されたトレハロースが顕著に増加した。一方，変異体 X では事前曝露によるトレハロースの蓄積は野生型よりも少なく，事前曝露後も放射標識されたトリグリセリドが残存していた。

〔問〕

F　文中の空欄 1 ～ 3 に当てはまる適切な語句を答えよ。

G　下線部(イ)のようにミトコンドリアでは，NADH や $FADH_2$ から得られた電子が最終的に酸素分子に渡される過程でエネルギーが蓄積され，そのエネルギーをもとに ATP が合成される。この反応を何と呼ぶか答えよ。

H　実験 4 の結果から，変異体 X のトレハロースの蓄積量が野生型より低くなる原因として考えられるものを，以下の選択肢(1)～(5)からすべて選べ。

(1)　変異体 X では，酵素 P の発現を促進する遺伝子の機能が失われた結果，酵素 P の活性が低下したため。
(2)　変異体 X では，トレハロースの合成が酵素 P を介さない代替経路に切り替わり，その代替経路のトレハロース生産量が低いため。
(3)　変異体 X では，基質 G 1 もしくは G 2 の産生量が低下したため。
(4)　変異体 X では，酵素 P の活性を強化する遺伝子が破壊された結果，酵素 P の活性が低下したため。
(5)　変異体 X では，基質 G 1 もしくは G 2 を産生する酵素の量が増加したため。

I　変異体 X は遺伝子 X の機能を失った変異体であった。実験 5 の結果から，遺伝子 X の役割としてどのようなことが考えられるか，またそれがトレハロースの産生にどう影響するか，以下の語句をすべて用いて 2 行程度で述べよ。

トレハロース，基質 G 1，酵素 P，トリグリセリド，遺伝子 X

第2問

次のⅠ，Ⅱの各問に答えよ。

Ⅰ　次の文章を読み，問Ａ～Ｄに答えよ。

生物は環境に応じてその発生や成長を調節する。植物もさまざまな刺激を受容して反応し，ときに成長運動を伴う応答を見せる。成長運動の代表例が屈性であり，刺激の方向に依存して器官が屈曲する現象をいう。(ア)刺激に近づく場合が正の屈性，遠ざかる場合が負の屈性であり，刺激源側とその反対側とで細胞の成長速度が違うために器官の屈曲が生じる。植物が屈性を示す代表的な刺激源には，光，重力，水分などがあり，(イ)実験１～３によって示されるように，根はこれら複数の刺激に対して屈性を示す。

屈性制御にはさまざまな植物ホルモンが関わっており，中でも細胞成長を制御する(ウ)オーキシンが重要な役割を果たしている。植物細胞の形態と大きさとは，細胞膜の外側に存在する細胞壁によって決められる。オーキシンは，細胞壁をゆるめることで，細胞の吸水とそれに伴う膨潤とを容易にし，細胞成長を促進する。オーキシンが細胞壁をゆるめる機構に関しては，組織片を純水に浸した状態でオーキシンを与えると細胞壁の液相が酸性になること，組織片を酸性の緩衝液に浸すとオーキシンを与えなくても組織片の伸長が起こること，などの観察にもとづいて，「オーキシンによる細胞壁液相の酸性化が，細胞壁のゆるみをもたらし，植物細胞の成長が促される」とする「酸成長説」が唱えられてきた。細胞壁液相の酸性化は，古くは，弱酸であるオーキシンが供給する水素イオンによって起こると考えられていたが，現在では，オーキシンによって活性化される(エ)細胞膜上のポンプが，エネルギーを消費して積極的に細胞外に排出する水素イオンによって起こるとの見方が有力となっている。このような修正を受けながらも，「酸成長説」は現在でも広く受け入れられている。

実験1　図2―1に示すように，シロイヌナズナの根の重力屈性を調べるために，シロイヌナズナ芽生えを垂直に保った寒天培地で2日間育てた後，寒天培地ごと芽生えを90°回転させて栽培を続けた。芽生えを90°回転させた直後から定期的に芽生えの写真を撮影し，最初の重力方向に対する根の先端の屈曲角度を計測した。

実験2　図2―2に示すように，シロイヌナズナの根の光屈性を調べるために，シロイヌナズナ芽生えを垂直に保った寒天培地で，2日間暗所で育てた後，光を重力方向に対して90°の角度で照射して栽培を続けた。光照射開始直後から定期的に芽生えの写真を撮影し，重力方向に対する根の先端の屈曲角度を計測した。光源には，根が屈性を示す青色光を用いた。

実験3　図2―3に示すように，シロイヌナズナの根の水分屈性を調べるために，シロイヌナズナ芽生えを垂直に保った寒天培地で，2日間暗所で育てた。その後，根の先端0.5 mmが気中に出るように寒天培地の一部を取り除き，この芽生えを寒天培地ごと閉鎖箱に入れた。これによって，根の先端近傍では，右の四角内に示すように，寒天培地から遠ざかるにつれて空気湿度が低下した。閉鎖箱に移動させた直後から定期的に芽生えの写真を撮影し，重力方向に対する根の先端の屈曲角度を計測した。

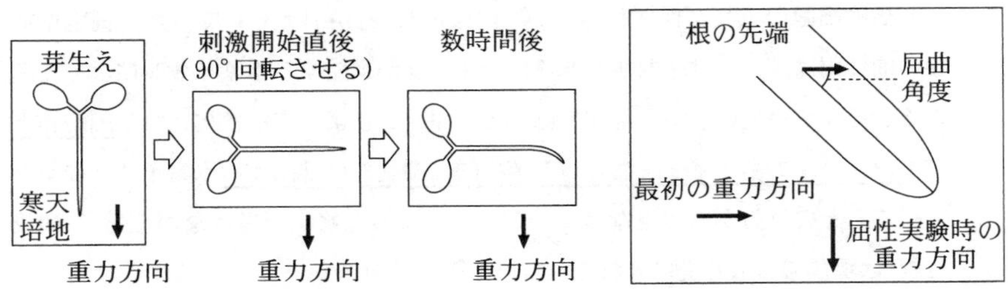

図2―1　シロイヌナズナの根の重力屈性実験

シロイヌナズナ芽生えを90°回転させて根の屈曲を一定時間おきに観察した。右の四角内には，屈曲角度の測定法を示してある。

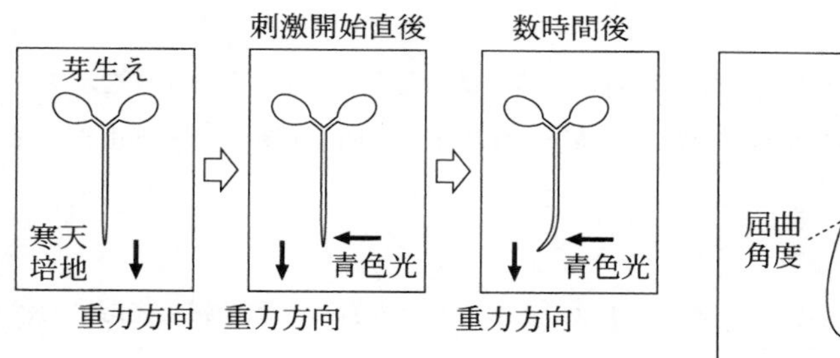

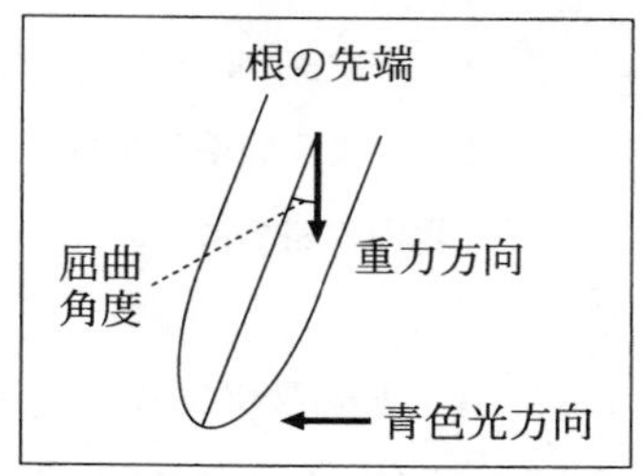

図２―２　シロイヌナズナの根の青色光屈性実験
暗所で育てたシロイヌナズナ芽生えの根に重力方向と90°の方向から青色光を照射し，根の屈曲を一定時間おきに観察した。右の四角内には，屈曲角度の測定法を示してある。

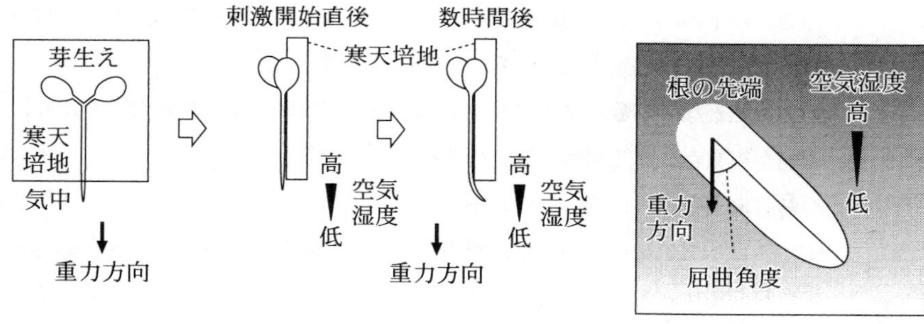

図２―３　シロイヌナズナの根の水分屈性実験
暗所で育てたシロイヌナズナ芽生えの根の先端0.5 mmが気中に出るように寒天培地の一部を切除した後，閉鎖箱に移し，根の屈曲を一定時間おきに観察した。図では閉鎖箱は省略してある。右の四角内には，屈曲角度の測定法を示してある。灰色が濃いほど空気湿度が高いことを示す。

〔問〕

A　下線部(ア)について。重力に対して茎は負の屈性を，根は正の屈性を示す。このような重力屈性の性質が，陸上植物の生存戦略上有利である理由を2行以内で述べよ。

B　下線部(イ)について。図2―4は，実験1～3を行った際の根の先端におけるオーキシン分布の様子(a～c)，実験1～3を，オーキシンの極性輸送を阻害する化合物(オーキシン極性輸送阻害剤)を含んだ寒天培地で行った場合の結果(d～f)，実験1～3を，オーキシンに応答して起こる遺伝子発現調節が異常となった変異体Aで行った場合の結果(g～i)をまとめたものである。以下の(1)～(5)の記述のそれぞれについて，図2―4の結果から支持されるなら「○」，否定されるなら「×」を記せ。さらに否定される場合には，否定の根拠となる実験結果のアルファベットを解答例のように示せ。ただし，根拠が複数存在する場合にはそのすべてを記すこと。

解答例：「(1)－×－a，b」「(1)－○」

(1)　シロイヌナズナの根では，重力，青色光，水分のうち，青色光に応答した屈曲をもっとも早く観察することができる。

(2)　重力屈性，青色光屈性，水分屈性のいずれにおいても，刺激の方向に依存したオーキシン分布の偏りが，シロイヌナズナの根の屈曲に必須である。

(3)　シロイヌナズナの根の屈性においては，オーキシンは常に刺激源に近い側に分布する。

(4)　変異体Aで起こっている遺伝子発現調節異常は，シロイヌナズナの根の青色光屈性と水分屈性において，屈曲を促進する効果をもつ。

(5)　シロイヌナズナの根は，重力と水分には正の，青色光には負の屈性を示す。

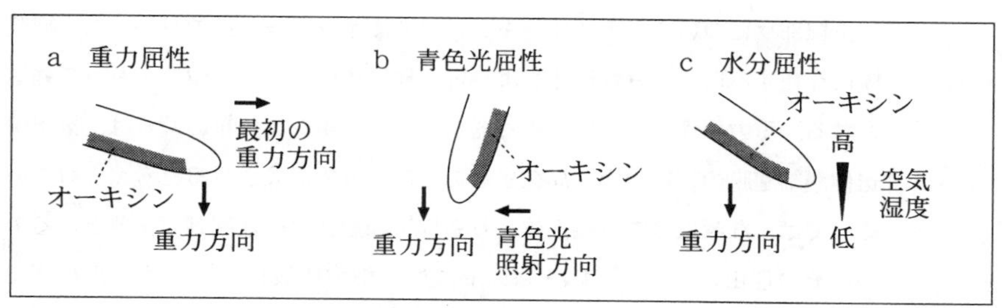

実験 1 ～ 3 における，刺激開始 4 時間後の根の先端付近のオーキシン分布の様子
▒ はオーキシン濃度が高い部分を示す。

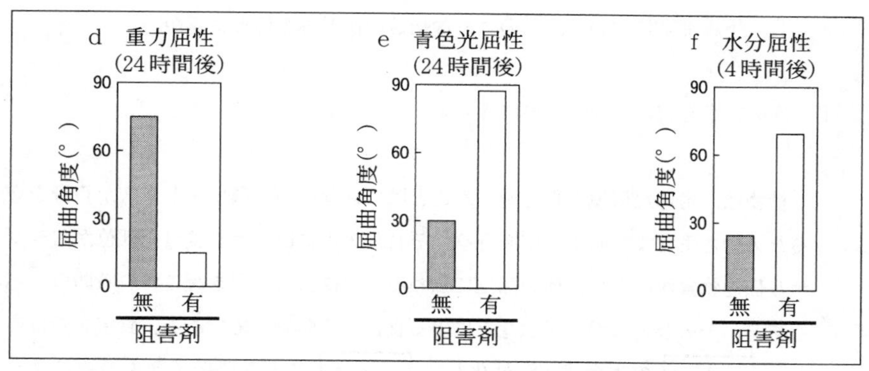

実験 1 ～ 3 をオーキシン極性輸送阻害剤を含んだ寒天培地で行った結果

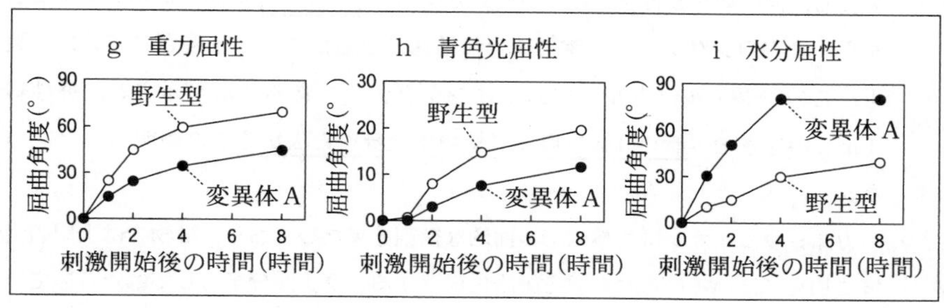

実験 1 ～ 3 をオーキシンに応答して起こる遺伝子発現調節が異常となった変異体 A で行った結果

図 2 — 4　シロイヌナズナの根の屈性実験の結果

C　下線部(ウ)について。天然オーキシンであるインドール酢酸(IAA)は，細胞膜に存在する取りこみ輸送体および排出輸送体によって，極性をもって輸送される。重力屈性などで見られる器官内のオーキシン分布の偏りは，排出輸送体が細胞膜の特定の面に局在することによって形成されると考えられている。では，なぜ取りこみ輸送体よりも排出輸送体の偏在制御が重要となるのか。その理由について，IAAは，弱酸性の細胞壁液相ではイオン化しにくく，中性の細胞内ではイオン化しやすいことと，細胞膜の性質とに着目し，3行以内で説明せよ。

D　下線部(エ)について。このような輸送の仕組みを何とよぶか。

Ⅱ　次の文章を読み，問E～Hに答えよ。

植物は，劣悪な環境から逃避することはできないが，環境ストレスから身を守るためにさまざまな防御反応を行う。それらの中には，害を受けた部位からシグナル伝達物質が出され，他の部位に伝わることによって引き起こされる防御反応もある。そのひとつが，昆虫などによる食害への防御反応である。食害を受けると，［1］の生合成が活性化し，［1］による遺伝子発現誘導によって，昆虫の消化酵素を阻害する物質が作られる。このとき，食害を受けていない葉でも，他の葉が食害を受けてから数分以内に［1］の生合成が始まることから，食害のシグナルは非常に速い伝播速度をもつことが示唆されていた。最近，このシグナルはカルシウムイオンシグナルであることが示され，毎秒約1mmの速さで，(オ)篩(師)管を通って植物体全身へと広がることが明らかとなった。

カルシウムイオンは生体内で多面的な役割を果たしており，植物では上記の食害に加えて，いろいろな刺激を細胞に伝達するシグナル分子としてはたらいている。図2―5および図2―6は，(カ)タバコの芽生えに風刺激，接触刺激や低温刺激を与えたときの，細胞質基質のカルシウムイオン濃度の変化を表している。これらの結果は，植物が，環境から受ける刺激やストレスを化学的シグナルに変換し，成長や発生を調節していることを示唆している。

実験4　遺伝子工学の手法により，カルシウムイオン濃度依存的に発光するタンパク質イクオリン(エクオリンとも呼ぶ)を細胞質基質に発現させた遺伝子組換えタバコを作製した。このタバコの芽生えをプラスチック容器に入れて発光検出器に移し，発光シグナルを記録しながら，以下の処理を行った。

・風刺激処理：注射器を使って子葉に空気を吹きつけた。

・接触刺激処理：子葉を細いプラスチック棒で触った。

・低温刺激処理：芽生えの入った容器に5℃の水を満たした。なお，10℃～40℃の水を満たした場合には，発光シグナルは検出されなかった。

・組み合わせ処理①：風刺激処理後に接触刺激を繰り返し与え，再度，風刺激処理を行った。

・組み合わせ処理②：低温刺激処理後に風刺激を繰り返し与え，再度，低温刺激処理を行った。

以上の結果を図2―5にまとめた。

実験5　イクオリンを細胞質基質に発現させた遺伝子組換えタバコの芽生えを，カルシウムチャネルの機能を阻害する化合物(カルシウムチャネル阻害剤XおよびY)で処理してから，実験4と同じ要領で風刺激および低温刺激で処理した際の発光シグナルを記録した。その結果を図2―6にまとめた。

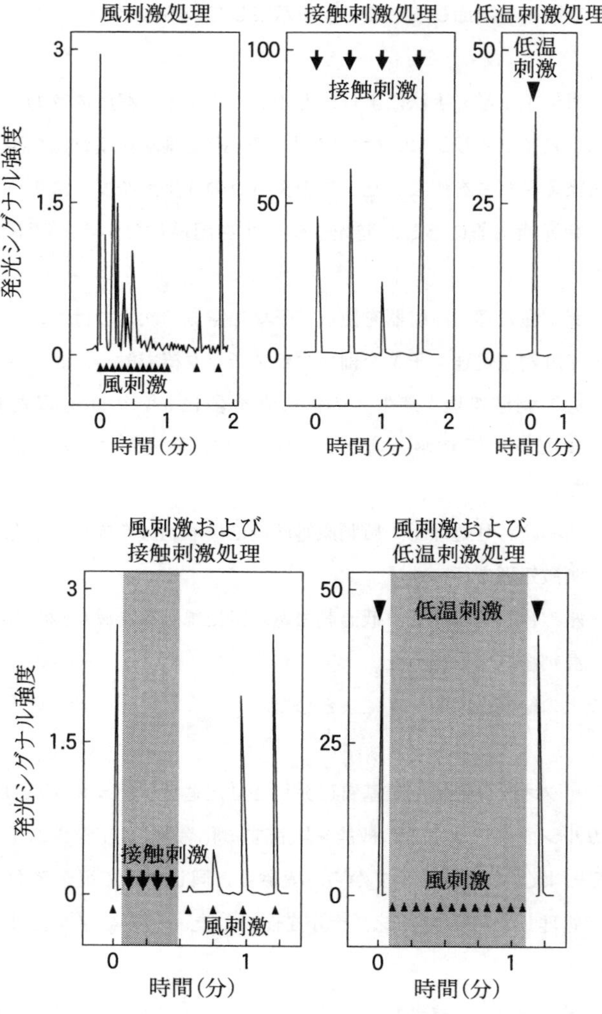

図2―5　遺伝子組換えタバコの芽生えを用いた風刺激，接触刺激，低温刺激処理実験の結果

カルシウムイオン濃度依存的に発光するタンパク質イクオリンを発現させた遺伝子組換えタバコの芽生えに，風刺激，接触刺激，低温刺激処理を行い，発光シグナルを検出した。上向き三角形(▲)は風刺激を，黒矢印(↓)は接触刺激を，下向き三角形(▼)は低温刺激を与えたタイミングを示している。なお，図中の▒部分では，発光シグナルを測定していない。

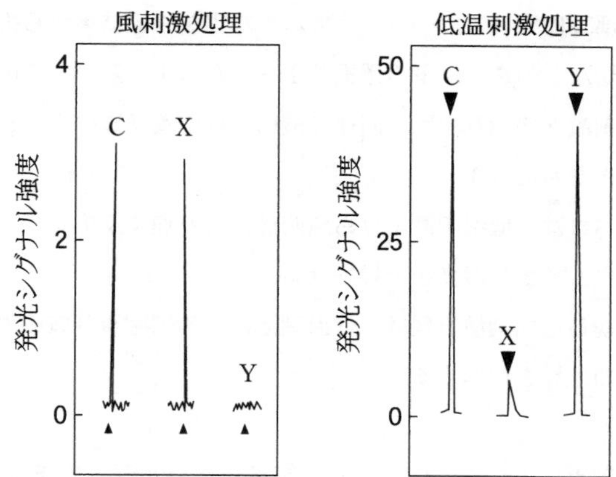

C：対照芽生え
XおよびY：カルシウムチャネル阻害剤処理芽生え

図2―6　風刺激および低温刺激処理時の細胞内カルシウムイオン濃度上昇に対する，カルシウムチャネル阻害剤の影響

カルシウムイオン濃度依存的に発光するタンパク質イクオリンを細胞質基質に発現させた遺伝子組換えタバコの芽生えを，カルシウムチャネル阻害剤で処理した後，風刺激あるいは低温刺激処理を行い，発光シグナルを検出した。上向き三角形(▲)は風刺激を，下向き三角形(▼)は低温刺激を与えたタイミングを示している。

〔問〕

E　文中の空欄1に入る植物ホルモン名を記せ。

F　下線部(オ)について。篩管を通って輸送されるものを，以下の(1)～(4)から全て選び，その番号を記せ。なお，該当するものがない場合には，なしと記せ。

(1)　ショ糖　　(2)　アミノ酸

(3)　クロロフィル　　(4)　花成ホルモン(フロリゲン)

G　下線部(カ)について。図2―5で示した実験4の結果から推察できることとして適切なものを，以下の選択肢(1)~(3)から1つ選び，その番号を記せ。

(1)　風刺激と接触刺激は，同様の機構で細胞質基質のカルシウムイオン濃度の変化をもたらす。

(2)　タバコは，低温刺激よりも風刺激により速く反応して，細胞質基質のカルシウムイオン濃度を上昇させる。

(3)　連続した風刺激処理は，低温刺激による細胞質基質のカルシウムイオン濃度の上昇を促進する。

H　下線部(カ)について。図2―6で使用したカルシウムチャネル阻害剤XおよびYは異なるタイプのカルシウムチャネルに作用し，阻害剤Xは細胞膜に局在するカルシウムチャネルを，阻害剤Yは細胞小器官に存在するカルシウムチャネルを，それぞれ強く阻害する。図2―6の結果から，風刺激処理と低温刺激処理とで起こる，細胞質基質のカルシウムイオン濃度変化の仕組みの違いを推察し，2行程度で述べよ。

第3問

次のⅠ，Ⅱの各問に答えよ。

Ⅰ　次の文章を読み，問Ａ～Ｇに答えよ。

脊椎動物の個体の性は，雄か雌かの二者択一の形質だと考えられがちであるが，実際には，そう単純なものではないことが明らかになってきた。たとえば鳥類では，(ア)図3―1に示したキンカチョウのように，左右どちらかの半身が雄型の表現型を示し，もう一方の半身が雌型の表現型を示す個体がまれに出現する。また魚類や鳥類の中には，ブルーギルやエリマキシギのように，(イ)雌のような外見をもつ雄がある頻度で現れる種が存在する。魚類の中にはさらに，(ウ)精巣と卵巣を同時にもち，自家受精を行うマングローブキリフィッシュという種や，キンギョハナダイやカクレクマノミのように，(エ)性成熟後に雌から雄に，あるいは雄から雌に性転換する種も存在する。

図3―1　右半身が雄型の表現型を示し，左半身が雌型の表現型を示すキンカチョウ

〔問〕

A　下線部(ア)のキンカチョウの体の様々な細胞で性染色体構成を調べてみたところ，雄型の表現型を示す右半身の細胞の大部分は，通常の雄と同様にZ染色体を2本有しており，雌型の表現型を示す左半身の細胞の大部分は，通常の雌と同様にZ染色体とW染色体を1本ずつ有していた。このようなキンカチョウが生まれた原因として，最も可能性が高いと考えられるものを以下の選択肢(1)〜(6)の中から選べ。なお，鳥類では，一度に複数の精子が受精する多精受精という現象がしばしばみられる。

(1)　減数分裂中の精母細胞で，性染色体に乗換えが起きた。

(2)　減数分裂の際に，卵母細胞から極体が放出されなかった。

(3)　第一卵割に先だって，ゲノムDNAの倍化が起こらなかった。

(4)　第一卵割の際に，細胞質分裂が起こらなかった。

(5)　2細胞期に，いずれかの細胞で性染色体が1本抜け落ちた。

(6)　性成熟後に，左半身の大部分の細胞でZ染色体がW染色体に変化した。

B　従来，脊椎動物では，個体の発生・成長の過程で精巣あるいは卵巣から放出される性ホルモンによって，全身が雄らしく，あるいは雌らしく変化すると考えられてきたが，図3—1に示したキンカチョウの発見は，その考えに疑問を投げかけることになった。このキンカチョウの表現型が，なぜ性ホルモンの作用だけでは説明できないのかを3行程度で説明せよ。

C　下線部(イ)の雄個体は，外見は雌型でありながら，精子を作り，雌と交配して子孫を残す。このような雄個体の繁殖戦略上の利点として，最も適切なものを以下の選択肢(1)〜(5)の中から選べ。

(1)　通常の雄よりも見た目が派手なので，雌をより惹（ひ）きつけやすい。

(2)　通常の雄よりも見た目が地味なので，雌をより惹（ひ）きつけやすい。

(3)　通常の雄よりも攻撃性が高く，雄間競争に勝ちやすい。

(4)　他の雄個体から求愛されることがある。

(5)　他の雄個体から警戒や攻撃をされにくい。

D　下線部(ウ)について，マングローブキリフィッシュの受精卵(１細胞期)で，常染色体上の遺伝子Ａの片側のアレル(対立遺伝子)に突然変異が生じたとする。この個体の子孫Ｆ１世代(子の世代)，Ｆ２世代(孫の世代)，Ｆ３世代(ひ孫の世代)では，それぞれ何％の個体が遺伝子Ａの両アレルにこの変異をもつか。小数第１位を四捨五入して，整数で答えよ。ただし，マングローブキリフィッシュは自家受精のみによって繁殖し，生じた突然変異は，生存と繁殖に有利でも不利でもないものとする。

E　下線部(エ)について，キンギョハナダイのように一夫多妻のハレムを形成する魚類の中には，体が大きくなると雌から雄に性転換する種が存在する。ハレムを形成する種が性転換する意義を示したグラフとして，最も適当なものを以下の(1)〜(4)から選べ。ただし，魚類は体が大きいほどより多くの配偶子を作ることができるものとする。

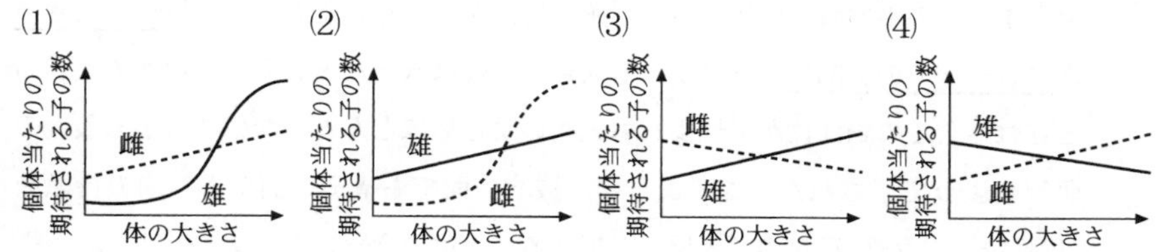

F　下線部(エ)について，ハレムを形成せず，パートナーを変えながら一夫一妻での繁殖を繰り返すカクレクマノミは，成長に伴って雄から雌に性転換することがある。カクレクマノミでは，雄の体の大きさは雌を惹きつける度合いには影響せず，体が大きいほどより多くの配偶子を作ることができるものとして，この種が成長に伴って雄から雌に性転換することの繁殖戦略上の利点を，３行程度で説明せよ。

G　２匹の雄のカクレクマノミが出会うと，体の大きい方が雌に性転換する。その際，体の接触や嗅覚情報は必要なく，視覚情報のみによって性転換が引き起こされることが知られている。そのことを確かめるためにはどのような実験を行えばよいか，３行程度で説明せよ。

Ⅱ　次の文を読み，問Ｈ～Ｊに答えよ。

ヒトの性についても，男性か女性かの二者択一で捉えられがちである。脳機能についても例外ではなく，男性は体系立てて物事を捉える能力や空間認知能力に長けた「男性脳」をもち，女性は共感性や(オ)言語能力に長けた「女性脳」をもつと言われることがある。しかし実際は，男女の脳機能の違いは二者択一的なものではなく，男女間でオーバーラップする連続的な違いであることが明らかになっている。たとえば，(カ)空間認知能力の中で，男女の違いが最も大きいと言われる「物体の回転像をイメージする能力」についてテストしたところ，図３―２に示すように，32％の女性が男性の平均スコアを上回った。男女の違いを平均値だけで比べると，このような事実を見逃してしまいがちである。

また，男性の脳の中には女性よりも大きな部位がいくつかあり，逆に女性の脳の中にも男性より大きい部位がいくつかあると考えられてきた。個々の部位の大きさを男女の平均値で比較すると，確かに差が認められるものの，(キ)男性で大きいとされる全ての脳部位が女性よりも大きい男性はほとんどおらず，女性で大きいとされる全ての脳部位が男性よりも大きい女性もほとんどいないことが，最近の研究によって示された。このように，機能の面でも構造の面でも，脳の特徴を「男性脳」か「女性脳」かの二者択一で捉えることはできないのである。

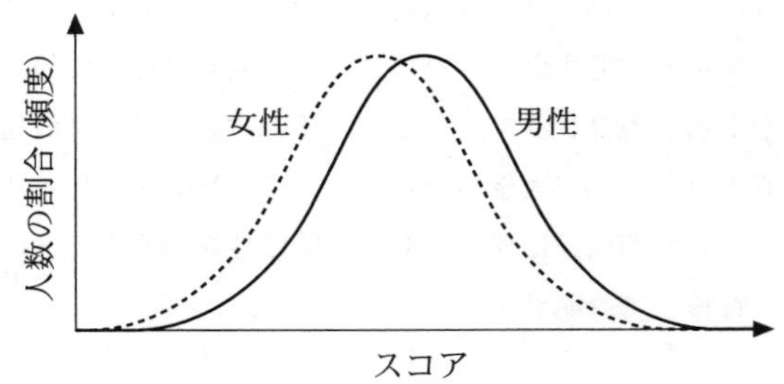

図３―２　物体の回転像をイメージする能力のスコア分布

〔問〕

H　下線部(オ)の言語能力に深く関わる脳の部位に関する説明として，最も適切なものを以下の選択肢(1)～(4)の中から選べ。

(1)　言語能力に最も深く関わる部位は大脳辺縁系であり，大脳の表層に位置する。

(2)　言語能力に最も深く関わる部位は大脳辺縁系であり，大脳の深部に位置する。

(3)　言語能力に最も深く関わる部位は大脳新皮質であり，大脳の表層に位置する。

(4)　言語能力に最も深く関わる部位は大脳新皮質であり，大脳の深部に位置する。

I　下線部(カ)の「物体の回転像をイメージする能力」に男女差が生じる仕組みはまだ明らかとなっていない。仮に，脳内で恒常的に発現するY染色体上の遺伝子のみ，あるいは，精巣から放出される性ホルモンのみにより，この男女差が生じるとする。その場合，身体の表現型は典型的な女性と同じで卵巣をもつ一方で，性染色体構成が男性型である人たちのスコア分布は，図3―2中の男性と女性のスコア分布のいずれに近くなると考えられるか。最も適切なものを以下の選択肢(1)～(4)の中から選べ。

(1)　Y染色体上の遺伝子が原因：男性，性ホルモンが原因：男性

(2)　Y染色体上の遺伝子が原因：男性，性ホルモンが原因：女性

(3)　Y染色体上の遺伝子が原因：女性，性ホルモンが原因：男性

(4)　Y染色体上の遺伝子が原因：女性，性ホルモンが原因：女性

J　下線部(キ)について，海馬の灰白質の体積の平均値は，女性よりも男性の方が大きいという報告がある。しかし，実際には，海馬の灰白質が女性の平均値よりも小さい男性も少なくない。これらの報告や事実について考察した以下の文中の空欄に当てはまる語句として，最も適切な組み合わせはどれか。

海馬の灰白質の発達は，胎児の時期の性ホルモンの影響を強く受けると考えられている。男性の胎児では，海馬に神経細胞が生じる過程で，精巣から放出される男性ホルモンの影響によって女性の胎児よりも［ 1 ］を起こしやすいが，小さい海馬の灰白質をもつ男性では，胎児期に［ 1 ］が［ 2 ］と考えられる。

(1)　1：アポトーシス，2：より促進された
(2)　1：アポトーシス，2：それほど起こらなかった
(3)　1：細胞増殖，　　2：より促進された
(4)　1：細胞増殖，　　2：それほど起こらなかった
(5)　1：軸索の伸長，　2：より促進された
(6)　1：軸索の伸長，　2：それほど起こらなかった
(7)　1：軸索の分岐，　2：より促進された
(8)　1：軸索の分岐，　2：それほど起こらなかった

2020年

解答時間：2科目150分
配　点：120点

第1問

次のⅠ，Ⅱの各問に答えよ。

Ⅰ　次の文章を読み，問A～Eに答えよ。

遺伝的変異は突然変異によって生み出される。突然変異には，DNAの塩基配列に変化が生じるもの(Ⓐ)と，染色体の数や構造に変化が生じるもの(Ⓑ)がある。たとえばⒶにおいて，ある遺伝子上で塩基の挿入や欠失が起こると，［ 1 ］がずれてアミノ酸配列が変化することがある。これによってアミノ酸の配列が大幅に変わってしまった場合は，タンパク質の本来の機能が失われることが多い。それ以外に塩基が他の塩基に入れ替わる変異もあり，これを置換変異と呼ぶ。置換変異の中で，アミノ酸配列の変化を伴わない変異を［ 2 ］，アミノ酸配列の変化を伴う場合を非［ 2 ］と呼ぶ。

Ⓑの一例として，染色体相互転座という現象がある。これは異なる2つの染色体の一部がちぎれた後に入れ替わって繋がる変化で，がん(癌)でしばしば認められる染色体異常のひとつである。図1―1に示したのはある種の白血病で見られる染色体相互転座の例で，2つの異なる染色体の一部が入れ替わることで，本来は別々の染色体に存在している遺伝子XとYが繋がり，融合遺伝子X–Yができる。この融合遺伝子X–Yから転写・翻訳されてできるX–Yタンパク質が，血球細胞をがん化(白血病化)させることが知られている。正常なYタンパク質の本来の働きは酵素であり，アミノ酸のひとつであるチロシンをリン酸化するというリン酸化酵素活性を持つ。この酵素活性は，X–Yタンパク質のがん化能力にも必須であることがわかっている。一方で，もう片方の染色体にできた融合遺伝子Y–Xには，がん化など細胞への影響はないものとする。

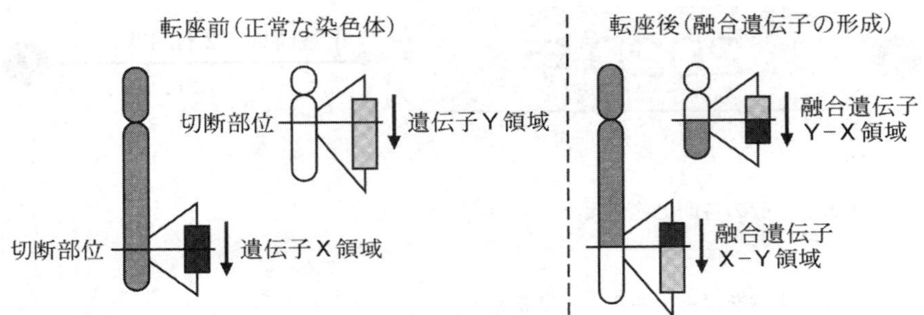

図1—1　染色体相互転座による融合遺伝子X−YとY−Xの形成
矢印は遺伝子が転写される方向を表す。

実験1　正常な遺伝子Xと遺伝子Yは，Xの4番目のエキソンと，Yの2番目のエキソンがそれぞれ途中(破線部)で切れたのち融合することで，融合遺伝子X−Yとなる(図1—2)。この融合遺伝子X−Yの性質をより詳しく調べるために，人工的な融合遺伝子1～4を作製した(図1—3)。それらの遺伝子から発現したタンパク質の大きさや性質を実験的に調べたところ，図1—3に示すような結果が得られた。

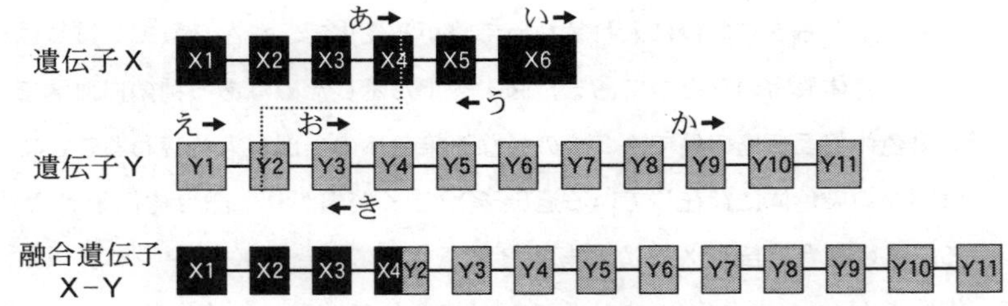

図1—2　正常な遺伝子Xと遺伝子Y，融合遺伝子X−Yのエキソン・イントロン構造
■は遺伝子Xのエキソン，■は遺伝子Yのエキソン，四角内の数字はエキソンの番号，エキソン間の直線はイントロンを表す。

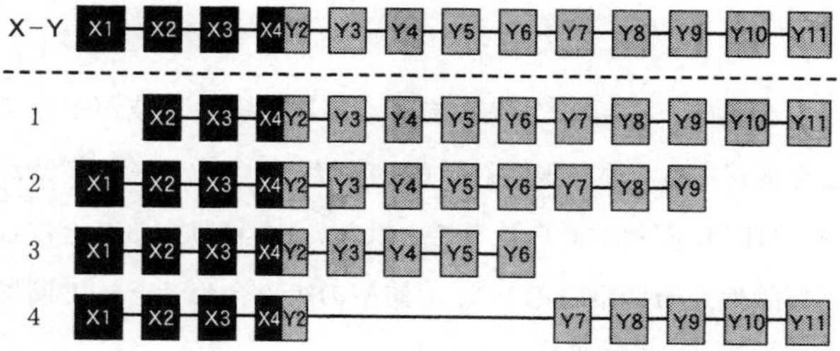

		がん化能力	予想サイズのタンパク質発現	リン酸化活性
X−Y	X1–X2–X3–X4Y2–Y3–Y4–Y5–Y6–Y7–Y8–Y9–Y10–Y11	あり	あり	あり
1	X2–X3–X4Y2–Y3–Y4–Y5–Y6–Y7–Y8–Y9–Y10–Y11	なし	あり	あり
2	X1–X2–X3–X4Y2–Y3–Y4–Y5–Y6–Y7–Y8–Y9	あり	あり	あり
3	X1–X2–X3–X4Y2–Y3–Y4–Y5–Y6	あり	あり	あり
4	X1–X2–X3–X4Y2————Y7–Y8–Y9–Y10–Y11	なし	あり	なし

図１—３　人工的に作製した４種類の融合遺伝子１～４と実験結果
最上段のX–Yは，図１－２に示した融合遺伝子X–Yと同一である。「予想サイズのタンパク質発現」の予想サイズとは，図示している全てのエキソンがタンパク質に翻訳された場合のサイズ，という意味である。

［問］

A　Ⅰの問題文の１と２に入る適当な語句を，それぞれ答えよ。

B　白血病細胞中に存在する融合遺伝子X–YをPCR法で検出するために，図１—２のあ～きの中から，最も検出に優れたプライマーの組み合わせを書け（例：あ—い）。

C　図１—３に示した結果から言えることとして不適切なものを，以下の選択肢から全て選べ。

⑴　融合遺伝子のエキソンは，遺伝子Xと遺伝子Yに由来するものがそれぞれ最低１個あり，かつ合計が最低８個あれば，その組み合わせに関わらずがん化能力を有する。

⑵　融合遺伝子１にがん化能力がないのは，最初のエキソンであるX１がないために，融合遺伝子の転写・翻訳が起こらないからである。

⑶　エキソンY10とY11はがん化に必要ではない。

⑷　融合遺伝子４にがん化能力がないのは，エキソンY２とY７の間で，RNAポリメラーゼによる転写が停止するからである。

(5) タンパク質Ｙのリン酸化活性には，Ｙ3からＹ6に相当する領域が必要である。

D　問Bで選択したプライマーを用いてPCRを行う際に，実験手技が正しく行われていることを確認するため，陽性対照(必ず予想サイズのPCR産物が得られる)と陰性対照(PCR産物が得られることはない)を設置することにした。陽性対照および陰性対照に用いるPCRの鋳型の組み合わせとして適切なものを，下の表から全て選んで番号で答えよ。

番号	陽　性　対　照	陰　性　対　照
1	融合遺伝子1の配列を含むプラスミド	融合遺伝子3の配列を含むプラスミド
2	融合遺伝子2の配列を含むプラスミド	融合遺伝子4の配列を含むプラスミド
3	融合遺伝子3の配列を含むプラスミド	融合遺伝子2の配列を含むプラスミド
4	融合遺伝子X–Yの配列を持つ白血病細胞から抽出したRNA	融合遺伝子X–Yの配列を持たない白血病細胞から抽出したRNA
5	融合遺伝子X–Yの配列を持つ白血病細胞から抽出したタンパク質	融合遺伝子X–Yの配列を持たない白血病細胞から抽出したタンパク質
6	融合遺伝子X–Yの配列を持つ白血病細胞から抽出したDNA	融合遺伝子X–Yの配列を持たない白血病細胞から抽出したDNA

E　図1—4に示した融合遺伝子5は，実験の準備過程でできた予想外の融合遺伝子である。エキソン—イントロン構造は融合遺伝子X–Yと同じであるが，そのタンパク質は図1—3に示した融合遺伝子3から発現するタンパク質よりも小さく，さらにがん化能力を有していなかった。そこでこの融合遺伝子5のDNA配列を調べた結果，Ｘ4とＹ2のつなぎ目に予期しなかった配列の変化が見つかった。融合遺伝子5に起こったDNAの変化として考えられる4つの候補a～dを図1—4に示す。この中から融合遺伝子5として適切なDNA配列を下記の選択肢1～4から選び，その理由を3行以内で述べよ。

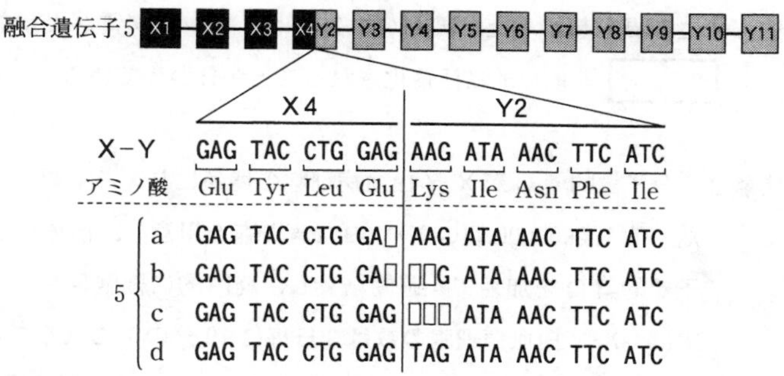

融合遺伝子5 X1—X2—X3—X4Y2—Y3—Y4—Y5—Y6—Y7—Y8—Y9—Y10—Y11

	X4				Y2				
X−Y	GAG	TAC	CTG	GAG	AAG	ATA	AAC	TTC	ATC
アミノ酸	Glu	Tyr	Leu	Glu	Lys	Ile	Asn	Phe	Ile
5 a	GAG	TAC	CTG	GA□	AAG	ATA	AAC	TTC	ATC
5 b	GAG	TAC	CTG	GA□	□□G	ATA	AAC	TTC	ATC
5 c	GAG	TAC	CTG	GAG	□□□	ATA	AAC	TTC	ATC
5 d	GAG	TAC	CTG	GAG	TAG	ATA	AAC	TTC	ATC

図１—４　融合遺伝子５に起こった変化の候補ａ～ｄとその塩基配列
変化前の融合遺伝子X—Yの塩基配列とアミノ酸配列を上に，変化後の塩基配列の候補ａ～ｄを下に示す。□はその部分の塩基が欠失していることを示す。

1) ａとｄ

2) ａとｂとｄ

3) ｂのみ

4) ａとｃ

Ⅱ　次の文章を読み，問Ｆ～Ｌに答えよ。

融合遺伝子X–Yによって発症する白血病(X–Y白血病)の治療には<u>分子標的薬Q</u>(ア)が使用される。X–Y融合タンパク質に対しては，分子標的薬QがX–Y融合タンパク質のチロシンリン酸化活性(以下「リン酸化活性」と称する)部位に結合し，その機能を阻害する。Xと融合していない正常なYタンパク質もリン酸化活性を持つが，(イ)<u>正常なYタンパク質のリン酸化活性部位は全く異なる構造をしているため，分子標的薬QはX–Y融合タンパク質にしか作用しない。</u>

一方で，この分子標的薬Qは近年，X–Y白血病以外にも，消化管にできるSタイプと呼ばれるがんの治療にも効果があることが分かった。このがんSでは，Rという遺伝子に変異が見られる。正常な遺伝子Rから転写翻訳されたRタンパク質はYタンパク質と同じくリン酸化活性を有する受容体であるが，R

遺伝子に変異が起こった結果，がんSではRタンパク質が異常な構造に変化して，[3]非依存的に活性化されることが分かっている。

実験2　分子標的薬Qが X–Y 白血病細胞の増殖に与える効果を実験的に確認した。約1,000,000個の X–Y 白血病細胞を用意し，治療に適切な濃度の分子標的薬Qを加えて4週間培養し，経時的に細胞数を数えた。この濃度では，X–Y 白血病細胞の数は3日毎に10分の1に減ることが知られていたことから，図1—5に示した黒線のようなグラフが予想された。しかし実際には X–Y 白血病細胞は死滅せず，28日目に500個の細胞が残っていた。これらの生き残った細胞が持つ融合遺伝子 X–Y の配列を調べたところ，これらの細胞ではもれなく，エキソンY5内に存在する塩基の置換変異により，特定のアミノ酸が1つ変化していることがわかったが，そのリン酸化活性は保たれていた。

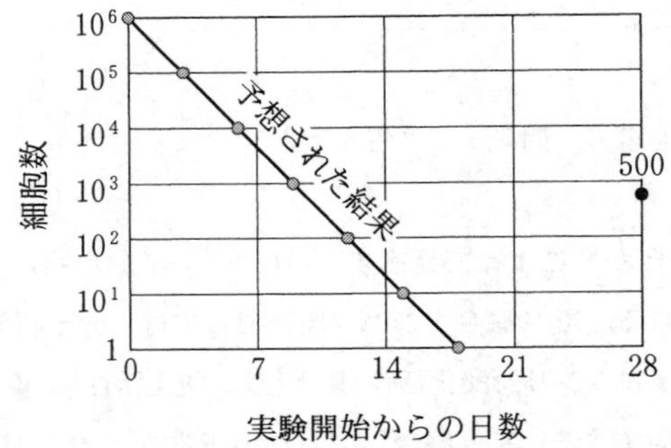

図1—5　分子標的薬Qが X–Y 白血病細胞の増殖に与える効果

［問］

F　下線部(ア)に関して，がん治療における分子標的薬全般の説明として最も適切なものをひとつ選べ。なおこの場合の「分子」とは，核酸やタンパク質をさす。

(1)　分子標的薬はRNAポリメラーゼの分解を介して，細胞全体の転写活性を阻害する薬である。

⑵　分子標的薬はがん細胞の増殖や転移などの病状に関わる特定の分子にのみ作用するように設計されている。

⑶　分子標的薬はがん細胞の表面を物理的に覆い固めることで，がん細胞の分裂・増殖を阻害する薬である。

⑷　分子標的薬は細胞表面に出ている受容体にしか効果がない。

⑸　分子標的薬は標的分子が十分に大きくないと結合できないため，小さい分子には効果がない。

G　下線部(イ)について，一般に酵素の活性部位はそれぞれの酵素に特有の構造をしており，特定の物質のみに作用する性質を持つ。この性質を酵素の何と呼ぶか。下記の選択肢からひとつ選べ。

基質交叉性，基質反応性，基質指向性，基質特異性，基質決定性，基質排他性

H　[3]に入る適当な語句を，下の選択肢からひとつ選べ。

ビタミン，リガンド，ペプチド，シャペロン，チャネル，ドメイン

I　Ⅱの問題文の内容に関する記述として，以下の説明から不適切なものを2つ選べ。

⑴　X–Y 白血病細胞が消化管の細胞を誤って攻撃することで遺伝子 R の変異が誘導され，がん S が起こる。

⑵　X–Y 融合タンパク質のリン酸化活性部位との結合力を高めれば，より治療効果の高い分子標的薬を作ることができる。

⑶　あるがんにおいて，遺伝子 R の変異がなくても，その発生部位ががん S と同じく消化管であれば，分子標的薬 Q の効果が期待できる。

⑷　X–Y 融合タンパク質のリン酸化活性部位と，がん S で見られる変異 R タンパク質のリン酸化活性部位は，タンパク質の構造が類似している。

J　実験2で述べたアミノ酸の置換によって，なぜ分子標的薬Qが効かなくなったと考えられるか。「構造」，「結合」という単語を使って2行程度で述べよ。

K　実験2においてこのアミノ酸置換を持つ細胞は実験途中で融合遺伝子X–Yに変異が起こって出現したのではなく，もともとの細胞集団の中に存在しており，分子標的薬Qの影響を全く受けずに，4日毎に2倍に増殖すると仮定した場合，最初(0日目)に何個の細胞が存在していたか計算せよ(小数第一位を四捨五入した整数で答えよ)。

L　Kの仮定を考慮すると，図1—5の実際の細胞数の増減パターンは下記1～6のどれが最も近いか。X軸，Y軸の値は，図1—5と同じとする。

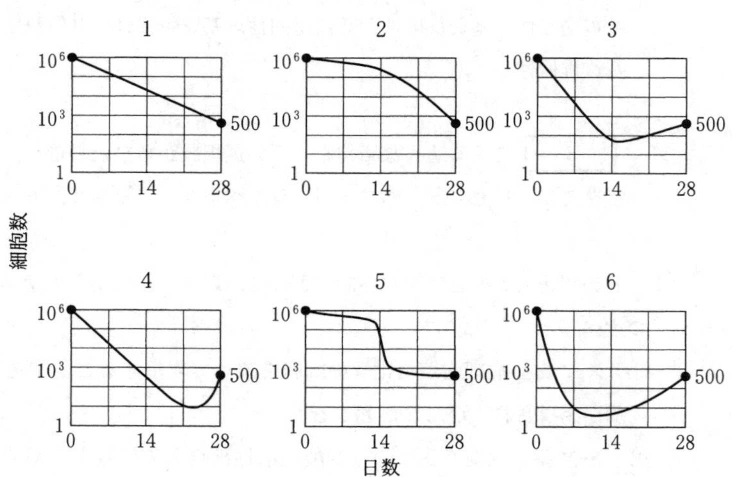

第2問

次のⅠ，Ⅱの各問に答えよ。

Ⅰ　次の文章を読み，問A～Dに答えよ。

アフリカを中心とした半乾燥地帯における貧栄養土壌での作物栽培に，大きな被害をもたらす寄生植物に，ストライガ(図2—1)というハマウツボ科の一年草がある。ストライガは，自身で光合成を行うものの，その成長のためには宿主への寄生が必須となる。実際に，土壌中で発芽したストライガは，数日のうちに宿主へ寄生できなければ枯れてしまう。ストライガは，ソルガムやトウモロコシといった現地の主要な作物に，どのようなしくみで寄生するのだろうか。その理解のためには，まず，これらの作物と菌根菌との関係を知る必要がある。

ソルガムやトウモロコシは，土壌中のリン酸や窒素といった無機栄養が欠乏した環境において，菌根菌を根に定着させる。(ア)菌根菌は，土壌中から吸収したリン酸や窒素の一部をソルガムやトウモロコシへ与える代わりに，その生育や増殖に必須となる，光合成産物由来の糖や脂質をこれらの作物から受け取っている。

(イ)ソルガムやトウモロコシは，菌根菌を根に定着させる過程の初期において，化合物Sを土壌中へ分泌し，周囲の菌根菌の菌糸を根に誘引する。(ウ)化合物Sは，不安定で壊れやすい物質であり，根から分泌された後，土壌中を数mm拡散する間に短時間で消失する。このような性質により，根の周囲には化合物Sの濃度勾配が生じ，菌根菌の菌糸はそれに沿って根に向かう。

ストライガは，宿主となるソルガムやトウモロコシのこのような性質を巧みに利用し，それらへ寄生する。直径が0.3mmほどの(エ)ストライガの種子は，土壌中で数十年休眠することが可能であり，化合物Sを感知して発芽する。その後，発芽したストライガの根は，宿主の根に辿り着くと，その根の組織を突き破り内部へ侵入する。最終的に，ストライガは自身と宿主の維管束を連結し，それを介して宿主から水分や無機栄養，光合成産物を奪い成長する。そのため，ストライガに寄生されたソルガムやトウモロコシは，多くの場合，結実することなく枯れてしまう(図2—1)。

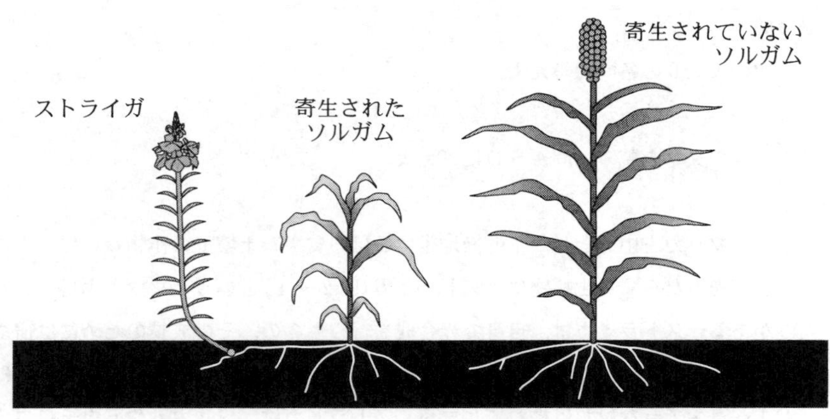

図2―1　ソルガムに寄生するストライガ

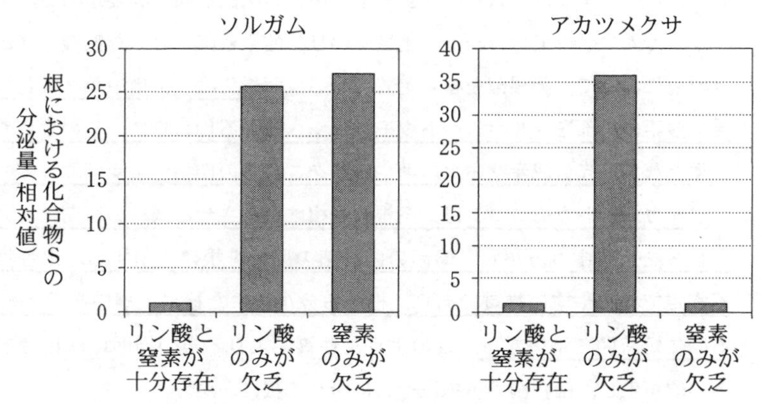

図2―2　無機栄養の欠乏が根における化合物Sの分泌量に及ぼす影響
グラフは，根の単位重量当たりの化合物Sの分泌量を，リン酸と窒素が十分存在する条件での値を1として示している。

〔問〕

A　下線部(ア)について。菌根菌の宿主は，その光合成産物のかなりの量を，菌根菌に糖や脂質を与えるために消費している。ここでは，リン酸のみが欠乏した畑地でソルガムを栽培し，根に菌根菌が定着した後に，土壌へ十分な量のリン酸を与える場合を考える。このとき，菌根菌とソルガムには，リン酸を与える前後で，それぞれどのような種間相互作用がみられるか。以下の選択肢(1)～(6)から，適切な種間相互作用を全て選べ。解答例：与える前―(1)　与えた後―(2)　(3)

(1)　同じ容器内で飼育したゾウリムシとヒメゾウリムシにみられる種間相互作用

(2)　シロアリとその腸内に生息しセルロースやリグニンを分解する微生物にみられる種間相互作用

(3)　ナマコとその消化管を外敵からの隠れ家として利用するカクレウオにみられる種間相互作用

(4)　イヌとその体の表面に付着して吸血するダニにみられる種間相互作用

(5)　ハダニとそれを食べるカブリダニにみられる種間相互作用

(6)　アブラムシとその排泄物を餌にするアリにみられる種間相互作用

B　下線部(イ)について。土壌中のリン酸や窒素の欠乏が，ソルガムやマメ科牧草のアカツメクサの根における化合物Sの分泌量に及ぼす影響をそれぞれ調べ，その結果を図2―2にまとめた。根における化合物Sの分泌様式が，両者の間で異なる理由について，無機栄養の獲得戦略の観点から，3行程度で述べよ。

C　下線部(ウ)について。このような化合物Sの性質は，ストライガが宿主に寄生するうえで，どのような点で有利にはたらくか。1行程度で述べよ。

D　下線部(エ)について。ストライガの種子が存在する土壌において，宿主が生育していない状況で，化合物Sを散布すると，ストライガは発芽するものの，宿主への寄生が成立しないため枯死する。そこで，ストライガの種子が拡散している無機栄養の欠乏した畑地において，作物を栽培していない時期にストライガを枯死させるため，化合物Sの土壌での安定性を高めた類似化合物を開発した。さらに，作物の無機栄養吸収に影響を与えず，ストライガを効率よく，より確実に枯死させるため，この類似化合物を改良したい。以下2つの活性を個別に改変できるとした場合，それらを化合物Sの活性と比較してどのように改変することが望ましいか。2つの活性について，その理由を含め，それぞれ3行程度で述べよ。

【改変可能な活性】ストライガの発芽を誘導する活性，菌根菌を誘引する活性

Ⅱ　次の文章を読み，問E～Hに答えよ。

ストライガは，どのようにして宿主から水分を奪うのだろうか。自身の根の維管束を宿主のそれに連結したストライガは，蒸散速度を宿主より高く保つことで，宿主から自身に向かう水分の流れを作り出す。この蒸散速度には，葉に存在する気孔の開きぐあいが大きく影響する。土壌が乾燥して水不足になると，多くの植物では，体内でアブシシン酸が合成され，その作用によって気孔が閉じる。このとき，体内のアブシシン酸濃度の上昇に応じ，気孔の開きぐあいは小さくなっていく。一方，ストライガでは，タンパク質Xのはたらきにより，気孔が開いたまま維持される。この(オ)タンパク質Xは，陸上植物に広く存在するタンパク質Yに，あるアミノ酸変異が起こって生じたものである。シロイヌナズナのタンパク質Yは，体内のアブシシン酸濃度の上昇に応じ，その活性が変化する。ここでは，タンパク質Xやタンパク質Yの性質を詳しく調べるため，以下の実験を行った。

実験1　遺伝子工学の手法により，タンパク質Xを過剰発現させたシロイヌナズナ形質転換体を作製した。次に，この形質転換体を野生型シロイヌナズナとともに乾燥しないよう栽培し，ある時点で十分な量のアブシシン酸を投与した。しばらく時間をおいた後，サーモグラフィー(物体の表面温度の分布を画像化する装置)を用いて，葉の表面温度をそれぞれ計測し，その結果を図2―3にまとめた。

実験2　遺伝子工学の手法により，タンパク質Yを過剰発現させたシロイヌナズナ形質転換体とタンパク質Yのはたらきを欠失させたシロイヌナズナ変異体とを作製した。次に，これらの形質転換体や変異体を，野生型シロ

イヌナズナやタンパク質Xを過剰発現させたシロイヌナズナ形質転換体とともに，乾燥しないよう栽培した。その後，ある時点から水の供給を制限し，土壌の乾燥を開始した。同時に，日中の決まった時刻における葉の表面温度の計測を開始し，その経時変化を図2―4にまとめた。この計測と並行し，タンパク質Xやタンパク質Yの発現量を測定したところ，各種のシロイヌナズナの葉におけるそれらの発現量に，経時変化は見られなかった。

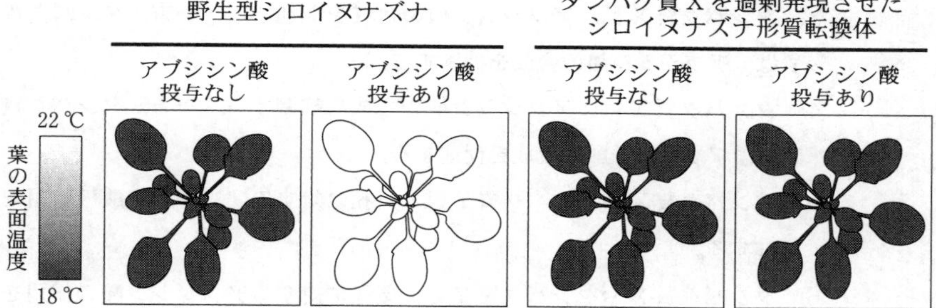

図2―3　野生型シロイヌナズナとタンパク質Xを過剰発現させたシロイヌナズナ形質転換体の上からのサーモグラフィー画像

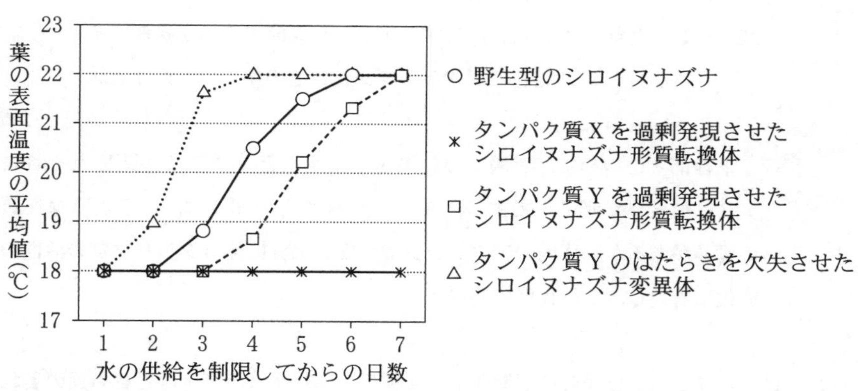

図2―4　各種のシロイヌナズナにおける水の供給を制限した後の葉の表面温度の経時変化

〔問〕

E　実験1において，十分な量のアブシシン酸を投与した後に，野生型シロイヌナズナの葉の表面温度が上昇した理由を，1行程度で述べよ。

F　実験1，実験2の結果をふまえて，タンパク質Xやタンパク質Yのはたらきを述べた文として最も適切なものを，以下の選択肢(1)～(8)から一つ選べ。

(1)　タンパク質Xやタンパク質Yは，アブシシン酸の合成を促進する。

(2)　タンパク質Xやタンパク質Yは，アブシシン酸の合成を抑制する。

(3)　タンパク質Xは，アブシシン酸の合成を促進する。一方，タンパク質Yは，アブシシン酸の合成を抑制する。

(4)　タンパク質Xは，アブシシン酸の合成を抑制する。一方，タンパク質Yは，アブシシン酸の合成を促進する。

(5)　タンパク質Xやタンパク質Yは，気孔に対するアブシシン酸の作用を促進する。

(6)　タンパク質Xやタンパク質Yは，気孔に対するアブシシン酸の作用を抑制する。

(7)　タンパク質Xは，気孔に対するアブシシン酸の作用を促進する。一方，タンパク質Yは，気孔に対するアブシシン酸の作用を抑制する。

(8)　タンパク質Xは，気孔に対するアブシシン酸の作用を抑制する。一方，タンパク質Yは，気孔に対するアブシシン酸の作用を促進する。

G　下線部(オ)について。実験2の結果をふまえると，タンパク質Yとそれにアミノ酸変異が起こって生じたタンパク質Xとの間には，どのような性質の違いがあるか。体内のアブシシン酸濃度の上昇に伴うタンパク質の活性の変化に着目し，2行程度で述べよ。

H　実験2の7日間の計測期間中，4種類のシロイヌナズナはどれも葉の萎れを示さなかった。このとき，最も早く葉の光合成活性が低下したと考えられるものは4種類のうちどれか。また，その後も，水の供給を制限し続けたとき，最も早く萎れると考えられるものはどれか。その理由も含め，それぞれ3行程度で述べよ。

第3問

次のⅠ，Ⅱ，Ⅲの各問に答えよ。

Ⅰ　次の文章を読み，問Ａ～Ｄに答えよ。

ヒトも含めた多細胞動物は，後生動物と呼ばれ，進化の過程で高度な体制を獲得してきた。動物が進化して多様性を獲得した過程を理解する上では，現生の動物の系統関係を明らかにすることが非常に重要である。動物門間の系統関係は未だ議論の残る部分もあるが，現在考えられている系統樹の一例を図3―1に示す。この系統関係を見ると，どのようにして動物が高度な体制を獲得するに至ったのか，その進化の過程を見てとることができる。動物進化における重要な事象として，多細胞化，口(消化管)の獲得，神経系・体腔の獲得，左右相称性の進化，旧口/新口(前口/後口)動物の分岐，脱皮の獲得，脊索の獲得などが挙げられる。

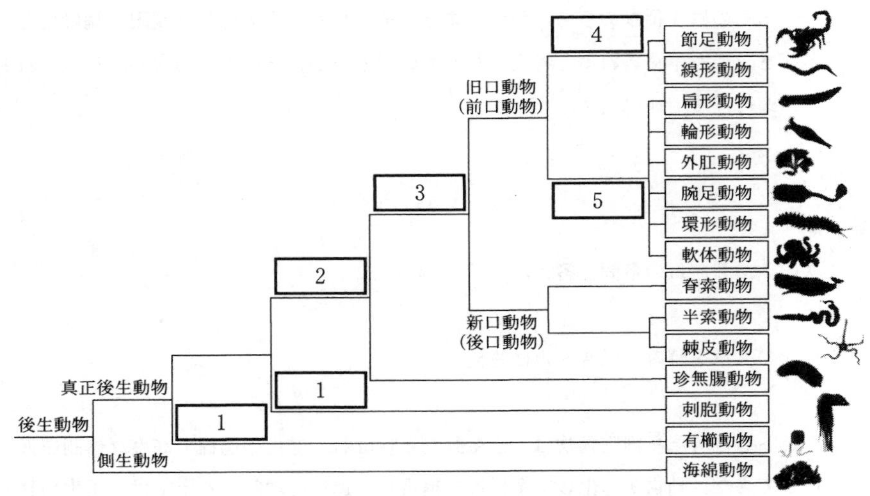

図3―1　動物門間の系統関係

〔問〕

A　図3―1の1～5に入る語句として最も適切な組み合わせを下記の(1)～(4)から選べ。

(1)　1：放射相称動物，　2：体腔の獲得，　3：左右相称動物，
　　4：脱皮動物，　5：冠輪動物

(2)　1：放射相称動物，　2：左右相称動物，　3：体腔の獲得，
　　4：脱皮動物，　5：冠輪動物

(3)　1：左右相称動物，　2：放射相称動物，　3：体腔の獲得，
　　4：冠輪動物，　5：脱皮動物

(4)　1：体腔の獲得，　2：左右相称動物，　3：放射相称動物，
　　4：冠輪動物，　5：脱皮動物

B　動物の初期発生が進行する過程で，一様であった細胞(割球)が複数の細胞群(胚葉)へと分化する。後生動物は，外胚葉と内胚葉からなる二胚葉性の動物と，外胚葉・中胚葉・内胚葉からなる三胚葉性の動物に大別される。下記

にあげた動物はそれぞれ，二胚葉性・三胚葉性のどちらに分類されるか。「(1)二胚葉性」のように記せ。

(1) イソギンチャク　(2) カブトムシ　(3) ゴカイ
(4) ヒト　(5) クシクラゲ　(6) イトマキヒトデ

C　旧口動物と新口動物は，初期発生の過程が大きく異なることが特徴である。どのように異なるのか，2行程度で記せ。

D　ウニやヒトデなどの棘皮動物は，五放射相称の体制を有するにもかかわらず，左右相称動物の系統に属する。このことは，発生過程を見るとよくわかる。それは，どのような発生過程か，2行程度で記せ。

II　次の文章を読み，問E，Fに答えよ。

動物の系統関係を明らかにする場合，その動物が持つ様々な特徴から類縁関係を探ることができ，古くから形態に基づく系統推定は行われてきた。しかし，形態形質は研究者によって用いる形質が異なるなど，客観性にとぼしい。近年では，様々な生物種からDNAの塩基配列情報を容易に入手できるようになり，これに基づいて系統関係を推定する分子系統解析が，系統推定を行う上で主流となっている。

1949年に「珍渦虫(ちんうずむし)」と呼ばれる謎の動物が，スウェーデン沖の海底から発見された(図3―2)。この動物は，体の下面に口があるが，肛門はないのが特徴である。珍渦虫がどの動物門に属するかは長らく謎であり，最初は扁形動物の仲間だと考えられていた。1997年に，珍渦虫のDNA塩基配列に基づく分子系統解析が初めて行われて以来，現在までに様々な仮説が提唱されている。当初，軟体動物に近縁だと報告されていたが，これは餌として食べた生物由来のDNAの混入によるものだと判明した。その後，分子系統解析が再度行われた結果，(ア)珍渦虫は新口動物の一員であるという知見が発表された。

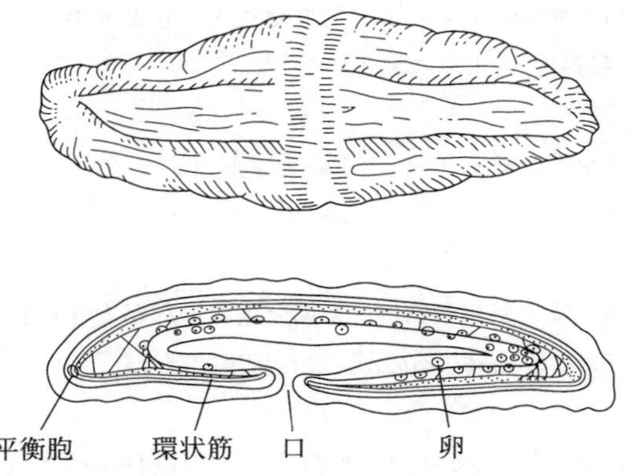

図3—2　珍渦虫の体制．上から見た図(上)と正中断面(下)

さらにその後，扁形動物の一員と考えられていた無腸動物が珍渦虫に近縁であることが示され，両者を統合した珍無腸動物門が新たに創設された。しかし，その系統学的位置については，新口動物に近縁ではなく，「(イ)旧口動物と新口動物が分岐するよりも前に出現した原始的な左右相称動物である」という新説が発表された。また，(ウ)珍渦虫と無腸動物は近縁でないとする説も発表されるなど，状況は混沌としてきた。

2016年，(エ)珍渦虫と無腸動物は近縁であり(珍無腸動物)，これらは左右相称動物の最も初期に分岐したグループであることが報告された。しかし，2019年に発表された論文では，(オ)珍無腸動物は水腔動物(半索動物と棘皮動物を合わせた群)にもっとも近縁であるという分子系統解析の結果が発表された。そのため珍無腸動物の系統学的位置は未解決のままである。

〔問〕

E　下線部(ア)〜(オ)の仮説を適切に説明した系統樹を次の1〜4から選び，(ア)—1のように記述せよ。それぞれの仮説に当てはまるものはひとつとは限らない。

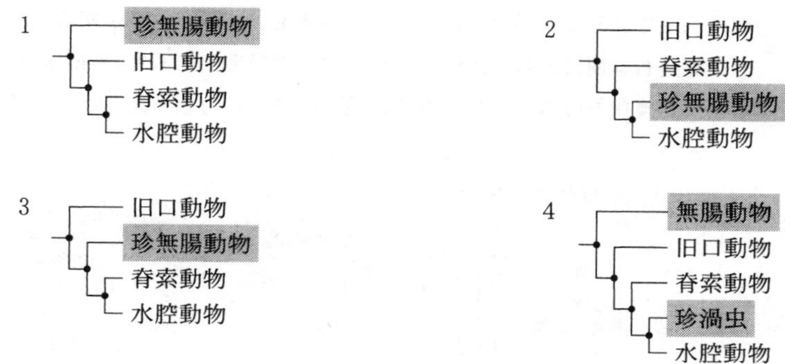

F　図3―2下の断面図にあるように，珍渦虫には口はあるが肛門はない。下線部(ア)が正しいとすると，その分類群の中ではかなり不自然な発生過程をたどることになると考えられる。それはなぜか，3行程度で記せ。

Ⅲ　次の文章を読み，問G～Iに答えよ。

多細胞体である後生動物は，単細胞生物からどのような過程を経て進化してきたのだろうか。この点についてはかなり古くから議論があり，これまでに様々な仮説が提唱されている。主として支持されてきたのが，ヘッケルの群体鞭毛虫仮説（群体起源説，ガストレア説）とハッジの多核体繊毛虫仮説（繊毛虫類起源説）である（図3―3）。

ヘッケルの唱えた群体鞭毛虫仮説では，単細胞の鞭毛虫類が集合して，群体を形成し，多細胞の個体としてふるまうようになったものが最も祖先的な後生動物であるとしている。この仮想の祖先動物は「ガストレア」と呼ばれ，多くの動物の初期胚に見られる原腸胚（嚢胚）のように原腸（消化管のくぼみ）を有するとしている。この説では，［ 6 ］から［ 7 ］が生じたとしている。

一方，ハッジの唱えた多核体繊毛虫仮説では，繊毛を用いて一方向に動く単細胞繊毛虫が多核化を経て多細胞化したとする。つまりこの説では，［ 8 ］から［ 9 ］が派生したとしている。

近年の分子系統学的解析から，後生動物は単系統であることや，その姉妹群が襟鞭毛虫であることが示されている。襟鞭毛虫は群体性を示すことや，後生動物の中で最も早期に分岐した海綿動物には，襟鞭毛虫に似た「襟細胞」が存在することから，現在ではヘッケルの群体鞭毛虫仮説が有力と考えられている。

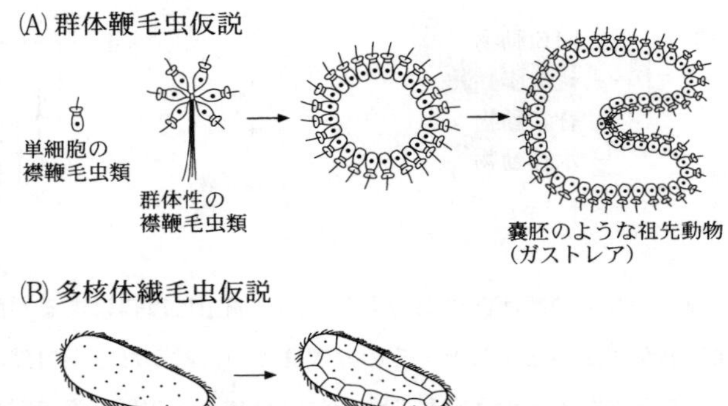

図 3 ― 3　ヘッケルの群体鞭毛虫仮説 (A) とハッジの多核体繊毛虫仮説 (B)

〔問〕

G　文中の空欄 6 ～ 9 に当てはまる語句として最も適切な組み合わせを下記の(1)～(4)から選べ。

(1)　6 ：放射相称動物，　7 ：左右相称動物，　8 ：左右相称動物，
　9 ：放射相称動物

(2)　6 ：左右相称動物，　7 ：放射相称動物，　8 ：左右相称動物，
　9 ：放射相称動物

(3)　6 ：放射相称動物，　7 ：左右相称動物，　8 ：放射相称動物，
　9 ：左右相称動物

(4)　6 ：左右相称動物，　7 ：放射相称動物，　8 ：放射相称動物，
　9 ：左右相称動物

H　動物の中には，外肛動物(コケムシ)のように，個体が密着して集団がまるで 1 個体であるかのように振る舞う「群体性」を示すものが存在している。群

体性を示す動物の中には，異なる形態や機能を持つ個体が分化したり，不妊の個体が存在する種も知られる。このように同種の血縁集団として生活し，その中に不妊個体を含む異なる表現型を持つ個体が出現する動物は他にも存在している。その例として最も適切なものを下記からひとつ選べ。

⑴　アブラムシの翅多型
⑵　ミジンコの誘導防御
⑶　クワガタムシの大顎多型
⑷　社会性昆虫のカースト
⑸　ゾウアザラシのハーレム

I　ヘッケルの唱えた「ガストレア」が後生動物の起源だとすると，現生の動物門の中で「ガストレア」の状態に最も近い動物門は何か。動物門の名称とその理由を 3 行程度で記せ。

2019年

解答時間：2科目150分
配　　点：120点

第1問

次のⅠ，Ⅱの各問に答えよ。

Ⅰ　次の文1，文2を読み，問A～Dに答えよ。

［文1］

多くの生物の発生は，1個の細胞からなる受精卵から始まる。発生の過程では，細胞分裂が繰り返し起こって多数の細胞が作られ，それらは多様な性質を持った細胞に分化しながら生物の体を作り上げていく。分裂により生じた細胞は親細胞の性質を受け継ぐこともあるが，(ア)他の細胞との相互作用により性質を変化させることもある。発生学の研究によく用いられる生物である「線虫」での一例について，いくつかの実験を通して細胞分化のしくみを考察しよう。

発生のある時期において，生殖腺原基の中の2つの細胞，A細胞とB細胞は，図1―1のように隣り合わせに配置しているが，いずれもそれ以上分裂せず，その後，C細胞とよばれる細胞かD細胞とよばれる細胞に分化する(図1―2(a))。その際，A細胞，B細胞のそれぞれがC細胞とD細胞のいずれの細胞になるかは，個体によって異なっていて，ランダムに一方のパターンが選ばれるようにみえる。しかしC細胞が2個またはD細胞が2個できることはない。どうしてうまく2種類の細胞になるのだろうか。以下の実験をみてみよう。

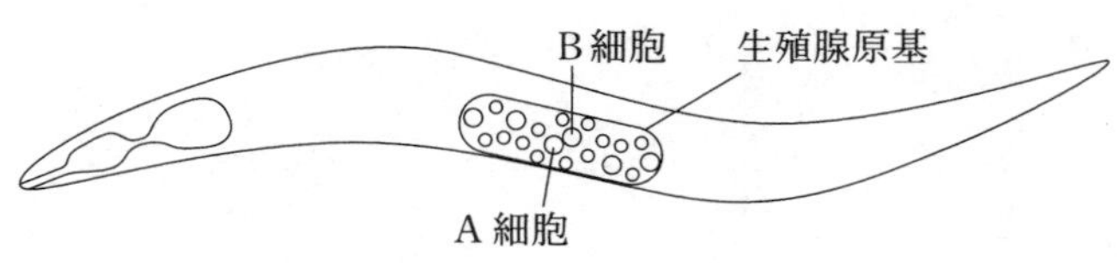

図1―1　線虫の幼虫

実験1　*X* 遺伝子の突然変異によりXタンパク質が変化した突然変異体線虫が2種類みつかった。ひとつは，Xタンパク質が，X(−)という機能できない形に変化した変異体である(以下これを *X(−)* 変異体とよぶ)。もうひとつは，Xタンパク質が，常に機能してしまうX(++)という形に変化した変異体である(以下これを *X(++)* 変異体とよぶ)。なお，正常型の(変異型でない)Xタンパク質をX(+)と書くことにする。*X(−)* 変異体ではA細胞とB細胞がいずれもC細胞に分化した。*X(++)* 変異体ではA細胞とB細胞がいずれもD細胞に分化した(図1—2(b))。

実験2　遺伝学の実験手法を用いて，A細胞とB細胞のうち，一方の細胞だけの遺伝子がX(−)を生じる変異をもつようにした(他方の細胞はX(+)を生じる正常型遺伝子をもつ)。すると，*X(−)* 遺伝子をもつ細胞が必ずC細胞に，*X(+)* 遺伝子をもつ細胞が必ずD細胞に分化した(図1—2(c))。

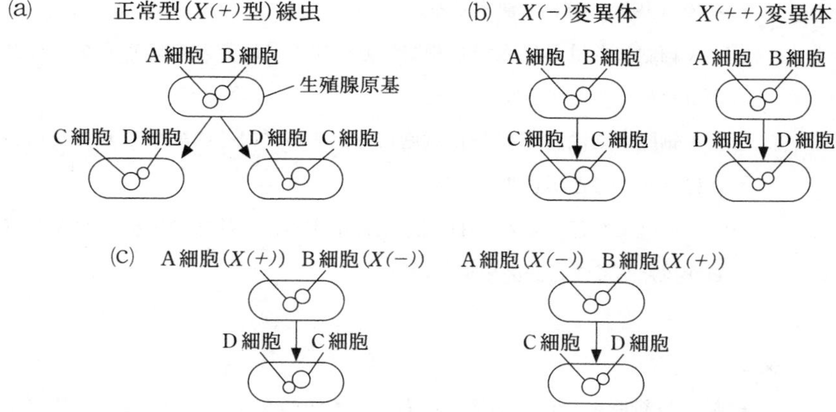

図1—2　線虫のC細胞とD細胞の分化の過程
A細胞〜D細胞以外の細胞は省略した。

2019年　入試問題

〔問〕

A　下線部(ア)について。胚のある領域が隣接する他の領域に作用してその分化の方向を決定する現象を何というか，答えよ。

B　文1および実験1，2の結果から，どういうことがいえるか。以下の選択肢(1)~(6)から適切なものをすべて選べ。(注：ここでいう分化とは，もともとA細胞またはB細胞であった細胞が，C細胞に分化するか，D細胞に分化するかということ。)

(1)　A細胞とB細胞は相互に影響を及ぼし合いながらそれぞれの分化を決定している。

(2)　A細胞とB細胞は他方の細胞とは関係なくそれぞれの分化を決定する。

(3)　A細胞はB細胞に影響を及ぼさないが，B細胞はA細胞に影響を及ぼしてA細胞の分化を決定する。

(4)　A細胞またはB細胞がC細胞に分化するにはその細胞でXタンパク質がはたらくことが必要である。

(5)　A細胞またはB細胞がD細胞に分化するにはその細胞でXタンパク質がはたらくことが必要である。

(6)　A細胞またはB細胞がD細胞に分化するには他方の細胞でXタンパク質がはたらくことが必要である。

［文2］

C細胞とD細胞の分化に関係するもうひとつのタンパク質として，Xタンパク質に結合するYタンパク質がみつかった。Yタンパク質の機能がなくなる変異体(*Y(−)*変異体)では*X(−)*変異体と同様にA細胞とB細胞がいずれもC細胞に分化した。

実験3　各細胞でのXタンパク質の量を調べたところ，図1—3(a)のような結果が得られた。

実験4　各細胞でのYタンパク質の量を調べたところ，図1—3(b)のような結果が得られた。

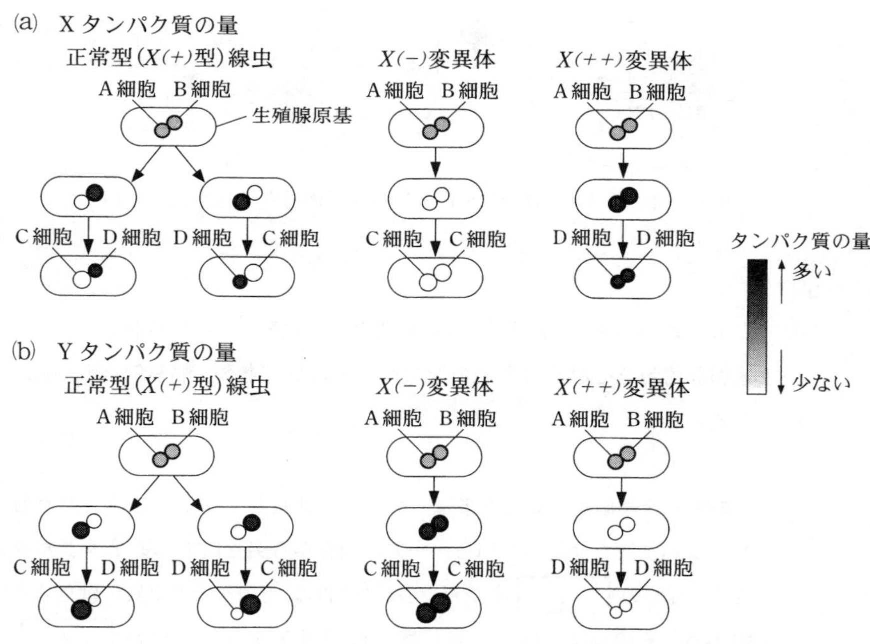

図1—3　各細胞でのXタンパク質(a)とYタンパク質(b)の量の変化
A細胞〜D細胞以外の細胞は省略した。

Xタンパク質の細胞の外側に位置する部分にYタンパク質が結合すると，Xタンパク質は活性化され，その情報を核の中に伝え，*X*遺伝子と*Y*遺伝子の発現(転写)を制御する(図1—4)。

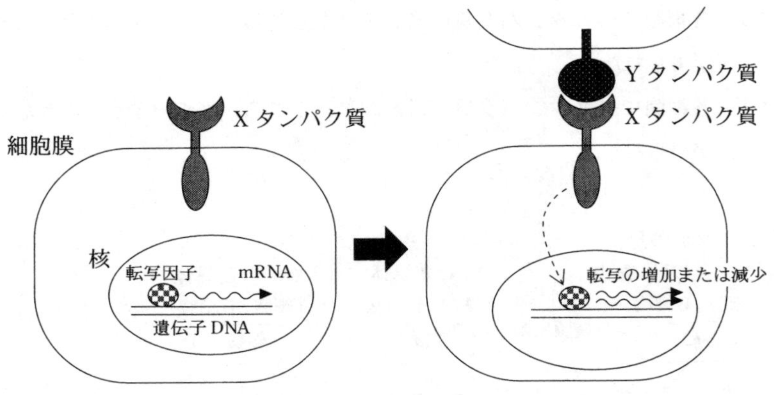

図 1 — 4　X タンパク質と Y タンパク質のはたらきかた

〔問〕

C　文 1，文 2 の内容と実験 1 ～ 4 の結果から，以下の文中の空欄 1 ～ 5 に入る適切な語句をそれぞれ下記の選択肢①～⑩から選べ。解答例：1 —①，2 —②

A 細胞と B 細胞が生じた直後は，いずれの細胞も同程度の X タンパク質と Y タンパク質を発現している。一方の細胞から突き出ている Y タンパク質は隣の細胞の［ 1 ］タンパク質に作用し，そのタンパク質のはたらきを強める。その結果，作用を受けた細胞では Y タンパク質が［ 2 ］し，X タンパク質が［ 3 ］する。A 細胞と B 細胞が生じた直後には，上記の作用が A 細胞と B 細胞の間で拮抗しているが，一旦バランスが崩れると，Y タンパク質の量は一方の細胞で急激に増えて他方の細胞では急激に減ることになる。Y タンパク質が増加した細胞の X タンパク質は［ 4 ］し，その細胞は［ 5 ］細胞に分化する。

語句

① A	② B	③ C	④ D	⑤ X
⑥ Y	⑦ 変異	⑧ 分化	⑨ 増加	⑩ 減少

D　正常型の線虫で，A細胞とB細胞が生じた直後に一方の細胞をレーザーにより破壊した。このとき，残った細胞はC細胞，D細胞のいずれになると予想されるか。文1，文2の内容と実験1～4の結果をもとに考察し，理由も含めて2行程度で答えよ。

Ⅱ　次の文3を読み，問E～Hに答えよ。

［文3］

線虫でのもうひとつの細胞分化のしくみをみてみよう。図1―5のように，発生の過程で，腹側の表皮の前駆細胞であるP1，P2，P3，P4，P5が並んでいるが，P3細胞のすぐ上側にE細胞とよばれる細胞が位置している。その後，発生が進むと，P3細胞は分裂して卵を産む穴の中心部分の細胞群(穴細胞とよぶ)になり，その両脇のP2細胞とP4細胞は穴の壁を作る細胞群(壁細胞とよぶ)になる。これらのさらに外側の細胞(P1細胞とP5細胞)は平坦表皮(表皮細胞とよぶ)になる(表1―1(a))。この発生過程でも，Yタンパク質が隣り合った細胞のXタンパク質を活性化させる機構がはたらくが，これに加え，E細胞から分泌されるZタンパク質による制御もはたらいている。Zタンパク質は離れた細胞のWタンパク質の細胞外の部分に結合し，Wタンパク質を活性化する。この効果は相手の細胞との距離が近いほど強い。

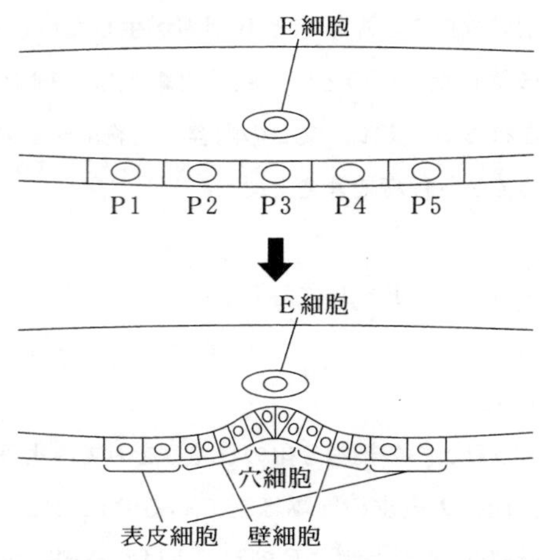

図1―5　卵を産む穴の発生の初期過程。E細胞のまわりの細胞は省略した。

実験5　P1～P5細胞が分化する前にE細胞をレーザーで破壊したとき，またはE細胞を移動させたとき，発生が進んだあとには，P1～P5細胞は表1―1(b)～(c)のように分化した。

実験6　*X(−)*変異体，*X(++)*変異体で，何も操作せず，あるいはE細胞をレーザーで破壊したとき，発生が進んだあとには，P1～P5細胞は表1―1(d)～(g)のように分化した。

表1―1　X遺伝子の変異およびE細胞の操作と表皮の前駆細胞の分化

	線虫の遺伝子型	E細胞の操作	P1	P2	P3	P4	P5
(a)	正常型	操作なし	表皮	壁	穴	壁	表皮
(b)	正常型	破壊	表皮	表皮	表皮	表皮	表皮
(c)	正常型	P4の上側に移動	表皮	表皮	壁	穴	壁
(d)	*X(−)*変異	操作なし	表皮	穴	穴	穴	表皮
(e)	*X(−)*変異	破壊	表皮	表皮	表皮	表皮	表皮
(f)	*X(++)*変異	操作なし	壁	壁	穴	壁	壁
(g)	*X(++)*変異	破壊	壁	壁	壁	壁	壁

表中で，「表皮」は表皮細胞，「壁」は壁細胞，「穴」は穴細胞に分化したことを示す。

〔問〕

E　正常の発生過程で，E細胞からの影響を直接または間接的に受けて分化が決まると考えられる細胞をP1，P2，P3，P4，P5のうちからすべて選べ。

F　Xタンパク質がはたらいた表皮の前駆細胞はどのタイプの細胞に分化すると考えられるか。以下の選択肢(1)～(5)からもっとも適切なものを1つ選べ。

(1)　穴細胞
(2)　壁細胞
(3)　表皮細胞
(4)　穴細胞および表皮細胞
(5)　壁細胞および表皮細胞

G　Wタンパク質の活性化により*Y*遺伝子の発現が変化することがわかっている。Wタンパク質の直接の効果により，正常の発生過程においてもっとも顕著にみられる現象は以下のいずれか。文3と実験5，6の結果から考察し1つ選べ。

(1)　P3細胞で*Y*遺伝子の発現が増加する。
(2)　P3細胞で*Y*遺伝子の発現が減少する。
(3)　P2細胞とP4細胞で*Y*遺伝子の発現が増加する。
(4)　P2細胞とP4細胞で*Y*遺伝子の発現が減少する。

H　E細胞から分泌されたZタンパク質の影響を受けて，X，Y，Wタンパク質がどのようにはたらいて表1—1(a)のような穴細胞，壁細胞，表皮細胞の分化パターンが決定するのか。X，Y，Wの語をすべて使って5行以内で説明せよ。

第2問

次のⅠ，Ⅱの各問に答えよ。

Ⅰ　次の文章を読み，問A～Dに答えよ。

葉において光合成反応がすすむ速度は様々な要因の影響を受ける。図2－1は，土壌中の栄養や二酸化炭素，水分，そしてカルビン・ベンソン回路を駆動するために必要な酵素タンパク質が十分存在しているときの，光の強さと二酸化炭素吸収速度との関係(これを光―光合成曲線と呼ぶ)を模式的に示している。光がある程度弱い範囲では，二酸化炭素吸収速度は光の強さに比例して大きくなる。光化学反応から光の強さに応じて供給される［ 1 ］や［ 2 ］の量が二酸化炭素吸収速度を決める。

光の強さがある強さ(光飽和点と呼ぶ)を超えると，それ以上二酸化炭素吸収速度が変化しなくなる(図2－1)。このときの二酸化炭素吸収速度を見かけの最大光合成速度(以下，最大光合成速度)と呼ぶ。このとき二酸化炭素の供給やカルビン・ベンソン回路の酵素タンパク質の量が光合成の制限要因となっている。

最大光合成速度が大きければ大きいほど，暗黒下で測定される呼吸速度もそれに比例して大きくなる。その主な理由は次の通りである。最大光合成速度は光合成に関わる酵素タンパク質の量に比例する。こうした酵素タンパク質の中には時間とともに機能を失うものがある。酵素タンパク質の機能を復活させるためにはエネルギーが必要であり，そのエネルギーは呼吸によって供給される。このため，カルビン・ベンソン回路の酵素タンパク質を多く保持し最大光合成速度が大きな葉は，呼吸速度も大きくなる。

タンパク質である酵素は窒素を含むため，(ア)無機窒素が少ない貧栄養の土壌では酵素タンパク質が十分に合成されず，最大光合成速度が小さくなる。

土壌が湿っている環境では葉の気孔は開き気味であるが，土壌が乾燥し，水が十分にない環境となると葉の気孔は閉じられる。この場合，(イ)葉の内部の二酸化炭素濃度が低くなり，最大光合成速度は小さくなる。

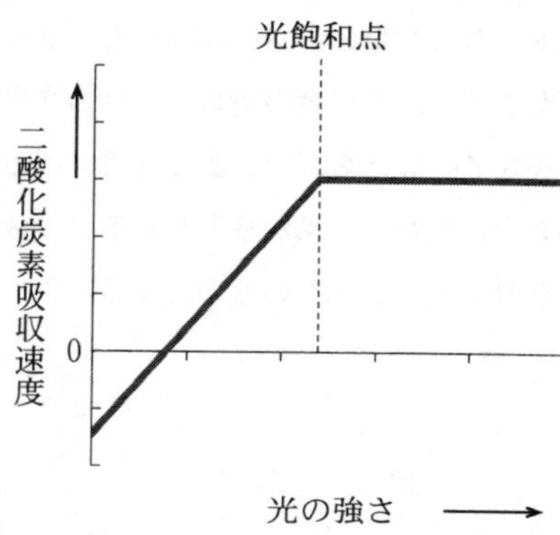

図2―1　光の強さと二酸化炭素吸収速度との関係(光―光合成曲線)

［問］

A　文中の空欄1と2に入るもっとも適切な分子名を記せ。ただし解答の順序は問わない。

B　下線部(ア)，(イ)のときの光―光合成曲線はどのような結果になると予想されるか。図2―1を葉面積あたりの光―光合成曲線(太線)とし，該当する曲線(細線)を重ねあわせて描いたものとして適切と思われるものを，次のページにあるグラフ(1)～(9)からそれぞれ1つずつ選べ。なお，貧栄養のときの最大光合成速度は富栄養のときの半分とする。解答例：ア―(1)，イ―(2)

C　光が弱い環境では，植物は陰葉とよばれる葉を作ることが知られている。陰葉は最大光合成速度が小さいだけではなく，葉も薄くなる。ここではその陰葉の面積あたりの質量と最大光合成速度は陽葉の半分とする。このとき図2―1が<u>陽葉の面積あたりの光―光合成曲線</u>(ウ)，あるいは<u>陽葉の質量あたりの光―光合成曲線</u>(エ)とした際，新たに陰葉についての光―光合成曲線を細線で重ねあわせて描くと，どのようなグラフとなるだろうか。下線部(ウ)と(エ)について，曲線として適切と思われるものを次のページにあるグラフ(1)～(9)からそれぞれ1つ選べ。ただし，葉の質量あたりに含まれる光合成に関係するタンパク質の量は変化しないものとする。解答例：ウ―(1)，エ―(2)

D　薄くて面積あたりの質量の小さい陰葉をどのような光の強さのもとでも作る植物があったとする。この葉の質量あたりの光合成速度が陽葉よりも低下する環境が存在するとしたら，どのような環境だろうか。その理由を含めて3行程度で答えよ。ただし，葉から失われる水の量は葉面積に比例するものとし，葉が重なり合うことはないものとする。

グラフ

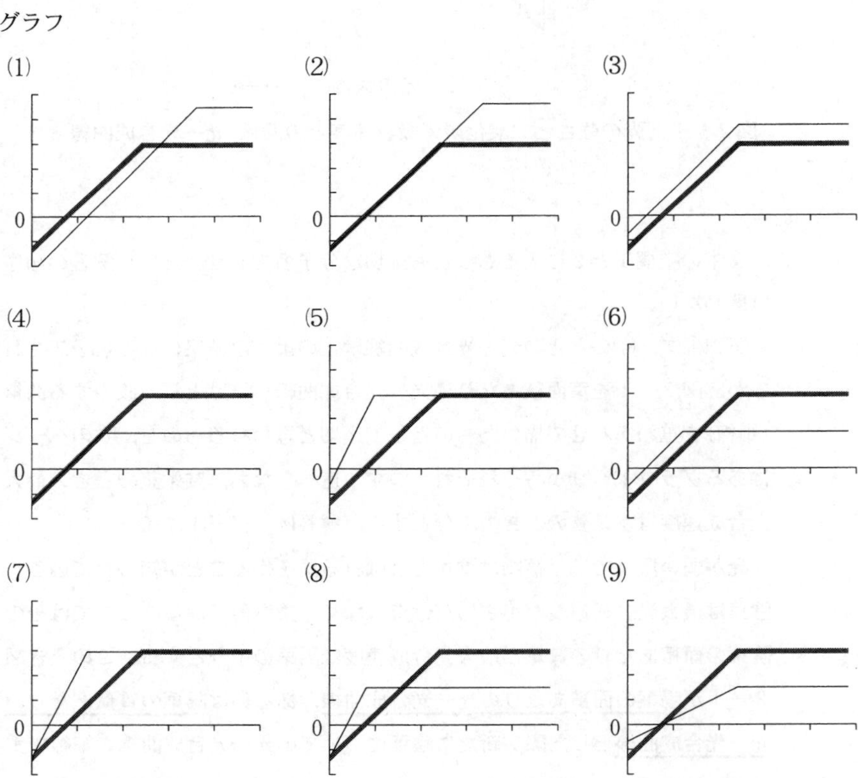

Ⅱ　次の文章を読み，問Ｅ～Ｊに答えよ。

円盤のような形をしている葉緑体に目を向けてみよう。光が弱いときには光を最大限に利用できるように配置される。しかし光が強いときには，光に対して平行となるように配置されて(オ)，葉緑体内の酵素タンパク質が強い光を受けて機能を失うのを抑えようとする。

光化学系Ⅱは複数種類のタンパク質と［　3　］からなる構造体であり，電子が流れていく最初の段階で［　4　］から電子を引き抜く役割をもつ。図２―２に示される実験で葉緑体が強光を受けると，光化学系Ⅱの能力がいったん低下する(カ)ことがわかる。これを光化学系Ⅱが損傷を受けたという。Ｄ１タンパク質はその光化学系Ⅱの反応中心にあるタンパク質である。損傷を受けてもＤ１タンパク質の量自体は減らない。しかし強光にあたると葉緑体内に活性酸素が発生する。その活性酸素がＤ１タンパク質などの酵素タンパク質に高温や極端な pH にさらされたときのような変化を与えて傷害が起こるのである。弱光の下ではこの損傷は起こらない。

そして葉緑体には光が弱まると，徐々に光化学系Ⅱの能力を復活させるしくみがあることがわかってきた。この能力の復活はタンパク質合成阻害剤を加えた状態では観察されない（図２―２）。

V と名づけられた遺伝子の変異体が発見され，光化学系Ⅱの能力が復活する過程について次のヒントを与えた。正常型の *V* 遺伝子からは損傷を受けたＤ１タンパク質を分解する酵素が発現する。正常型植物と変異体 *V* についてタンパク質合成阻害剤を加えた状態で，強光を継続してあてる実験を行うと，Ｄ１タンパク質の量が正常型植物では減少するのに対して，変異体 *V* では減少しなかった（図２―３）。一方，タンパク質合成阻害剤を加えない状態で，強光をあてたあとの弱光下での光化学系Ⅱの能力の復活を比較したところ，変異体 *V* ではその復活が非常に起こりにくかった（図２―４）。

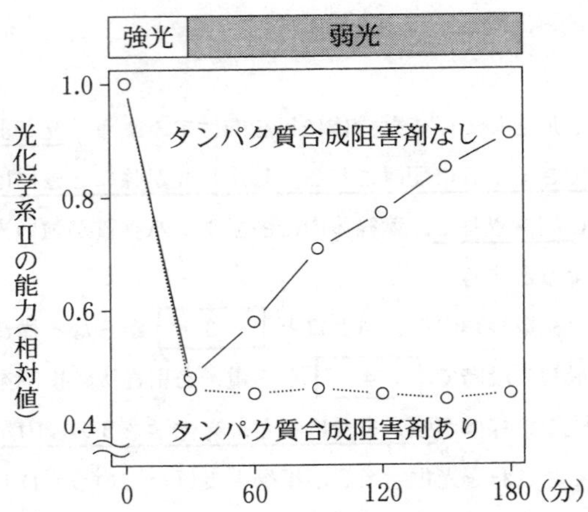

図2—2　正常型植物の光化学系Ⅱの能力に対する強光照射とタンパク質合成阻害剤の影響

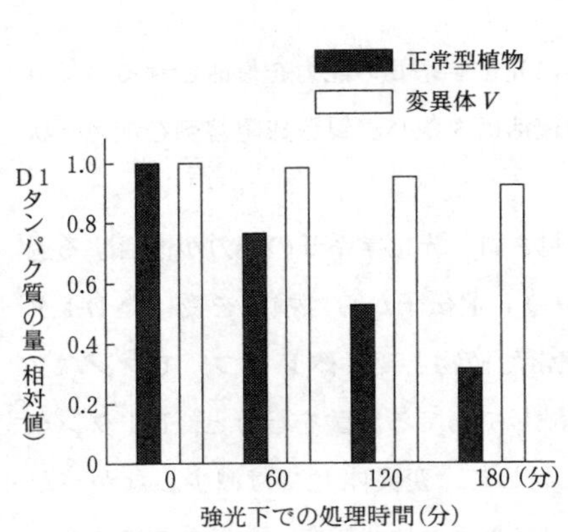

図2—3　タンパク質合成阻害剤を与えて強光を照射した後での正常型植物と変異体 V 中のD1タンパク質の量

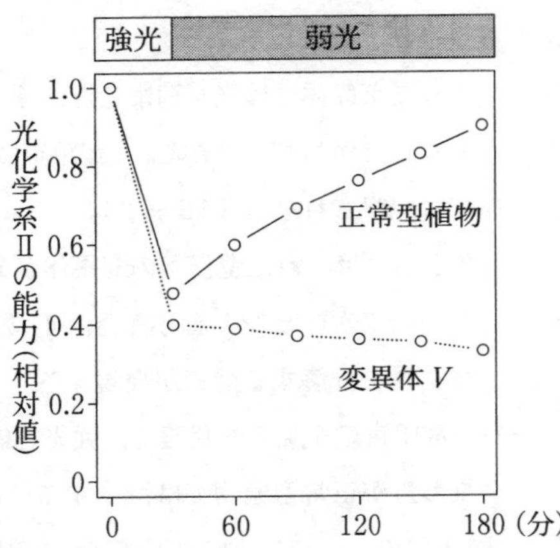

図2—4　強光照射後の正常型植物と変異体 V での光化学系Ⅱの能力の時間変化

〔問〕

E　下線部(オ)について。下線部(オ)の現象には青色光を受け取ることが関係する。この情報によって，下線部(オ)の現象に関係する可能性を排除できる植物の光受容体を以下の選択肢(1)～(4)から１つ選べ。

(1)　ロドプシン　　(2)　クリプトクロム
(3)　フィトクロム　　(4)　フォトトロピン

F　青色光がもつ作用として知られていないものを，以下の選択肢(1)～(4)からすべて選べ。

(1)　花芽形成　　(2)　光屈性　　(3)　光発芽　　(4)　気孔開閉

G　文中の空欄３と４について。空欄３に色素，空欄４に分子の名前としてもっとも適切な語句をそれぞれ答えよ。解答例：３—○○(色素名)，４—△△(分子名)

H　下線部(カ)について。強光を受けるとＤ１タンパク質の量は変わらないにもかかわらず，光化学系Ⅱの能力が下がる理由を１行程度で述べよ。

I　図２—３の実験結果から推察できることとして適切なものを，以下の選択肢(1)～(5)からすべて選べ。

(1)　変異体Vを用いた試料では，タンパク質合成阻害剤が作用しなかったために強光下で損傷を受けたＤ１タンパク質が減少しなかった。

(2)　変異体Vを用いた試料では，強光下で損傷を受けたＤ１タンパク質の分解が抑えられたため，タンパク質合成が阻害されてもＤ１タンパク質は減少しなかった。

(3)　変異体Vを用いた試料では，Ｄ１タンパク質の分解と合成の両方が起こったためにＤ１タンパク質が減少しなかった。

(4)　正常型植物を用いた試料では強光下で損傷を受けたＤ１タンパク質が分解され，さらに合成が抑えられてＤ１タンパク質が減少した。

(5)　正常型植物を用いた試料ではＤ１タンパク質の分解とタンパク質合成が共に抑えられて，Ｄ１タンパク質が減少した。

J　正常型V遺伝子からつくられるタンパク質分解酵素の役割をふまえ，Ｄ１タンパク質に注目して光化学系Ⅱの能力が復活する過程を，３行程度で述べよ。

第3問

次のⅠ，Ⅱの各問に答えよ。

Ⅰ　次の文章を読み，問A～Eに答えよ。

生物の形質の変異は遺伝子によって決められるか否かで大きく2種類に分類される(ア)が，これらの変異がどのように生物の進化に寄与するか，古くから考えられてきた。ダーウィンの唱えた進化学説（ダーウィニズム）(イ)は，現在においても多くの生物学者に支持されている。一方，ラマルクが唱えた用不用説は，環境条件の変化により生じた獲得形質が遺伝することを仮定している。現在，一般的には「獲得形質の遺伝」は否定されているが，実際の生物にみられる現象を見渡すと，獲得形質が遺伝あるいは進化するように見える事例が多く知られる。環境条件に応答して表現型を変化させる性質は「表現型可塑性」と呼ばれ，ほぼすべての生物に備わっている。この表現型可塑性にも環境応答の様式に変異があり，そこに選択がかかることで可塑性そのものが進化することが知られている。

事例1　ミジンコの仲間の多くは，捕食者であるボウフラ（カの幼虫）が存在すると頭部に角（つの）を生じ捕食者から飲み込まれにくくすることで，被食を免れるという可塑性を進化させている。角の形成にはエネルギーが必要であり，産卵数の減少や成長率の低下などの代償が生じる。そのため，捕食者の非存在下では角は形成せず，捕食者が存在するときにのみ，捕食者の分泌する化学物質（カイロモン）に応答して角を形成する(ウ)。図3―1は，ある地域の異なる湖A，B，Cから採集したミジンコについて，腹部に対する頭部長の比（≒角の長さ）がカイロモンの濃度に依存してどのように変化するかを実験した結果である。

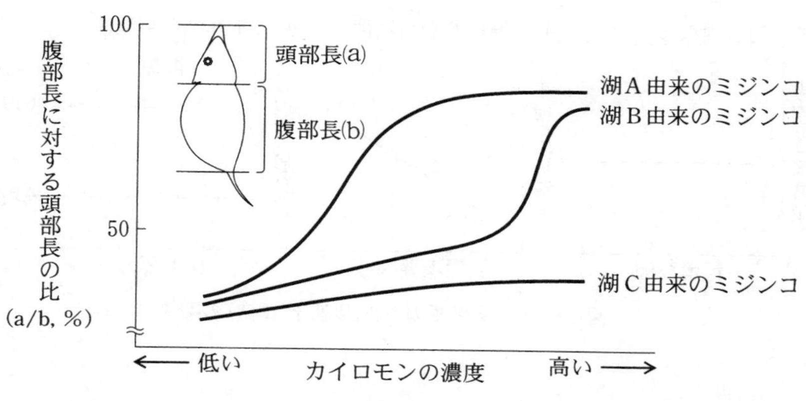

図3—1　カイロモンの濃度に応じたミジンコの頭部長の変化

事例2　環境要因と生物の表現型(形質値)との関係は大きく分けると図3—2のように，可塑性のないもの(図3—2(a))，環境要因に対して連続的に変化するもの(図3—2(b))，環境要因の変化に対してあるところで急激に形質値を変化させる，すなわち不連続に表現型が変化するもの(図3—2(c))に分類できる。同種であっても環境条件によって複数のタイプの表現型が出現するものを「表現型多型」と呼ぶ。表現型多型の代表的な例に，社会性昆虫のカースト多型，バッタの相変異，アブラムシの翅多型などがある。表現型多型を示すものには，図3—2(c)のように，体内の生理機構に閾値(いきち)が存在することによって，表現型を急激に変化させるものがいる一方で，(エ)体内の生理機構に閾値は備わっていないが，その生物が経験する環境要因が不連続であるために，結果として表現型多型が出現することもある。

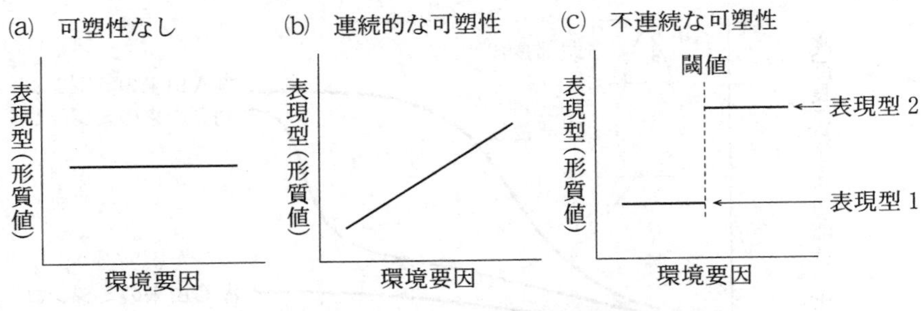

図3―2　環境要因と表現型(形質値)の関係

〔問〕

A　下線部(ア)について。これら2つの変異の名称を記せ。

B　下線部(イ)について。ダーウィニズムとはどのような説か。もっとも適切なものを以下の選択肢(1)〜(4)から1つ選べ。

(1)　よく使う器官は発達し，使用しない器官が退化することにより生物の形質進化が起こる。

(2)　集団内に生じた変異に自然選択がはたらくことで，環境に適した個体の生存・繁殖の機会が増え，その変異が遺伝すればその形質は進化する。

(3)　遺伝子の突然変異は大部分が自然選択に対して有利でも不利でもなく(中立的)，突然変異と遺伝的浮動が進化の主たる要因である。

(4)　生物の形質は，遺伝子が倍化することにより，新たな機能が生じることによって進化する。

C　下線部(ウ)について。図3―1に示すように，湖によって「カイロモンの濃度」と「腹部長に対する頭部長の比(≒角の長さ)」の関係が異なることから，各湖に生息するミジンコと捕食者についてどのようなことが考えられるか。以下の選択肢(1)〜(3)からもっとも適切なものを1つ選べ。

(1)　湖Aおよび湖Bでは，捕食者の数に応じてミジンコは角を生やす。

(2)　湖Aと湖Bはミジンコの捕食者の種類や数は同じだった。

(3)　湖Cにはミジンコの捕食者が湖A，湖Bより多かった。

D　下線部(エ)について。温帯域で1年に2度出現するチョウは，生理機構に閾値はないが表現型多型(春型・夏型)を生じる。なぜ，閾値がなくても多型が生じるのか，その理由を2～3行で記せ。

E　温帯域で1年に2度出現するチョウの表現型多型の生理機構に閾値がないことを示すために，環境条件を操作する飼育実験を計画した。どのように環境条件を操作し，どのような結果が得られれば表現型多型の生理機構に閾値がないことが示せるか，2～3行で記せ。

Ⅱ　次の文章を読み，問F～Iに答えよ。

20世紀の中ごろに活躍した発生学者のコンラート・H・ウォディントンは，環境刺激によって引き起こされる形質変化について選択実験を行った。ショウジョウバエの卵を物質Xに曝(さら)して発生させると，後胸が中胸に変化することにより(中胸が倍化することにより)翅が4枚ある表現型(バイソラックス突然変異体に似る，図3―3)がある頻度で生じる。物質Xは，遺伝情報を改変することなく発生過程に影響を与える物質である。ウォディントンはショウジョウバエの発生中の卵を毎世代，物質Xに曝して生育させ，「中胸が倍化したハエ」を交配，産卵させ，再び卵を物質Xに曝すことを繰り返した。これを約30世代繰り返した後では，物質Xに曝した場合の「中胸が倍化したハエ」の出現率が上がり，卵を物質Xに曝さずとも，「中胸が倍化したハエ」が羽化することもあった。この現象は遺伝的同化と呼ばれ，環境条件に引き起こされる可塑性が進化した例として知られる。

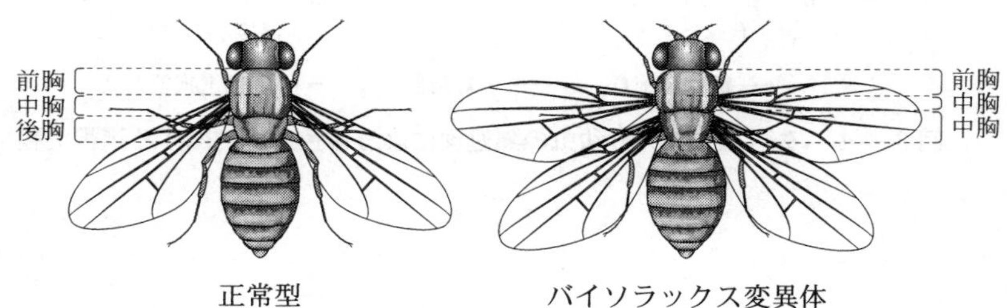

図3―3　ショウジョウバエの正常型とバイソラックス変異体

実験1　タバコスズメガの幼虫の体色は緑色をしているが，「黒色変異体」という突然変異系統の幼虫は黒色を示す。この黒色変異体の4齢幼虫に30℃以上の熱処理を与えると，5齢幼虫で緑色化する個体が出現する。この熱処理による緑色化の程度にはばらつき(バリエーション)があるため，熱処理に対する応答性の違いに基づいて下記の3群に分け，更にそれぞれの群の中で交配・選択を行い，13世代累代飼育を行った。体色のバリエーションはカラースコア0～4で評価できる(黒色0，正常型同様の緑色4)。

・緑色選択群：熱処理を与えたとき，緑色への変化の大きい個体を選択
・黒色選択群：熱処理を与えたとき，体色変化の少ない個体を選択
・対照群：熱処理を与え，体色に関係なくランダムに選択

各世代における，熱処理に応答した体色の変化を図3―4(a)に示す。また，13世代目の各選択群における処理温度とカラースコアの関係を図3―4(b)に示す。

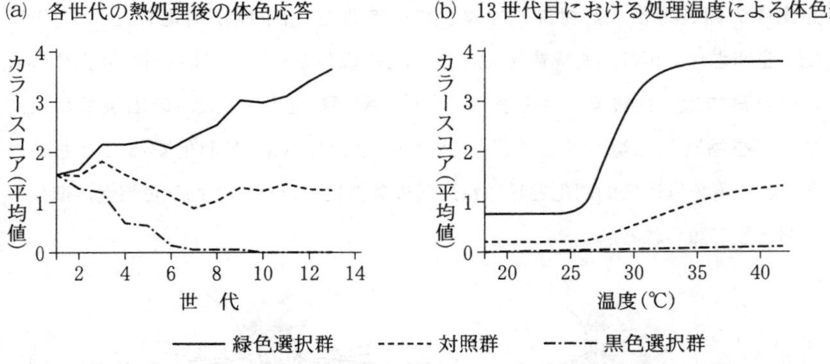

図3―4　タバコスズメガ幼虫の熱処理による体色応答に関する選択実験

実験2　タバコスズメガ幼虫の熱処理による体色変化には，昆虫の脱皮や変態を制御するホルモンαとホルモンβが関与すると予想された。ホルモンαは頭部に存在する内分泌腺から，ホルモンβは胸部にある内分泌腺から分泌される。熱処理による緑色化にこのどちらのホルモンが有効に働くのかを調べるため，熱処理前に腹部または頸部（頭部と胸部の境界）を結紮(けっさつ)する実験を行った（図3―5）。ホルモンは体液中に分泌され全身を巡る液性因子であるため，結紮すると結紮部位を越えて移動できなくなる。実験の結果を，図3―5の表に示す。ただし，頭部の皮膚は胸部・腹部とは性質が異なり，体色の判別はできないものとする。また，ホルモンαとβは他方の分泌を制御する関係ではないことがわかっている。

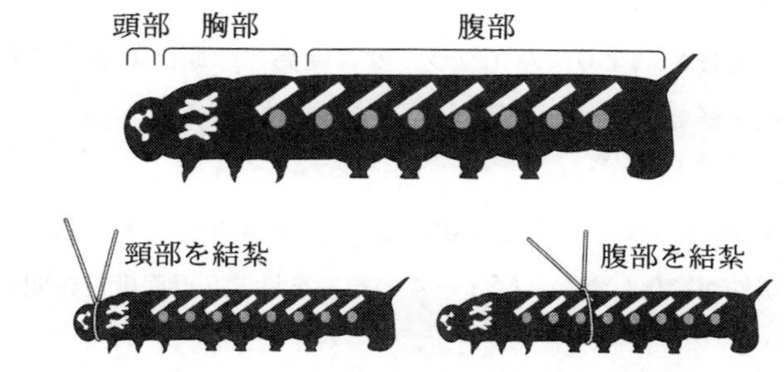

	頸部を結紮	腹部を結紮
緑色選択群	黒色のまま	結紮部の前側は緑色，後側は黒色
黒色選択群	黒色のまま	黒色のまま

図3―5　体色変化（胸部・腹部）に関与するホルモンの同定のための結紮実験

実験3　ホルモンαがこの体色変化に寄与することを検証するため，ホルモンαを幼虫に投与する実験を行った。その結果，選択群や熱処理の有無にかかわらず，投与量に応じて緑色化が起こった。また，各選択群の熱処理の有無による個体内のホルモンαの濃度変化を調べた結果，緑色選択群に熱処理を加えたときにホルモンαの濃度の上昇がみられ，黒色選択群では上昇は認められなかった。一方，ホルモンβは各選択群や熱処理の有無で濃度の差は認められなかった。

〔問〕

F　ウォディントンが行ったショウジョウバエの選択実験にみられる現象を説明する文章として，もっとも適切なものを以下の選択肢(1)～(4)から１つ選べ。

(1)　毎世代，物質Ｘに応答して中胸が倍化する個体が選択されると，中胸倍化を促進する遺伝子の遺伝子頻度が世代を経るに従い高くなったため，中胸が倍化し４枚翅を生じやすい形質が進化した。

(2)　毎世代，物質Ｘに応答して中胸が倍化する個体が排除されたため，４枚翅を生じやすいという応答性が進化した。

(3)　物質Ｘは翅の発生を誘発する物質であるため，後胸にも翅を生じさせた。

(4)　物質Ｘにより，バイソラックス変異体の原因遺伝子に変異が生じ，世代を経て広まった。

G　実験１において，黒色選択群と緑色選択群ではそれぞれどのように表現型可塑性が変化したか。図３―４の結果を見て３行程度で説明せよ。

H　実験２の結紮実験の結果のみにより否定されることを以下の選択肢(1)～(5)から１つ選べ。

(1)　ホルモンαさえあれば，体色の変化は引き起こされる。

(2)　ホルモンβさえあれば，体色の変化は引き起こされる。

(3)　ホルモンαとβがともにあるときにのみ，体色の変化は引き起こされる。

(4)　ホルモンαのみでは熱処理による体色の変化は引き起こされない。

(5)　ホルモンβのみでは熱処理による体色の変化は引き起こされない。

I　実験３から，熱処理による体色の変化の可塑性の変遷について考えられることとして適切なものを以下の選択肢(1)～(5)からすべて選べ。

(1)　緑色選択群でも黒色選択群でも熱処理を与えたときにホルモンαの濃

度上昇が起こらない。

⑵　タバコスズメガの幼虫では，熱処理を与えると体内のホルモンβの濃度が上昇することで緑色化が引き起こされている。

⑶　実験1開始前の黒色変異体である程度の緑色化が起こっているのは，熱処理によりホルモンαの濃度が上昇したことによるものである。

⑷　緑色選択群では熱処理によりホルモンαの濃度上昇が起こり，黒色選択群では熱処理によりホルモンβの濃度上昇が起こっている。

⑸　黒色選択群は熱処理を与えてもホルモンαの濃度上昇が起こらないような個体が選択され，結果として熱処理により体色が変化しないという形質が進化した。

2018年

解答時間：2科目150分
配　　点：120点

第1問

次のⅠ，Ⅱの各問に答えよ。

Ⅰ　次の文章を読み，問A～Dに答えよ。

真核細胞において，核内でDNAから転写(ア)されたmRNA前駆体の多くはスプライシングを受ける。(イ)スプライシングが起きる位置や組み合わせは一意に決まっているわけではなく，細胞の種類や状態などによって変化する場合がある。これを選択的スプライシングと呼ぶ。選択的スプライシングは，mRNA前駆体に存在する様々な塩基配列に，近傍のスプライシングを促進したり阻害したりする作用を持つタンパク質が結合することによって，複雑かつ緻密に制御されている。例えば，(ウ)哺乳類のα-トロポミオシン遺伝子は，1aから9dまで多くのエキソンを持つが，発現する部位によって様々なパターンの選択的スプライシングを受け（図1―1），これによって作られるタンパク質のポリペプチド鎖の長さやアミノ酸配列も変化する（表1―1）。

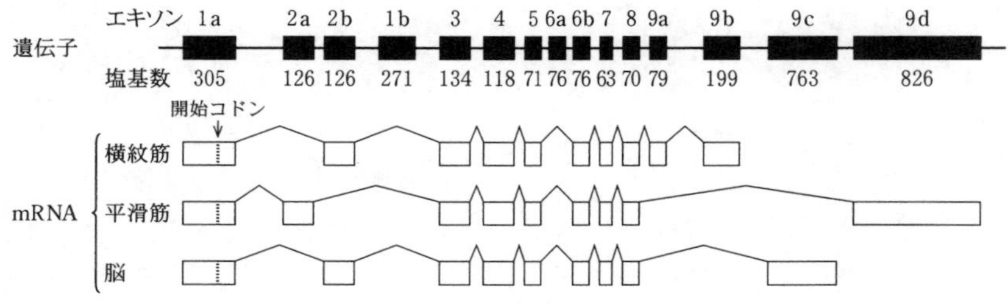

図1―1　α-トロポミオシン遺伝子の選択的スプライシングの例

(補足説明) 図1－1，図1－2，図1－6の中，白い四角部分はエキソンをあらわし，山型の実線はスプライシングにより除去される領域をあらわす。

表1―1　各発現部位におけるα-トロポミオシンタンパク質のポリペプチド鎖の長さ

横紋筋	平滑筋	脳
284アミノ酸	284アミノ酸	281アミノ酸

近年，スプライシングを補正してヒトの遺伝病の治療につなげようとする研究が精力的に行われている。ヒトの5番染色体に存在する*SMN1*(survival motor neuron 1)遺伝子とそのすぐ隣にある*SMN2*遺伝子は，塩基配列がほとんど同じであるが，図1―2に示す通り，(エ)エキソン7内部のある1つの塩基が，*SMN1*遺伝子ではCであるのに対し，*SMN2*遺伝子ではTになっているという違いがある。これにより，*SMN2*遺伝子から作られるmRNAの約9割では，スプライシングの際にエキソン7が使用されず，スキップされた状態となっている。このようにエキソン7がスキップされたmRNAから作られるタンパク質(Δ7型SMNタンパク質と呼ぶ)は安定性が低く，すぐに分解されてしまう。一方，*SMN2*遺伝子から作られるmRNAの残りの約1割では，スプライシングの際にエキソン7が使用され，*SMN1*遺伝子由来のタンパク質と同じアミノ酸配列を持つタンパク質(全長型SMNタンパク質と呼ぶ)が作られる(図1―2)。ヒトにおいて，*SMN1*遺伝子の欠損を原因とする脊髄性筋萎縮症と呼ばれる遺伝病が知られている。最近，(オ)脊髄性筋萎縮症の治療に，スプライシングを補正する作用を持つ人工的な核酸分子Xが有効であることが示され，注目を集めている。

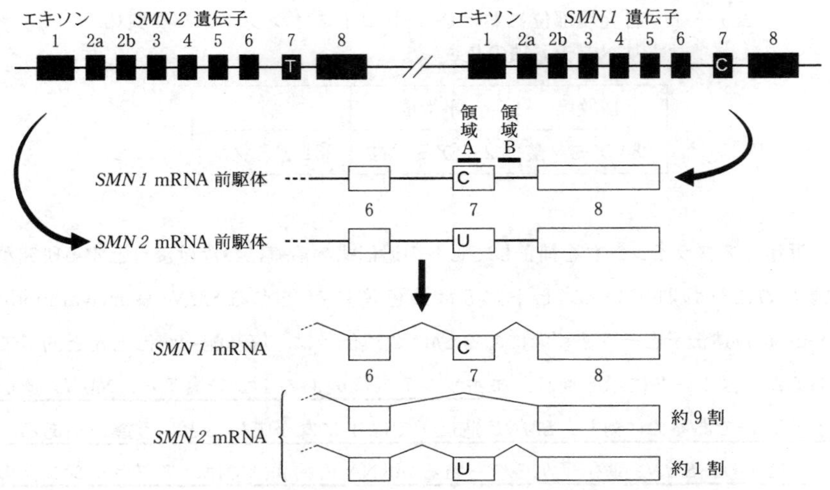

図 1 — 2　ヒトの *SMN1* 遺伝子と *SMN2* 遺伝子およびそれらの転写とスプライシング

〔問〕

A　下線部(ア)について。真核生物における転写の基本的なメカニズムについて，以下の語句をすべて用いて 3 行程度で説明せよ。同じ語句を繰り返し使用してもよい。

基本転写因子，プロモーター，RNA ポリメラーゼ，
片方の DNA 鎖，5′ → 3′

B　下線部(イ)について。異なる塩基配列の 6 つのエキソン(エキソン 1 ～ 6 と呼ぶ)を持つ遺伝子があるとする。スプライシングの際，エキソン 1 とエキソン 6 は必ず使用されるが，エキソン 2 ～ 5 がそれぞれ使用されるかスキップされるかはランダムに決まるとすると，理論上，合計で何種類の mRNA が作られるか答えよ。ただし，スプライシングの際にエキソンの順番は入れ替わらず，エキソンとイントロンの境目の位置は変わらないものとする。

C　下線部(ウ)について。α-トロポミオシン mRNA の開始コドンは，図1—1に点線で示すとおり，エキソン1aの192〜194塩基目に存在する。図1—1および表1—1の情報から，平滑筋で発現しているα-トロポミオシン mRNA 上の終止コドンは，どのエキソンの何塩基目から何塩基目に存在すると考えられるか答えよ。解答例：エキソン1bの51〜53塩基目

D　下線部(エ)および(オ)について。以下の文中の空欄a〜eに当てはまるもっとも適切な語句を，以下の選択肢①〜⑩から選べ。同じ選択肢を繰り返し使用してもよい。解答例：a—①，b—②

SMN1 mRNA 前駆体の領域A(図1—2)の塩基配列はCAGACAAであり，スプライシングの制御に関わるタンパク質Yは，この塩基配列を認識して結合する。しかし，*SMN2* mRNA 前駆体の領域Aの塩基配列は［　a　］となっており，ここにはタンパク質Yは結合できない。これらのことから，タンパク質Yには，スプライシングの際にエキソン7が［　b　］されることを促進するはたらきがあると考えられる。

一方，*SMN1* mRNA 前駆体と *SMN2* mRNA 前駆体で共通の領域B(図1—2)には，スプライシングの制御に関わるタンパク質Zが認識して結合する塩基配列が存在する。脊髄性筋萎縮症の治療に有効な人工核酸分子Xは，領域Bの塩基配列と相補的に結合し，タンパク質Zの領域Bへの結合を阻害すると考えられている。これらのことから，タンパク質Zには，スプライシングの際にエキソン7が［　c　］されることを促進するはたらきがあり，人工核酸分子Xは，［　d　］遺伝子のスプライシングを補正することによって，［　e　］型SMNタンパク質を増加させる作用を持つと考えられる。

① TAGACAA	② CATACAA	③ UAGACAA	④ CAUACAA
⑤ 使　用	⑥ スキップ	⑦ *SMN1*	⑧ *SMN2*
⑨ Δ7	⑩ 全　長		

Ⅱ　次の文章を読み，問Ｅ～Ｈに答えよ。

近年の塩基配列解析装置の急速な進歩によって，生体内に存在するRNAを網羅的に明らかにする「RNA-Seq」と呼ばれる解析を行うことが可能になった（図1－3）。例えば，今日用いられているある装置を用いてRNA-Seqを行った場合，長いRNAの塩基配列全体を決定することはできないが，それらのRNAを切断することで得られる短いRNAについて，数千万を超える分子数のRNAの塩基配列を一度に決定することができる。こうして決定される一つ一つの短い塩基配列を「リード配列」と呼び，DNAに含まれる4種類の塩基を表すA，C，G，Tのアルファベットをヌクレオチド鎖の5′→3′の順に並べた文字列として表す（塩基配列決定の際にRNAはDNAに変換されるため，UはTとして読まれる）。リード配列を決定した後，そのリード配列の元となった短いRNAがゲノム中のどの位置から転写されたRNAに由来するかを決めるためには，コンピュータを用いて，ヌクレオチド鎖の向きも含めてリード配列と一致する塩基配列がゲノムの中に出現する位置を見つける「マッピング」と呼ばれる解析を行う。今日の生物学では，このように膨大なデータを情報科学的に解き明かしていくバイオインフォマティクスが重要となっている。

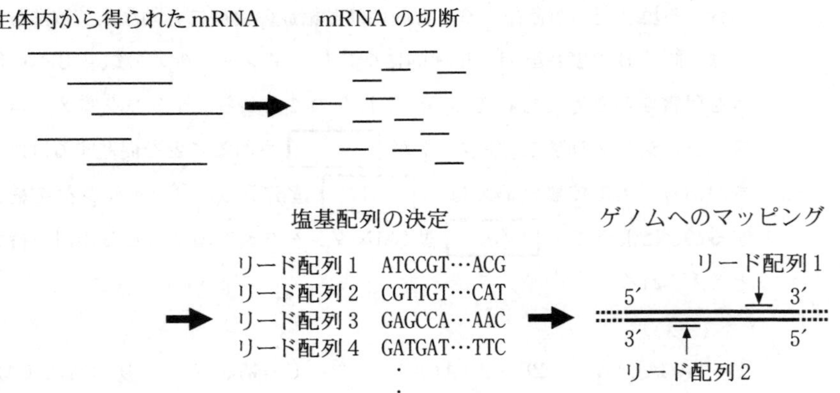

図1－3　mRNAを対象としたRNA-Seqの概略図

〔問〕

E　ヒトのゲノム(核相 n の細胞が持つ全DNA)の塩基対数はおよそ $3 \times 10^{\boxed{f}}$ である。空欄 f に当てはまる整数を答えよ。

F　一般に，真核生物の遺伝子から転写されたmRNA前駆体には，スプライシングが起きるほか，アデニンが多数連なったポリA配列と呼ばれる構造が付加される。これを利用して，真核生物の生体内から得られたRNAを，ある塩基が多数連なった一本鎖のDNAが結合した材質に吸着させることで，mRNAを濃縮して解析することができる。その塩基の名称をカタカナで答えよ。

G　リード配列が「ある特徴」を持つ場合，そのリード配列と一致する塩基配列はゲノムの2つのヌクレオチド鎖の全く同じ位置に出現する(図1―4)。「ある特徴」とはどのようなものかを考え，その特徴を持つ10塩基の長さの塩基配列の例を1つ答えよ。塩基配列はA，C，G，Tのアルファベットを5′→3′の順に並べた文字列として表すものとする。

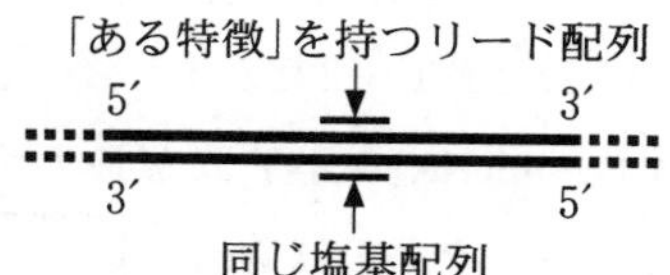

図1―4　「ある特徴」を持つリード配列のマッピング

H　真核生物の生体内から得られたmRNAサンプルに対してRNA-Seqを行い，得られたリード配列をゲノムに対してマッピングし，各遺伝子の各エキソン内にマッピングされたリード配列の数を数えた(図1―5)。RNA-Seqにおいてm RNAは短いRNAにランダムに切断され，解析装置に取り込まれて塩基配列が決定されたとする。リード配列は各エキソンの長さに比べれば十分に短い一定の長さを持ち，いずれかの遺伝子のエキソン内の1カ所に明確にマッピングされたものとして，以下の問(あ)～(う)に答えよ。

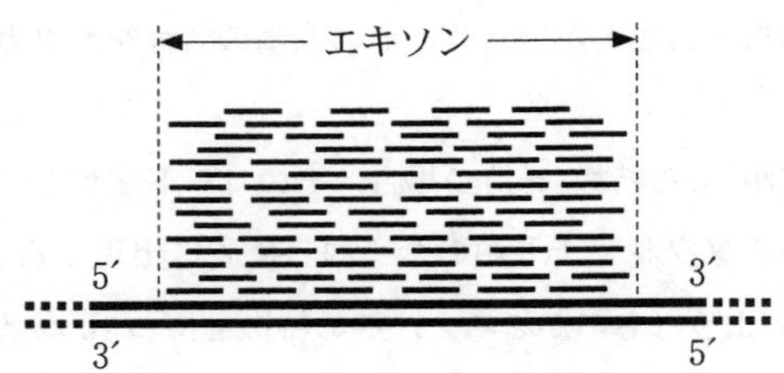

図1―5　ある遺伝子のエキソンに多数のリード配列がマッピングされた様子

(あ)　遺伝子1～6のエキソンの塩基数の合計と，エキソン内にマッピングされたリード配列の数の合計は表1―2に示すとおりであった。このことから，遺伝子1～6のうち，mRNAの分子数が最も多かったものは遺伝子［　g　］，最も少なかったものは遺伝子［　h　］であったと考えられる。空欄g，hに入る数字を答えよ。ただし，遺伝子1～6は選択的スプライシングを受けないものとする。解答例：g―1，h―2

表1―2　RNA-Seqの結果(遺伝子1～6)

	遺伝子1	遺伝子2	遺伝子3	遺伝子4	遺伝子5	遺伝子6
エキソンの塩基数の合計	1000	800	3000	2500	1500	1800
エキソン内にマッピングされたリード配列の数の合計	4500	50	10000	150	7000	9000

(い)　遺伝子7は4つのエキソンを持ち，各エキソンの塩基数と，エキソン内にマッピングされたリード配列の数は表1—3に示すとおりであった。遺伝子7は選択的スプライシングを受け，エキソン2かエキソン3のいずれか，あるいは両方がスキップされることがある。図1—6に示すように，エキソンが一つもスキップされないmRNAの分子数をx，エキソン2のみがスキップされたmRNAの分子数をy，エキソン3のみがスキップされたmRNAの分子数をz，エキソン2と3の両方がスキップされたmRNAの分子数をwとおく。いまxが0だったとすると，yとzとwの比はこの順番でどのようになるか，最も簡単な整数比で答えよ。解答例：　3：2：5

表1—3　RNA-Seqの結果(遺伝子7)

	エキソン1	エキソン2	エキソン3	エキソン4
エキソンの塩基数	800	600	400	1000
エキソン内にマッピングされたリード配列の数	16800	3600	3200	21000

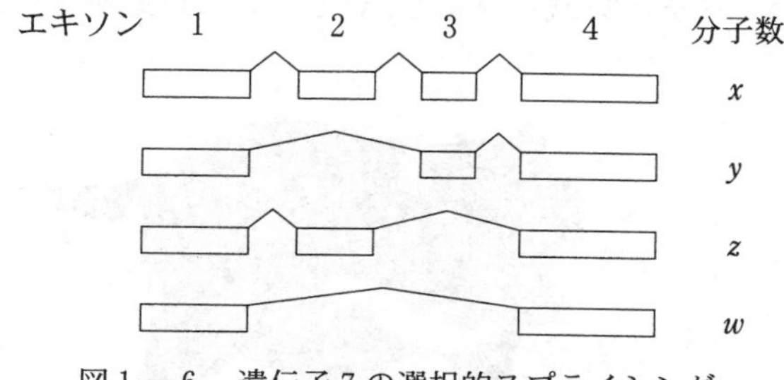

図1—6　遺伝子7の選択的スプライシング

(う)　遺伝子7について，xが0とは限らないとして，x，y，z，wの間に成り立たない可能性がある関係式を以下の選択肢(1)～(6)から2つ選べ。

(1)　$x < y$　　(2)　$x + z < y + w$　　(3)　$x < w$

(4)　$y > z$　　(5)　$y > w$　　(6)　$z < w$

第2問

次の文章を読み，問A～Jに答えよ。

オーストラリア南東部のタスマニア島には，タスマニアデビル(図2―1)と呼ばれる体長50～60 cmの有袋類(ア)が生息する。タスマニアデビルは肉食性で，他の動物を捕食したり，死肉を食べたりして生きている。体長の割に大きな口と強い歯をもち，気性が荒く，同種の個体どうしで餌や繁殖相手をめぐって頻繁に争うため，顔や首などに傷を負うことがしばしばある。

近年，野生のタスマニアデビルの顔や首の傷口の周囲に，大きな瘤(こぶ)ができているのが見つかるようになった。調査の結果，この瘤は悪性腫瘍(がん)とわかった。悪性腫瘍とは，体細胞の突然変異によって生じた，無秩序に増殖し他の臓器へと広がる異常な細胞集団である。この悪性腫瘍は急速に大きくなるため，これをもつタスマニアデビル個体は口や眼をふさがれてしまい，発症から数ヶ月で死に至る。悪性腫瘍をもつ個体は頻繁に見られるようになり，短期間のうちに野生のタスマニアデビルの生息数は激減した。現在，タスマニアデビルは絶滅の危機に瀕しており，様々な保護活動が行われている。

タスマニアデビルの悪性腫瘍について，以下の実験を行った。

図2―1　タスマニアデビル

実験1　悪性腫瘍をもつ4頭のタスマニアデビルを捕獲し，腫瘍の一部と，腫瘍とは別の部位の正常な体組織を採取し，DNAを抽出した。また，悪性腫瘍をもたないタスマニアデビル4頭を捕獲し，同様に体組織を採取しDNAを抽出した。これらのDNA検体を用いて，あるマイクロサテライトを含むDNA領域を<u>PCR法</u>(イ)によって増幅し，得られたDNAの長さをゲル電気泳動によって解析した。その結果，図2－2に示す泳動像が得られた。マイクロサテライトとは，ゲノム上に存在する数塩基の繰り返しからなる反復配列である。繰り返しの回数が個体によって多様であるが，世代を経ても変化しないことを利用して，遺伝マーカーとして用いられる。正常細胞が悪性腫瘍化した場合にも，このマイクロサテライトの繰り返し回数は変化しないものとする。

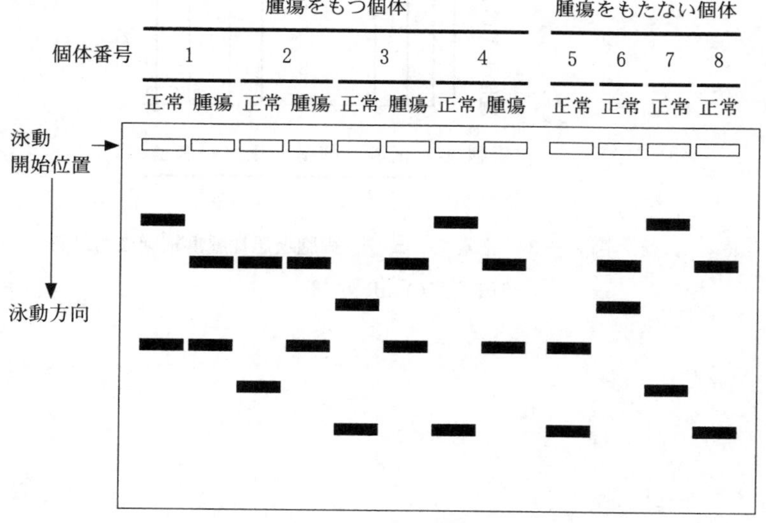

図2－2　ゲル電気泳動の結果

実験2　タスマニアデビルの悪性腫瘍，および様々な正常な体組織からmRNAを抽出し，それを鋳型として$\underset{(ウ)}{\underline{\text{cDNAを合成}}}$し，DNAマイクロアレイ法によって遺伝子の発現パターンを網羅的に調べた。その結果，悪性腫瘍の遺伝子発現パターンは$\underset{(エ)}{\underline{\text{シュワン細胞}}}$のものとよく似ており，悪性腫瘍はシュワン細胞から生じたものと考えられた。しかし，正常なシュワン細胞と比較して，悪性腫瘍細胞では，遺伝子XのmRNA量が変化していた(図2―3左)。さらに，正常なシュワン細胞と悪性腫瘍細胞とを，ヒストンのDNAへの結合を阻害する薬剤Yで処理し，同様に遺伝子XのmRNA量を調べた(図2―3右)。

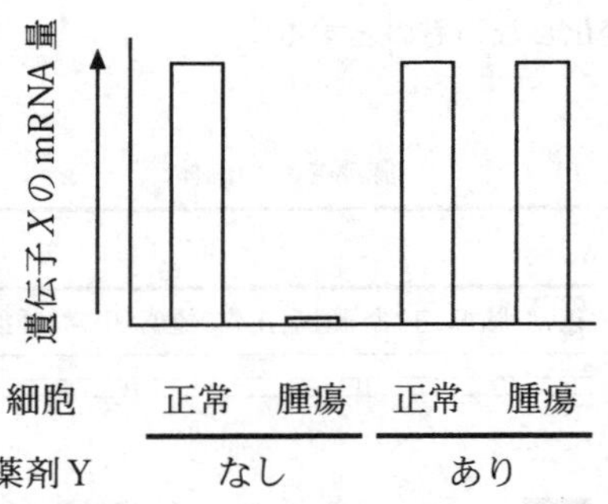

図2―3　正常なシュワン細胞と悪性腫瘍細胞における遺伝子XのmRNA量

実験3　遺伝子 X はヒトやマウスなどの動物に共通して存在し，同一の機能をもつと考えられた。遺伝子組み換え技術によって，遺伝子 X を取り除いたノックアウトマウスを作製した。遺伝子 X ノックアウトマウスは病原体のいない飼育環境で正常に発育し，タスマニアデビルのような悪性腫瘍の発生はみられなかった。遺伝子 X ノックアウトマウスのシュワン細胞を調べたところ，MHC の mRNA 量と細胞膜上の MHC タンパク質の量は図2―4に示す通りであった。また，(オ)正常なマウスの皮膚を別の系統のマウスに移植すると拒絶されたが，遺伝子 X ノックアウトマウスの皮膚を別の系統のマウスに移植しても拒絶されずに生着した。

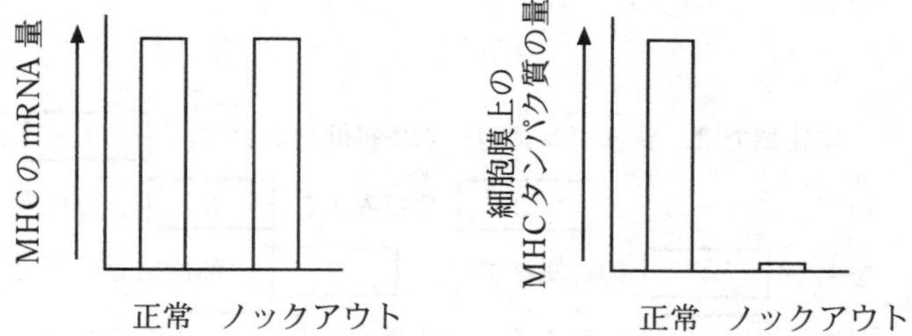

図2―4　正常マウスと遺伝子 X ノックアウトマウスにおける MHC の mRNA 量と細胞膜上の MHC タンパク質の量

〔問〕

A　下線部(ア)について。有袋類はオーストラリア地域に多く生息しているが，他の地域にはほとんど見られない。その理由を3行程度で説明せよ。

B　下線部(イ)，(ウ)に用いられる酵素の名称と，それらの酵素の遺伝子は何から発見されたものか，それぞれ答えよ。解答例：イ—○○(酵素名)，△△(酵素遺伝子の由来)

C　下線部(エ)について。以下の文中の空欄1～8に適切な語句を記入せよ。

解答例：1—○○，2—△△

哺乳類では，シュワン細胞は末梢神経において，[1]は中枢神経において，ニューロンの[2]を包み込む[3]を形成する。[3]をもつ[4]神経繊維では，[5]の部位においてのみ興奮が生じるため，[6]が起こる。そのため，[3]をもたない[7]神経繊維と比べて興奮の伝導速度が[8]。

D　実験1に用いられた個体のうち，個体7と8はつがいであった。個体1～6のうち，個体7と8の子供である可能性がある個体をすべて選べ。

E　実験1の結果から，タスマニアデビルの悪性腫瘍について考察した以下の⑴～⑸のうち，可能性があるものをすべて選べ。

⑴　個体1～4の悪性腫瘍は，それぞれの個体の正常細胞から発生した。

⑵　個体1と2は兄弟姉妹であり，これらの悪性腫瘍は親の正常細胞から発生したものが伝染した。

⑶　個体3と4は兄弟姉妹であり，これらの悪性腫瘍は親の正常細胞から発生したものが伝染した。

⑷　すべての悪性腫瘍は，個体1～4のうち，いずれか1頭の個体の正常細胞から発生し，個体間で伝染した。

⑸　すべての悪性腫瘍は，個体1～8とは別の個体の正常細胞から発生した。

F　実験2の結果から，タスマニアデビルの悪性腫瘍では，遺伝子Xにどのようなことが起きていると考えられるか。薬剤Yの作用をふまえ，2行程度で説明せよ。

G　実験3の結果から，遺伝子Xについて考察した以下の⑴～⑸のうち，実験結果の解釈として不適切なものを2つ選べ。

⑴　遺伝子Xは，染色体上でMHC遺伝子と近い位置にある。

⑵　遺伝子Xは，MHCの転写に必要ではない。

⑶　遺伝子Xは，MHCの翻訳を制御する可能性がある。

⑷　遺伝子Xは，MHCの細胞膜への輸送を制御する可能性がある。

⑸　遺伝子Xは，MHCの遺伝子再編成を制御する可能性がある。

H　実験2と3の結果から考察した以下の(1)~(5)のうち，適切なものを2つ選べ。

(1)　遺伝子 X ノックアウトマウスのシュワン細胞を，薬剤Yで処理すると，遺伝子 X の発現が回復すると予想される。

(2)　タスマニアデビルの悪性腫瘍では，MHC の mRNA 量が減少していると考えられる。

(3)　タスマニアデビルの悪性腫瘍では，細胞膜上の MHC タンパク質の量が減少していると考えられる。

(4)　タスマニアデビルの悪性腫瘍を薬剤Yで処理すると，細胞膜上の MHC タンパク質の量が回復すると予想される。

(5)　遺伝子 X ノックアウトマウスの細胞を，薬剤Yで処理すると，別の系統のマウスに移植しても拒絶されるようになる。

I　下線部(オ)の結果が得られたのはなぜか，その理由を3行程度で説明せよ。

J　タスマニアデビルがこの悪性腫瘍によって絶滅しないために，有利にはたらくと考えられる形質の変化は何か。以下の(1)~(6)のうち，適切なものをすべて選べ。

(1)　攻撃性が強くなり，噛みつきによる同種間の争いが増える。

(2)　攻撃性が低下し，穏やかな性質となる。

(3)　同種間では儀式化された示威行動によって争うようになる。

(4)　トル様受容体(TLR)による病原菌の認識能力が高まる。

(5)　ナチュラルキラー(NK)細胞による異物の排除能力が高まる。

(6)　ウイルスに対して抗体を産生する能力が高まる。

第3問

次のⅠ，Ⅱの各問に答えよ。

Ⅰ　次の文章を読み，問A～Cに答えよ。

植物の発生や成長は，様々な環境要因の影響を受けて調節されている。環境要因の中でも，温度は，光と並んで，植物の発生・成長の調節において，とくに重要な意味をもつ。温度と光で調節される発生現象の顕著な例の一つが，花芽形成である。日長に応じて花芽を形成する植物は多いが，その中には一定期間低温を経験することを前提とするものがある。低温を経験することで，日長に応答して花芽を形成する能力を獲得するのである。これを春化という。花芽形成に春化を要求する植物は，一般に長日性である。こうした植物では，低温の経験の後に適温と長日条件の2つが揃ったときに，花芽の形成が促進される。

植物はどういうときにどこで低温を感じ取り，それはどのように春化につながるのだろうか。これらの問題に関しては，古くから工夫を凝らした生理学的実験が数多く行われている。例えば，(ア)組織片からの植物体の再生を利用した実験や，(イ)接ぎ木を利用した実験により，春化における低温感知の特徴，春化と花成ホルモン（フロリゲン）の関係などについて，重要な知見が得られている。

シロイヌナズナを用いた分子生物学的解析からは，*FLC*という遺伝子の発現の抑制が春化の鍵であることがわかっている。*FLC*には花芽形成を妨げるはたらきがある。低温期間中に(ウ)*FLC*領域のクロマチン構造が変化して遺伝子発現が抑制された状態が確立し，*FLC*発現が低くなることで花芽形成が可能となる。

〔問〕

A　下線部(ア)について。ゴウダソウは春化要求性の長日植物である。ゴウダソウの葉を切り取って培養すると，葉柄の切り口近傍の細胞が脱分化して分裂を始め，やがて分裂細胞の集団から芽が形成されて，植物体を再生する。この植物体再生と低温処理を組み合わせて，春化の特徴を調べる実験が行われた。この実験の概要と結果をまとめたのが図3―1である。

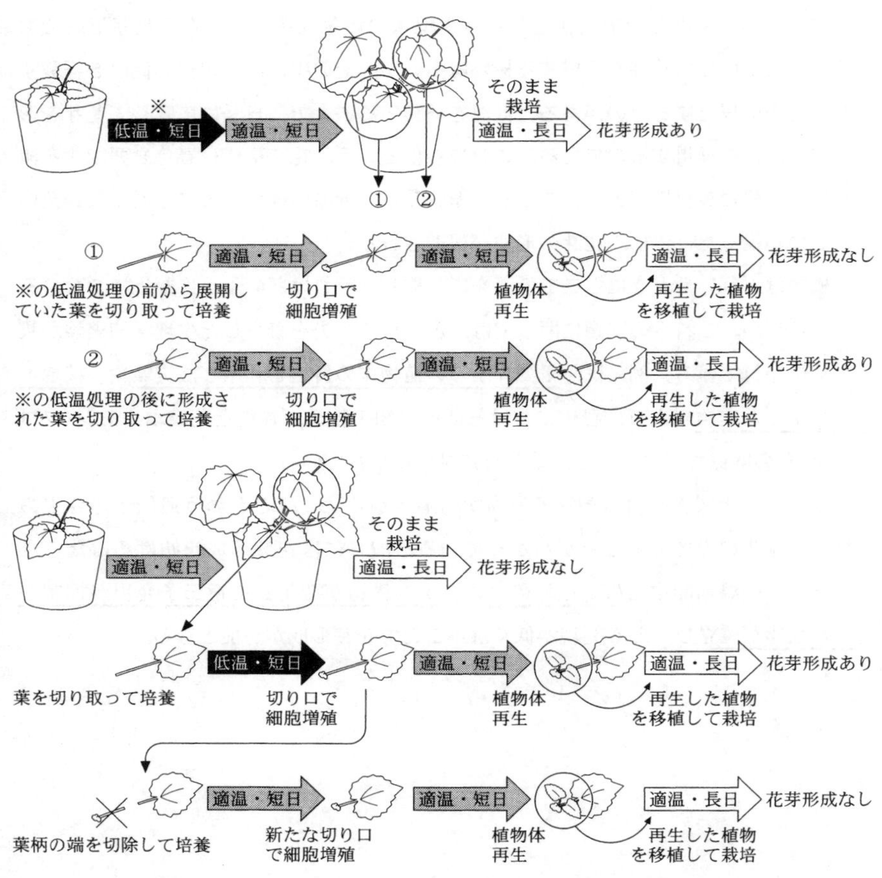

図3―1　ゴウダソウの植物体再生を利用した花芽形成実験

以下の(1)~(5)の記述のそれぞれについて，図3－1の実験結果から支持されるなら「○」，否定されるなら「×」，判断できないなら「?」と答えよ。

(1) 一旦春化が成立すると，その性質は細胞分裂を経ても継承される。

(2) 植物体の一部で春化が成立すると，その性質は植物体全体に伝播する。

(3) 春化の成立には，分裂している細胞が低温に曝露されることが必要である。

(4) 春化は脱分化によって解消され，春化が成立していない状態に戻る。

(5) 低温処理時の日長によって，春化が成立するまでにかかる時間が異なる。

B　下線部(イ)について。春化による花芽形成能力の獲得には，花成ホルモンを産生する能力の獲得と，花成ホルモンを受容し応答する能力の獲得の2つが考えられる。これらそれぞれを判定するための，春化要求性長日植物を用いた接ぎ木実験を考案し，判定の方法も含めて実験の概要を5行程度で説明せよ。なお，図を用いてもよい。

C　下線部(ウ)について。春化における*FLC*の抑制と同様の仕組みは，様々な生物の様々な現象に関わっている。以下の(1)~(6)のうちから，*FLC*抑制と同様の仕組みが関わる現象として最も適当なものを1つ選べ。

(1) 大腸菌にラクトースを投与すると，ラクトースオペロンの抑制が解除される。

(2) 酸素濃度の高い条件で酵母を培養すると，アルコール発酵が抑えられる。

(3) エンドウの果実から種子を取り除くと，さやの成長が止まる。

(4) ショウジョウバエの受精卵で，母性効果遺伝子のmRNAの局在が分節遺伝子の発現パターンを決める。

(5) 雌のマウスで，2本あるX染色体の一方が不活性化されている。

(6) ヒトのある地域集団で，A，B，AB，Oの各血液型の割合が，世代を経てもほぼ一定に保たれている。

II　次の文章を読み，問D～Gに答えよ。

植物の成長は，成長に適した温度域における，比較的小さな温度の違いにも影響を受ける。最近，シロイヌナズナの胚軸の伸長に対する温度の影響に着目した研究から，フィトクロムの関与を示す画期的な発見があった。

フィトクロムは，光受容体として光応答にはたらく色素タンパク質である。フィトクロムには，赤色光吸収型のPrと遠赤色光吸収型のPfrが存在し，Prは赤色光を吸収するとPfrに変換し，Pfrは遠赤色光を吸収するとPrに変換する。また，PfrからPrへの変換は，光とは無関係にも起きる。図3―2に示すように，各変換の速度v_1～v_3は，PrまたはPfrの濃度([Pr]，[Pfr])と変換効率を表す係数k_1～k_3の積で決まる。

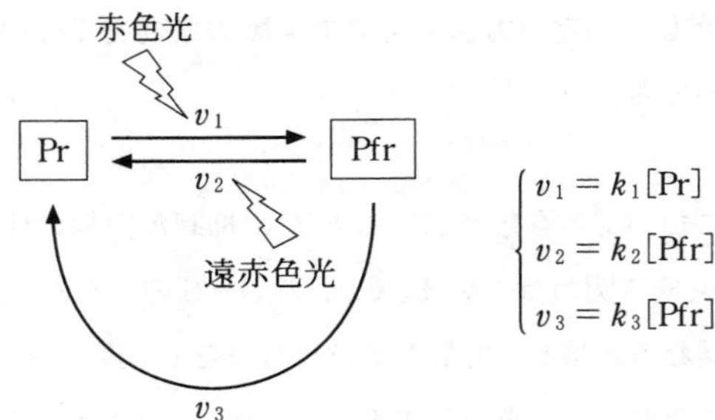

図3―2　フィトクロムのPrとPfrの変換

シロイヌナズナの胚軸の伸長は，明所では抑制され，暗所で促進される。これに対して，<u>フィトクロム完全欠損変異体の胚軸は明所でも伸長し，暗所と同じように長くなる</u>(エ)ことなどから，胚軸伸長の光応答にフィトクロムが関与することはよく知られていた。図3―3に示すように，シロイヌナズナの胚軸の伸長は温度にも応答し，10℃から30℃の範囲の様々な温度で芽生えを育てると，温度が高いほど胚軸が長くなる。この温度応答についてフィトクロム完全欠損変異体を用いて調べてみると，温度の影響がほとんど見られず，どの温度でも胚軸がほぼ一様に長くなったのである。

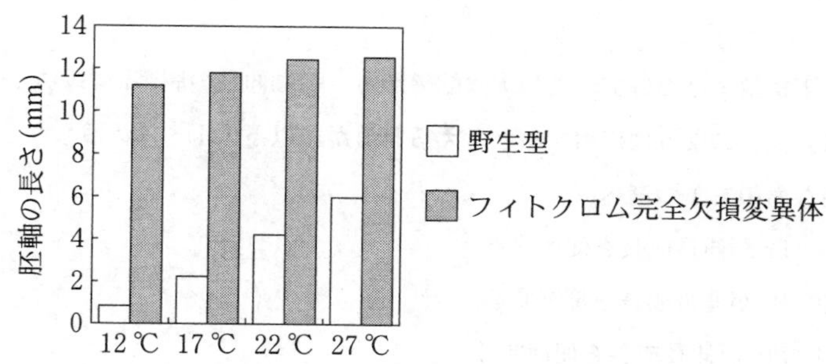

図3―3　シロイヌナズナの胚軸の伸長に対する温度とフィトクロム欠損の影響

さらに精製フィトクロムを用いた試験管内実験によって，Pr・Pfr 間の変換に対する温度の影響も調べられた。光による変換の係数である k_1 と k_2 は，光に依存するが，温度には依存しない。しかし，k_3 が温度に依存するなら，Pr・Pfr 間の変換が温度で変わる可能性があり，この点が検討された。(オ)<u>純粋な Pr の水溶液を，赤色光の照射下，様々な温度で保温して，全フィトクロムに占める Pfr の割合を測定する実験により，図3―4のような結果が得られた。</u>この結果は，温度応答においてフィトクロムが温度センサーとしてはたらくことを示唆するものとして，注目を集めている。

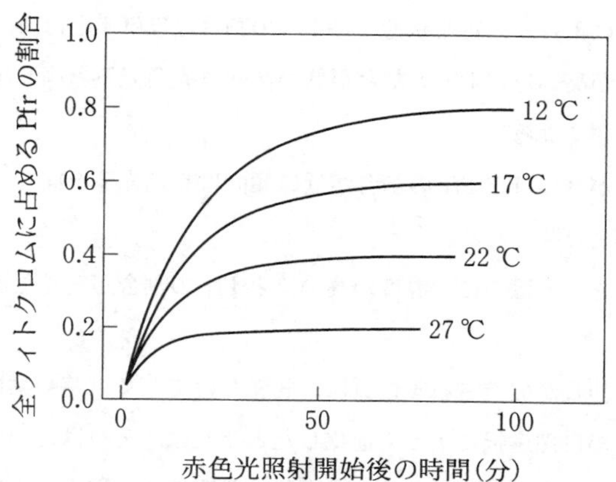

図3―4　各温度における Pfr の割合の変化

〔問〕

D　下線部(エ)について。この実験結果から，胚軸伸長の制御において，フィトクロムはどのように作用すると考えられるか。以下の(1)～(4)のうちから，最も適当なものを1つ選べ。

(1)　Pr が伸長成長を促進する。

(2)　Pr が伸長成長を抑制する。

(3)　Pfr が伸長成長を促進する。

(4)　Pfr が伸長成長を抑制する。

E　下線部(オ)について。図3―4の情報に基づいて，k_3 と温度の関係をグラフで表せ。なお，横軸に温度を取り，k_3 は27℃のときの値を1とする相対値で縦軸に取ること。また，大きさは，両軸に付す数字も含めて，10文字分×10行分程度とすること。作図はフリーハンドで構わない。

F　下線部(オ)の実験を，赤色光と同時に遠赤色光を照射して行うと，結果はどのようになると予想されるか。以下の(1)～(5)のうちから，最も適当なものを1つ選べ。

(1)　温度によらず，定常状態での Pfr の割合はほぼ0となる。

(2)　温度によらず，定常状態での Pfr の割合はほぼ1となる。

(3)　温度が高いほど Pfr の割合が低い傾向は赤色光下と同じであるが，温度の影響は弱くなる。

(4)　温度が高いほど Pfr の割合が低い傾向は赤色光下と同じであるが，温度の影響がより強くなる。

(5)　赤色光下とは逆に，温度が高いほど Pfr の割合が高くなる。

G　高温で伸長が促進される性質は，胚軸だけでなく，茎や葉柄でも見られる。この性質が自然選択によって進化したとすれば，それはどのような理由によるだろうか。自由な発想で考え，合理的に説明できる理由の1つを3行程度で述べよ。

2017年

解答時間：2科目150分
配　　点：120点

第1問

次の文1と文2を読み，ⅠとⅡの各問に答えよ。

〔文1〕

DNA・RNA・タンパク質はすべて高分子であり，それぞれを構成する単位の並びからなる配列情報を有する。これら3つの配列情報の間には，理論上，図1—1のように9通りの伝達経路が想定できる。しかし，現存する生物やウイルスにおいては，これらすべての伝達経路が存在するわけではない。(ア)

DNA・RNA・タンパク質を介して遺伝情報が発現する過程は，その各段階において様々な制御を受ける。そのような制御の一例として「RNA干渉」があげられる。RNA干渉とは，真核生物の細胞内に二本鎖のRNAが存在すると，その配列に対応する標的mRNAが分解されてしまうという現象である。無脊椎動物や植物などにおいて，RNA干渉は生体防御機構として重要な役割を果たしていることが知られている。

RNA干渉において，長い二本鎖RNAは，まず「ダイサー」と呼ばれる酵素によって認識され，端から21塩基程度ごとに切り離される。こうして作られた短い二本鎖RNAは，次に「アルゴノート」と呼ばれる酵素に取り込まれる。アルゴノートは，短い二本鎖RNAの片方の鎖を捨て，残ったもう片方の鎖に相補的な配列をもつ標的mRNAを見つけ出して切断する。その後，切断された標的mRNAは別のRNA分解酵素群によって細かく分解される。このように，RNA干渉には二本鎖RNAの存在だけではなく，様々なタンパク質のはたらきが不可欠である。

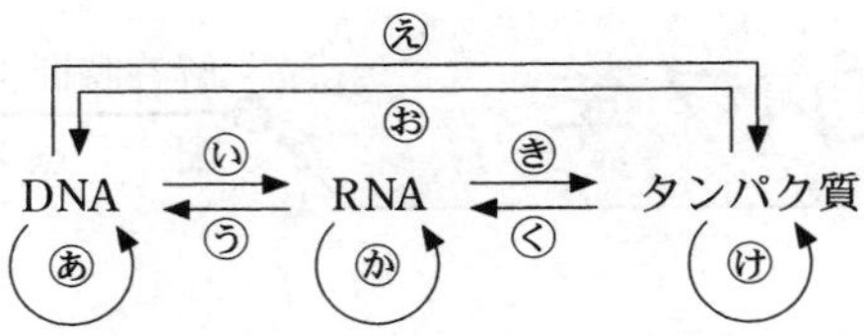

図1－1　DNA・RNA・タンパク質という3つの配列情報間の伝達経路

実験1　ショウジョウバエ(ハエと略す)のRNA干渉に関わるタンパク質Xおよびタンパク質Yの機能欠失変異体ハエ(x変異体ハエおよびy変異体ハエと呼ぶ)をそれぞれ作製し，野生型ハエとともに，一本鎖RNAをゲノムとしてもつFウイルスまたは大腸菌を感染させた。その結果，図1－2のような生存曲線が得られた。一方，未感染の場合の14日後の生存率は，野生型ハエ，x変異体ハエ，y変異体ハエのすべてにおいて，98％以上であった。また，感染2日後の時点において，Fウイルスまたは大腸菌に由来する21塩基程度の短いRNAがハエの体内に存在するかどうかを調べたところ，表1－1に示す結果となった。

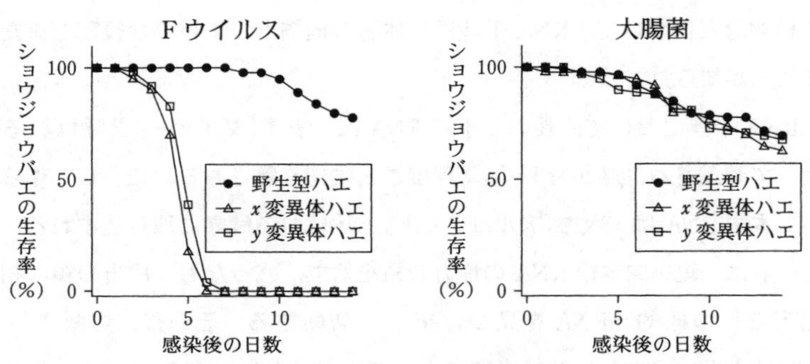

図1－2　Fウイルスまたは大腸菌感染後のショウジョウバエの生存曲線

表1－1　感染2日後のショウジョウバエ体内における短いRNA

	野生型ハエ	x 変異体ハエ	y 変異体ハエ
Fウイルス由来の短いRNA	有	有	無
大腸菌由来の短いRNA	無	無	無

実験2　Fウイルスのゲノムには，ウイルス固有のB2と呼ばれるタンパク質をコードする遺伝子が存在する。B2タンパク質の機能欠失変異体Fウイルス(⊿B2Fウイルスと呼ぶ)を作製し，野生型ハエに感染させたところ，野生型Fウイルスと比べて⊿B2Fウイルスはほとんど増殖できなかった。一方，x 変異体ハエや y 変異体ハエに⊿B2Fウイルスを感染させた場合は，野生型Fウイルスと同程度の顕著な増殖が確認された。

また，FウイルスのB2遺伝子を取り出し，野生型ハエの体内で強制的に発現させた。すると，そのようなハエにおいては，B2遺伝子を強制発現させていない通常の野生型ハエと比べて，Fウイルスだけではなく一本鎖RNAをゲノムとしてもつ他のウイルスも顕著に増殖しやすくなった。一方，x 変異体ハエや y 変異体ハエにおいては，その体内でFウイルスのB2遺伝子を強制発現させてもさせなくても，Fウイルスやその他の一本鎖RNAウイルスの増殖の程度に違いはなかった。

〔文2〕

生命科学の研究においては，同じ親から生まれた雄と雌の交配(兄妹交配)を数十世代繰り返すことで得られた近交系(純系)のマウスが広く用いられている。近交系のマウスは集団の中からどの個体をとっても遺伝的にほとんど同じであるため，生命科学研究で大きな問題となりうる遺伝的な個体差を最小化し，実験の精度を向上させることができる。しかし，近交系マウスにおいても，世代を経るたびに一定の頻度で突然変異が生じており，大きな表現型の変化として現れる場合がある。

ある近交系のマウスを兄妹交配しながら飼育していたところ，血液中の白血球(イ)

における T 細胞の割合が顕著に少ない数匹の個体が見つかった。これらのマウスは，病原菌のいない清浄な飼育環境では野生型マウスと同程度に発育し，身体のサイズや繁殖能力に問題はなかった。また，T 細胞以外の白血球(ウ)の数には異常はみられなかった。そこで，これらのマウスどうしを交配し，子孫マウス集団中の個体を調べたところ，血液中の白血球における T 細胞の割合が，元の近交系マウスと比べて同程度(表現型 A)，約 1 / 5 (表現型 B)，約 1 /20(表現型 C)，という 3 群に分かれた(図 1 — 3 左)。さらに，それぞれの個体の血縁関係と，A, B, C の表現型を示した家系図(図 1 — 3 右)を作成したところ，これらのマウスは飼育の過程で生じた突然変異体と考えられた。

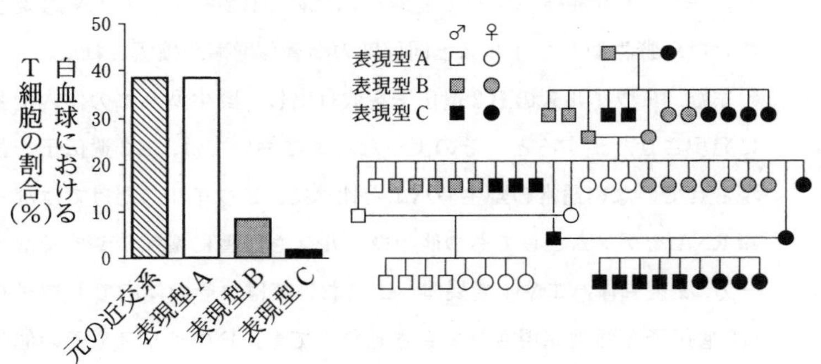

図 1 — 3　マウスの血液中の白血球における T 細胞の割合(左)と家系図(右)

実験 3　血液細胞を死滅させる線量の放射線を照射したマウス(レシピエント)に対し，別のマウス(ドナー)の骨髄細胞を移植すると，ドナー由来の細胞がレシピエントの体内で分化して新たな血液細胞を構成し，キメラマウスができる。表現型 A，B，C それぞれのマウスから骨髄細胞を採取して表現型 A の別のマウスに移植した。また，表現型 A のマウスから骨髄細胞を採取して表現型 B のマウスと表現型 C のマウスに移植した。作製したキメラマウスについて，血液中の白血球における T 細胞の割合を調べた(図 1 — 4)。

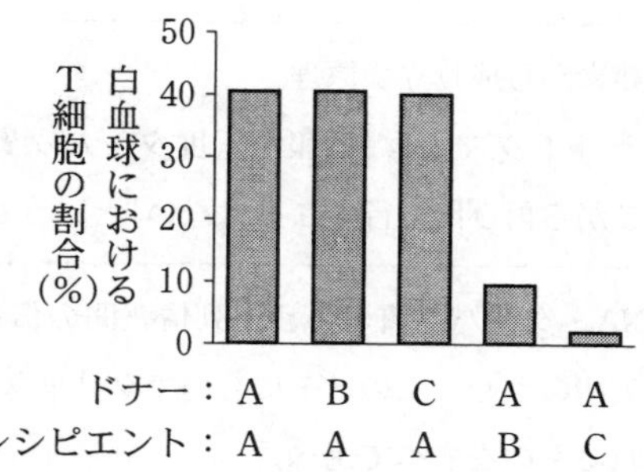

図1―4　キメラマウスの血液中の白血球におけるT細胞の割合

実験4　表現型Cのマウスのゲノムを調べたところ，タンパク質Zをコードする遺伝子Zの塩基配列にアミノ酸置換をもたらす一塩基変異が見つかった。遺伝子Zの機能を調べるため，遺伝子組換え技術を用いて，元の近交系マウスのゲノムから遺伝子Zを取り除いたノックアウトマウスを作製した。遺伝子Zノックアウトマウスの血液中の白血球におけるT細胞の割合は，元の近交系マウスや表現型Aのマウスと同程度であった。

〔問〕

I　文1について，以下の小問に答えよ。

A　図1―1の㋖の過程の基本的な仕組みを，以下の語句をすべて用いて3行程度で説明せよ。同じ語句を繰り返し使用してもよい。

mRNA，tRNA，リボソーム，アミノ酸，コドン，ペプチド結合

B　下線部㋐について。以下の問(a)と(b)に答えよ。

(a)「セントラルドグマ」という言葉は，現在では「遺伝情報はDNA→RNA→タンパク質と一方向に流れる」という概念を指すものとして説明されることが多い。しかし，1956年にフランシス・クリックがセントラルドグマについて記したメモには，以下のように記述されている。

3つの要素から成り立つ原理。 セントラルドグマとは「情報が一度タンパク質分子になってしまえば，そこから再び出て行くことはない」ということ。

DNA・RNA・タンパク質という配列情報間の伝達経路を示す図1―1の㋐～㋘の矢印のうち，このメモにおいてクリックが存在しないと主張したと考えられるものをすべて選べ。

(b) 図1―1の㋐～㋘の矢印のうち，自然界に現存する生物やウイルスにおいて，その存在が確認されていないものをすべて選べ。

C　実験1と2の結果から，タンパク質Xとタンパク質Yは，それぞれ何であると考えられるか。以下の選択肢(1)～(6)から1つ選べ。

選択肢	タンパク質X	タンパク質Y
(1)	ダイサー	アルゴノート
(2)	ダイサー	B2
(3)	アルゴノート	ダイサー
(4)	アルゴノート	B2
(5)	B2	ダイサー
(6)	B2	アルゴノート

D　実験1と2の結果を考察した以下の文中の空欄1～7に当てはまるもっとも適切な語句を，以下の選択肢①～⑮から選べ。同じ選択肢を繰り返し使用してもよい。解答例：1―①，2―②

実験1において，野生型ハエと比べてx変異体ハエやy変異体ハエでは，［　1　］の感染に対する生存率が顕著に低下していることから，ショウジョウバエは，もともと［　2　］の機構を利用して［　1　］に抵抗していると考えられる。［　2　］は［　3　］に対して起こる現象であるので，[1] は一時的に [3] の状態をとるような複製様式，すなわちRNAを鋳型にして [4] を行う複製様式をとっていると考えられる。

また実験2の結果から，FウイルスのB2タンパク質には，[5] がもつ [6] の機構を [7] するはたらきがあると考えられる。

① ショウジョウバエ	② Fウイルス	③ 大腸菌
④ 促　進	⑤ 抑　制	⑥ 維　持
⑦ 一本鎖DNA	⑧ 二本鎖DNA	⑨ 一本鎖RNA
⑩ 二本鎖RNA	⑪ DNA合成	⑫ RNA合成
⑬ タンパク質合成	⑭ RNA干渉	⑮ 抗体産生

Ⅱ　文2について，以下の小問に答えよ。

A　図1―3から，この変異マウスの遺伝様式を推測することができる。以下の図1―5に示す交配をした場合に，生まれた子マウスが表現型Cの雌の個体である確率を分数で答えよ。

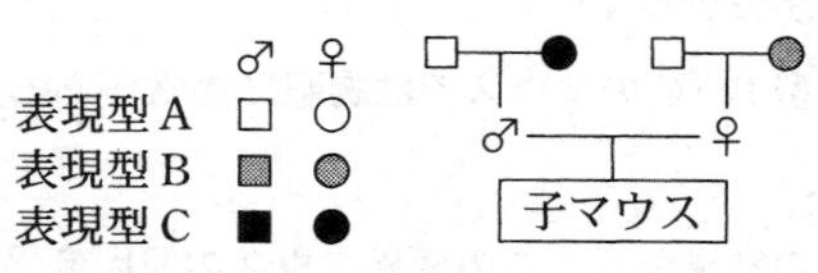

図1―5　変異マウスの交配

B　下線部(イ)・(ウ)について。以下の文中の空欄8～15に適切な語句を記入せよ。解答例：8―○○，9―△△

T細胞は，個々の異物を特異的に認識して排除する [8] 免疫系の中心的存在であり，ヒトの生体防御において重要な役割を担っている。そのため，たとえば [9] がT細胞に感染してその機能を低下させると，微生物感染に対する生体防御が大きく損なわれる。一方，[10] 免疫系では，[11] などの白血球が貪食（食作用）によって異物を分解する。

[10] 免疫系は全ての動物に備わっているが，[8] 免疫系は脊椎動物にのみ備わる。

脊椎動物と無脊椎動物では，循環系のしくみも大きく異なっている。脊椎動物では動脈と静脈が [12] で連絡しており，[13] 血管系と呼ばれる。一方，昆虫などの多くの無脊椎動物では [12] が存在せず，血液・[14] ・リンパ液の区別がない [15] 血管系となっている。

C　実験3の背景と結果に関連する以下の(1)~(5)のうち，適切なものを2つ選べ。

(1)　すべてのT細胞は，造血幹細胞からつくられる。

(2)　T細胞の核を用いて作製されたクローンマウスは，多様なT細胞抗原受容体を発現し，正常な免疫機能をもつ。

(3)　表現型Cのマウスでは T細胞以外の白血球数は正常であるため，体内に侵入した異物に対する抗体は正常につくられる。

(4)　表現型B，Cのマウスでは骨髄細胞に異常があるため，つくられるT細胞の数が減少している。

(5)　表現型B，Cのマウスでは胸腺に異常があるため，T細胞の成熟が妨げられる。

D　実験4の結果から，この変異マウスの原因変異について複数の解釈が考えられる。以下の(1)~(4)から，実験結果の解釈として不適切なものを1つ選べ。

(1)　遺伝子 *Z* ノックアウトマウスでは，タンパク質Zの発現が消失するが，その機能は別のタンパク質によって補われている。

(2)　実験4で見つかった変異によって，タンパク質Zの構造が変化し，別のタンパク質のはたらきが妨げられる。これがT細胞の減少の原因である。

(3)　実験4で見つかった変異は，T細胞の減少とは何ら関係はなく，原因変異は別に存在する。

(4) 実験4で見つかった変異によって，タンパク質Zの発現が消失する。これがT細胞の減少の原因である。

第2問

次の文1と文2を読み，IとIIの各問に答えよ。

〔文1〕

植物や緑藻など，光合成を行う生物は，光のエネルギーを利用してCO_2を固定し，糖をはじめとする有機物をつくることができる。この過程は，大きく2つの段階に分けられる。第一段階では，葉緑体のチラコイド膜にある光化学系が光を吸収して，H_2Oから電子を引き抜き(ア)，この電子を順次伝達しながら，ストロマからチラコイド内腔へとH^+を運ぶ。電子は最終的に補酵素の$NADP^+$に渡され，NADPHが生じる(イ)。また，H^+の運搬によって形成されたH^+濃度勾配に従い，H^+がチラコイド内腔からストロマへ流れ込むときに，これと共役してADPからATPが合成される(ウ)。第二段階では，第一段階で生産されたNADPHとATPを使って，CO_2を固定し糖を合成する(エ)一連の反応が進行する。

光合成でつくられた糖からは，様々な有機物が派生する。光合成生物は，こうして得た有機物を体の素材に用いるほか，一部を基質として呼吸を行い，エネルギーをATPの形で取り出して(オ)いろいろな生命活動に利用する。全体を見ると，光合成生物では，光合成で光のエネルギーを有機物の化学エネルギーに変換し，このエネルギーを呼吸で取り出していることになる。

光合成はCO_2を消費してO_2を発生し，呼吸はO_2を消費してCO_2を発生するため，両者を行う光合成生物では，気体交換はそれぞれの活性を反映した複合的なものとなる(カ)。逆に言えば，気体交換の詳しい分析から，光合成と呼吸の動態を推定することができる。

〔文2〕

植物の体は，光合成器官の葉と，それ以外の器官の茎や根からなる。植物は光合成で得た有機物を，これらの器官の構築に振り向けて成長していく。光合成量を増やしてより早く成長するには，葉への物質分配を高め，葉の割合を大きくした方がよいが，周りの植物と光をめぐって競争している環境では，茎を伸ばして葉を高い位置で展開するために，茎への物質分配も重要である。(キ)自立性の植物では，葉の量に応じて茎を太くしなければ葉をしっかりと支えられないので，このことが茎への物質分配の下限を規定し，葉への物質分配を制約している。これに対し，他の植物などを支柱とする「つる植物」では，自分の茎で葉の重量を支えなくてすむので茎を細くでき，その分茎への物質分配の下限が緩和されるとともに，分配される物質当たりの茎の伸長量が増大する。(ク)これらの点で，つる植物は早くまた高く成長するのに有利であると言える。

つる植物は，支柱に絡みついたり巻きついたりするために，特別な器官や性質を発達させている。巻きひげは絡みつくための器官の代表例で，様々なつる植物に見られる。(ケ)巻きひげは，葉または茎が特殊化したものである。(コ)巻きひげなどを使わずに，茎全体で支柱に巻きつくようなつる植物も多い。(サ)このようなつる植物では，茎の先端が円を描くように動く回旋運動(図2―1)を，支柱の探索に利用している。茎が回旋運動を行いながら成長し，(シ)何か支柱になるものに接触すると屈曲して巻きつくのである。(ス)巻きひげの形成にせよ，支柱の探索にせよ，相応のコストがかかるはずであるが，進化上何度もつる植物が出現していることは，(セ)成長上の有利さがこのコストを上回る場合が多いことを示唆している。

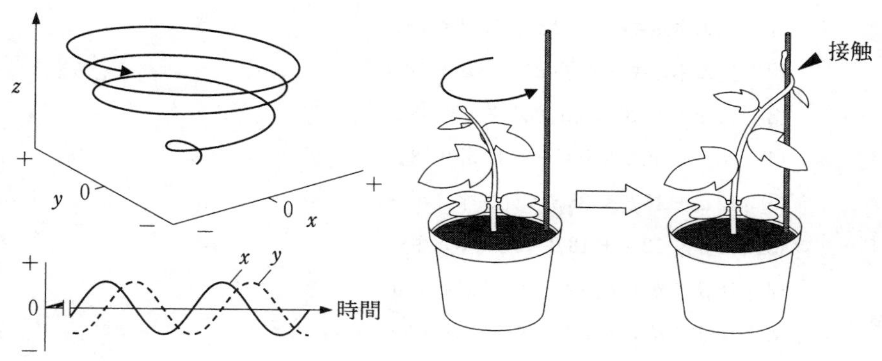

図２―１　つる植物Ｗの回旋運動と支柱への巻きつき

左上は，*xyz* 空間における回旋運動中の茎先端部の軌跡。左下は，茎先端の *x* 座標と *y* 座標の変化が示す，水平方向の往復振動パターン。右は，回旋運動をしていた茎が支柱に接触して巻きつく様子。

〔問〕

Ｉ　文１について，以下の小問に答えよ。

Ａ　下線部(ア)・(イ)のように，光化学系の電子伝達では H_2O からの電子を受けてNADPHが生じるが，自発的な酸化還元反応では逆にNADPHからの電子を受けて H_2O が生じ，エネルギーが放出される。このエネルギーをNADPH１分子当たり α とする。下線部(ウ)も自発的な反応とは逆であり，自発的にはATPからADPが生じ，エネルギーが放出される。このエネルギーをATP１分子当たり β とする。通常，光合成では，２分子の H_2O から始まる電子伝達に伴い，３分子程度のATPが合成される。下線部(エ)では，１分子のグルコースの合成に相当する反応に，12分子のNADPHと18分子のATPが使われる。下線部(オ)では，１分子のグルコースを基質とする呼吸により，最大38分子のATPが合成される。これらを踏まえると，１分子のグルコースの合成に相当する光合成では，光化学系に吸収された光のエネルギーと α，β について，どのような大小関係が考えられるか。以下の(1)～(10)から，もっとも適切なものを選べ。

(1)　光エネルギー < $12\alpha + 18\beta < 38\beta$

(2)　光エネルギー < $38\beta < 12\alpha + 18\beta$

(3)　$12\alpha + 18\beta$ < 光エネルギー < 38β

(4)　38β < 光エネルギー < $12\alpha + 18\beta$

(5)　$12\alpha + 18\beta < 38\beta$ < 光エネルギー

(6)　$38\beta < 12\alpha + 18\beta$ < 光エネルギー

(7)　18β < 光エネルギー < $12\alpha < 38\beta$

(8)　18β < 光エネルギー < $38\beta < 12\alpha$

(9)　$12\alpha < 18\beta$ < 光エネルギー < 38β

(10)　$18\beta < 12\alpha$ < 光エネルギー < 38β

B　下線部(カ)について。光合成と呼吸の活性を同時に調べるための実験として，単細胞緑藻の培養液に $^{18}O_2$ を通気し，通気を止めた後に，光条件を短時間に明→暗→明と切り替えながら，培養液中の $^{18}O_2$ 濃度と $^{16}O_2$ 濃度の変化を測定することを考える。測定開始時点では与えた $^{18}O_2$ 以外に ^{18}O を含む物質は培養液中に存在しないとしたとき，$^{18}O_2$ 濃度と $^{16}O_2$ 濃度はどう変化すると推測されるか。以下の(1)~(6)から，もっとも適切なものを選べ。

(注)　^{16}O と ^{18}O は酸素原子の安定同位体。天然ではほとんどが ^{16}O。

(1)

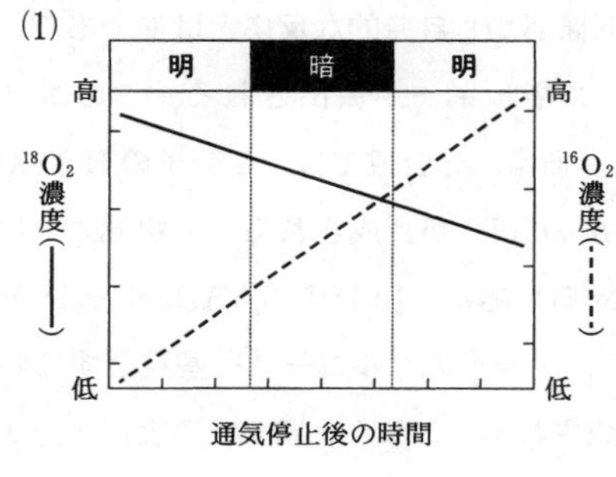

(2)

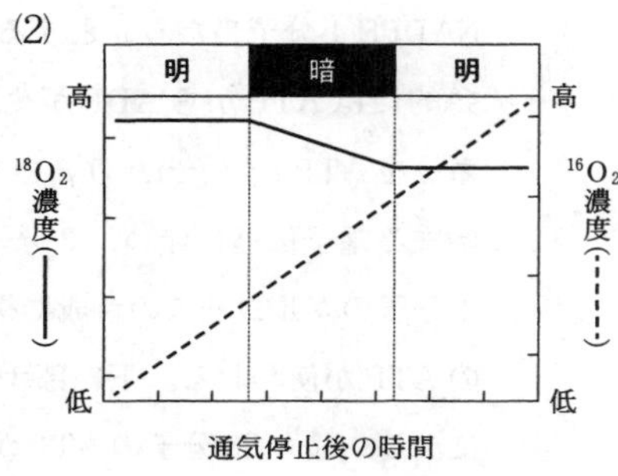

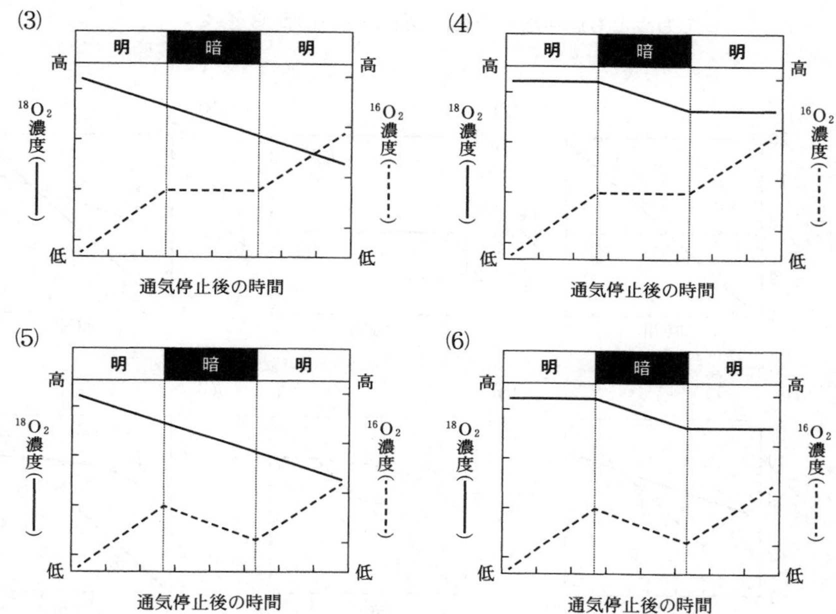

Ⅱ　文2について，以下の小問に答えよ。

A　下線部(キ)について。茎の伸長は，光などの様々な環境要因や，体内の植物ホルモンによって調節されている。茎の伸長の抑制にはたらく光受容体を1つ，茎の伸長を促進させる作用をもつ植物ホルモンを2つ答えよ。

B　下線部(ク)について。植物個体が光合成で有機物を生産する速度は，その時点で個体がもつ葉の量に比例し，生産した有機物は，葉とそれ以外の器官に一定の割合で分配されて，各器官の成長に使われるものとする。今，茎の長さ・重量比(長さ/重量)が1の自立性植物Xと，茎の長さ・重量比が4のつる植物Yを想定し，Yの成長戦略として，茎への物質分配をXの1/4に減らして，葉への物質分配をXの2倍にする場合(戦略①)と，各器官への物質分配をXと同じにする場合(戦略②)の2通りを考える。XとYの茎の伸長速度をそれぞれr_X，r_Yとしたとき，2つの戦略(①と②)でr_Y/r_Xの変化パターンはどのようになるか。戦略①を実線，戦略②を破線で表したグラフとしてもっとも適切なものを，以下の(1)〜(6)から選べ。

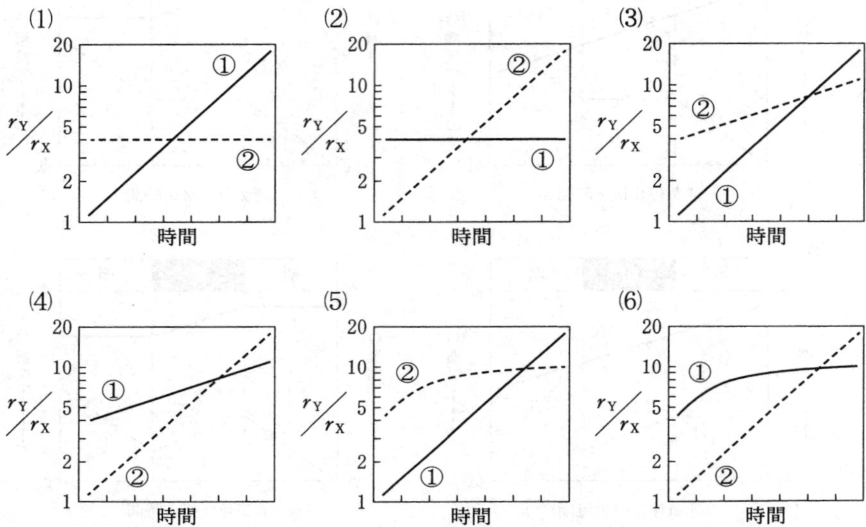

C　下線部(ケ)・(サ)について。巻きひげで支柱に絡みつく植物と，巻きひげをもたず茎全体で支柱に巻きつく植物の例を，それぞれ１種ずつあげよ。ただし，種名は，標準的な和名のカタカナ表記とすること。解答例：巻きひげ―○○，茎全体―△△

D　下線部(コ)について。下の図(図2―2)は，植物Zの巻きひげの外観と横断面を示している。Zの巻きひげは茎が特殊化したものなのか，葉が特殊化したものなのか。この図から判断し，根拠とともに3行程度で述べよ。

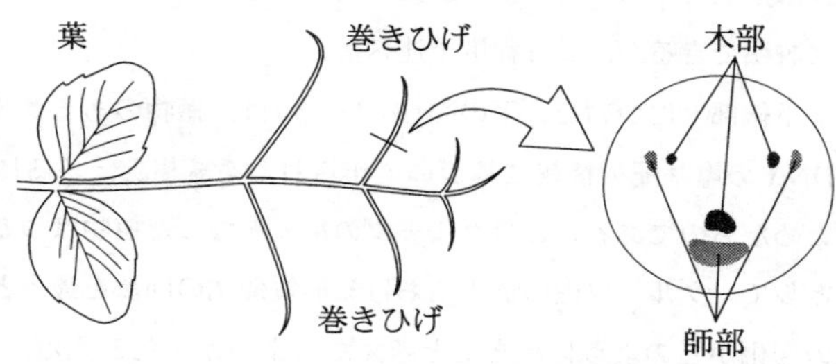

図2―2　植物Zの巻きひげ

左は巻きひげとその周辺部の外観(葉の表側から見たもの)。右は巻きひげ横断面の拡大図(左の図の紙面手前側が横断面の上側になるように示している)。

E　下線部(シ)について。最近の研究から，回旋運動に重力屈性が関与することがわかってきている。有力な仮説では，重力屈性は図2―1左下に示すような往復振動を生み，その結果回旋運動が起きるとされる。しかし，茎の重力屈性の基本を，「茎は重力に対して$\underline{\text{鉛直上方向}}_{\text{a}}$に向かおうとする$\underline{\text{一定の強さ}}_{\text{b}}$の負の重力屈性を示し，重力と茎がなす角度を$\underline{\text{伸長域}}_{\text{c}}$で感知し，ずれが$\underline{\text{わずかでも}}_{\text{d}}$あると$\underline{\text{すみやかに}}_{\text{e}}$屈曲する」こととすると，この基本通りでは往復振動は生じない。どの点がどのように異なっていたら，往復振動が生じると考えられるか。以下の(1)～(5)から，もっとも適切なものを選べ。

(1)　aの点が異なり，鉛直斜め上方向に向かおうとする。

(2)　bの点が異なり，強さに周期的な変動がある。

(3)　cの点が異なり，茎の先端だけが感知する。

(4)　dの点が異なり，ずれが十分に大きくないと反応しない。

(5)　eの点が異なり，応答に時間的遅れがある。

F　下線部(ス)について。植物の屈曲反応には，屈曲の方向が刺激の方向に依存する屈性と，依存しない傾性がある。つる植物の茎が支柱に巻きつくときの屈曲反応は，接触屈性のように見えるが，接触傾性の可能性も考えられる。接触傾性である場合，茎の屈曲が支柱に巻きつく方向に起きるのはどのように説明できるか，2行程度で述べよ。

G　下線部(セ)について。下の図(図2―3)は，植物のあるグループについて，DNA の塩基配列情報に基づいて作られた系統樹と，つるに関する形質をまとめたものである。このグループの祖先となった植物はつる性ではなかったとして，グループ内の進化における形質変化の回数を最少とするには，形質の変化がどのように起きたと考えたらよいか。たとえば，「a と b でつる性の獲得が起き，c と d でつる性の喪失が起きた。」というように，図中の記号 a～k を使って答えよ。なお，形質変化の回数が最少となる形質変化の起き方が複数ある場合は，それら全てを答えること。

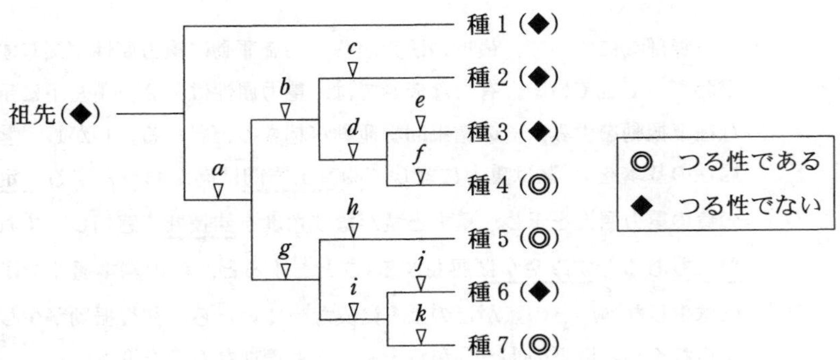

図2―3　植物のあるグループ(種1～種7)の系統樹とつるに関する形質

第3問

次の文1と文2を読み，IとIIの各問に答えよ。

〔文1〕

生物が様々な異なる環境へ適応して，共通の祖先から数多くの種に多様化することを［ 1 ］という。相互作用している複数種の生物が，互いに影響を与えながら進化することを［ 2 ］という。動物における種間の相互作用としては，行動を介した交渉による直接的相互作用や，同じ餌を利用することで一方の種が他方の種に間接的な影響を与えるものなどがある。生物群集において，ある種が占める生息場所，出現時期や活動時間，餌の種類などの生息条件を［ 3 ］という。食性が共通するなど，［ 3 ］が近い種間では激しい種間競争が生じ，一方の種がもう一方の種を駆逐する［ 4 ］が起こる事がある。しかし，ある食性の動物にとって，同じ食性の他種の存在が有利にはたらく間接的な相互作用も存在することが明らかになってきた。

〔文2〕

アフリカのタンガニイカ湖に生息する魚類には，他魚種の鱗(うろこ)を主食とする種がいる。鱗を食べる魚は，鱗を食べられる魚の後方から忍び寄り，体側から襲いかかって鱗を一度に数枚はぎ取る。魚種AとBはどちらも魚種Cを襲って鱗を食べるが，2種の襲い方は大きく異なる。どちらの種もゆっくり泳ぎながら探索し，種Cを見つけると，種Aは底沿いに忍び寄り，遠くから突進する。種Bはあたかも無害な藻食魚のような泳ぎ方で種Cに近寄り，至近距離からいきなり襲いかかる。種Cは，種AまたはBの接近を常に警戒しているため，種AやBが単独で襲いかかった場合の鱗はぎ取りの成功率は20％程度である。(ア)ところが種AおよびBの採餌成功率は，状況に応じて異なった(図3―1)。

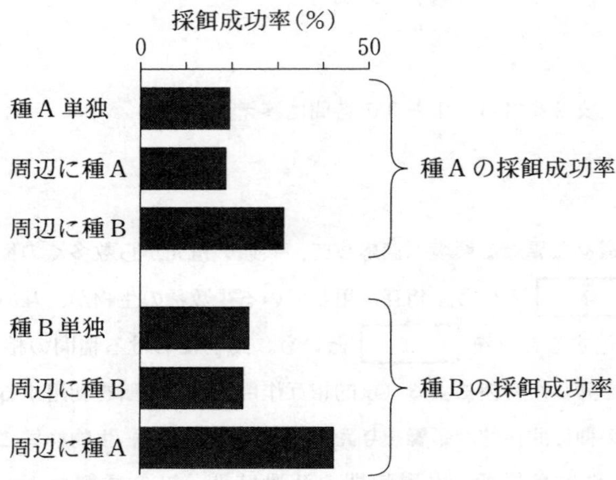

図3―1　鱗を食べる種AとBが種Cから鱗をはぎ取ることに成功した割合
単独で襲いかかった場合，種Cの周辺に同種もしくは別種がいた場合で比較した。

種AやBの口を観察すると，魚の口は右や左に大きく曲がっていた(図3―2)。口が右に曲がった個体の胃袋からは，種Cの左の体側からはぎ取った鱗のみが出現し，口が左に曲がった個体からは右の体側からはぎ取った鱗のみが出現した。つまり，個体ごとに口の曲がりに応じて食べやすい体側からのみ鱗をはぎ取っているのである。

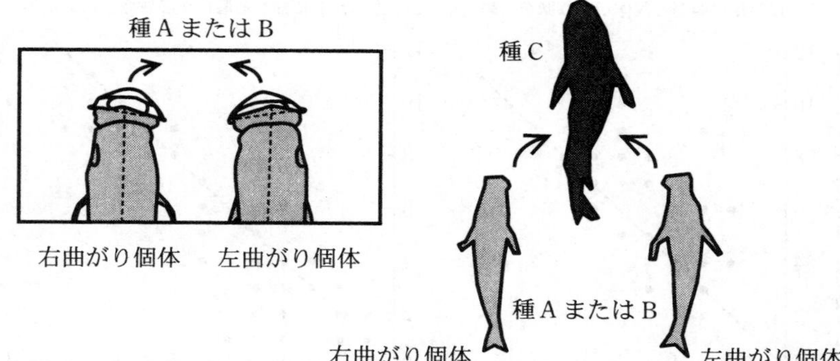

図 3 ― 2　口が右や左に曲がった個体とそれぞれの鱗はぎ取り方法を上から見た図

種 A および B において，口が左に曲がった親どうしの組み合わせから生まれた子は，すべて口が左に曲がった個体となった。口が右に曲がった個体どうし，あるいは右に曲がった個体と左に曲がった個体を親とする子の口の曲がる向きを調べたところ，(イ)単一の遺伝子座にある対立遺伝子に支配される左曲がり劣性のメンデル遺伝をすると考えられた。

個体群中で口が左に曲がった個体と右に曲がった個体がどのような比率で存在するのかを調べるため，種 A と C のみが生息する場所で種 A を十数年間調べたところ，口が左に曲がる個体の割合は 40 から 60 % の間を 4 ～ 5 年の周期で変動し，平均はほぼ 50 % となった。

鱗をはぎ取られた種 C の体にはしばらくの間痕跡が残るため，どちら側の体側から鱗をはぎ取られたかを調べることができる。(ウ)種 A と C のみが生息する場所で，種 C に残る痕跡を，右と左それぞれの体側で複数年にわたって数えたところ，年によって結果が異なった（図 3 ― 3）。

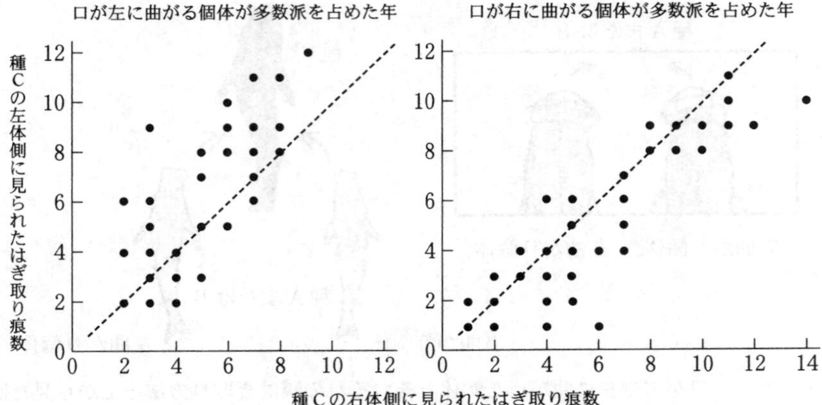

図3―3　種Cの体側に見られたはぎ取り痕数

口が左に曲がった個体が種Aの多数派を占めた年(左パネル)と右に曲がった個体が種Aの多数派を占めた年(右パネル)を比較した。破線は右体側と左体側に見られるはぎ取り痕数が同じであった場合を示す。１つの点は種Cの１個体における値を示す。

〔問〕

I　文1について，以下の小問に答えよ。

A　空欄1～4にあてはまるもっとも適切な語句を，以下の選択肢①～⑬の中から選べ。解答例：1―①，2―②

①　最適条件	②　共　存	③　弱肉強食
④　適者生存	⑤　生態的地位	⑥　食物連鎖
⑦　競争的排除	⑧　間接効果	⑨　生物多様性
⑩　共進化	⑪　適応放散	⑫　収束進化
⑬　食物網		

B　2種間の相互作用には，以下の表に記す組み合わせが存在する。2種間の関係を表す語句(1)～(6)それぞれに対応する組み合わせとしてふさわしいものを，表の①～⑤の中から選べ。解答例：(1)―①，(2)―②

(1) 片利共生　(2) 寄　生　(3) 競　争
(4) 中　立　(5) 相利共生　(6) 捕　食

		生物2にとって		
		利　益	不利益	どちらでもない
生物1にとって	利　益	①	②	③
	不利益	②	④	偏　害
	どちらでもない	③	偏　害	⑤

Ⅱ　文2について，以下の小問に答えよ。

A　下線部(ア)について。採餌成功率が状況に応じてどのように異なったか，図3―1から読み取れる傾向を2行程度で説明せよ。

B　図3―1のような結果がもたらされた理由を，鱗をはぎ取られる種Cの行動面から2行程度で説明せよ。

C　下線部(イ)がなり立つとして，口が右に曲がった個体どうしが親となる場合，生まれる子の理論上の比率として考えられるものを以下の(1)～(7)からすべて選べ。

(1) 右曲がり：左曲がり＝1：0　(2) 右曲がり：左曲がり＝0：1
(3) 右曲がり：左曲がり＝2：1　(4) 右曲がり：左曲がり＝1：2
(5) 右曲がり：左曲がり＝3：1　(6) 右曲がり：左曲がり＝1：3
(7) 右曲がり：左曲がり＝1：1

D　下線部(ウ)について。図3―3に見られたはぎ取り痕数の左右の偏りがもたらされた理由として正しいものを，以下の(1)～(3)から1つ，(4)～(6)から1つ選べ。

(1) 種Cはどちらの体側も守るべく防御を左右均等に配分した。
(2) 種Cは種Aの多数派からの襲撃に対する防御に専念した。
(3) 種Cは種Aの少数派からの襲撃に対する防御に専念した。

(4)　種 A の多数派と少数派は同程度の採餌成功率であった。

(5)　種 A の多数派は高い採餌成功率であった。

(6)　種 A の少数派は高い採餌成功率であった。

E　下線部(ウ)について。鱗を食べる魚が配偶相手を選択する際に，口が右に曲がった個体の数が左に曲がった個体の数を大きく上回っている場合は，口が左に曲がった個体はどちらのタイプの個体を選択するのが子の生存に有利となるか答えよ。またその理由を 2 行程度で答えよ。

F　種 A と C のみが生息する場所では，種 A における口が左に曲がった個体の割合は数年周期の振動を示した。種 A と B と C が生息する場所で，種 A と B における口が左に曲がった個体の割合を十数年間調べたところ，どちらの種においても 50 % を中心とする数年周期の振動を示し，さらにそれらの振動はほぼ同調した。模式的に示すと図 3 ― 4 のようになる。この現象に関する考察として不適切なものを，以下の(1)~(4)から 1 つ選べ。

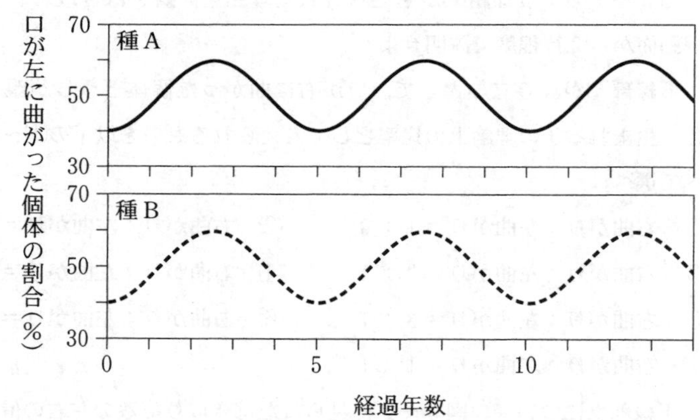

図 3 ― 4　口が左に曲がった個体が種 A および B に占める割合の年変動

(1)　採餌成功率が高い個体の繁殖成功率は高まるが，その子が鱗を食べるようになるまでの時間が，振動周期に影響を及ぼす。

(2)　襲い方が異なる種 A と B の共存や，口の曲がりの左右性という種内二型は，種 C の警戒を介した頻度に依存した自然選択によって維持されている。

(3) 種 A の個体数が種 B よりもはるかに多い場合，種 A における口が左に曲がった個体の割合に応じて，種 C は防御のやり方を変えている。

(4) 種 A の個体数が種 B よりもはるかに多い場合，種 A における口が左に曲がった個体の割合は，種 B の採餌成功率を左右しない。

2016年

解答時間：2 科目 150 分
配　　点：120 点

第1問

次の文を読み，問に答えよ。

〔文〕

生体の様々な組織は，構成する細胞が入れ替わることによって，その構造と機能の恒常性が保たれている。ある細胞が寿命を迎えたり，傷つけられたりすることで失われた場合に，それに相当する細胞を別の細胞から新たに生み出すための仕組みが備わっている。いくつかの臓器・組織には組織幹細胞と呼ばれる未分化な細胞が存在し，分化した機能的な細胞を供給することが知られている。たとえば，(ア)血液中には赤血球やリンパ球などの種々の細胞が大量に存在しているが，それらの多くは数日から数箇月程度で寿命を迎えて死んでいく。失われた分の血液細胞は，骨髄中に存在する血液幹細胞(造血幹細胞)から日々新たに生み出され，補われている。

(イ)小腸の表面にある上皮細胞もまた，寿命が数日程度と短く，一定の速さで常に入れ替わっている。小腸の内壁には，図1—1のように絨毛(じゅうもう)という突起状の構造がある。絨毛どうしの間にはくぼみがあり，組織の断面を観察すると絨毛の頂上から，くぼみの底辺に至るまで，上皮細胞が一連なりに続いている。絨毛部分に存在するのは分化した上皮細胞で，その大部分は物質の吸収等に関わる吸収上皮細胞である。分化した上皮細胞は分裂することはなく，やがて寿命を迎えて死んだ細胞は絨毛の頂上部分から剥(は)がれ落ちていく。一方で，くぼみ部分を構成する上皮細胞の大部分は未分化で，分裂能をもっている。特に，くぼみの底辺部には，分裂能が非常に高く(1日に1回程度分裂する)，特徴的な構造を示す細胞があり，それらはCBC細胞と名付けられている。小腸上皮組織の維持におけるCBC細胞の役割を明らかにするために，マウスを用いて以下の実験を行った。

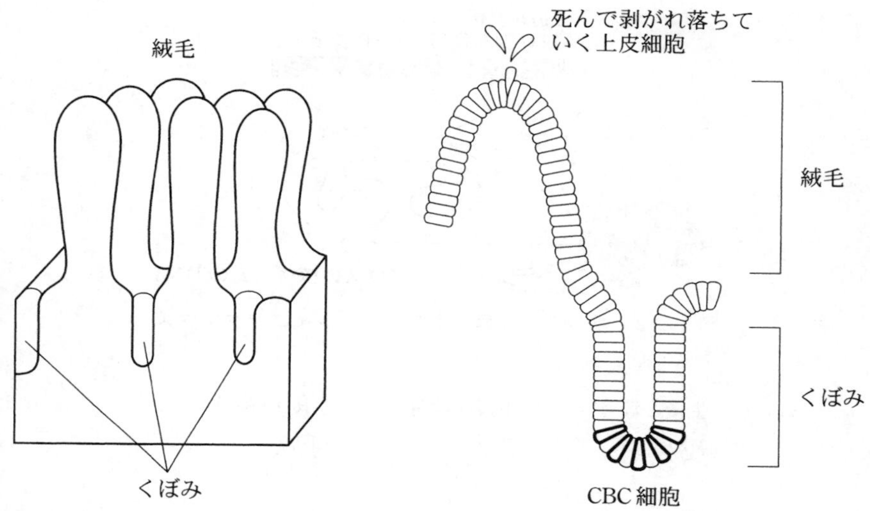

図1—1　小腸上皮組織の構造(左)と断面図(右)

右図で，くぼみの底辺部にある太線で囲まれた細胞がCBC細胞である。CBC細胞どうしの間には，別の種類の上皮細胞がある。

実験1　*Lgr5*という遺伝子は，小腸上皮組織でCBC細胞にのみ発現している。*Lgr5*遺伝子の転写調節領域のすぐ後ろに緑色蛍光タンパク質(GFP)をコードする遺伝子をつないだDNAを準備し，これをマウスの核ゲノムに組み込んでトランスジェニックマウスを作製した(図1—2)。なお，ここで用いた「転写調節領域」には*Lgr5*遺伝子の発現調節に必要なすべての配列が含まれており，その後ろにつないだ遺伝子(ここではGFPをコードする遺伝子)は，本来の*Lgr5*遺伝子と同一の発現調節をうけると考えてよい。このマウスの生後2箇月，4箇月，14箇月のそれぞれの時点における小腸上皮組織でのGFPの蛍光を観察したところ，図1—3のようであった。

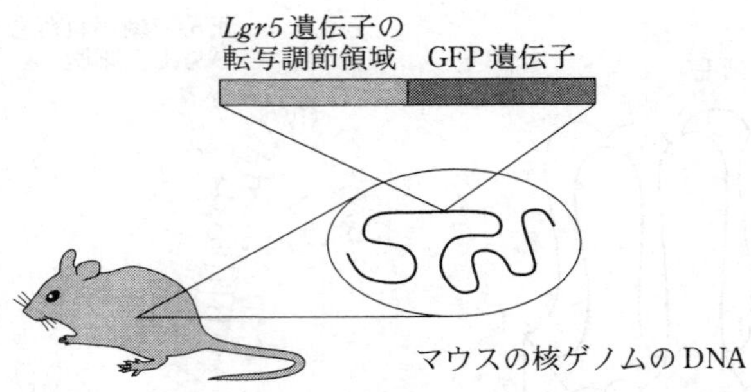

図1－2　実験1で作製したトランスジェニックマウス

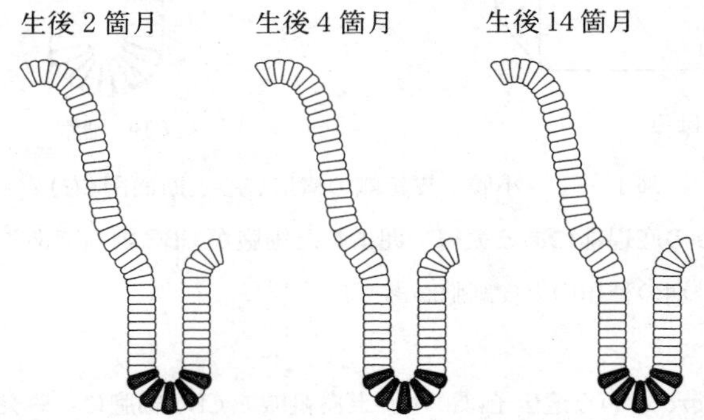

図1－3　実験1で観察された小腸上皮組織での GFP の蛍光の様子
太線で囲まれているのが CBC 細胞，灰色の部分が GFP の蛍光を発している細胞。

実験2　以下の2種類の DNA を準備し，これらを同一のマウスの核ゲノムに組み込んだトランスジェニックマウスを作製した(図1－4)。

・実験1で用いたものと同じ *Lgr5* 遺伝子の転写調節領域に，酵素 C をコードする遺伝子をつないだ DNA。

・*R* 遺伝子の転写調節領域，領域 L，GFP をコードする遺伝子を，この順につないだ DNA。

ここで，*R* 遺伝子の転写調節領域は，その後ろにつないだ遺伝子をマウスの体内のあらゆる細胞で常に発現させるはたらきをもつ。酵素 C は，発現している細胞において，化合物 T の存在下で DNA 中の領域 L を抜きとり，残った部分をつなぎ合わせるという<u>ゲノム DNA の再編成反応</u>(ウ)を行う。領域 L は，転写調節領域と遺伝子の間に存在すると，その遺伝子の転写を阻害する。

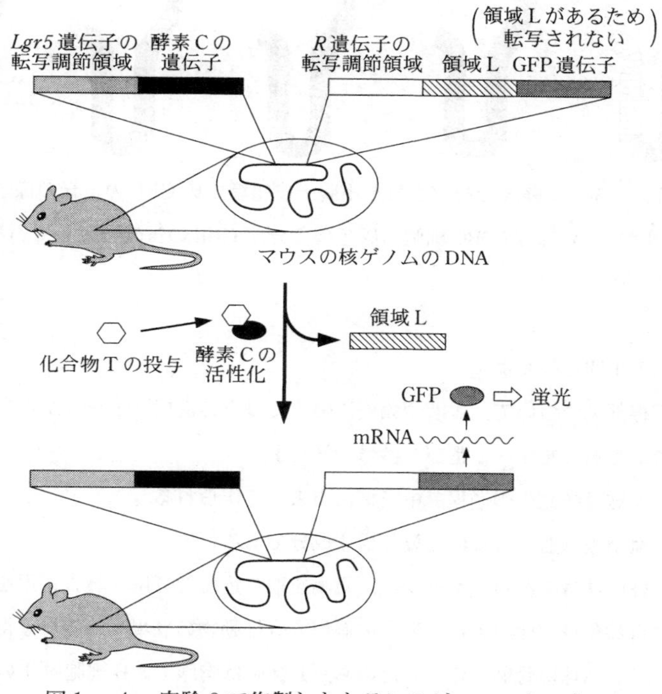

図 1 ― 4　実験 2 で作製したトランスジェニックマウス

実験 3　実験 2 で作製したマウスに，生後 2 箇月の時点で化合物 T を投与した。投与直後（0 日目），投与後 3 日目，5 日目，60 日目，および 1 年目のそれぞれの時点で，小腸上皮組織における GFP の蛍光を観察したところ，図 1 ― 5 のようであった。化合物 T を投与しなかった場合には，いずれの時点でも小腸上皮組織において GFP の蛍光は全く観察されなかった。

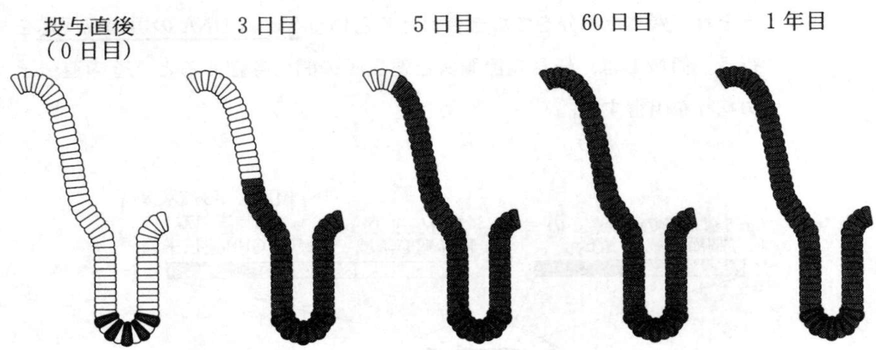

図1―5　実験3で観察された小腸上皮組織でのGFPの蛍光の様子

太線で囲まれているのがCBC細胞，灰色の部分がGFPの蛍光を発している細胞。

〔問〕

以下の小問に答えよ。

A　下線部(ア)について。血液や免疫に関する以下の選択肢(1)〜(5)から，内容に誤りのあるものをすべて選び，番号で答えよ。

(1)　血球は胚発生の過程で中胚葉に由来して作られる。

(2)　血小板は血しょうの主要な構成成分である。

(3)　好中球やマクロファージは，異物を取り込んで分解する食作用を示す。

(4)　自然免疫の仕組みは，進化の過程で脊椎動物の登場より後に獲得された。

(5)　リンパ球は骨髄で作られたのち，T細胞は胸腺で，B細胞はすい臓のランゲルハンス島で，それぞれ分化・成熟する。

B　下線部(ア)について。ある遺伝性の貧血症は，ヘモグロビンの合成異常により正常な赤血球が作られないことで引き起こされる。この貧血症の重症な患者の治療のために，骨髄細胞の移植が行われることがある。一方で，対症療法として，輸血による赤血球の供給が行われることがあるが，これは根本的な治療とはならない。輸血が根本的な治療とはならない理由として考えられることを，骨髄細胞の移植による治療の場合と対比させて，2行程度で説明せよ。

C　下線部(イ)について。以下の文章の空欄1～5に適切な語を入れよ。

食事により摂取した物質を消化・吸収するための中心的な器官が小腸である。小腸で吸収された物質は，腸管にある静脈から［ 1 ］と呼ばれる血管を通じて［ 2 ］に運ばれ，代謝される。［ 2 ］は，［ 3 ］と共に体液の恒常性を保つために必須の臓器である。［ 3 ］は主に水やイオン，尿素などの水溶性物質のろ過・再吸収を行う。これに対して，［ 2 ］で処理された脂溶性の物質は，［ 4 ］を通じて消化管のうちの［ 5 ］に放出され，最終的には便とともに体外に排出される。

D　実験1の結果のみから解釈できることとしてもっとも適当なものを，以下の(1)～(4)の選択肢の中から選べ。

(1)　絨毛部分の上皮細胞は，それ自身が分裂することにより新たに作られると考えられる。

(2)　絨毛部分の上皮細胞は，CBC細胞から新たに作られると考えられる。

(3)　絨毛部分の上皮細胞は，血液幹細胞から新たに作られると考えられる。

(4)　絨毛部分の上皮細胞が，どの細胞から新たに作られているのかを結論づけることはできない。

E　実験2の下線部(ウ)について。DNAがいったん切断された後につなぎ合わされることで再編成されるという現象は，ヒトのゲノムDNAでも起こっている。そのような現象を伴って作られるタンパク質の名称を1つあげよ。また，ゲノムDNAの再編成が起こる意義を，そのタンパク質の機能と関連づけて2行程度で説明せよ。

F　実験2について。このマウスに化合物Tを投与し，一定の期間ののちに観察を行うとする。以下の(1)～(4)のような細胞が存在する場合に，それぞれの細胞はGFPの蛍光を発するか，発しないか。(1)～(4)の場合について，それぞれ「発する」あるいは「発しない」で答えよ。なお，化合物Tの酵素Cに対する作用は投与と同時に，かつ，その時点でのみ及ぼされ，このときの酵素Cによる反応は 100 % の効率で起こると考えてよい。

(1) 化合物 T を投与した時点から観察時までの間，常に *Lgr5* を発現している細胞。

(2) 化合物 T を投与した時点から観察時までの間，常に *Lgr5* を発現していない細胞。

(3) 化合物 T を投与した時点では *Lgr5* を発現していたが，その後，観察時までの間に *Lgr5* を発現しなくなった細胞。

(4) 化合物 T を投与した時点では *Lgr5* を発現していなかったが，その後，観察時までの間に *Lgr5* を発現するようになった細胞。

G　実験 3 の結果から，化合物 T 投与後 1 年目の時点の CBC 細胞は GFP の蛍光を発していたことがわかる。化合物 T 投与後 1 年目の時点のある CBC 細胞において，実験 2 で核ゲノムに組み込んだ *Lgr5* 遺伝子の転写調節領域に，そのはたらきを失わせるような変異が生じたとする。このとき，その CBC 細胞では GFP の蛍光は維持されるか，失われるか。「維持される」あるいは「失われる」で答えよ。また，そのように考える理由を 2 行程度で説明せよ。

H　実験 3 の結果から，化合物 T 投与後 3 日目以降になると，絨毛部分の上皮細胞においても GFP の蛍光が観察されるようになったことがわかる。このことから CBC 細胞の性質についてどのようなことがわかるか。絨毛部分の上皮細胞における GFP の蛍光が，化合物 T 投与後 3 日目から 1 年目までのすべての時点で観察されている点を踏まえて，2 行程度で説明せよ。

第2問

次の文1と文2を読み，ⅠとⅡの各問に答えよ。

〔文1〕

植物の細胞には色素体(プラスチド)が存在し，その色素体の1種である葉緑体は，原始的な真核細胞に光合成生物である(ア)シアノバクテリアが［ 1 ］して生じたと考えられている。

色素体は植物の成長や環境の変化に応じて分化する。植物の［ 2 ］組織や［ 3 ］組織などにある未分化の細胞には，原色素体という色素体が存在する。(イ)細胞の分化に伴って原色素体は様々な色素体へと分化する。葉の柵状組織や海綿状組織の細胞には葉緑体が存在し，この葉緑体も原色素体が分化したものである。

色素体には多くの種類のタンパク質が存在するが，その大部分は核DNAにある遺伝子にコードされている。色素体のDNAには百数十個の遺伝子しか存在していない。ここでは，色素体DNAに存在する遺伝子を色素体遺伝子，核DNAに存在する遺伝子を核遺伝子と呼ぶことにする。

色素体には，PEPと呼ばれるRNAポリメラーゼが存在する。(ウ)この酵素は，複数のサブユニットからなるコアとシグマ因子から構成される複合体を形成することで，RNAポリメラーゼとして機能する。コアを構成する各サブユニット(コアサブユニット)は色素体遺伝子に，シグマ因子は核遺伝子にコードされている。色素体DNAにはRNAポリメラーゼの遺伝子として，PEPのコアサブユニットをコードする遺伝子しか存在していない。

PEPのコアサブユニット遺伝子を破壊した植物体が作製され，その植物体における色素体遺伝子の発現が調べられた。破壊株では，多くの色素体遺伝子の転写が大きく抑制されていたが，一部の遺伝子の転写は野生株と同様に起こることから，PEP以外のRNAポリメラーゼの存在が推測された。その後の研究によって，第2のRNAポリメラーゼであるNEPが発見された。

実験1　核遺伝子にコードされているタンパク質Pについて，図2—1のように一部を削除したタンパク質をコードする遺伝子を核ゲノムに組込んだトランスジェニック植物を作製した。その作製した植物の葉の細胞において，合成されたタンパク質が細胞のどこに局在するかを調べたところ，図2—1の右欄に記載された結果となった。

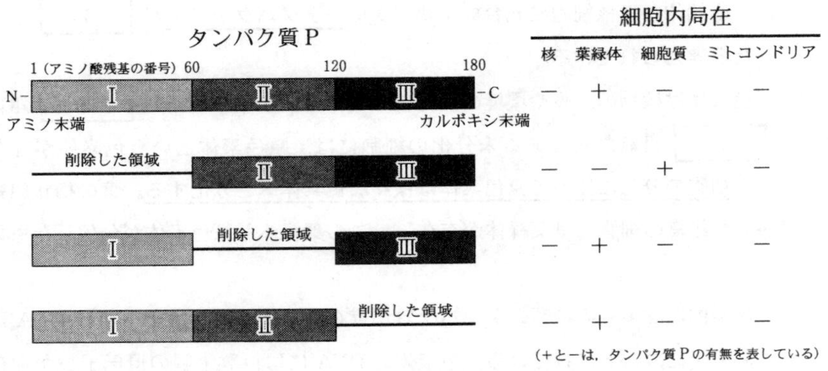

図2—1　発現させたタンパク質Pの模式図と細胞内局在性

実験2　ある植物の野生株の種子をリンコマイシン(原核生物の翻訳のみを阻害する物質)を添加した培地と無添加の培地で発芽させ，発芽後の植物体を観察した。得られた結果をまとめたのが表2—1である。

表2—1　子葉の形質におよぼすリンコマイシンの効果

調べた項目	リンコマイシン	
	無	有
子葉の緑化	正　常	抑　制
子葉細胞での葉緑体形成	正　常	抑　制

〔文2〕

植物は光合成を行い，光エネルギーを利用して二酸化炭素と水から糖やデンプンなどの有機化合物を合成し，それをもとにして生きている。そのため，植物は［ 4 ］生物と呼ばれる。それに対して，動物は植物が合成した有機化合物を利用して生きている［ 5 ］生物である。しかし，植物でも［ 4 ］で生育できない時期がある。

植物の種子を土に播(ま)くと，種子が発芽して小さな植物体(芽生え)となるが，(エ)この植物体ではまだ葉緑体が分化しておらず，すぐに光合成をして有機化合物を合成することができない。そのため，発芽してすぐの頃は胚や胚乳に蓄えられた貯蔵物質を利用して生きていく必要がある。貯蔵物質を消費し尽くす前に，光合成をする能力を獲得して［ 4 ］による成長に切り替える。

シロイヌナズナの種子は，胚の一部である子葉に脂肪を貯蔵物質として蓄えている。発芽時には，この脂肪を図2―2のような経路で代謝する。図中にあるβ酸化経路とは，脂肪酸の鎖をカルボキシ基側から炭素2個ずつ切り出し，その切り出されたC_2化合物を用いてアセチルCoA(C_2-CoA)を合成する代謝経路であり，糖新生経路は解糖系を逆に動かして有機酸から糖を合成する経路である。

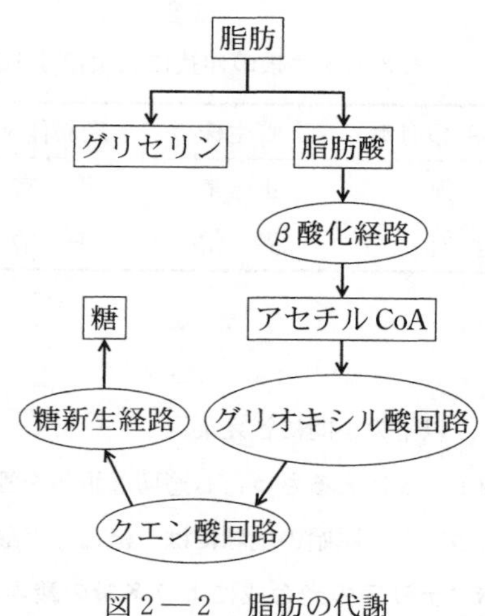

図2―2　脂肪の代謝

実験3　シロイヌナズナには，貯蔵物質の代謝が異常になった変異体が多数存在する。それらの変異体xとyの種子を，野生株の種子とともに寒天培地(無機塩類のみを含み，ショ糖は無添加)の入ったシャーレに播いて発芽させて，芽生えの様子を観察した。得られた実験結果をまとめたのが表2—2である。

表2—2　芽生えの様子

調べた項目	野生株	変異体x	変異体y
葉の成長	正　常	異　常	異　常
根の伸長	正　常	異　常	異　常

実験4　変異体xとyの種子を，野生株の種子とともに寒天培地の入ったシャーレに播いて発芽させた。ただし，この実験では培地にショ糖が添加してある。この条件で，脂肪酸の1種であるインドールブタン酸(IBA)を添加した場合と，添加していない場合とで発芽させ，生じた芽生えの根の伸長を調べた。得られた実験結果をまとめたのが表2—3である。

表2—3　根の伸長におよぼすIBAの効果

IBAの有無	野生株	変異体x	変異体y
無	正　常	正　常	正　常
有	異　常	正　常	異　常

〔問〕

I　文1について，以下の小問に答えよ。

A　文中の空欄1～3に入るもっとも適切な語句を答えよ。

B　下線部(ア)について。原始の地球には，ほとんど酸素が存在していなかったが，シアノバクテリアの光合成により多量の酸素が蓄積されるようになった。大気における多量の酸素の蓄積は，どのような生物が進化することを可能にしたか。1行程度で答えよ。

C　下線部(イ)について。原色素体と葉緑体以外で植物細胞に存在する色素体の名称を1つ答えよ。

D　下線部(ウ)について。以下の文中の空欄6と7に入るもっとも適切な語句を答えよ。

PEPのサブユニットであるシグマ因子は，特定の遺伝子の［ 6 ］を認識し，これによってPEPは遺伝子の［ 6 ］に結合する。PEPが転写を開始するときには，シグマ因子はPEPから解離し，コアは遺伝子DNAの配列をもとに4種の［ 7 ］を基質としてRNAを合成する。

E　実験1の結果から，タンパク質Pの領域Ⅰは，他の領域ⅡとⅢにはない機能をもっていると推定される。その機能について，1行程度で述べよ。

F　色素体のリボソームは，シアノバクテリア由来の原核生物型のものである。実験2の結果をもとに，色素体遺伝子と葉緑体の形成との関係について，1行程度で説明せよ。

G　色素体遺伝子の中には，PEPあるいはNEPによって転写されるタイプがある。表2—4は，PEPのコアサブユニットの1つをコードした遺伝子（*rpoA*）の破壊株と野生株において，いくつかの色素体遺伝子の転写を調べた結果である。なお，*rpoB*は，PEPのコアサブユニットの1つをコードした遺伝子である。以下の(ア)～(オ)に関する問(a)と(b)に答えよ。

(a)　空欄8と9には，表2—4の中のAとBのどちらが入るか答えよ。

(b)　この結果から，葉緑体が分化する初期の段階では，NEPとPEPはどのような順序ではたらくと考えられるか。各項目に書かれた事象が起こる順序を答えよ。解答例：(ア)→(イ)→(ウ)→(エ)→(オ)

(ア)　PEPのサブユニット遺伝子が発現し，核遺伝子にコードされたシグマ因子と複合体を形成する。

(イ) NEPの働きで，タイプ［ 8 ］の遺伝子が転写される。

(ウ) 光合成に関わっている遺伝子の発現が起こり，核遺伝子にコードされたタンパク質と協調して光合成機能を発揮する。

(エ) PEPの働きで，タイプ［ 9 ］の遺伝子が転写される。

(オ) NEP遺伝子が発現する。

表2—4　色素体遺伝子の発現

遺伝子	タイプ	機　能	転写産物量	
			野生株	破壊株
rbcL	A	光合成	＋＋	−
psbA	A	光合成	＋＋＋＋	−
psbD	A	光合成	＋＋＋	−
rpoB	B	転　写	＋＋	＋＋＋
accD	B	脂肪酸合成	＋	＋＋

転写産物がほとんど検出されない場合を−，検出される場合を＋で表し，＋の数は転写産物の量を反映している。

II　文2について，以下の小問に答えよ。

A　文中の空欄4と5に入るもっとも適切な語句を答えよ。

B　下線部(エ)について。色素体が葉緑体に分化するときに起こる，色素体の構造と機能の変化に関する，以下の文中の空欄10〜12に入るもっとも適切な語句を答えよ。

葉緑体が色素体から分化するときには，色素体の内部に［ 10 ］と呼ばれる膜が発達し，その膜には光エネルギーを化学エネルギーに変換する複合体が形成される。複合体は，タンパク質だけでなく，［ 11 ］やカロテノイドなどの色素，脂質などによって構成されている。また，ストロマには

| 12 | 回路に関わる酵素が集積し，炭酸固定を行う能力も獲得される。

C　実験 3 では，野生株の芽生えは正常に生育したのに対し，変異体 x と y では葉や根に異常が見られ，その伸長が抑制された。ところが，ショ糖を添加した培地を用いて同様の実験を行ってみたところ，変異体 x と y の芽生えには異常は観察されず，野生株と同様に生育した。野生株がショ糖無添加の培地でも正常に生育できる理由を 2 行程度で説明せよ。ただし，説明には以下のすべての語句を必ず用いること。

脂肪，糖，糖新生経路，エネルギー源，炭素源

D　脂肪の分解によって生じた脂肪酸は CoA に結合した後，β 酸化経路によって代謝され，アセチル CoA に変換される。炭素数 16 のパルミチン酸だけを脂肪酸として結合している脂肪が β 酸化経路によって完全に酸化された場合，脂肪 1 分子あたりに合成されるアセチル CoA の数を答えよ。ただし，グリセリンから合成されるアセチル CoA については，計算に加えないものとする。

E　実験 4 において，IBA が β 酸化経路によって代謝されると，アセチル CoA だけでなくインドール酢酸(IAA)も生じる。このことを踏まえて，変異体 x と y では，β 酸化経路が正常に機能しているか判断し，以下の選択肢(1)～(4)からもっとも適切だと考えられるものを 1 つ選べ。また，変異体 y ではなぜ IBA の添加によって根の伸長が阻害されるのか，その理由を 2 行程度で答えよ。

(1)　x と y の両方で，正常に機能している。

(2)　x では正常に機能しているが，y では正常に機能していない。

(3)　x では正常に機能していないが，y では正常に機能している。

(4)　x と y の両方で，正常に機能していない。

第3問

次の文1から文3を読み，ⅠからⅢの各問に答えよ。

〔文1〕

生態系を構成する生物には，食うもの(捕食者)と食われるもの(被食者)との関係が見られ，また，捕食者はさらに大型の捕食者に食われる被食者にもなる。食う―食われるの関係が一連に続くことを [1] という。捕食された生物の一部は不消化のまま体外に排出される。捕食量(摂食量)から不消化排出量を差し引いたものが，消費者の同化量となり，その捕食量に占める割合を同化効率と呼ぶ。同化効率は100％ [2] の値をとるため，生産者から高次捕食者までの栄養段階が上がるにつれて，個体数や生物量は [3] ことが多い。1種の動物は2種以上の生物を食べたり，2種以上の動物に食べられたりしており，自然界における [1] の関係は，複雑な [4] を構成している。より多くの種により構成される複雑な [4] が存在する生態系ほど，生物群集の量は安定し，水の浄化・二酸化炭素の吸収・酸素の生産・生物生産などのサービス機能(生態系機能)は [5] 。

〔文2〕

アラスカ沿岸からアリューシャン列島周辺の海域では，ジャイアントケルプをはじめとするコンブやワカメなどの褐藻類がケルプの森をつくり，多様な魚類・貝類・甲殻類が生活している。そこには，生産者であるケルプをウニが食べ，そのウニをラッコが食べるという [1] がある。1970年代初頭，アリューシャン列島の地形的によく似た近接する2つの島でウニの生息密度を調べた。6,500頭前後のラッコが生息するX島にはケルプの森が繁茂し，小型のウニが低密度で生息していた。図3―1に示すとおり，(ア)ケルプは浅場ほど繁茂し，深場に行くにつれて減少した。一方，ラッコがほとんど生息していないY島にはケルプが繁茂せず，サンゴモで一面が覆われた海底に，大型のウニが高密度で生息していた。光合成を行うサンゴモはウニの餌となる藻類であるが，ケルプのような背の高い群落を形成することは無く，海底の岩盤を薄く覆うように広がる。<u>Y 島における魚類・貝類・甲殻類の種数や生物群集の量は，多数のラッコが生息するX 島よりも少なかった</u>(イ)。ケルプの森の生態系におけるラッコのように，<u>生態系にはそのバランスを保つのに重要な役割を果たすキーストーン種がいることがある</u>(ウ)。

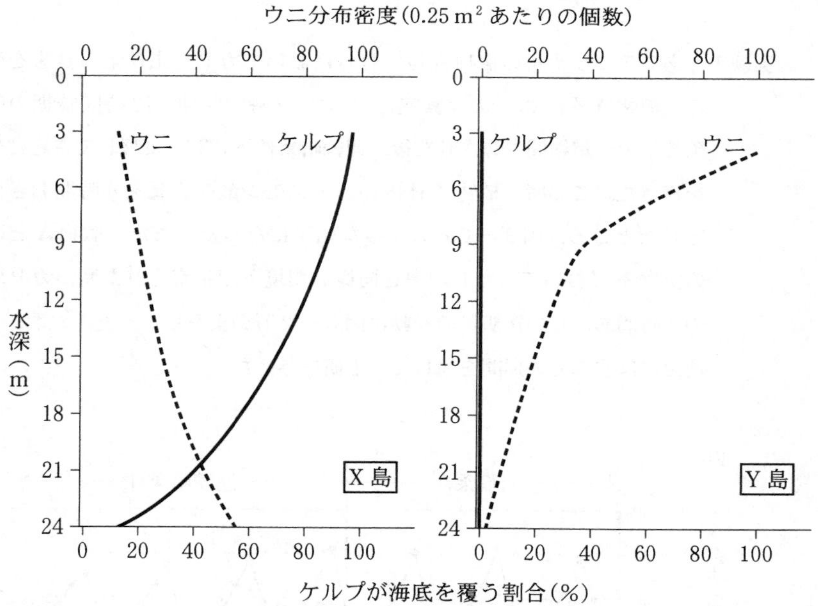

図 3 — 1　2 つの島における水深とケルプが海底を覆う割合(実線)，および水深とウニ分布密度(点線)の関係

〔文3〕

野外の植物は様々な植食者(植物を食べる動物)による食害を常に受けるため，食害を回避するためのいろいろな対抗策を講じている。第一の対抗策は，葉を硬くしたり葉の表面にあるトライコーム(毛状体)を発達させる「物理的防御」である。第二の対抗策は，植食者にとっての毒物や忌避物質を体内に蓄積する「化学的防御」である。化学的防御の誘導には，植物ホルモンの一種であるジャスモン酸類のはたらきが重要である。

(エ)

実験1　あるアブラナ科の植物Aは，野外においてガP幼虫による食害を受ける。植物Aを，22℃の実験室において12時間明期／12時間暗期の明暗条件下で一定期間生育させた後，連続暗条件下(22℃)に移してさらに生育を続けた。この時，植物A体内のジャスモン酸類の量を4時間おきに測定したところ，図3—2(a)のような結果になった。また，植物Aとは別の実験室において，ガP幼虫を同様の環境下で生育させた時，ガP幼虫の4時間あたりの採餌量の変動は図3—2(b)のようになった。なお，ガP幼虫にはすべての期間を通じて人工餌を与えた。

(a)

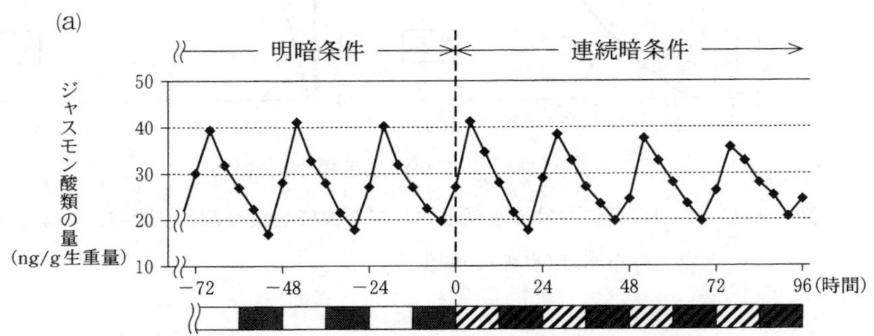

(b)

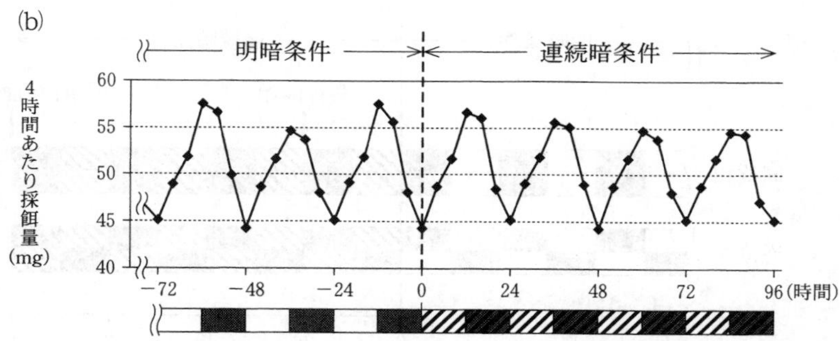

図 3 — 2　植物 A 体内のジャスモン酸類の量(a)とガ P 幼虫の採餌量(b)の変動

植物 A とガ P 幼虫は別の実験室で生育させた。グラフの下のボックスは，それぞれ明暗条件下の明期(□)および暗期(■)，連続暗条件下において明暗条件が継続されていたとした場合の明期に相当する時間帯(▨)および暗期に相当する時間帯(▩)を示す。

実験 2　植物 A とガ P 幼虫をそれぞれ別々に，22℃ の実験室において 12 時間明期／12 時間暗期の明暗条件下で一定期間生育させた。その際，両者は図 3 — 3 のように明暗を一致させた環境(同位相)，または明暗が逆転した環境(逆位相)で生育させることとした。その後，植物 A とガ P 幼虫をそれぞれ連続暗条件下(22℃)に移し，24 時間経過してから両者を共存させた。共存開始から 72 時間経過した時点(連続暗条件下に移してから 96 時間後)で，植物 A の残存葉面積をそれぞれ計測した(図 3 — 4)。また，同位相または逆位相の環境下で生育させた後，植物 A のみを連続暗条件下で 96 時間生育させた時の植物 A の残存葉面積もあわせて計測した(図 3 — 4)。なお，植物 A と共存させるまで，ガ P 幼虫には人工餌を与えた。

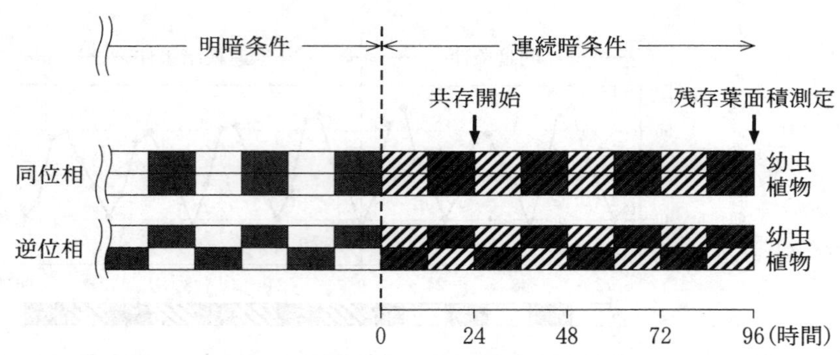

図3—3　植物Aとガ P 幼虫の生育条件

図中のボックスの表記は，図3—2と同様である。

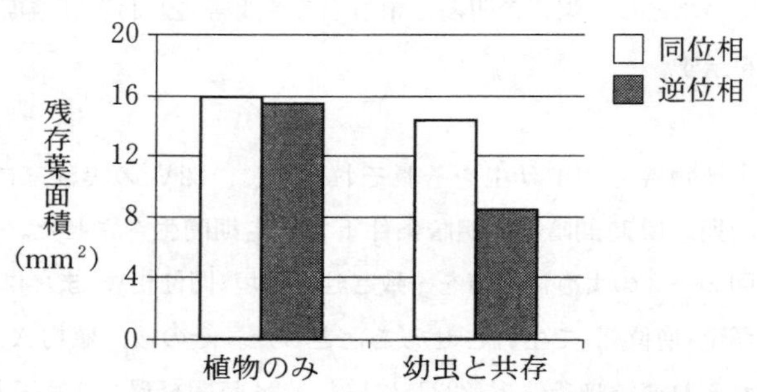

図3—4　共存開始から72時間後の植物Aの残存葉面積

〔問〕

I　文1について，以下の小問に答えよ。

A　空欄1～5にあてはまる適切な語句を，以下の選択肢①～⑮の中から選べ。解答例：1—①，2—②

①　前　後	②　以　上	③　以　下
④　未　満	⑤　増加する	⑥　減少する
⑦　変わらない	⑧　種内競争	⑨　種間競争
⑩　食物網	⑪　生態的地位	⑫　食物連鎖
⑬　競争的排除	⑭　栄養段階	⑮　生物群集

Ⅱ　文 2 について，以下の小問に答えよ。

A　下線部(ア)について。このようになる理由として，浅場ほど光の量が多いことが考えられる。これ以外の理由を，ラッコが果たした役割を踏まえて 2 行程度で説明せよ。

B　下線部(イ)について。このような結果をもたらした理由としては，基礎生産をまかなうサンゴモの生産性がケルプより低いことなどが考えられる。このような餌生物としての特性の違い以外に，理由となりうるケルプとサンゴモの違いを 1 つあげ，2 行程度で説明せよ。

C　下線部(ウ)について。下の図は，生物多様性が著しく低い状態から健全な自然界のレベルまで増加するに従い，生態系機能がどのように変化するかを表す概念図である。キーストーン種が存在していることを示すもっとも適切な概念図を以下の(1)～(6)の中から 1 つ選べ。

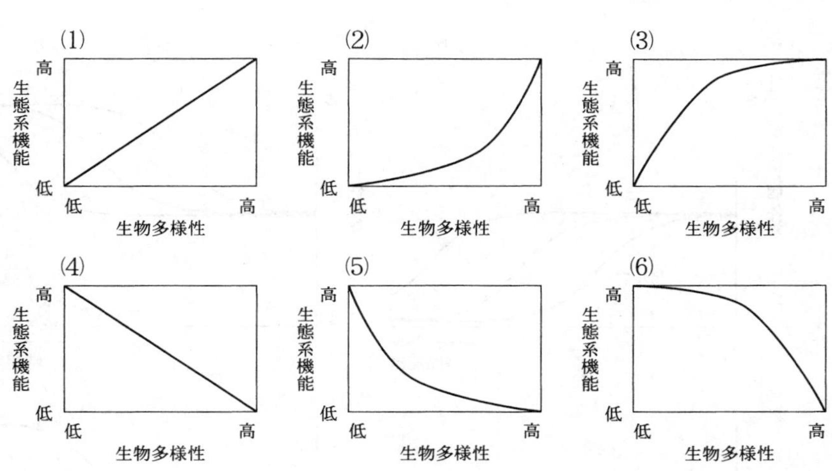

D　1990年代に入りアラスカ沿岸からアリューシャン列島のケルプの森の生態系で，シャチがラッコを捕食する様子が初めて目撃されるようになった。平均体重4tのシャチが野外で生活していくのに，1日あたり200,000 kcalのエネルギーを必要とする。1頭のシャチがラッコのみを捕食して必要なエネルギーをまかなうとした場合，1年間(365日)で何頭のラッコが必要となるか。計算結果の小数点第一位を四捨五入して整数で答えよ。答えを導く計算式も記せ。なお，ラッコの平均体重は30 kg，体重あたりのエネルギー含有量は2 kcal/g，シャチがラッコを摂食する際の同化効率は70 %とする。

E　文2で紹介したX島周辺海域にラッコのみを捕食する数頭のシャチが定住した場合，ケルプの森の生態系を構成する生物種の個体数はどのように推移すると考えられるか。時間経過に伴うケルプ・ウニ・ラッコの個体数(相対値)の推移を示すグラフとして，もっとも適切なものを以下の(1)～(6)の中から1つ選べ。

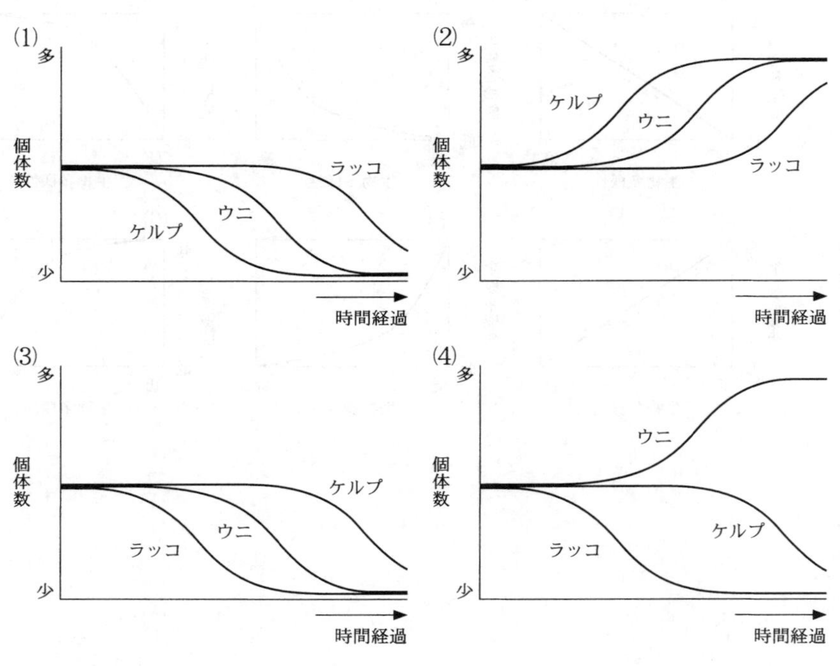

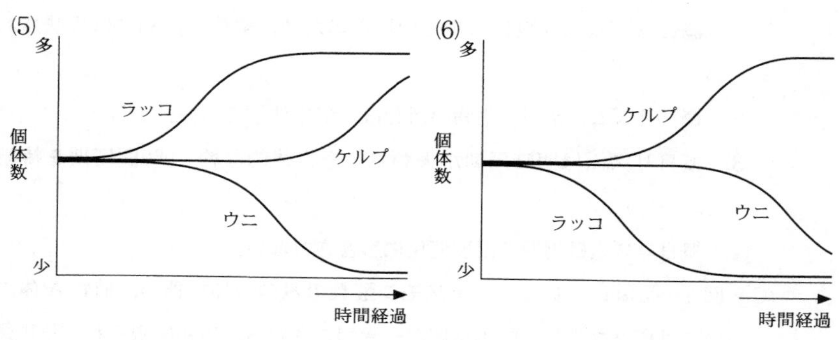

Ⅲ　文3について，以下の小問に答えよ。

A　下線部(エ)について。多くの場合，トライコームは1つの巨大な細胞である。トライコームと細胞分裂に関する以下の文章中の空欄6～9に当てはまるもっとも適切な語を，選択肢の中から1つずつ選べ。なお，選択肢は繰り返し使用してもよい。

通常の体細胞分裂では，［ 6 ］に核DNAが複製された後に核および細胞質が2つに分裂するため，1細胞あたりの核DNA量は［ 7 ］。しかし，トライコームでは，核および細胞質の分裂がおこらず核DNAの複製だけが繰り返される。その結果，当初2*n*だった核相は，順に［ 8 ］，［ 9 ］へと変化する。

選択肢：G1期，S期，G2期，M期，減少する，一定に保たれる，
増加する，2*n*，3*n*，4*n*，5*n*，6*n*，7*n*，8*n*

B　図3―2に示す植物A体内のジャスモン酸類の量やガP幼虫の採餌量のように，約24時間の周期で変動する内因的な生物現象を概日（がいじつ）リズムという。図3―2のみから判断できることとして，もっとも適当なものを以下の(1)～(4)の選択肢の中から1つ選べ。

⑴ 概日リズムは細胞レベルでの現象のため，個体の活動には反映されない。

⑵ 概日リズムに基づく生物の活動は，暗条件下で活性化する。

⑶ 概日リズムは明暗周期が失われても自律的な約24時間周期を持続する。

⑷ 概日リズムは周囲の温度変化に影響されない。

C 図3―2(a)について。ジャスモン酸類の量の増加に伴い，植物A体内においては様々な化学的防御反応が引き起こされる。当初は限られた数種類の調節タンパク質だけが活性化されるが，ジャスモン酸類の量がピークを迎えてから約6時間の間に，これらの調節タンパク質により直接調節されない遺伝子も含め数百種類もの遺伝子の発現が変動するようになる。発現が変動する遺伝子の数がこのように大幅に増加するためには，どのような遺伝子発現調節の仕組みが必要と考えられるか。2行程度で答えよ。

D 実験2について。図3―3のように逆位相下で生育させた植物AとガP幼虫をそれぞれ連続暗条件下に移してから，4時間おきに植物体内のジャスモン酸類の量と幼虫の採餌量を測定した。この時，植物体内のジャスモン酸類の量が最初にピークを迎えるのは，連続暗条件下に移してから何時間後か答えよ。また，ガP幼虫の採餌量が最初にピークを迎える時間についても同様に答えよ。

E 図3―4について。同位相下で生育させた植物AとガP幼虫を共存させた場合に比べて，逆位相下で生育させた両者を共存させた場合の方が，植物Aの残存葉面積は大きく減少した。この理由を化学的防御反応と幼虫の採餌活動の関係に注目し，同位相下の場合と逆位相下の場合を比較しながら，3行程度で説明せよ。なお，植物AとガP幼虫の共存は，植物A体内のジャスモン酸類の量の変動には影響を与えないとする。

2015年

解答時間：2科目150分
配　　点：120点

第1問

次の文1と文2を読み，ⅠとⅡの各問に答えよ。

〔文1〕

体内の恒常性を維持することは，生物の生存にとって必要不可欠である。たとえば，水から離れた環境で生息する哺乳類にとっては，水や塩類をいかにして体内に保持するかが重要な課題である。腎臓は不要物質を体内から排出するだけでなく，体内の水・塩環境を整えることにも重要なはたらきをもつ。

ヒトの腎臓では，まず腎小体において血しょう成分がろ過される。続いて，原尿が細尿管(腎細管)を通過する間に有用物質が［ 1 ］され，不要物質が濃縮され排出される。集合管を構成する細胞には脳下垂体後葉ホルモンであるバソプレシンの受容体が存在し，そこにバソプレシンが作用すると集合管の水に対する［ 2 ］が上昇し，［ 1 ］を促進する。ヒトの糸球体で1日にろ過される血しょう量(糸球体ろ過量という)は150 L以上にも及ぶが，1日に排泄(せつ)される尿量は1～2 L程度である。

腎臓で尿をつくる基本的な仕組みは魚類から哺乳類までで共通しているが，ネフロン(腎単位)の構造と機能は動物が生息する環境に応じて多様に変化している。たとえば一般的な硬骨魚類の場合，タイなど海水魚のネフロンと，キンギョなど淡水魚のネフロンには明確な違いが観察される。その違いのひとつが糸球体であり，海水魚の糸球体は一般に淡水魚の糸球体よりも小さい。これは，(ア)海水魚が糸球体ろ過を抑制しているためだと考えられる。海水魚のなかにはアンコウなどのように糸球体を消失した無糸球体腎をもつものもいる。

海水魚がつくる尿と淡水魚がつくる尿の組成にも大きな違いがある。表1—1は，ある種の海水魚と淡水魚，ヒトについて，1日あたりの糸球体ろ過量，1日あたりの尿量と糸球体ろ過量の比，1日あたりのナトリウムイオン(Na^+)の排出量とろ過量の比，ならびに尿の浸透圧と血しょうの浸透圧の比を示したものである。

表1—1　ヒト，淡水魚，海水魚の尿に関するデータ

	ヒト	淡水魚	海水魚
1日あたりの糸球体ろ過量(L/kg)(注)	2.8	0.24	0.013
尿量/糸球体ろ過量	0.0094	0.69	0.66
Na^+ 排出量/Na^+ ろ過量	0.010	0.024	0.23
尿の浸透圧/血しょうの浸透圧	2.9	0.14	1.0

(注)　体重1kgあたりの量を示す。

〔文2〕

哺乳類の生殖は多くのホルモンによって調節されている。そのひとつがオキシトシンとよばれるホルモンで，出産から保育にいたる様々な生殖活動に関わる。子宮平滑筋の収縮はオキシトシン作用のひとつであり，近年では性行動や社会的行動へのオキシトシンの影響も注目されている。以下の実験は，マウスのオキシトシン遺伝子を破壊(ノックアウト)して作用できなくし，その影響を見たものである。なお，オキシトシン遺伝子はマウスの常染色体に存在し，正常なオキシトシン遺伝子を *OT*，破壊されたオキシトシン遺伝子を *ot* と示す。母マウスと父マウスからそれぞれオキシトシン遺伝子をひとつずつ受け継ぐため，両親から正常なオキシトシン遺伝子を受け継いだ仔(こ)マウスの遺伝子型は *OT*/*OT* となる。また，実験に用いたマウスでは，オキシトシン以外の遺伝子に変異は生じていなかった。

実験1　ヘテロ接合体(OT/ot)とホモ接合体(ot/ot)を用いて4種類の交配実験を行った。妊娠が確認された後，雄を取り除いて雌だけで飼育した。表1―2は，各交配について10ペアから生まれた仔マウスの遺伝子型と，生まれてから24時間後での仔マウスの生存率を調べた結果である。どの交配でも，親マウスは正常な性行動，妊娠，分娩(べん)を示し，生まれた直後にはすべての仔マウスが生存していることを確認した。

表1―2　オキシトシン遺伝子ノックアウトマウスを用いた交配実験結果

	交配1			交配2		
親の遺伝子型	雌(OT/ot)×雄(OT/ot)			雌(ot/ot)×雄(ot/ot)		
仔の遺伝子型	OT/OT	OT/ot	ot/ot	OT/OT	OT/ot	ot/ot
総産仔数	26	42	24	—	—	92
24時間後の生存率	96％	98％	100％	—	—	0％

	交配3			交配4		
親の遺伝子型	雌(OT/ot)×雄(ot/ot)			雌(ot/ot)×雄(OT/ot)		
仔の遺伝子型	OT/OT	OT/ot	ot/ot	OT/OT	OT/ot	ot/ot
総産仔数	—	48	46	—	50	46
24時間後の生存率	—	100％	96％	—	0％	0％

―：この遺伝子型の仔マウスは存在しない。

実験2　正常マウスを用いてオキシトシンの産生部位を調べたところ，主要な産生部位は間脳視床下部の神経分泌細胞群であった。この細胞群は脳下垂体後葉から血液中へとオキシトシンを放出するほか，脳内の様々な部位に軸索を伸ばしていた。一方，マウスのオキシトシン受容体は1種類で，子宮や乳腺の平滑筋，社会的行動や性行動に関わるニューロンに存在した。

実験3　実験1に用いたすべての母マウスを調べたところ，妊娠中は巣作りを行い，出産後は仔マウスをなめる，巣に持ち運ぶ，うずくまって授乳しようとするなど，その保育行動に違いは見られなかった。

〔問〕

I　文1について，以下の小問に答えよ。

A　空欄1と2に適切な語句を入れよ。

B　恒常性や水分調節に関する(a)～(d)の文で，正しくないものをすべて選び，正しくない理由をそれぞれ1行程度で述べよ。

(a)　血液を介して必要成分の供給や老廃物の回収を行うことで，ヒトの体を構成する各細胞の恒常性は維持される。

(b)　ヒトの心臓では左心室の壁は右心室よりも厚く筋力も大きいが，これは左心室が酸素に富む血液を体循環へと送り出すためである。

(c)　糖尿病患者では，血糖濃度が高いために腎臓でグルコースを分泌し，その結果としてグルコースが尿中に排出される。

(d)　植物の水分環境維持においては，水分が過剰になるとアブシシン酸が合成されて濃度が高まり，孔辺細胞の水が排出されて気孔が閉じる。

C　ナトリウムポンプとナトリウムチャネルに関する以下の文章の空欄3～11にあてはまる適切な語句を，以下の選択肢①～⑫から選べ。なお，選択肢①～⑫は繰り返し使用してもよい。解答は，「3―①，4―②,」のように書くこと。

ナトリウムポンプは［3］を加水分解した際に得られるエネルギーを利用し，［4］に［5］を細胞外へ，［6］を細胞内へと輸送する。一方，ナトリウムチャネルは，濃度勾配に［7］ナトリウムイオンを輸送する。ナトリウムイオンの濃度は［8］よりも［9］の方が高い。したがって，ナトリウムチャネルを介して［10］から［11］へとナトリウムイオンが移動する。

① 能動的　② 受動的
③ cAMP(環状 AMP)　④ ATP
⑤ 逆らって　⑥ したがって
⑦ ナトリウムイオン　⑧ カルシウムイオン
⑨ カリウムイオン　⑩ タンパク質
⑪ 細胞内　⑫ 細胞外

D　表1―1に示した淡水魚と海水魚の血しょう中のナトリウムイオン濃度はそれぞれ140ミリ mol/L と150ミリ mol/L であった。表1―1の値をもとに，それぞれの尿中のナトリウムイオン濃度を答えよ。解答はミリ mol/L の単位で表し，四捨五入して小数点第1位まで記せ。

E　表1―1から，ヒトと淡水魚では，細尿管(ここでは集合管も含めるものとする)の機能に大きな違いがあることがわかる。細尿管における水とナトリウムイオンの［ 1 ］について，それぞれ1行程度で答えよ。

F　下線部(ア)について。海水魚は，体内に過剰となるナトリウムイオンを主として鰓(えら)の塩類細胞から排出している。腎臓でも尿をつくることでナトリウムイオンが排出されるが，実際には糸球体ろ過量ならびに尿量は少ない。恒常性維持の観点から，海水魚が糸球体ろ過量ならびに尿量を抑制する理由について，表1―1にある数値を根拠として2行程度で説明せよ。

Ⅱ　文2について，以下の小問に答えよ。

A　表1―2に示した交配実験の結果から，父，母，仔それぞれの遺伝子型が仔マウスの24時間後の生存率に与える影響について2行以内で述べよ。

B　実験1～3の結果から，仔マウスが生後24時間以内に死亡してしまう原因は何だと考えられるか。以下の選択肢(1)～(6)からもっとも適切だと考えられるものを1つ選べ。また，もっとも適切だと考えた理由について2行程度で説明せよ。

(1) 仔マウスが乳を消化・吸収できなかった。
(2) 仔マウスが腎臓から老廃物を排出できなかった。
(3) 母マウスが腎臓から老廃物を排出できなかった。

(4)　母マウスが低体温であった。

(5)　母マウスから乳が出なかった。

(6)　父マウスの保育行動が不足していた。

C　Bで導き出した理由を仔マウスを用いて確かめるとしたら，どのような実験を追加したらよいか。実験と期待される結果を1行程度で答えよ。

第2問

次の文1と文2を読み，IとIIの各問に答えよ。

〔文1〕

アブラナ科植物の多くは，同一個体の配偶子間の受精(自家受精)(ア)を防ぐために，同一個体の花粉が柱頭に受粉した際に花粉の発芽を阻害する自家不和合性と呼ばれる仕組みをもっている。この仕組みは，花粉表面に存在する雄性因子(タンパク質X)が，柱頭の細胞表面に存在する雌性因子(受容体タンパク質Y)に結合することにより発動する。タンパク質XとYをつくる遺伝子は，それぞれ1つである。同じ植物種であってもタンパク質XとYにはそれぞれアミノ酸配列の違う複数のタイプが存在し，タンパク質XとYの組み合わせは，株(遺伝的に同一な集団)ごとに異なっている。また，通常は同じ株がつくるタンパク質XとYの組み合わせに限り両者は結合可能である。

アブラナ科に属する植物種Aは，タンパク質XとYによる自家不和合性反応のため，自家受精することができない。一方，A種の近縁種Bは，タンパク質XとYの遺伝子をもっているが，自家不和合性は示さず，自家受精が可能である。また，A種にもB種にも複数の株が存在し，A種の特定の株とB種の特定の株の間で人工的に交配した際に，花粉が発芽するかどうかはタンパク質XとYが結合するかどうかによって決まる。植物種AとBを用いて以下のような実験を行った。なお，実験に用いたA種ならびにB種のすべての株は，特殊な操作によって，タンパク質XとYの遺伝子についてすべてホモ接合となるようにした。

実験1　A種の2種類の株(A1株，A2株)のそれぞれの花粉を，B種の3種類の株(B1株，B2株，B3株)の柱頭に対しすべての組み合わせで受粉する実験を行った。その結果，A1株の花粉はB1株，B3株の柱頭では発芽したが，B2株の柱頭では発芽しなかった。一方，A2株の花粉はB種のすべての株の柱頭で発芽した(図2―1)。

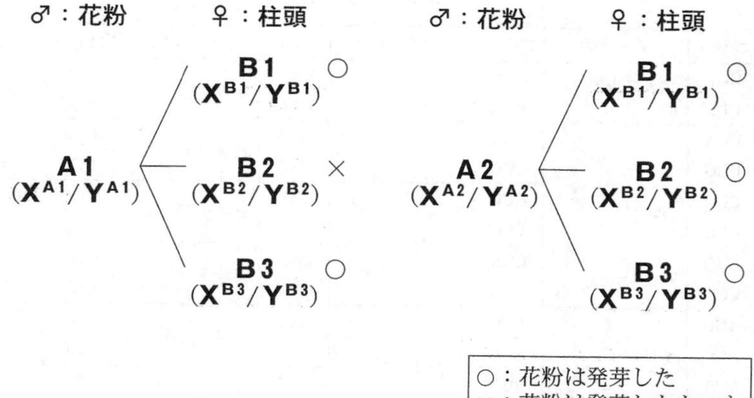

図2―1　実験1の交配結果

各株がもつタンパク質XとYそれぞれのタイプを括弧内に示す。

実験2　実験1で花粉が発芽しなかったA1株とB2株の組み合わせについて，それぞれのタンパク質XのmRNA(伝令RNA)の塩基配列を比較した。その結果，両者の間でmRNAの長さに違いはなかったが，タンパク質をコードする領域内の4箇所で塩基の違いが見つかった。塩基の違いのある箇所を含む7塩基の配列を表2―1に示す。なお，配列の先頭位置は，mRNA中の翻訳開始コドンAUGのAを1として数えた位置である。

表2―1　A1株とB2株に由来するタンパク質Xの mRNA 塩基配列の比較

7塩基の先頭位置	A1株の配列 ※	B2株の配列 ※
19	UUUGUGG	UUUAUGG
60	UUUCGAA	UUUUGAA
164	GCAGUGC	GCAAUGC
184	GCGUCAA	GCGUAAA

※：塩基の違いがある箇所の7塩基を示す。

表2―2　遺伝暗号表

コドン	アミノ酸	コドン	アミノ酸	コドン	アミノ酸	コドン	アミノ酸
UUU	フェニルアラニン	UCU	セリン	UAU	チロシン	UGU	システイン
UUC		UCC		UAC		UGC	
UUA	ロイシン	UCA		UAA	終止コドン	UGA	終止コドン
UUG		UCG		UAG		UGG	トリプトファン
CUU		CCU	プロリン	CAU	ヒスチジン	CGU	アルギニン
CUC		CCC		CAC		CGC	
CUA		CCA		CAA	グルタミン	CGA	
CUG		CCG		CAG		CGG	
AUU	イソロイシン	ACU	トレオニン	AAU	アスパラギン	AGU	セリン
AUC		ACC		AAC		AGC	
AUA		ACA		AAA	リシン	AGA	アルギニン
AUG	メチオニン	ACG		AAG		AGG	
GUU	バリン	GCU	アラニン	GAU	アスパラギン酸	GGU	グリシン
GUC		GCC		GAC		GGC	
GUA		GCA		GAA	グルタミン酸	GGA	
GUG		GCG		GAG		GGG	

実験3　花粉の表面にA1株由来のタンパク質Xをつくらせる人工遺伝子を作製し，形質転換によってB2株に導入した(形質転換株)。形質転換株は，その後の操作によって人工遺伝子がホモ接合になるようにし，形質転換株のすべての花粉表面にA1株のもつタンパク質Xが存在することを確認した。この形質転換株とB2株(野生型株)を用いて，相互に交配する実験

を行った(表2―3)。

表2―3　実験3の交配結果

♂＼♀	野生型株	形質転換株
野生型株	○	○
形質転換株	×	(a)

○：すべての花粉は発芽した。　×：すべての花粉が発芽しなかった。

〔文2〕

被子植物では，若いおしべの葯(やく)内において花粉母細胞から花粉四分子が形成され，花粉へと発生する。その後，花粉の成熟に伴い不等分裂が生じ，花粉管細胞と雄原細胞が形成される。さらに，花粉管が伸長する時期には，雄原細胞は体細胞分裂を一度行い，2個の精細胞が花粉管内につくられる。一方，めしべの胚珠の中では，(イ)胚のう母細胞が分裂を繰り返し，卵細胞を含む成熟した胚のうが形成される。

柱頭で発芽した花粉からは花粉管が伸長し，助細胞から放出される花粉管誘引物質に導かれ，花粉管は珠孔へと到達する。その後，花粉管が胚のうへと進入する際には，1個の助細胞が崩壊し，2個の精細胞が胚のう内部に放出される。放出された2個の精細胞はそれぞれ，卵細胞，中央細胞と接合する。こうした受精様式を重複受精と呼ぶ。重複受精の結果，(ウ)卵細胞は胚へ，中央細胞は胚乳へと発達し，正常な種子形成が行われることになる。

ある種子植物C種において，変異mのヘテロ接合体から得られる花粉では，50％の割合で花粉管内に2個の精細胞ではなく1個の精細胞に似た細胞がつくられる。こうした異常な細胞をもつ花粉管は，花粉管の内容物を放出するまでの過程に野生型との間で違いはみられないが，胚のう内に放出された精細胞に似た細胞は，卵細胞とも中央細胞とも接合することができず，正常な種子形成を開始することができない。C種の野生型株と変異mのヘテロ接合体を用いて，以下の実験を行った。

実験1　C種の野生型株の柱頭に変異mのヘテロ接合体から得た花粉を十分量受粉したところ，以下のような結果が得られた。

結果1　75％の胚のうで重複受精が成立し，正常な種子形成が観察された。

結果2　重複受精が成立した胚のうの67％では，進入した花粉管が1本であった。また，残りの胚のうでは2本の花粉管の進入が観察された。

結果3　重複受精が不成立の胚のうでは，すべて2本の花粉管の進入が観察された。

実験2　あらかじめ助細胞の1つを破壊したC種の野生型株の柱頭に，変異mのヘテロ接合体の花粉を十分量受粉したところ，以下のような結果が得られた。

結果1　50％の胚のうで重複受精が成立し，正常な種子形成が観察された。

結果2　すべての胚のうで，進入した花粉管は1本しか観察されなかった。

〔問〕

I　文1について，以下の小問に答えよ。

A　下線部(ア)について。自家受精について述べた以下の文章(1)~(3)から，間違っているものをすべて選べ。

(1)　自家受精しない植物種はハチなどの送粉者が他花に花粉を運んでくれるため，自家受精する植物種よりも確実に子孫を残すことができる。

⑵ 自家受精する植物種と自家受精しない植物種がそれぞれ小さな個体群を形成している場合に，各個体群が孤立するような大きな環境変化が発生したとする。その際に，自家受精する植物種の方が，自家受精しない植物種よりも短期的に個体群が消滅するおそれが高い。

⑶ 自家受精しない植物種の場合，自家受精する植物種よりも子孫の遺伝子型の多様性が高く，環境の変化に対応できる個体の存在する可能性が高くなる。

B 表2―1で示されたmRNA塩基配列の違いによって，B2株がつくるタンパク質XはA1株が作るタンパク質Xに対して違いが生じる。両者の違いについて述べた以下の文章中の，空欄1～5に当てはまる数字，アミノ酸名を表2―2を参照して答えよ。なお，A1株がつくるタンパク質Xは89アミノ酸からなることとする。

文章：B2株で作られるタンパク質Xは，A1株でつくられるタンパク質Xの［　1　］番目のバリンが［　2　］に，［　3　］番目のセリンが［　4　］にそれぞれ置換され，タンパク質全長がA1株に比べてアミノ酸［　5　］個分短くなっている。

C 表2―3の空欄⒜について，花粉の発芽はどのようになると予想されるか。すべての花粉は発芽した，すべての花粉が発芽しなかった，半分の花粉は発芽した，の中から選べ。また，そのように予想した理由について，以下の語句をすべて用いて2行程度で記せ。

花粉，柱頭，雌性因子

D B2株では自家受精が可能なのはなぜか。以下の⑴～⑷よりもっとも適切な理由を選択せよ。

⑴ B2株ではタンパク質Xの機能が失われているため。

⑵ B2株ではタンパク質Yの機能が失われているため。

⑶ B2株ではタンパク質XとYの機能がともに失われているため。

(4)　B2株ではタンパク質XとYの機能がともに正常であるため。

E　A種において，タンパク質XとYによる自家不和合性の仕組みが世代を超えて安定に保たれるためには，タンパク質XとYをつくるそれぞれの遺伝子が，染色体上でどのような位置関係にある必要があるか。また，そうした位置関係にあることによって，自家不和合性の仕組みが安定に保たれる理由も，あわせて2行程度で記せ。

Ⅱ　文2について，以下の小問に答えよ。

A　下線部(イ)について。(イ)の過程で卵細胞が作られるまでの，核あたりのDNA量の変化をグラフに示せ。なお，グラフの横軸には時間経過を，縦軸には核あたりのDNA量をとり，(イ)の過程が始まる前の時点における胚のう母細胞の核あたりのDNA量を2とすること。

B　下記の植物種の中から重複受精をする植物種をすべて選べ。

イチョウ，イネ，エンドウ，ゼニゴケ，ソテツ，ワラビ

C　下線部(ウ)について。卵細胞，胚，胚乳それぞれの核相を記せ。なお，解答は「孔辺細胞：2n」のように記すこと。

D　C種の野生型株では，受精した胚のうに進入している花粉管は1本しか観察されない。実験1，2の結果をもとに，C種の野生型株において花粉管が胚のうへ2本以上進入するのを防ぐ仕組みを考察した。以下の文章中の，空欄1～3に当てはまる適切な語を入れよ。

考察：C種の野生型株では，1本目の花粉管の胚のうへの進入により重複受精が成立する。この時［ 1 ］細胞からの［ 2 ］物質の放出が続くと，さらなる花粉管の胚のうへの進入が起きてしまう。これを防ぐために，重複受精が成立すると，［ 1 ］細胞の機能を［ 3 ］する仕組みが存在する。

E　実験1の結果1について。75％の割合で重複受精が成立する仕組みを3行程度で説明せよ。

第3問

次の文1から文3を読み，ⅠからⅢの各問に答えよ。

〔文1〕

地球上には，外観の異なるさまざまな生態系が存在する。陸域での純生産量は，気温や降水量で強く規定され，それに応じて森林や草原などが形成されている。一方，海洋では一般に海水中の栄養塩が乏しいため，窒素や［　1　］などの量が純生産量を決めている。

生態系の特徴を示す代表的な尺度として，純生産量のほかに現存量がある。純生産量は生態系ごとに異なるが，現存量はしばしばそれ以上に異なっている。例えば，(ア)温帯草原の純生産量は，温帯落葉樹林の50％ほどであるが，その現存量は温帯落葉樹林の5％に過ぎない。

また，純生産量のうちで消費者に消費される量も生態系間で大きく異なる。森林では純生産量の5％が消費者に摂食されるのに対し，草原では25％，大きな湖沼では50％が摂食される。こうした違いは，生産者の特徴で説明できる。森林では，(イ)動物の多くが消化できない［　2　］やリグニンなどに富んだ物質が多く生産されるため，消費者に摂食される量が少ない。それに対し，大きな湖沼の生産者である植物プランクトンは，体をささえる支持組織が少なく体も小さいので，動物プランクトンによって摂食されやすい。

〔文2〕

20世紀の後半以降，生物多様性の減少が顕著になっている。その原因はさまざまだが，草原生態系における種の多様性の減少要因としては，窒素肥料の使用量の増加や窒素化合物を含んだ降雨による土壌の富栄養化，そして野生動物の絶滅や著しい増加などが注目されている。

そこで，ある草原において，土壌への窒素化合物の添加と草食獣が，植物群落に与える影響を調べる実験を行った。

実験1　野外において，以下の4種類の条件の実験区(各5m × 5m)を設けた。

実験区a：草食獣の摂食が自由に行われる自然状態の区(対照区)。

実験区b：窒素化合物を添加する以外は，実験区aと同じ区(窒素添加区)。

実験区c：草食獣が侵入できないように柵で囲った区(草食獣排除区)。

実験区d：柵で囲って窒素化合物を添加した区(窒素添加＋草食獣排除区)。

実験区の設置1年後に，植物群落の現存量，種数，地面に届く光の強さを調べた。図3―1は，その結果を相対値で表したものである。

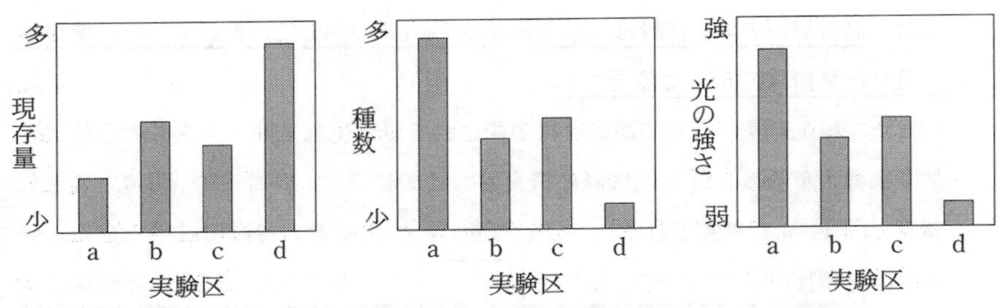

図3―1　それぞれの実験区における植物群落の現存量，種数，地面に届く光の強さ

実験2　上記の実験では，自然状態での草食獣の密度はそれほど高いものではなかった。そこで，家畜を高密度に放牧した新たな実験区eを作った。この実験区では，窒素化合物の添加は行っていない。その結果，1年後の植物の現存量は，図3―1の実験区a(対照区)の値より減少したが，種数は実験区c(草食獣排除区)と同程度になった。(ウ)しかし，実験区eと実験区cの

種構成には大きな違いが見られた。

〔文3〕

日本各地でみられる里山は，水田，雑木林，ため池などの組み合わせからなる複合的な生態系で，人間の管理によって長年維持されてきた。雑木林の木は，炭や薪(まき)などの燃料となり，落葉や下草は堆肥にして水田の肥料に使われてきた。また農業用のため池は，水田に水を供給する用途があった。しかし現在では，石油などの普及によりそうした営みが失われ，ササや陰樹的な常緑樹が優占する暗い林になっている。また，外来種の侵入という別の問題もある。特にため池にはさまざまな外来種が繁栄しており，在来の水生昆虫，水草，魚類などを著しく減少させている。

外来種の問題を考えるには，まず，ため池の生態系の構造を明らかにする必要がある。図3―2は，ため池の食物網と生物どうしの関係を表している。ため池の生態系のエネルギー源は，ため池内で生産される植物プランクトンや水草による一次生産物に加え，周囲の雑木林から流入する落葉などの遺体有機物である。落葉はため池内の分解者に消費され，分解者は高次の消費者のエネルギー源になるからである。また水草には，水生昆虫や小魚に隠れ家や産卵場所を提供し，これら生物にとっての環境形成作用の役割もある。一方，ため池に侵入したオオクチバスは，魚類や甲殻類，昆虫を食べる捕食者であり，これら生物の個体数を減らしている。またアメリカザリガニは，昆虫，水草，そして落葉までも食べる雑食者であり，昆虫や水草の個体数を減らしている。

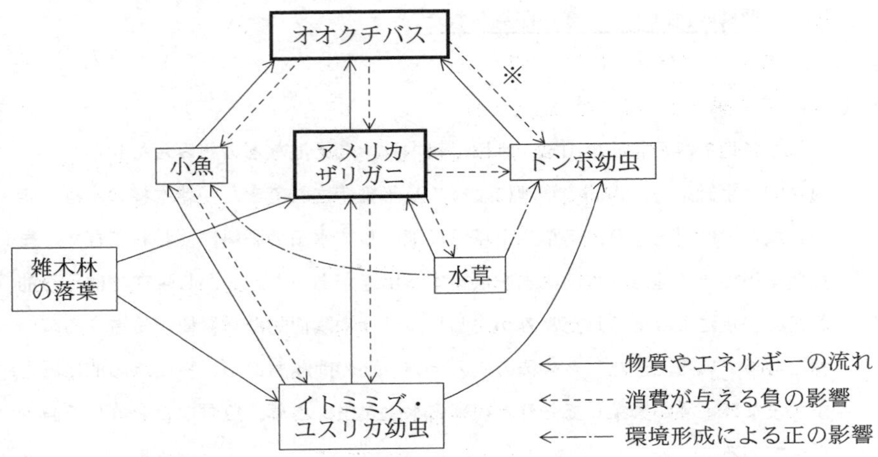

図3―2　ため池の生態系における生物間の相互作用

太枠の種は外来種を示す。植物プランクトンと動物プランクトンは省略している。
※は，113ページの〔問〕のⅢBを参照のこと。

〔問〕

Ⅰ　文1について，以下の小問に答えよ。

A　空欄1と2に適切な語を入れよ。

B　下線部(ア)について。温帯草原と温帯落葉樹林を比較したときに，現存量の違いの方が純生産量の違いよりも大きいのはなぜか。消費者による摂食以外の観点から，2行程度で述べよ。

C　下線部(イ)について。シロアリは，［ 2 ］やリグニンを分解する酵素を合成できないが，これらを消化してエネルギーを得ることができる。その理由を1行で述べよ。

D　草原において，生産者の純生産量に対する一次消費者の純生産量の比率が2％であったとする。このとき，一次消費者の排泄（せつ）と代謝によって失われるエネルギー量の総和は，摂食したエネルギー量の何パーセントであったと考えられるか。小数点以下四捨五入で答えよ。

Ⅱ　文2について，以下の小問に答えよ。

A　実験1から，窒素化合物を添加すると植物の種数が減少することがわかった。下記の文は，その仕組みを考察したものである。文中の空欄3～5に当てはまる語を入れよ。

考察：窒素化合物の添加により，植物の成長を制限している要因が，[3]から[4]へと変化した。そのため，[4]をめぐる[5]が激化し，[5]に弱い種が排除され，種数が減少した。

B　Aで考察した，窒素化合物の添加により種数が減少する効果は，草食獣がいると緩和されることが図3－1から読み取れる。緩和される理由について，2行程度で述べよ。ただし，草食獣による排泄(せつ)物や遺体の影響は無視できるものとする。

C　実験2の下線部(ウ)について。種構成の違いについての説明として不適切なものを，以下の(1)～(5)からすべて選べ。

説明：実験区eでは，

(1)　トゲのある植物が多かった。

(2)　葉の柔らかい植物が多かった。

(3)　丈の高い植物が多かった。

(4)　タンニンを多く含む植物が多かった。

(5)　成長の遅い植物が多かった。

Ⅲ　文3について，以下の小問に答えよ。

A　図3－2の無脊椎動物の系統関係は，下記のように表すことができる。a～dに当てはまる生物名の組み合わせを，以下の(1)～(6)から選べ。ただし，生物名の順番はa～dの順番に対応している。

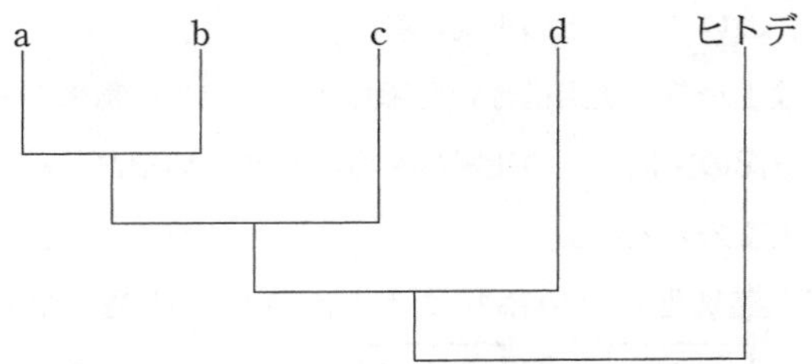

⑴　ユスリカ，イトミミズ，トンボ，アメリカザリガニ

⑵　ユスリカ，トンボ，アメリカザリガニ，イトミミズ

⑶　ユスリカ，トンボ，イトミミズ，アメリカザリガニ

⑷　ユスリカ，イトミミズ，アメリカザリガニ，トンボ

⑸　トンボ，アメリカザリガニ，ユスリカ，イトミミズ

⑹　トンボ，アメリカザリガニ，イトミミズ，ユスリカ

B　図3―2のため池でオオクチバスを駆除すると，長期的にはトンボの幼虫がさらに減少する可能性がある。そのようなことが起こるのは，オオクチバスの捕食がトンボの幼虫に与える直接的な負の影響(図の※で記した矢印)よりも，ある2つの間接的な正の影響の総和の方が強い場合である。その2つの影響について，それぞれ1行で答えよ。ただし，小魚やアメリカザリガニが，ユスリカの幼虫やイトミミズに与える影響は無視できるものとする。

C　在来の生物群集を復元するには，オオクチバスに加えてアメリカザリガニの影響を軽減する必要がある。しかし，アメリカザリガニは罠(わな)による駆除を試みても，個体数を十分減らすことは難しい。図3―2の相互作用をもとに，在来生物への影響がもっとも少ないと考えられる駆除以外の有効な方法を，その理由とともに2行程度で述べよ。ただし，オオクチバスは完全に駆除できていると仮定する。

2014年

解答時間：2科目150分
配　　点：120点

第1問

次の文1から文3を読み，ⅠとⅡの各問に答えよ。

〔文1〕

カモノハシなどの 1 類やコアラなどの 2 類を除く大部分のほ乳類では，胎仔（じ）は胎盤を介して母体から供給される栄養分と酸素に依存して発育する。そのため，胎盤に深刻な異常が生じると，胎仔の発育は停止し死に至る。胎盤で母体の血液が胎仔血管に流れ込むことはなく，赤血球が母体の肺から胎仔の末梢（しょう）組織へ酸素を直接届けることはできない。胎盤で胎仔が酸素を受け取ることができるのは，(ア)母体のもつ成体型ヘモグロビンと胎仔赤血球に含まれる胎仔型ヘモグロビンの酸素結合能が異なるおかげである。

〔文2〕

マウスの初期胚発生では，胚盤胞期に胞胚腔が形成され，それを囲む栄養外胚葉と，内側に存在する内部細胞塊の，2つの細胞集団が現れる（図1―1）。成熟した胚盤胞が子宮の内壁に着床すると，栄養外胚葉の細胞は胎盤や胎膜を形成するが，胎仔の体細胞や生殖細胞には分化しない。一方，内部細胞塊からは胎盤細胞への分化は起こらず，胎仔の体をつくる三胚葉が派生する。さらに，中胚葉の一部の細胞が生殖細胞へと分化する。胚性幹細胞（ES細胞）は内部細胞塊から樹立され，その分化能をよく保持している。

また，マウスでは，2つの8細胞期胚を合わせて1つの胚にしたり，8細胞期胚とES細胞を合わせて胚にES細胞を取り込ませたりすることによって，遺伝的に異なる細胞が混在する個体（キメラとよばれる）をつくることができる。キメラにおける細胞の分布様式は，表1―1に示すように，用いる細胞の組合せによって異なる。

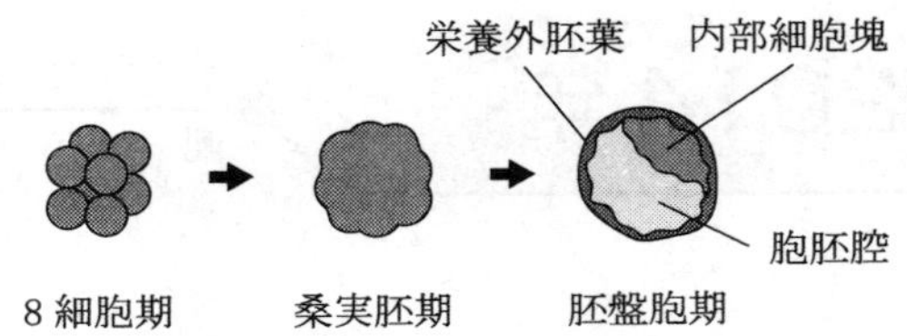

図1－1　マウスの8細胞期から胚盤胞期までの発生を示した模式図

桑実胚期には割球の境界が不明瞭になる。胚盤胞は内部構造を表すために，その断面図を示した。

表1－1　異なる細胞の組合せで作製されるキメラ

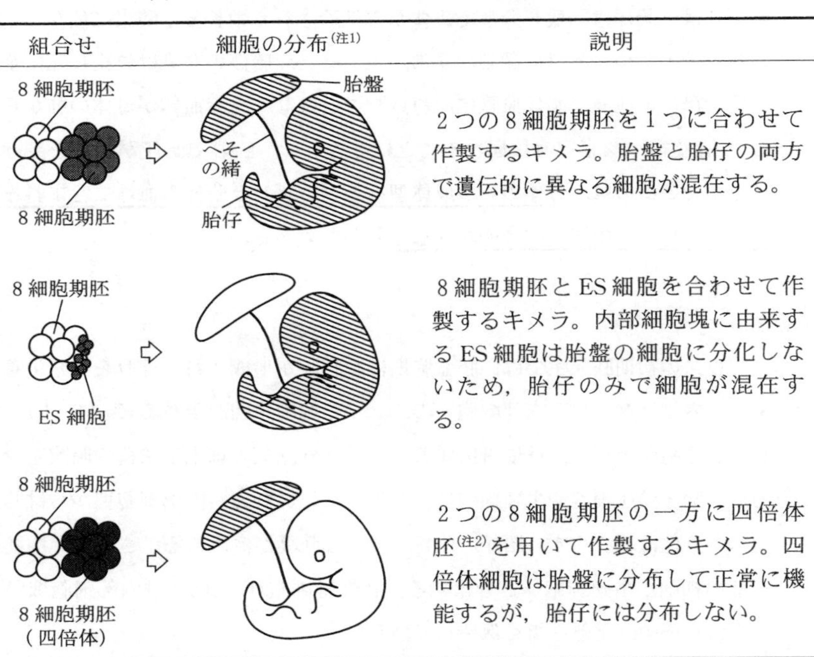

組合せ	細胞の分布(注1)	説明
8細胞期胚 8細胞期胚	胎盤 へその緒 胎仔	2つの8細胞期胚を1つに合わせて作製するキメラ。胎盤と胎仔の両方で遺伝的に異なる細胞が混在する。
8細胞期胚 ES細胞		8細胞期胚とES細胞を合わせて作製するキメラ。内部細胞塊に由来するES細胞は胎盤の細胞に分化しないため，胎仔のみで細胞が混在する。
8細胞期胚 8細胞期胚 （四倍体）		2つの8細胞期胚の一方に四倍体胚(注2)を用いて作製するキメラ。四倍体細胞は胎盤に分布して正常に機能するが，胎仔には分布しない。

（注1）　斜線部分が遺伝的に異なる2種類の細胞からなる。

（注2）　2細胞期胚の割球を人工的に融合して四倍体化した胚を発生させたもの。

〔文3〕

ほとんどの動物は，精子に由来する父由来染色体と卵に由来する母由来染色体をもつ二倍体であり，多くの場合，どちらの染色体上の対立遺伝子もともに発現し得る。しかし，ほ乳類では，父由来染色体と母由来染色体は機能的に等価ではないことが知られている。たとえばある遺伝子座では，常に父由来染色体上の対立遺伝子のみが発現し，母由来の相同染色体上の対立遺伝子は不活性化されて発現しない(この逆のケースもある)。この現象は，親の始原生殖細胞において，その性に応じてオス型あるいはメス型の印が染色体上につけられるために起こるもので，「ゲノム刷り込み」とよばれている。(イ)ゲノム刷り込みのため，ほ乳類の正常な個体発生には，父由来と母由来双方の染色体が必要となる。

ここで，胎盤と胎仔の両方で発現する遺伝子 A に注目し，その個体発生における機能を知るためにキメラ作製を含む以下の実験を行った。なお，遺伝子機能の欠損によってある種類の細胞が正常につくられず組織の形成と機能に異常が生じる場合，正常細胞が混在したキメラを作製すると，失われるはずの細胞種を正常細胞が補い，組織は正常に形成されその機能も回復する。

実験1　まず，バイオテクノロジーの手法を用いて遺伝子型 Aa の ES 細胞を作製し(A は野生型，a は機能を完全に欠失させた対立遺伝子とする)，この ES 細胞と野生型8細胞期胚を用いてキメラ個体を作製した。そのうちの1匹のオスと野生型メスマウスをかけあわせたところ，得られた(ウ)第1世代(F1)マウスの10％が遺伝子型 Aa の個体であった。さらに，Aa 個体(F1)と野生型個体のかけあわせから，表1―2の結果が得られた。

表 1 — 2　Aa 個体(F 1)と野生型個体のかけあわせで得られた F 2 胎仔の表現型

かけあわせ	F 2 胎仔の遺伝子型	
	AA	Aa
♀AA × ♂Aa	正常	正常
♀Aa × ♂AA	正常	妊娠中期に発生が停止

実験 2　実験 1 の結果を受け，受精卵の移植実験を行った。F 1 個体のかけあわせで得られる受精卵を体外に取り出し，異なる遺伝子型のメスマウス(レシピエントとよぶ)に移植して胎仔を発生させたところ，表 1 — 3 の結果が得られた。なお，レシピエント自身の卵は受精しないため，それに由来する胎仔は存在しない。また，胚操作によるダメージの影響はないものとする。

表 1 — 3　胚移植実験で得られた F 2 胎仔の表現型

受精卵を得たかけあわせ	レシピエントの遺伝子型	F 2 胎仔の遺伝子型	
		AA	Aa
♀AA × ♂Aa	AA	正常	正常
♀AA × ♂Aa	Aa	正常	正常
♀Aa × ♂AA	AA	正常	妊娠中期に発生が停止
♀Aa × ♂AA	Aa	正常	妊娠中期に発生が停止

実験 3　実験 1，2 において発生が停止した F 2 個体を精査したところ，そのすべてにおいて，胎盤の形態に顕著な異常が見られた。一方，発生が停止する直前の時期の胎仔には形態的な異常が認められなかった。このことから，「発生停止は胎盤の機能が不十分なために起こる二次的な表現型である」との仮説を立て，その検証のためのキメラ作製実験を計画した。キメ

ラ作製実験でこの仮説を検証するには，発生が停止するはずの遺伝子型の個体において，胎盤のみに正常に機能する細胞を分布させて胎盤の機能を補完した場合の胎仔の表現型を見ればよい。(エ)

〔問〕

I　文1について，以下の小問に答えよ。

A　空欄1，2にそれぞれ適切な漢字二文字を入れよ。

B　下線部(ア)について。図1—2は，胎盤における二酸化炭素分圧のときの，成体型ヘモグロビンと胎仔型ヘモグロビンの酸素解離曲線である。胎盤では成体型ヘモグロビンの40％が酸素結合型(酸素ヘモグロビン)であり，胎仔末梢組織における酸素分圧が10 mmHgであるとすると，胎仔末梢組織では血液100 mLあたり何mLの酸素が放出されるか答えよ。ただし，酸素ヘモグロビン100％の状態の血液がすべての酸素を放出した場合，血液100 mLから20 mLの酸素が放出されるものとする。また，胎盤と胎仔末梢組織における二酸化炭素分圧の差，胎盤から胎仔末梢組織に達するまでの酸素の放出，および血漿(しょう)に溶解している酸素は無視できるものとする。

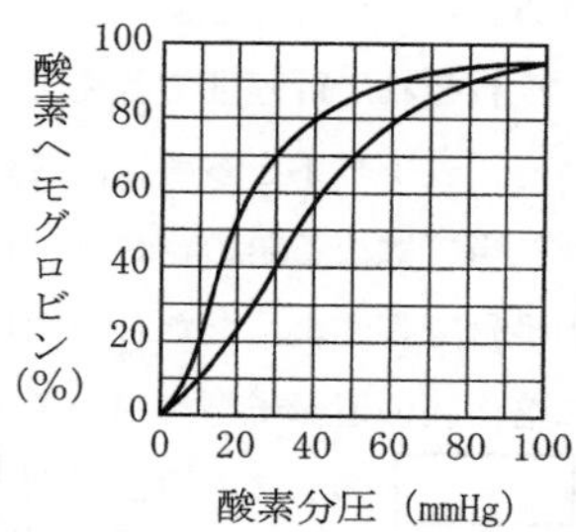

図1—2　ヘモグロビンの酸素解離曲線
2本の曲線のいずれか一方が成体型ヘモグロビンの，他方が胎仔型ヘモグロビンの酸素解離曲線を表す。

Ⅱ　文2および文3について，以下の小問に答えよ。

A　ES細胞と四倍体8細胞期胚を合わせてキメラを作製した場合，どのような細胞の分布が期待されるか。表1―1を参考に，1行程度で答えよ。

B　下線部(イ)について。マウスでは，二倍体である体細胞の核をもちいた核移植により，正常なクローン個体を得ることができる。しかし，精原細胞の核を移植してクローン胚を作製した場合には，精原細胞も二倍体であるにもかかわらず正常な個体まで発生するものはまったく得られない。その理由を3行程度で答えよ。

C　下線部(ウ)について。以下は，*Aa*個体がF1世代の10％であったことの理由に関する考察である。空欄3，4に適切な語を入れよ。なお，遺伝子*A*の機能は生殖細胞の分化や機能に必要ではないものとする。

考察：かけあわせに用いたオスキメラ個体において，［ 3 ］の［ 4 ］％は野生型8細胞期胚に由来する細胞であった。

D　実験2により，*Aa*の表現型を決定する条件について，何が否定されたか。1行程度で答えよ。

E　どちらも遺伝子型が*Aa*のメス個体とオス個体をかけあわせて得られた遺伝子型*aa*の個体は，すべてが妊娠中期に発生を停止し胎生致死の表現型を示した。このかけあわせで得られる遺伝子型*Aa*の個体に予想される表現型と，その理由を，それぞれ1行程度で答えよ。

F　下線部(エ)について。表1―1を参考に，このキメラ作製実験に関する次の考察の空欄5～9に当てはまる語の組合せで正しいものを以下の表からすべて選び，(1)～(8)の番号で答えよ。ただし，四倍体胚の遺伝子型も，便宜上それらが由来する二倍体胚の遺伝子型を用いて表すものとする。

考察：遺伝子型［ 5 ］のメスと遺伝子型［ 6 ］のオスとのかけあわせから得られる8細胞期胚（［ 7 ］倍体）と，遺伝子型*AA*の8細胞期胚（［ 8 ］倍体）を用いてキメラを作製する。妊娠後期まで生き残ったキメラの遺伝子型を解析し，遺伝子型［ 9 ］の細胞だけからなる正常な胎仔が確認されれば，胎仔の形態形成や体細胞の生存には遺伝子*A*は直接必要ではないことがわかる。

	5	6	7	8	9
(1)	Aa	Aa	二	四	Aa
(2)	Aa	Aa	二	四	aa
(3)	AA	Aa	四	四	Aa
(4)	AA	Aa	四	二	Aa
(5)	AA	Aa	四	二	aa
(6)	Aa	AA	二	二	aa
(7)	Aa	AA	二	四	Aa
(8)	Aa	AA	四	二	aa

第2問

次の文1と文2を読み，ⅠとⅡの各問に答えよ。

〔文1〕

植物は，土壌から根を通して，さまざまな無機養分を吸い上げて利用している。この無機養分の中でも主要なものの一つに，無機窒素化合物が挙げられる。

土壌に存在する無機窒素化合物のかなりの部分は，(ア)生物の遺体や排出物に含まれる有機窒素化合物に由来する。有機窒素化合物は，土壌中の微生物のはたらきなどにより分解されて，アンモニウムイオン(NH_4^+)を生じる。ある種の土壌細菌やシアノバクテリア，マメ科植物と共生する根粒菌は，窒素固定により空気中の窒素分子(N_2)からNH_4^+をつくることができる。これもまた窒素化合物の重要な供給源となる。このほか，栽培下では，肥料として窒素化合物が土壌に投入される。

土壌のNH_4^+は，通常，硝化細菌によって，速やかに亜硝酸イオン(NO_2^-)へ，(イ)NO_2^-はさらに硝酸イオン(NO_3^-)へと変換される。植物は一般にNH_4^+とNO_3^-のどちらも吸収できるが，多くの植物にとって，より効率的に利用できるのはNO_3^-の方である。植物体内で，NO_3^-はNO_2^-を経てNH_4^+となる。この(ウ)NH_4^+

とグルタミン酸から，グルタミン合成酵素により，グルタミンがつくられる。これは窒素同化の入り口の反応として，きわめて重要である。

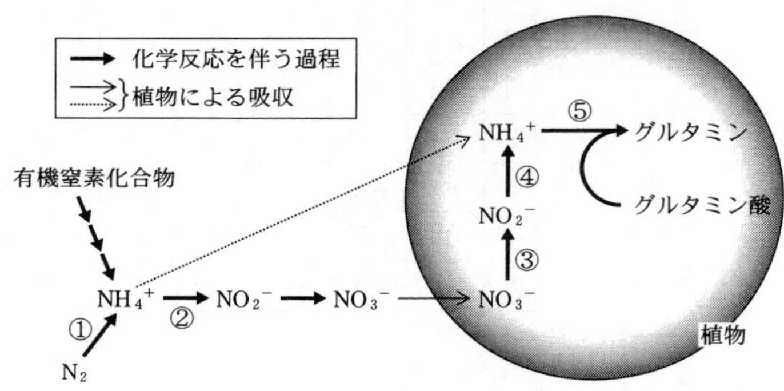

図 2 — 1　植物の窒素同化に至る土壌中と植物体内における窒素化合物の変換の流れ

〔文 2〕

マメ科植物の根に根粒菌が感染すると，組織の一部で細胞分裂が引き起こされる。細胞分裂により細胞集塊が形成され，その中に根粒菌が入り込んで増殖する。この細胞集塊は，やがて丸い瘤(こぶ)のような構造体に発達する。これが根粒である。

根粒の中では，根粒菌が窒素固定を行い，N_2 からつくった窒素化合物を宿主の植物に提供する。そのため，根粒をもつマメ科植物は，窒素分の乏しい土壌でも生育できる。一方，宿主の植物は光合成で生産した炭酸同化物を根粒菌に提供する。したがって，根粒は形成するときだけでなく，維持するのにも相応のコストがかかる。マメ科植物は，根粒が増えすぎないよう，根粒数を適正に調節するしくみを備えており，必要な窒素を獲得しつつ，過剰なコスト負担を回避している。この調節に関しては，ダイズやミヤコグサ(注1)などを材料として，活発に研究が行われている。こうした研究により，根に根粒が形成されると，(1)根が根粒形成を知らせるシグナルを生成して地上部に送る，(2)地上部がこれを受けて新た(エ)

な根粒形成を抑制するシグナルを生成し根に送る，(3)根がこの抑制シグナルを受けて根粒形成を停止する，という3つの段階からなる機構がはたらいて根粒数を制限することがわかってきている。

（注1）　ミヤコグサは小型のマメ科植物で，遺伝学的解析によく用いられる。

実験1　ダイズの根粒過剰着生変異体 x は，野生型に比べ，数にして10倍以上の根粒を形成する。過剰な根粒形成が植物の成長に与える影響を調べるために，この変異体 x と野生型に根粒菌を感染させ，16日後，20日後，36日後に植物体を回収して，乾燥重量を測定した。結果をまとめると，表2—1のようになった。なお，根粒が十分に発達し，野生型と変異体 x との間で根粒量の違いがはっきりしてきたのは14日後以降であった。

表2—1　ダイズの野生型と根粒過剰着生変異体 x の植物体乾燥重量

	16日後	20日後	36日後
野生型	0.32 g	0.45 g	1.80 g
根粒過剰着生変異体 x	0.30 g	0.38 g	0.96 g

実験2　発芽直後のダイズの主根を切り取り，発根を促すことによって，根系が大きく2つに分かれた植物体を用意した。図2—2のように，これらの根系を別々の容器に入れ，それぞれに独立に根粒菌を感染させられるようにした。2つの根系に同時にあるいは時間差をつけて根粒菌を感染させ，各根系に生じた根粒の数の変化を調べたところ，図2—3に示すような結果が得られた。

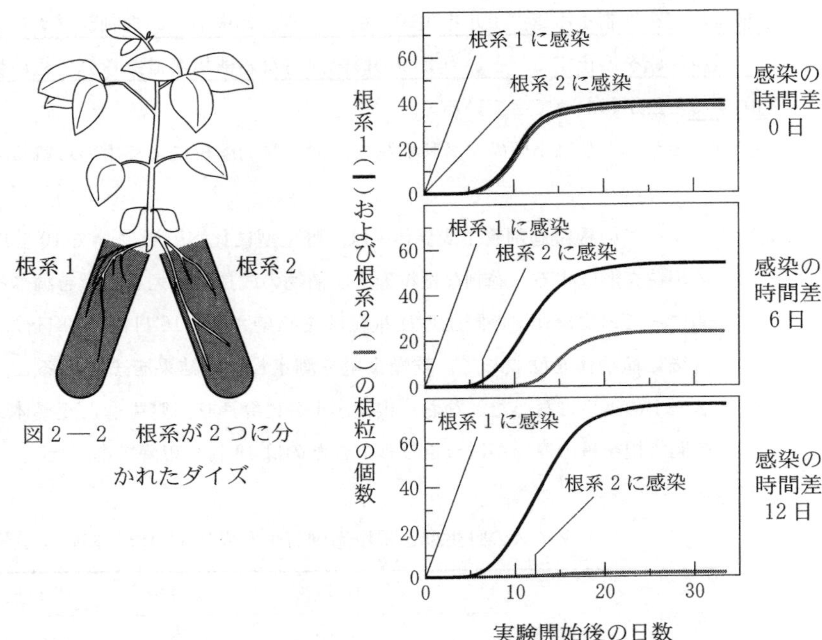

図2—2　根系が2つに分かれたダイズ

図2—3　ダイズの2つの根系に時間差をつけて根粒菌を感染させたときの根粒数の変化

根系1と根系2の根粒数をそれぞれ黒色と灰色の曲線で表す。

実験3　ミヤコグサの根粒過剰着生変異体yは，タンパク質Yの機能を欠損している。変異体yと野生型のミヤコグサを用いて，図2—4のように茎の基部で接ぎ木を行い，地上部と根が遺伝的に異なる植物体を作出した。この植物体の根に根粒菌を感染させ，十分な時間をおいて，根粒の増加がほぼ止まってから，生じた根粒の数を測定したところ，図2—5に示すような結果が得られた。

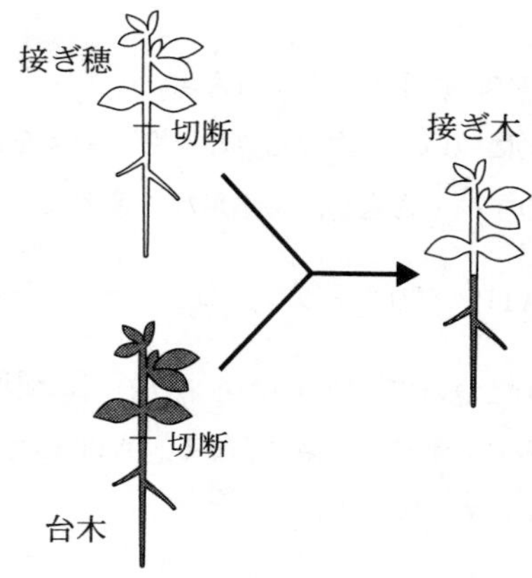

図２―４　地上部と根が遺伝的に異なる植物体を作出するための
ミヤコグサの接ぎ木

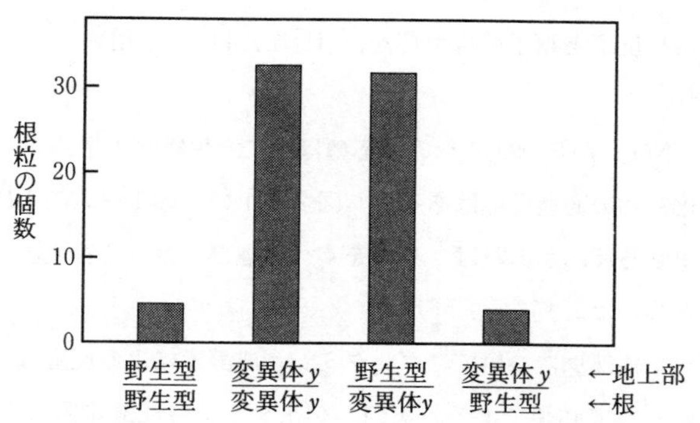

図２―５　地上部と根が遺伝的に異なるミヤコグサにおける根粒形成

2014年　入試問題

〔問〕

I　文1について，以下の小問に答えよ。

A　下線部(ア)について。次の物質のうち，窒素を含む有機化合物はどれか。該当するものすべてを選び，過不足なく答えよ。

RNA，ATP，グリコーゲン，コラーゲン，脂肪，DNA，乳酸，尿酸

B　下線部(イ)について。NO_2^- から NO_3^- への変換は，硝化細菌の硝酸菌による酸化反応で，電子伝達系を動かし，ATPの生産をもたらす。NO_2^- の酸化反応は，まとめて書くと，

$$NO_2^- + \frac{1}{2}O_2 \longrightarrow NO_3^-$$

となるが，実際には電子伝達系に電子を与える反応(電子供与反応)と電子伝達系から電子を受け取る反応(電子受容反応)から成り立っている。この電子供与反応と電子受容反応を，[H]または e^- を用いて，それぞれ反応式で示せ。

C　NO_2^- から NO_3^- への反応のほかに，生物がエネルギーを取り出せる窒素化合物の変換反応はあるか。図2—1の反応①～⑤の中にエネルギーを取り出せる反応があれば，それをすべて選び，番号で答えよ。ない場合は，なしと答えよ。

D　下線部(ウ)について。グルタミン合成酵素による反応は，通常，植物の生育にとって必須である。実際，グルタミン合成酵素阻害剤のグルホシネートは，除草剤として用いられている。グルホシネートで植物を処理すると，窒素同化が遮断されるのと同時に，NH_4^+の蓄積が起きる。高濃度のNH_4^+は毒性を示すので，グルホシネートが植物を枯らす要因としては，窒素同化産物の欠乏のほかに，NH_4^+の蓄積の可能性も考えられる。グルホシネートによる除草で，このどちらが植物枯死の直接の引き金になっているかを見極めるためには，どのような実験を行ったらよいか。2通りの実験を考案し，それぞれについて要点を2行程度で述べよ。

Ⅱ　文2について，以下の小問に答えよ。

A　実験1について。盛んに成長している植物では，乾燥重量が2倍になるのにかかる日数(ここでは倍加日数と呼ぶ)がほぼ一定している。そのため，植物間の成長速度を比較するには，倍加日数がよい指標となる。表2―1の結果から，野生型と変異体xのそれぞれについて，16日後～36日後の期間における倍加日数を求め，小数点以下を四捨五入して，整数で答えよ。なお，倍加日数を算出するにあたっては，必要に応じ，第2問の最後にある方眼紙または片対数方眼紙を用いよ。

B　実験2では，根粒菌感染の時間差によらず，根系1と根系2の根粒の総数は最終的にほぼ同じで，一定していた。この理由を下線部(エ)のしくみにもとづいて考察し，4行程度で説明せよ。

C　実験3の結果は，タンパク質Yが根で根粒数の調節にはたらくことを示している。下線部(エ)のしくみにもとづくと，Yは段階(1)または段階(3)に関わっていると考えられる。このどちらであるかを知るために，図2―6のような接ぎ木を野生型と変異体yの間で行って，遺伝的に異なる2つの根系をもつ植物体を作出し，両根系に同時に根粒菌を感染させて，根粒形成を調べる実験を計画した。実験に先立ち，野生型どうし，変異体yどうしの組合せで接ぎ木を行って調べたところ，図2―7(A)に示すような結果が得られた。野生型と変異体yの組合せの接ぎ木で，根系1が野生型，根系2が変異体yのときには，どのような結果が予想されるか。Yが段階(1)に関与する場合と，段階(3)に関与する場合のそれぞれについて，最も適当なものを図2―7(B)のa～iの中から1つずつ選んで答えよ。

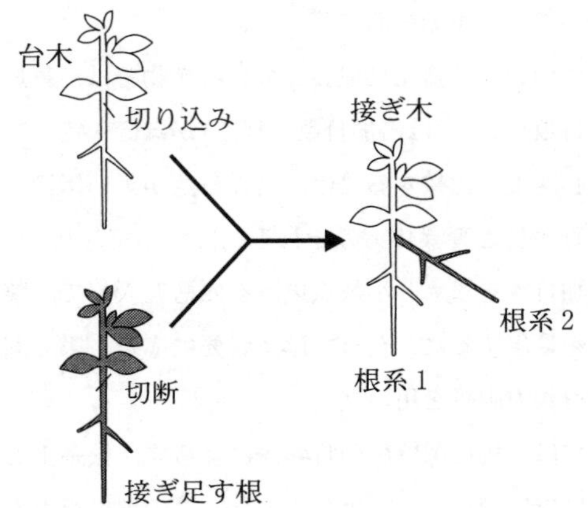

図 2 — 6　遺伝的に異なる 2 つの根系をもつ植物体を作出するための
ミヤコグサの接ぎ木

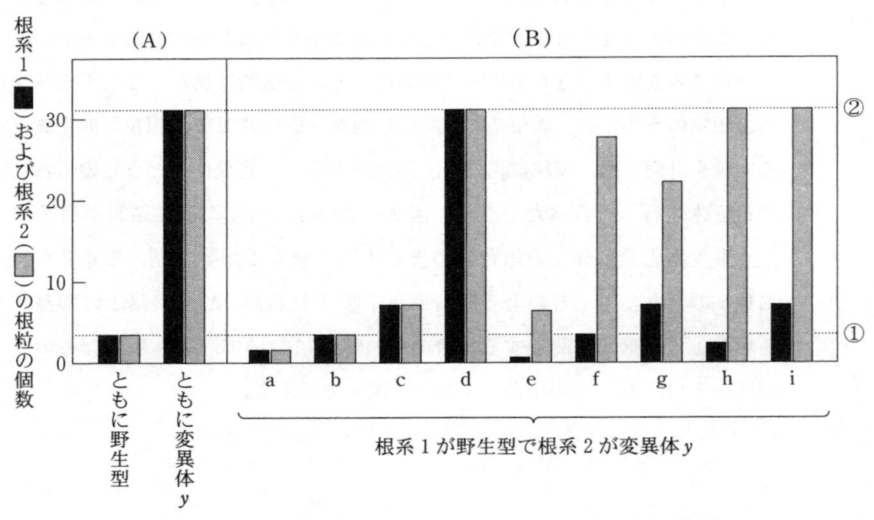

図 2 — 7　遺伝的に異なる 2 つの根系をもつミヤコグサにおける根粒形成

根系 1 と根系 2 の根粒数をそれぞれ黒色と灰色の柱で表す。また比較のために，(A) の野生型どうしの接ぎ木実験における根系当たり根粒数のレベルと，変異体 y どうしの接ぎ木実験における根系当たり根粒数のレベルを，水平の点線①と②で示す。

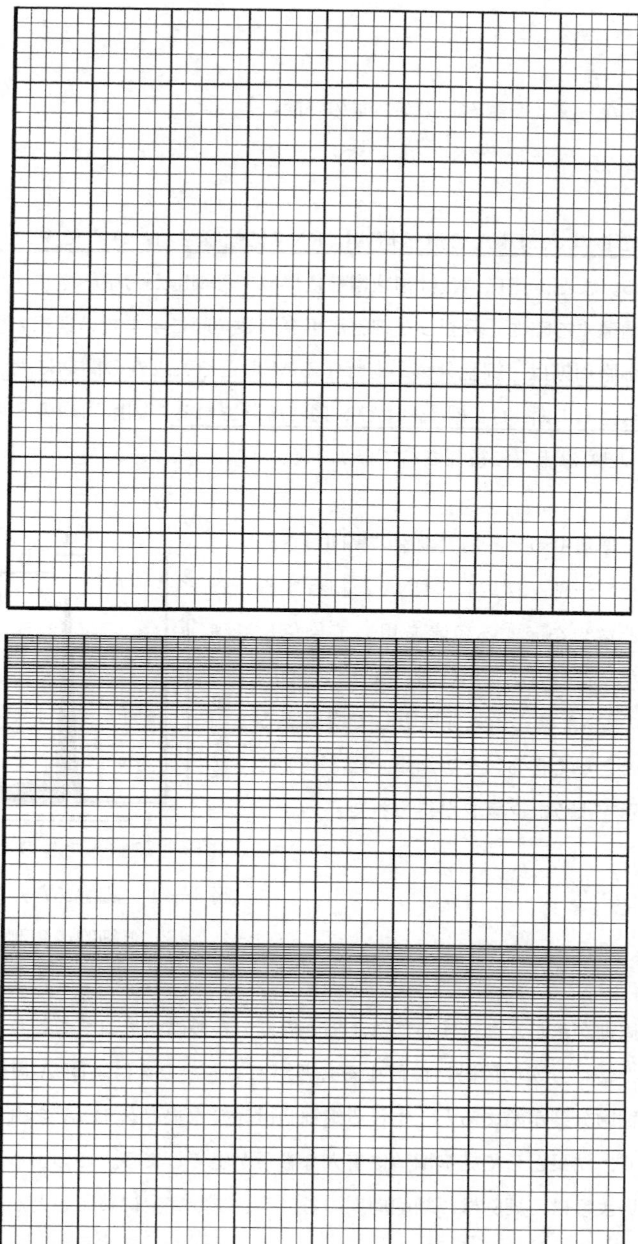

第3問

次の文1から文3を読み，ⅠからⅢの各問に答えよ。

〔文1〕

(ア)生物において，DNAの遺伝情報はRNAに転写され，さらにタンパク質に翻訳される。また，遺伝情報は細胞増殖に伴って母細胞から娘細胞に伝えられる。細胞が増殖する際に，分裂した細胞が再び分裂を起こすまでの過程を細胞周期という。(イ)細胞周期は，細胞分裂が進行するM期とそれ以外の間期に大別され，間期はさらにG1期，G2期，およびS期に区分される。細胞周期のS期において染色体DNAは忠実に複製されて倍加する。

実験1　増殖中のヒト培養細胞の集団から，その一部を採取し，DNAと結合すると蛍光を発する色素を用いて染色した。この方法を用いると個々の細胞内のDNA量を蛍光強度として検出することができる。その結果，図3―1に示すようなグラフが得られた。

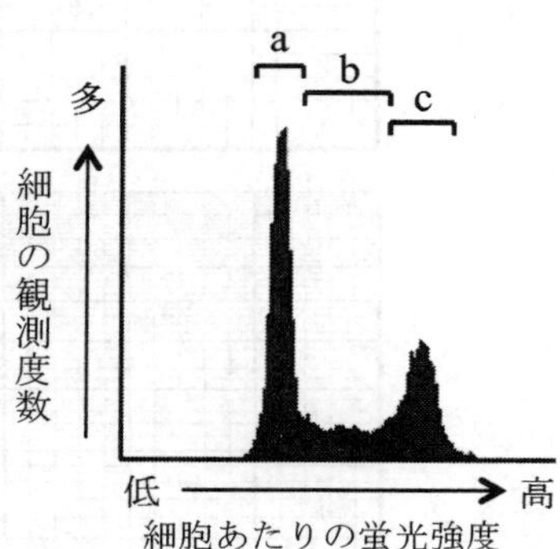

図3―1　細胞あたりの蛍光強度と細胞の観測度数の関係

〔文2〕

細胞周期が正しく進行するには，細胞周期の各段階がそれぞれ誤りなく完全に終了した後に，次の段階に移行する必要がある。たとえば，DNA複製が完了する前に細胞分裂が始まると，生じる娘細胞は完全な染色体DNAを引き継ぐことができず，結果として細胞増殖に重大な影響が出てしまう。このようなことが起こらないように，細胞は，細胞周期の各ステップが完全に終了したかどうか，異常が起きていないかどうかを確認する機構を有している。このような細胞周期監視機構の存在は，最も単純な真核生物の一種である出芽酵母(以後，酵母とよぶ)を用いた実験によって解明された。自然界で酵母は二倍体として存在するのみならず，染色体を一組のみもつ一倍体として生育することもできる。一倍体細胞では，各遺伝子が細胞あたり一つずつ存在するため，遺伝子変異が起こると，その影響が直接，細胞の表現型として現れる。このような性質は，特定の機能をもつ遺伝子を同定するのに有用であることから，実験では主に一倍体の酵母が用いられている。

正常な酵母は，X線照射によって染色体の2本鎖DNAが切断されると，損傷部位と同じ配列をもつDNAを利用して修復する。このような修復は，主に細胞周期のG2期で起こることが知られているが，これは染色体の損傷を修復する際にDNA複製によって生じたもう一組の染色体を利用するからである。一方，G1期やM期の酵母細胞は，X線によるDNA損傷を修復することができず，そのほとんどが死滅してしまう。DNA損傷に対する細胞応答の制御には，さまざまな遺伝子が関与することが知られているが，その多くが一倍体酵母細胞を用いた解析によって同定された。

実験2　盛んに増殖している酵母を寒天培地上に散布してX線を照射し，その10時間後に，G2期にある細胞の割合を定量的に計測した。また，X線を照射してから3日後に，形成されたコロニー(生存した細胞が増殖してできた塊)数をカウントし，細胞の生存率を計測した。その結果，表3—1(上段)に示すように，正常な酵母細胞では，少量のX線照射によって，G2期にある細胞の割合が著しく増加し，最終的に50％の細胞が生き残ることがわかった。また，多量のX線を照射すると，G2期にある細胞の割合がさらに増加した。一方，DNA損傷を修復する酵素が完全に機能を失っている変異細胞Aや，未知の遺伝子に欠失がある変異細胞Bでは，表3—1(中段，下段)に示す結果となった。

表3—1　X線照射後の細胞周期分布および細胞生存率の変化

細胞	X線照射量	X線照射10時間後にG2期にある細胞の割合(%)	X線照射3日後に生存している細胞の割合(%)
正常細胞	なし	5	100
	少量	50	50
	多量	70	30
変異細胞A	なし	10	100
	少量	1	2
変異細胞B	なし	5	100
	少量	20	30
	多量	45	1

実験3　次に，紡錘体形成を阻害する特殊な薬剤で処理することによって細胞周期を人工的にG2期で停止させた酵母細胞(正常細胞および変異細胞B)にX線を照射し，その後直ちに薬剤を除去して培養を続けた。1～2時間おきに細胞を観察して，細胞周期が再び回り始めG2期から次の段階へ進んだ細胞の割合を調べたところ，図3—2のような結果が得られた。なお，酵母の細胞周期は1周期が約2時間である。

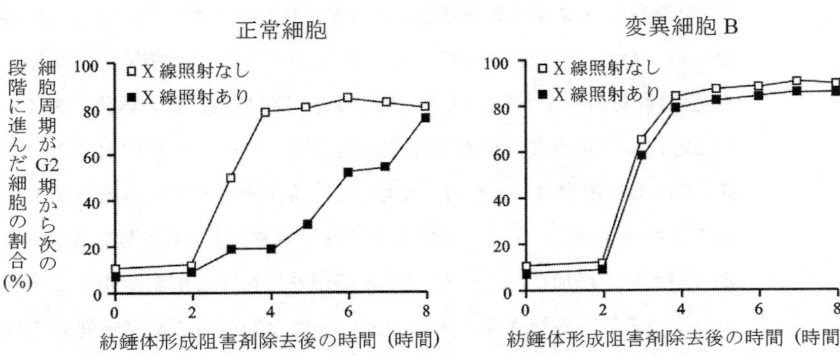

図3—2　紡錘体形成阻害剤除去後に細胞周期が進行した細胞の割合

X線を照射した細胞および未照射の細胞から得られたデータをそれぞれ■と□で示す。

〔文3〕

細胞内で，遺伝情報にもとづいて合成されるタンパク質の一部は酵素であり，増殖や分化，代謝など，多彩な細胞機能の調節に重要な役割を果たしている。酵素活性をもつタンパク質は，酵素として働く領域や，その活性を制御する領域など，異なる機能をもつ複数の領域から構成されているものが多い。人工的に遺伝子変異を導入して，タンパク質の特定の領域のみを欠失させることで，酵素タンパク質分子内の各領域が，どのような機能を有しているかを詳細に解析できる。

実験4　マウスの細胞内に存在するタンパク質Xは，5つの領域(a～e)から構成されるタンパク質分子であり(図3―3左上)，分子内のどこかに酵素として働く領域をもっている。このタンパク質Xの酵素活性を調節するメカニズムを明らかにするため，細胞内でタンパク質Xと特異的に結合する分子を探索したところ，新たなタンパク質Yが得られた。タンパク質Yは，ふだんは細胞内にほとんど発現していないが，ホルモンZで細胞を刺激すると，その発現量が著しく増加することがわかっている。そこで，タンパク質Yがタンパク質Xの酵素活性にどのような影響を与えるかを調べるため，以下の実験を行った。

まず，タンパク質Xおよびタンパク質Yを，バイオテクノロジーの手法を用いて大腸菌内で大量合成し，別々に精製した。得られた各タンパク質を試験管内に少量ずつ取り分け，タンパク質Xのみが存在する状態，およびタンパク質Xとタンパク質Yの両方が存在する状態で，タンパク質Xの酵素活性を測定した。また同時に，タンパク質X分子内の5つの領域(a～e)をさまざまに欠失させた7種類のタンパク質(欠失型タンパク質Ⅰ～Ⅶ)を作製して，同様の実験を行ったところ，図3―3の棒グラフのような結果となった。ただし，反応に用いた各タンパク質の量や酵素活性の測定条件は同一である。また，タンパク質Xのa～e領域以外の部分に特別な機能はなく，タンパク質Yはタンパク質Xの酵素領域とは直接結合しないことがわかっている。

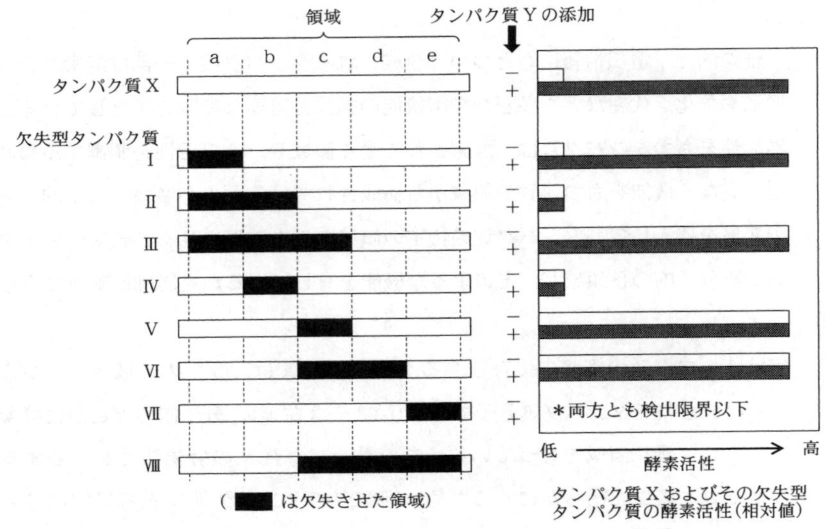

図3―3　タンパク質Xと各欠失型タンパク質の構造(左)およびタンパク質Y添加による酵素活性の変化(右)(「+」および「−」は，タンパク質Yの有無を示す)

〔問〕

I　文1について，以下の小問に答えよ。

A　下線部(ア)について。以下の(1)〜(4)の文章のうち，間違っているものをすべて選んで，その番号を記し，それぞれについて，どこが間違っているかを簡潔に説明せよ。

(1)　真核生物の核DNAは，ヒストンとよばれるタンパク質に巻きついた状態で存在している。

(2)　原核生物のRNAポリメラーゼはプロモーターに直接結合するが，真核生物のRNAポリメラーゼは，プロモーター領域に結合し，転写する際に，基本転写因子を必要とする。

(3)　免疫グロブリンの多様性は，主として，免疫グロブリン遺伝子から転写されるRNAが選択的スプライシングを受けることで生み出されている。

⑷　6塩基対の配列を認識する制限酵素を用いて染色体DNAを処理した場合，切断される塩基配列の出現頻度は，計算上，4096塩基対に1回である。

B　下線部(イ)について。細胞周期の各期(G1，G2，S，M)の細胞は，図3―1に示す領域a～cのうち，どの領域に含まれるか。G1―○領域，G2―□領域，のように答えよ。

Ⅱ　文2について，以下の小問に答えよ。

A　表3―1の空欄1および空欄2に入る数字の組合せとして最も適切なものを以下の⑴～⑻から1つ選べ。

	1	2		1	2
⑴	5	5	⑵	5	20
⑶	20	20	⑷	20	80
⑸	50	50	⑹	50	80
⑺	80	5	⑻	80	50

B　X線照射後の細胞の生存率が，正常細胞と比較して変異細胞Bで低下しているのはなぜか。表3―1および図3―2で示した実験結果をもとに考察し，3行程度で説明せよ。

C　変異細胞Bで欠失している遺伝子が，DNA損傷修復酵素をコードする遺伝子ではないことを確認するために，どのような実験を行ったらよいか。紡錘体形成阻害剤を利用した実験を考案し，予測される結果とともに3行程度で説明せよ。

Ⅲ　文3について，以下の小問に答えよ。

A　タンパク質X分子内で酵素としての活性をもつのは，a～eのうち，どの領域であると考えられるか，記号で答えよ。

B　タンパク質Yは，タンパク質Xのどの領域に結合すると予想されるか，記号で答えよ。

C　タンパク質X分子内のc領域は，酵素活性の調節において，どのような役割を果たしていると推測されるか。最も適切なものを以下の(1)~(6)から1つ選べ。

(1)　タンパク質Xとタンパク質Yの結合を促進する。

(2)　タンパク質Xとタンパク質Yの結合を抑制する。

(3)　タンパク質Xの酵素活性を増強する。

(4)　タンパク質Xの酵素活性を抑制する。

(5)　タンパク質Xの立体構造を安定化する。

(6)　タンパク質Xの立体構造を不安定化する。

D　細胞をホルモンZで刺激するとタンパク質Xの酵素活性は，どのように変化すると考えられるか。タンパク質X分子内の各領域による酵素活性の制御メカニズムを含めて，3行程度で説明せよ。

E　タンパク質Xと新たに作製した欠失型タンパク質Ⅷ(図3―3；c/d/e領域を欠失しており，a/b領域のみからなる)を試験管内で混合した後，タンパク質Yを加えて反応させた。このとき，欠失型タンパク質Ⅷを加えることによって，タンパク質Xの酵素活性にどのような影響が認められるか。次の考察の空欄3と空欄4に入る最も適切な語句を，以下の選択肢(1)~(5)からそれぞれ1つ選んで番号で答えよ。ただし，同じ語句を2度用いてもよい。

考察：加えた欠失型タンパク質Ⅷの量が，タンパク質Xおよびタンパク質Yの量より十分に多いとき，反応液中のタンパク質Xの酵素活性は，欠失型タンパク質Ⅷが存在しない場合と比較して［　3　］。一方，タンパク質Yの量が，欠失型タンパク質Ⅷおよびタンパク質Xの量よりも十分に多いとき，反応液中のタンパク質Xの酵素活性は，欠失型タンパク質Ⅷが存在しない場合と比較して［　4　］。

選択肢：

(1)　高くなる　(2)　高くなった後，低くなる　(3)　低くなる

(4)　低くなった後，高くなる　(5)　同等である

2013年

解答時間：2科目150分
配　　点：120点

第1問

次の文1から文3を読み，ⅠからⅢの各問に答えよ。

〔文1〕

動物の生殖様式は配偶子の有無により大きく2つに分けることができる。分裂や出芽によって無性生殖を行う動物の例として，(ア)ヒドラやプラナリアが挙げられる。その一方では，卵と精子の受精によって新しい個体がつくり出される有性生殖という様式もあり，雌と雄の2つの性が存在する。一部のミミズや(イ)ヒトデでは両方の様式によって子孫をふやす。

雌と雄の性がどのようにして決まるかには，かなりのバリエーションがある。性染色体による性決定様式には，雄ヘテロ型のXY型や雌ヘテロ型のZW型などがある。前者の例はヒトやニホンメダカであり，後者の例はニワトリである。また，動物によっては性決定がさまざまな外界の要因によって左右されることがある。たとえば，ワニやカメには性決定が発生中の温度に依存するものが知られている。生態系に放出された人工的な化学物質によって(ウ)ホルモンの作用が影響され，性比が偏る事例としては(エ)イボニシなどの貝類が知られている。

〔文2〕

ニホンメダカの発生中の胚に薬剤を投与し，性決定にどのような影響を与えるか調べようと考えた。この実験では性染色体の組み合わせによって決まる遺伝子型としての雌(XX)あるいは雄(XY)と，表現型としての雌(卵巣をもつ)あるいは雄(精巣をもつ)を個体ごとに対応させる必要がある。

ニホンメダカのY染色体は，ヒトと異なり，大きさやもっている遺伝子とその配置がX染色体とほぼ同じである。そのため，染色体のどの部分でもXとY

の間で乗換えがおこる。また，YYの個体も生存可能である。Y染色体には雄の形質を決める遺伝子yがあり，この遺伝子の有無により，Y染色体とX染色体が区別される。yの近傍には体の色に関わる2つの遺伝子RとLがある。Rは赤い体色に，Lは白色素胞の形成に関わる。Rの対立遺伝子rと，Lの対立遺伝子lは，どちらも劣性であり，rrでは体色は赤くならず，llは白色素胞をもたない個体となる。白色素胞は受精後2日で現れ，顕微鏡で観察できるが，赤い体色になるかは受精後1ヶ月たたないと判別できない。yはRとLの間に位置する。そこで(オ)これらの遺伝子の連鎖について調べた。

(カ)表現型を利用してふ化(受精後7日)までに性染色体の組み合わせを知ることができる系統1を作製した。この系統を使い，EまたはTという薬剤を含む水で，受精卵を成体まで育てた。この処理によって死亡する個体はなく，Eを与えると遺伝子型としての雄個体(XY)にも卵巣がつくられ，Tを与えると遺伝子型としての雌個体(XX)にも精巣がつくられることがわかった。

〔文3〕

ニホンメダカに近縁な種は東南アジアにも生息する。これらのうちのある種のメダカも性染色体による性決定様式をもつことがわかっていたが，XY型であるかZW型であるかは不明であった。この種でもニホンメダカと同じように処理すると，すべての受精卵が育ち，Eによって雌に，Tによって雄になることがわかった。したがって，この性質を利用すればこのメダカの性決定様式も実験で明らかにできると考えられる。

実験1　受精卵をEで処理したところ，ふ化したすべての個体が雌になった。これらの複数の雌個体を1匹ずつ隔離して未処理の雄と交配した。それぞれのペア(1対の雌と雄の個体の組み合わせ)から得られた受精卵はすべて生存したので，生まれた個体の性比をペアごとに調べた。

〔問〕

Ⅰ　文1について，以下の小問に答えよ。

A　下線部(ア)，(イ)，(エ)について。(ア)ヒドラ，(イ)ヒトデ，(エ)イボニシは図1―1の系統樹の空欄となっている1～7のどの分類群に含まれるか。また，この3つの分類群の名称を答えよ。解答は「ア―1―○○」のように組み合わせて記せ。

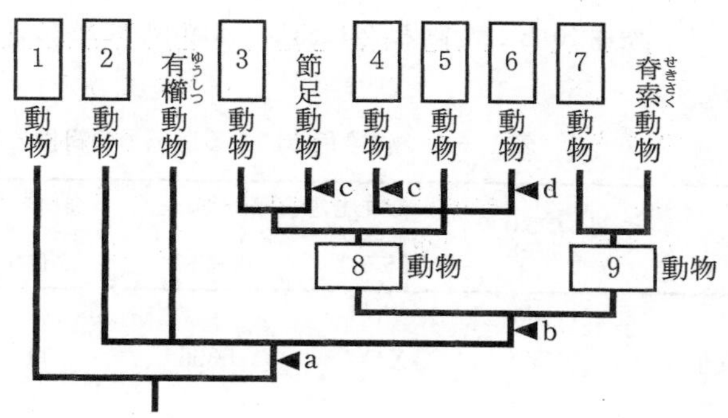

図1―1　動物の系統樹

aは胚葉の獲得，bは左右相称の体の獲得，cは体節構造の獲得，dは外套膜の獲得を示す。

B　左右相称の動物は大きく2つに分けられる。図1―1の空欄8と9に当てはまる適切な名称と，［9］動物の特徴を1行で述べよ。

C　下線部(ウ)について。ホルモンの中には，ペプチドホルモンとステロイドホルモンがある。これらがどのように細胞内に情報を伝達するか，違いがわかるように2行程度で述べよ。

Ⅱ　文2について，以下の小問に答えよ。

A　性染色体にある遺伝子による遺伝は一般に何とよばれるか。名称を答えよ。また，このような遺伝様式を示す他の事例を1つ，生物の種類とその遺伝する形質を組み合わせて答えよ。

B　下線部(オ)について。表1―1に，R，y，Lの間の組換え頻度を検定交雑で調べた結果を示す。遺伝子型は，性染色体ごとに表記している。なお，乗換えは2回以上おこらないこととする。以下の(a)と(b)に答えよ。

(a)　交配1では，どの2つの遺伝子の間の組換えを調べているか。また，その結果生じた組換え体はどのような表現型をもつか。それぞれ答えよ。

(b)　空欄10～14に当てはまる遺伝子型を，「$X^{rl}Y^{RL}$」のように答えよ。ただし，空欄10と11，13と14に関しては順不同である。

表1―1　性染色体にある遺伝子の組換え

	調べた個体の遺伝子型	かけあわせた個体の遺伝子型	かけあわせにより生じた全個体数	組換えのおこった個体数	組換え体の遺伝子型
交配1	X^rY^R	X^rX^r	6395	11	10 11
交配2	$X^{rl}Y^{RL}$	12	4478	102	13 14 $X^{rl}X^{rL}$ $X^{rl}Y^{Rl}$

C　下線部(カ)について，以下の(a)と(b)に答えよ。

(a)　ふ化する前に，個体の遺伝子型としての性を区別できるためには，系統1の性染色体には少なくともどの遺伝子が必要であり，雌雄はどのような表現型で区別できるか。これについて，XとYそれぞれの染色体の遺伝子型と，雌雄それぞれの表現型を答えよ。

(b)　この方法で予測した場合，系統1では，色の表現型と遺伝子型としての性はどのくらいの確率で一致するか。表1―1の結果を用い，計算して求めよ。なお，乗換えは2回以上おこらないこととする。数値は百分率(%)

で表し，四捨五入して小数点第1位まで記せ。

Ⅲ　文3について。

実験1で，この種がXY型あるいはZW型の性決定様式をもつと仮定した場合，それぞれどのような結果が期待されるか。以下の考察の空欄15～18に当てはまる適切な数値を整数で答えよ。なお，ZW型でもEによる処理で表現型としての雌が生じるものとする。

考察：XY型の場合は，交配したペアの総数の［ 15 ］％では生まれた個体の［ 16 ］％が雄になり，残りのペアでは生まれた個体の50％が雄になる。一方，ZW型の場合は，ペアの総数の［ 17 ］％では生まれた個体の50％が雄になり，残りのペアでは生まれた個体の［ 18 ］％が雄になる。

第2問

次の文1と文2を読み，ⅠとⅡの各問に答えよ。

〔文1〕

葉の表皮には，気孔と呼ばれる小さな穴が多数存在する。気孔は，葉の内部と外界とを結ぶ気体の通り道として，大きな役割を担っている。環境が変化すると，それに応じて気孔の開きぐあいが変わり，気体の出入りが調節される。

気孔の開閉に関わる環境要因の中でも，とくに重要なものに光がある。一般に気孔は，暗い環境で閉じ，明るい環境で開く。光照射で速やかに誘導される気孔開口は，特定の色素タンパク質による光受容を介する。この色素タンパク質は，(ア)光に依存した種子の発芽に関与する色素タンパク質とは種類が異なり，それを反映して，光応答の特徴も，気孔開口と発芽とで大きく異なる。

水分もまた，気孔の開閉を左右する。水分の変化を気孔開閉に結びつける仲介役を果たすのは，アブシシン酸である。水分が不足すると，それが刺激となって植物体内のアブシシン酸濃度が高まり，このアブシシン酸の作用によって気孔が閉じる。

気孔は構造的には1対の孔辺細胞に挟まれた隙間であり，気孔の開閉は孔辺細胞が変形することによる。(イ)この変形に先立つ孔辺細胞の生理的変化については，ツユクサなどを材料に用いてさまざまな実験が行われ，概略が明らかにされている。近年では，シロイヌナズナの突然変異体を利用した解析も進んでいる。

実験1　ツユクサの葉から表皮を剝(は)ぎ取り，これを細胞壁分解酵素で処理して，孔辺細胞のプロトプラストを得た。このプロトプラストを，その体積に比べてはるかに量の多い，やや高張の培養液に浮かべ，直径が変化しなくなるまで，暗所でしばらく静置した。その後，プロトプラストに光を照射したところ，膨らんで直径が増大した。

実験2　アブシシン酸に応答した気孔閉口が起きない突然変異体(アブシシン酸不応変異体)を探し出す目的で，突然変異を誘発したシロイヌナズナを多数育て，アブシシン酸を投与した。アブシシン酸投与後に，サーモグラフィー(物体の表面温度を測定・画像化する装置)により葉の温度を調べ，その結果に基づいて，アブシシン酸不応変異体の候補株を選抜した。

〔文2〕

葉の発達と成長にともない，原表皮細胞(未分化で運命の決まっていない表皮系の細胞)の中から，孔辺細胞のもととなる細胞(ここでは便宜的に孔辺前駆細胞と呼ぶ)に分化するものが現れ，この孔辺前駆細胞から最終的に1対の孔辺細胞が形成されて，気孔ができあがる。こうした孔辺前駆細胞および孔辺細胞の分化過程の制御により，気孔の分布パターンと密度は適正に調節されている。

シロイヌナズナでは，気孔の密度が増大した突然変異体がいくつか知られている。そのうちの一つxでは，孔辺前駆細胞で発現し細胞外へ分泌されるタンパク質Xがつくられなくなっている。また別の変異体yでは，原表皮細胞で発現する細胞膜タンパク質Yがつくられなくなっている。さらにYがXと特異的に結合し得ることもわかっている。これらの結果は，(ウ)XとYが一緒にはたらいて気孔の形成を制御していることを示している。

突然変異など何らかの原因で気孔の密度が大きく変化すると，植物にさまざまな影響が現れる。なかでも植物の成長にとって重要なのは，光合成が受ける影響である。(エ)光合成速度は環境条件に依存するが，(オ)特定の環境下では気孔の密度の影響をとくに強く受ける。

〔問〕

I　文1について，以下の小問に答えよ。

A　下線部(ア)について。レタスなどの光発芽種子の発芽に見られる光応答の特徴を，光の波長（色）との関係から1行程度で説明せよ。

B　下線部(イ)について。次の文章は，実験1の結果からの考察を述べたものである。空欄1～3に適切な語句を入れよ。

考察：光照射により孔辺細胞のプロトプラストが膨らんだのは，水が流入したことを示している。一般に植物細胞への水の流入が起きるのは，［1］と細胞外の［2］の和より細胞内の［2］が［3］なったときである。この実験の場合，細胞外の［2］は一定とみなせ，細胞壁がないプロトプラストでは［1］が無視できるので，水の流入の原因は細胞内の［2］が［3］なることであると考えられる。

C　実験2について。アブシシン酸不応変異体を見つけるには，野生型と比べて葉の温度がどうなっている個体を選び出したらよいか，答えよ。また，その理由を2行程度で述べよ。

D　実験2で単離されたアブシシン酸不応変異体が，気孔閉口だけでなく，全てのアブシシン酸応答を示さないとしたら，どのような表現型が考えられるか。気孔閉口の異常とは直接の関係がない表現型を1つ答えよ。

Ⅱ　文2について，以下の小問に答えよ。

A　下線部(ウ)について，以下の(a)〜(c)に答えよ。

(a)　気孔の形成の制御におけるXとYの役割はどのようなものと考えられるか。次の(1)〜(4)から最も適切なものを選んで答えよ。

(1)　原表皮細胞が孔辺前駆細胞に分化するのを促す。

(2)　原表皮細胞が孔辺前駆細胞に分化するのを妨げる。

(3)　孔辺前駆細胞から孔辺細胞が形成されるのを促す。

(4)　孔辺前駆細胞から孔辺細胞が形成されるのを妨げる。

(b)　Yは細胞外のXの有無を感知して，その信号を細胞内に伝える役割を果たしていると推定される。次の2つの方式(1)と(2)のうち，X–Yの信号伝達の説明として<u>不適切なもの</u>はどちらか，答えよ。また，その理由を2行程度で述べよ。

(1)　Xがないとき，Yは活性をもたない。Xを受け取ると，Yは活性化し，細胞内で反応を引き起こす。この反応の開始が，X感知の信号となる。

(2)　Xがないとき，Yは活性をもち，細胞内で一定の反応を引き起こしている。Xを受け取ると，Yは不活性化し，反応が止まる。この反応の停止が，X感知の信号となる。

(c)　変異体xとyでは，野生型と比べて，気孔の密度だけでなく，分布パターンも変化していた。どのような傾向の変化か。XとYのはたらき方から考え，次の(1)〜(6)から最も適切なものを選んで答えよ。なお，集中分布は特定の部位に密集して分布すること，均等分布はほぼ等間隔で一様に分布すること，ランダム分布は単純な確率に従ってランダムに分布することである(図2—1)。

(1)　集中分布に近いパターンから，均等分布に近いパターンへの変化。

(2)　集中分布に近いパターンから，ランダム分布に近いパターンへの変化。

(3)　均等分布に近いパターンから，集中分布に近いパターンへの変化。

(4)　均等分布に近いパターンから，ランダム分布に近いパターンへの変化。

(5) ランダム分布に近いパターンから，均等分布に近いパターンへの変化。

(6) ランダム分布に近いパターンから，集中分布に近いパターンへの変化。

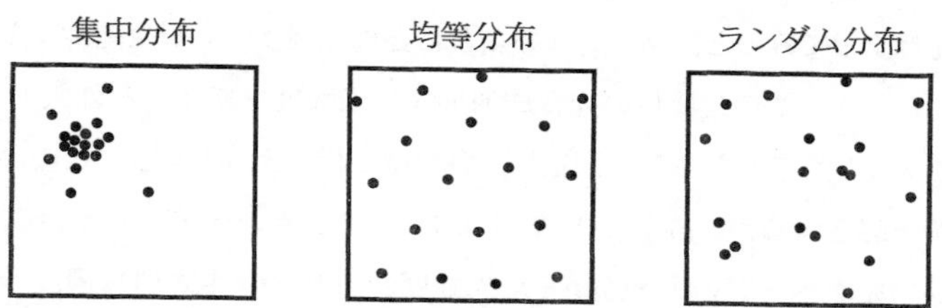

図2―1　分布パターンの模式図(全体の密度が同じになるように描いたもの)

B　下線部(エ)について。野生型のシロイヌナズナにおける，見かけの光合成速度(葉面積当たりのCO_2吸収速度，以下では単に光合成速度という)と光強度および外気のCO_2濃度との関係を，葉の温度を一定に保てる装置を用いて，同一の温度条件で調べたところ，図2―2に示すような曲線が得られた。外気のCO_2濃度が0.04％で光強度が①のときと②のときのそれぞれについて，光合成の限定要因が何か，答えよ。

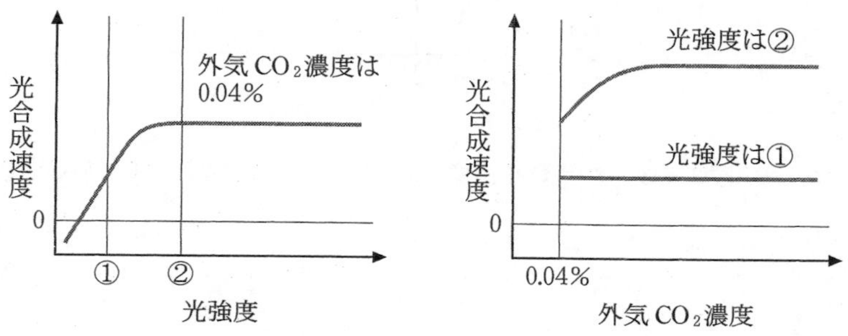

図2―2　野生型における光強度および外気CO_2濃度と光合成速度との関係

C　下線部(オ)について。今ここに気孔の密度が野生型の2倍程度に増大した突然変異体 z がある。この変異体を用いて，いろいろな光強度のもとで葉の気体透過性(表皮を横切る気体移動の起きやすさを葉面積当たりで示したもの)を測定してみると，図2―3のようにどの光強度でも野生型より高くなっていた。次にこの変異体の光合成速度を，光強度を変えたり外気の CO_2 濃度を高くしたりした条件で測定し，野生型と比べようと思う。どのような結果が予想されるか。外気 CO_2 濃度0.04％のときの光強度―光合成速度のグラフを次ページの(1)～(6)から，光強度②のときの外気 CO_2 濃度―光合成速度のグラフを次々ページの(7)～(12)から，それぞれ最も適切なものを選んで答えよ。なお，測定は，葉の温度を一定に保てる装置を用いて，すべて同一の温度条件で行うものとする。また，各グラフ中の灰色の曲線は野生型の光合成速度を示す。

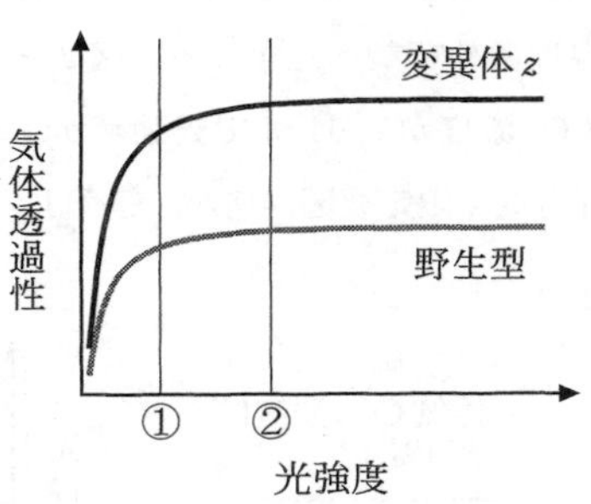

図2―3　外気 CO_2 濃度が0.04％のときの光強度と気体透過性の関係

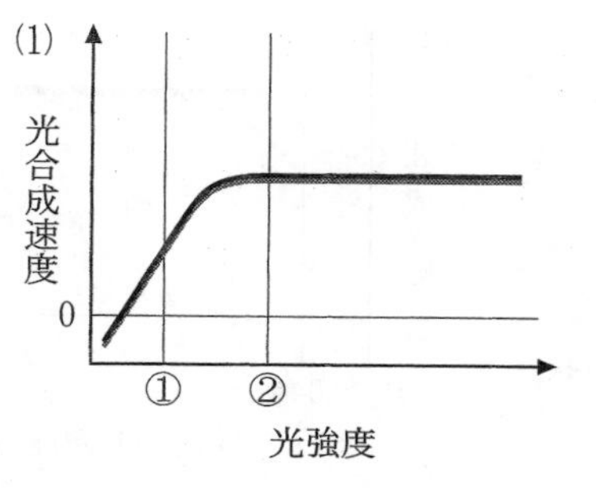
(1)
光合成速度
0
①
②
光強度

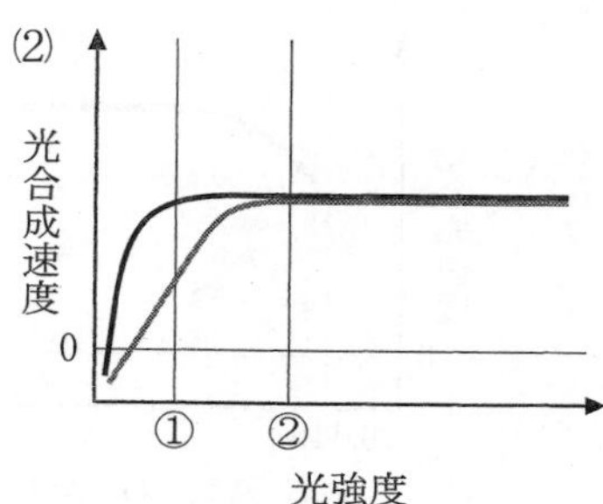
(2)
光合成速度
0
①
②
光強度

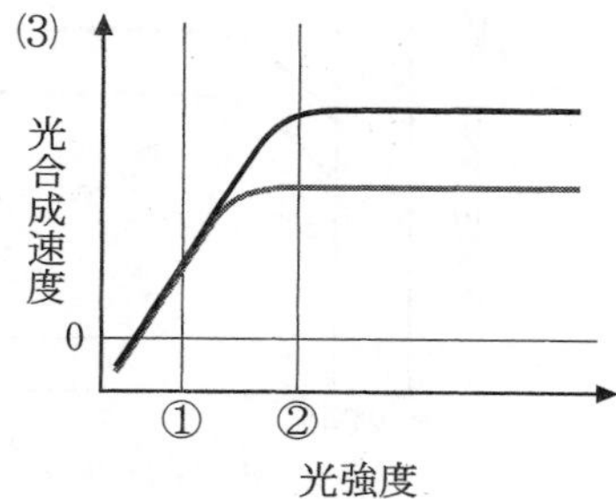
(3)
光合成速度
0
①
②
光強度

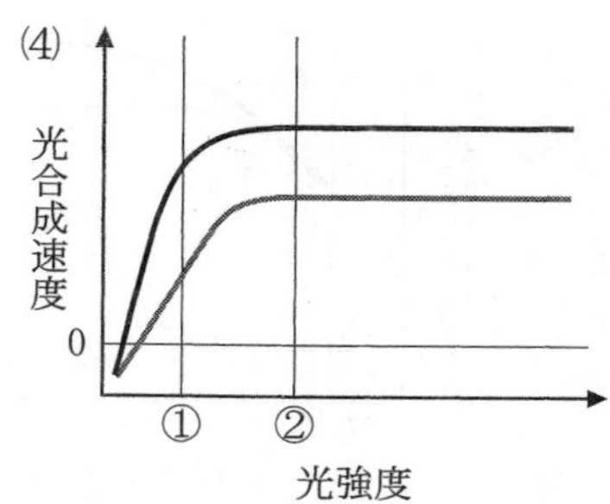
(4)
光合成速度
0
①
②
光強度

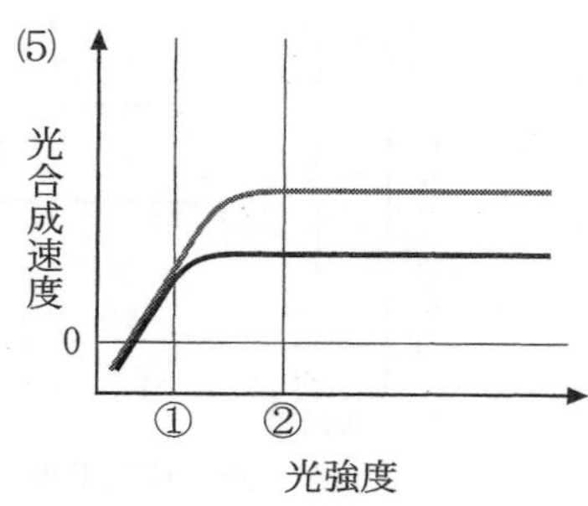
(5)
光合成速度
0
①
②
光強度

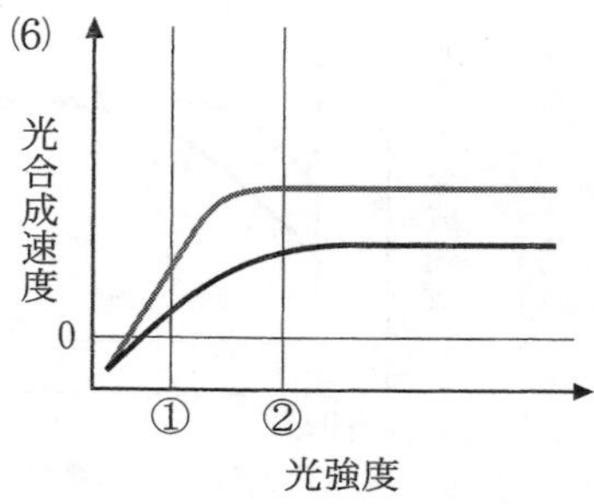
(6)
光合成速度
0
①
②
光強度

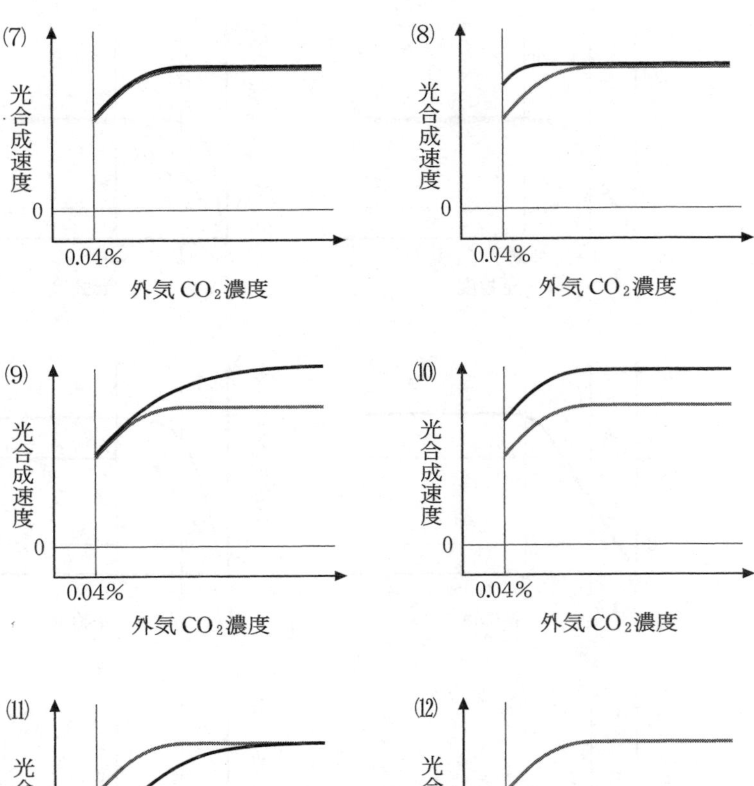
(7)
光合成速度
0
0.04%
外気CO₂濃度
(8)
光合成速度
0
0.04%
外気CO₂濃度
(9)
光合成速度
0
0.04%
外気CO₂濃度
(10)
光合成速度
0
0.04%
外気CO₂濃度
(11)
光合成速度
0
0.04%
外気CO₂濃度
(12)
光合成速度
0
0.04%
外気CO₂濃度

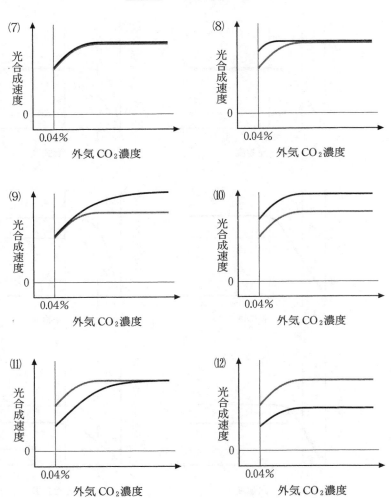

2013年　入試問題

第3問

次の文1と文2を読み，IとIIの各問に答えよ。

〔文1〕

遺伝情報の流れは，DNA→RNA→タンパク質であり，セントラルドグマとして知られているが，RNA→DNAという流れもある。この流れは，RNAウイルスの1種である(ア)レトロウイルスの研究により，RNAを鋳型としてDNA合成を行う逆転写酵素が発見されたことで明らかになった。レトロウイルスが細胞に感染すると，ウイルス粒子がもっている逆転写酵素によりRNAゲノムから2本鎖DNAが合成され，それが感染細胞の核DNAに組み込まれる。組み込まれたDNAからはRNAが転写され，これを含むウイルス粒子がつくられる。

細胞のゲノムDNA中には，レトロトランスポゾンと呼ばれるレトロウイルス様の配列がもともと存在し，そこから逆転写酵素が産生される。そのためレトロウイルスが感染していなくてもRNA→DNAという遺伝情報の流れが稀に起きる。したがって長い時間を経てレトロトランスポゾンはゲノム中に広がり，挿入された領域によっては(イ)遺伝子の機能に直接影響を与えることもある。

〔文2〕

生物は長い歴史の中で，さまざまな形態を進化させてきた。その進化の原動力の1つが「遺伝子の重複」と考えられている。育種は人為的な選別によって進化を速める1つの方法と考えられる。オオカミから家畜化された飼いイヌには，育種によりさまざまな形態をもった350以上の血統(注1)が存在する。その中に，通常のイヌに比べ，短い脚をもつダックスフントという血統がある(図3―1)。ダックスフントはアナグマの猟犬として育種されたもので，この脚の短さは優性遺伝する。最近，その原因と考えられる遺伝子が発見され，それが遺伝子の重複によってつくられたものであることが，以下の「一塩基多型」(図3―2(A))を用いた研究からわかってきた。

図3―1　(A)　通常の長さの脚をもつイヌ　(B)　ダックスフント

ダックスフントのように脚の短い複数の血統と，通常の脚をもつ複数の血統から，それぞれ多数のイヌを選び出し，それらのゲノムを解析した。その結果，ある染色体上に脚の短さの原因と予想される領域(染色体の一部分)が同定された。そこで，その領域の塩基配列を，脚の短いイヌと通常のイヌとで比較したところ，脚の短いイヌのゲノムにおいて5,000塩基対のDNAの挿入が見いだされた(図3―2(B)と(C))。挿入DNAの塩基配列を解析した結果，その配列は，同じ染色体上で，挿入箇所から遠く離れた遺伝子の*FGF4*とよく似ていた。そこで，この挿入DNAを*FGF4L*と呼ぶ。

*FGF4L*と*FGF4*の配列をさらに詳細に比較したところ，*FGF4L*の配列(5,000塩基対)は全域にわたって，*FGF4*の遺伝子全長(注2)(6,200塩基対)とほぼ一致していたが，*FGF4*には*FGF4L*にない領域が2箇所あった。一方，*FGF4L*と*FGF4*のmRNA(伝令RNA)は共に5,000塩基程度であり，かつ全く同じアミノ酸配列をコードしていた。以上の結果は，*FGF4L*が重複によってできた遺伝子であり，その発現のしかたがダックスフントの脚の短さの原因であることを予想させる。(ウ)しかしそれを実証するためには，さらに実験が必要である。それに加えて，(エ)*FGF4L*がどのように形成されたかを考察する必要がある。

ゲノムのある特定の領域や遺伝子の個体識別マーカーとして一塩基多型が使われている。一塩基多型とは，個体間にみられる配列上の一塩基の違いのことをいう。そこで一塩基多型に着目して，*FGF4L*の起源を探った。まず，挿入箇所の周辺領域(以下，被挿入領域という)と*FGF4*および*FGF4L*の一塩基多型を調べた(図3—2)。その結果，これらの領域や遺伝子に，互いに強く連鎖した(組換え価が小さい)3つから4つの一塩基多型が見いだされた。このような一塩基多型のセットは「ハプロタイプ」と呼ばれる。ここでは，その塩基を並べたものをハプロタイプの名称とする。図3—2(A)にその例として，被挿入領域のハプロタイプを示す。これらの配列から読み取れるように，被挿入領域のハプロタイプには，TCAG，TTAG，GTTAなどがあった。一方，*FGF4*のハプロタイプは，血統1ではGCGであり(図3—2(B))，ダックスフントの*FGF4*ではATGであったが，*FGF4L*のハプロタイプはACAであった(図3—2(C))。一般に，このようなハプロタイプは進化の過程で受け継がれると考えられている。(オ)そこで，イヌとオオカミの被挿入領域のハプロタイプと*FGF4*のハプロタイプを用いて，*FGF4L*の起源を探った。

（注1）　血統を，ここでは純系であるとみなす。

（注2）　遺伝子の大きさとは，ここでは転写される領域と定義する。

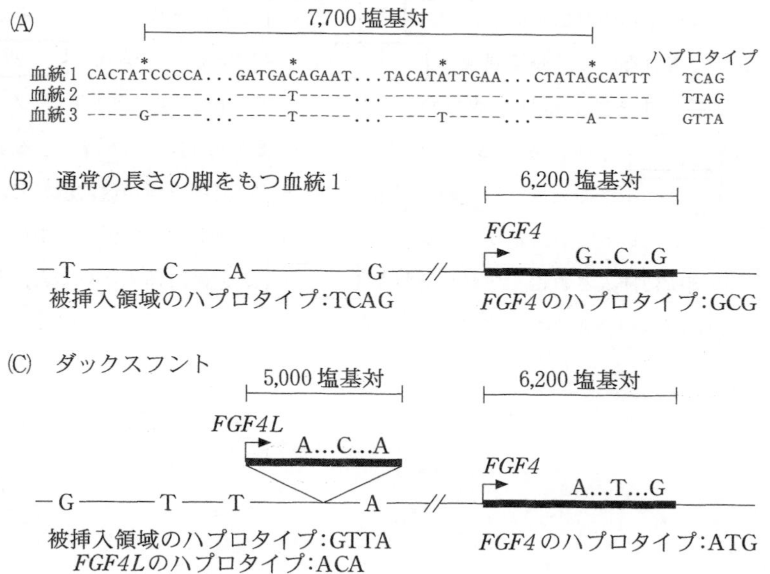

図3—2　一塩基多型とハプロタイプならびに*FGF4L*の挿入位置

(A)被挿入領域の一塩基多型とハプロタイプの例。DNA 鎖の片方の配列を並べて血統間で比較した。星印(＊)は一塩基多型の位置である。ハイフン(-)は，血統1の塩基配列と同じであることを表し，「...」は塩基配列の省略を表す。

(B)，(C)被挿入領域，*FGF4* と *FGF4L* のハプロタイプ，*FGF4L* の挿入位置。細い線はDNA 鎖，太い線は遺伝子を表す。被挿入領域の DNA 鎖の中に一塩基多型の塩基を，下にハプロタイプを示す。遺伝子の上に一塩基多型の塩基を，下にハプロタイプを示す。*FGF4L* の一塩基多型は，*FGF4* の配列と比較したものである。矢印は転写開始点と方向を示す。

〔問〕

Ⅰ　文1について，以下の小問に答えよ。

A　下線部(ア)について。ヒトに感染し，病気を引き起こすレトロウイルスとしてどのようなものがあるか，1つ答えよ。

B　下線部(イ)について。以下の文章の空欄1～3に適切な語句を入れよ。

真核生物の遺伝子は［1］と［2］からなる構造をもち，それが転写されるには，調節領域と［3］が必要である。転写後，［2］に相当する部分は切り取られる。したがって，レトロトランスポゾンが［1］に挿入されると正常なタンパク質が形成されない，あるいは［3］に挿入されると転写が阻害される，などの影響が通常現れる。なお，レトロトランスポゾンでなくても，任意の DNA 断片はゲノム中の任意の箇所に挿入され得る。もしそれが［3］の近傍に挿入されると，そのDNA から RNA が転写されることがある。

Ⅱ　文2について，以下の小問に答えよ。

A　下線部(ウ)について。ある表現型の原因遺伝子であることを実証するためには，その遺伝子が「必要」であること(必要条件)と，その遺伝子があれば「十分」であること(十分条件)を示す必要がある。ここではイヌを使った実験により，*FGF4L* が脚の短さの原因遺伝子であることを示したい。なお，遺伝子操作として，クローニング(単離)，ゲノムDNAへの組み込み，欠失は自由に行えると仮定する。

(a)　十分条件を示す実験について述べた以下の文章の空欄4～7に入る適切な語句を，以下の選択肢(1)～(7)から選べ。なお空欄5と6には脚の表現型が入る。

[　4　] 遺伝子を含むDNA領域をクローニングして，それを [　5　] をもつイヌの，任意の相同染色体の一方に組み込む。その染色体をもつ個体の表現型が [　6　] になり，かつその遺伝形式が [　7　] であることを示せば良い。

(1)　*FGF4*　(2)　*FGF4L*　(3)　通常の長さの脚

(4)　短い脚　(5)　中間の長さの脚　(6)　優　性

(7)　劣　性

(b)　必要条件を示す実験について，行なう遺伝子操作，ならびに脚の表現型と遺伝形式を含めて，3行程度で述べよ。

B　下線部(エ)について。*FGF4L* は *FGF4* からどのような過程で生じたと考えられるか，またそれは体内のどの細胞で起きたと考えられるか，根拠と共に4行程度で述べよ。

C　下線部(オ)について。*FGF4* のハプロタイプと，被挿入領域のハプロタイプを調べた結果を表3—1に示す。ダックスフントの血統が樹立される過程で，これらのハプロタイプにほとんど変化がなかったと仮定すると，*FGF4L* の起源はどのように推察できるか。図3—2を参照しながら，以下の考察の空欄8～13に入る適切なハプロタイプを答えよ。ただし，異なる番号が異なるハプロタイプを示すとは限らない。

考察：*FGF4L* のハプロタイプは［　8　］であるので，*FGF4L* は［　8　］のハプロタイプをもつ *FGF4* を起源とすると考えられる。しかし表3—1では *FGF4L* と同じ個体にある *FGF4* のハプロタイプは［　9　］と［　10　］なので，*FGF4L* はこれらの *FGF4* から由来したとは考えにくい。

FGF4L の起源を探るには，［　8　］のハプロタイプをもつ *FGF4* と，被挿入領域のハプロタイプとの関係を考える必要がある。表3—1において，*FGF4L* をもつイヌの被挿入領域のハプロタイプは主として［　11　］であるが，*FGF4* のハプロタイプが［　8　］と同じ個体でみられる被挿入領域のハプロタイプは，イヌでは［　12　］のみであった。

一方，表3—1において，オオカミをみてみると，［　8　］のハプロタイプをもつ *FGF4* と同じ個体でみられる被挿入領域のハプロタイプに［　13　］があり，かつその出現頻度が高かったことより，このハプロタイプの組合せをもつオオカミ，あるいはそれ由来のイヌの血統で *FGF4L* が形成されたと考えられる。ただし，もしそのイヌの血統があったとしても，現存していない。

表3－1　イヌとオオカミにおける被挿入領域と*FGF4*のハプロタイプ

被挿入領域のハプロタイプ	ハプロタイプの出現頻度(注3)			*FGF4*のハプロタイプ(注4)	
	イヌ		オオカミ	イヌ	オオカミ
	FGF4L 有	*FGF4L* 無			
GTAG	0	1	0	ATG	
GTTA	98	1	29	ATG, GCG	ATG, GCG, ACA
GTTG	0	1	11	ATG, GCG	ATG, GCG
TCAG	0	41	5	ATG, GCG, ACA	ATG, GCG, ACA
TCTG	0	0	8		ATG, ACA
TTAG	2	36	29	ATG, GCG	ATG, GCG, ACA
TTTG	0	20	18	ATG, GCG	ATG, GCG, ACA
	100	100	100		

*FGF4*のハプロタイプ	ハプロタイプの出現頻度(注3)		
	イヌ		オオカミ
	FGF4L 有	*FGF4L* 無	
ACA	0	3	20
ATG	62	73	44
GCG	38	24	36
	100	100	100

(注3)　*FGF4L*をもつイヌ(*FGF4L*有)，もたないイヌ(*FGF4L*無)，およびオオカミにおける被挿入領域と*FGF4*のハプロタイプについて，多数の個体を用いて調べ，その結果を百分率で示した。

(注4)　被挿入領域のハプロタイプごとに，同じ個体でみられる*FGF4*のハプロタイプを列挙して示す。例えば，被挿入領域のハプロタイプTTTGと同じ個体にみられる*FGF4*のハプロタイプには，イヌではATG，GCGがあるが，オオカミではATG，GCG，ACAがある。

2012年

解答時間：2科目150分
配　　点：120点

第1問

次の文1と文2を読み，ⅠとⅡの各問に答えよ。

〔文1〕

受精卵の細胞質には，将来の形態形成に重要な影響を及ぼす因子(母性因子)が，しばしば偏りをもって存在する。イモリの胚を一部縛ったり除去したりする実験は，このような母性因子の分布を知る手がかりとなる。(ア) 胚発生では，胚の方向性(体軸)の決定が，からだのおおまかな形づくりに重要である。その1つである背腹軸も，ある母性因子が胚内で偏って存在することによって決められている。

図1—1に示すように，アフリカツメガエルの胚では，受精のあと，1細胞期の間に，もともと植物極付近にあった背側化因子が，胚の表層の回転によって，精子進入点から離れる方向に移動する。この因子がある影響を及ぼすことによって，母性因子であるAタンパク質が，胚内で偏って機能する。その後，ある遺伝子が特異的に発現することによって，神経などへの分化を周辺組織に誘導する［　1　］を形成する。なお，［　1　］は，原腸胚の原口背唇部に相当する。

イモリやアフリカツメガエルの胚では，原口背唇部を胚の腹側に移植すると，通常の発生では見られない二次胚ができる。このような二次胚は，胚の背側を決めるタンパク質をコードする伝令RNAを胚に直接注入することでも形成される。ここで，Aタンパク質をコードする伝令RNA(A RNA)を用い，Aタンパク質の機能を調べる目的で次の実験を行った。

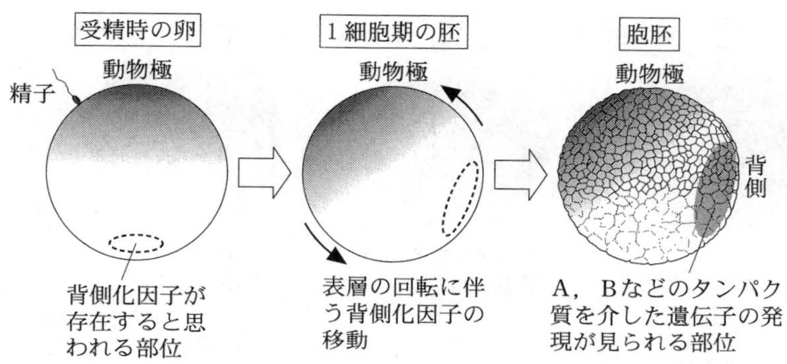

図1―1　アフリカツメガエルの胚における，背側の決定のしくみ

実験1　アフリカツメガエルの受精直後の胚は，動物半球で表層の色が濃い。しかし，4細胞期胚を動物極側からよく見ると，4つの割球の動物極側の色はすべて同じではなく，やや色の濃い割球と薄い割球が，2つずつあることがわかる。これは，胚の背腹の向きを反映しており(図1―2，色の濃い方が腹側)，背腹方向をこの色の偏りによって判別することができる。この時期に，背側の決定に関わるタンパク質をコードする伝令RNAを注入すれば，背腹の決定に影響を与えることができる。(イ)図1―2の中央に示すように，A RNAをアフリカツメガエルの4細胞期胚の腹側割球に，ガラス注射針を用いて注入し，初期幼生になるまで発生させたところ，二次胚が形成された。

次に，別の母性因子であるBタンパク質をコードする伝令RNA(B RNA)を用意した。B RNAを腹側割球に注入しても，目立った変化はおこらなかったが，図1―2の右に示すように，背側割球に注入すると，背側の構造が小さくなった初期幼生が得られた。このことから，Bタンパク質には背側の決定を阻害する効果があることがわかった。なお，別の実験結果から，Bタンパク質はAタンパク質のはたらきに対して影響を与えるが，Aタンパク質はBタンパク質のはたらきに影響を与えないことがわかっている。

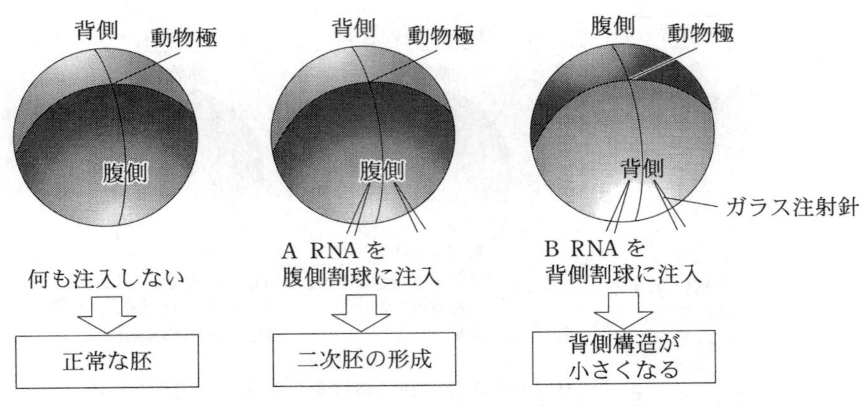

図1―2　アフリカツメガエルの胚への伝令RNAの注入実験

〔文2〕

原腸形成は，受精後の胚全体で協調的におこる細胞運動である。アフリカツメガエルの胚では，原口背唇部が原口から胚の中にもぐり込むことによって，原腸形成がひきおこされる。もぐり込んだ中胚葉の細胞群は，外胚葉の内側を裏打ちするように伸び，動物極付近に達する。こうして，将来頭になる部分から尾になる部分にかけ，正中線(頭尾をむすぶ線)の背側に沿って中胚葉が配置される。このようにつくられた胚の基本的な構造をもとにして，尾芽胚期には胴部が伸び，胚が丸い形状から細長い形状へと変化して初期幼生へと発生する(図1―3)。

では，中にもぐり込んだ中胚葉の細胞はどのように動くのだろうか。興味深いことに，中胚葉の細胞はおのおの，もぐり込む方向ではなく，もぐり込む方向と直交するように動く。正中線に向けて集まるように細胞が移動することによって，中胚葉の細胞群は全体としてもぐり込みの方向に伸びる(図1―4)。このような中胚葉の細胞運動に，どのようなタンパク質がかかわっているか，最近の研究で徐々に明らかになってきた。原腸形成時の細胞運動に関して，細胞内に存在するCタンパク質の機能を知るため，以下の実験をおこなった。

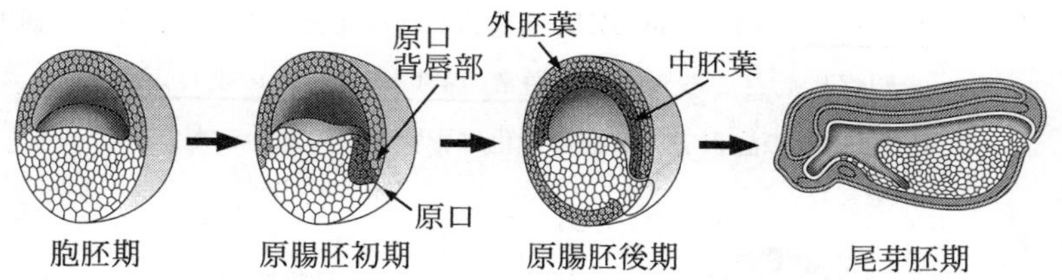

図1―3　アフリカツメガエルの胚の原腸形成とその後の発生(図は正中線に沿った縦断面を示す)

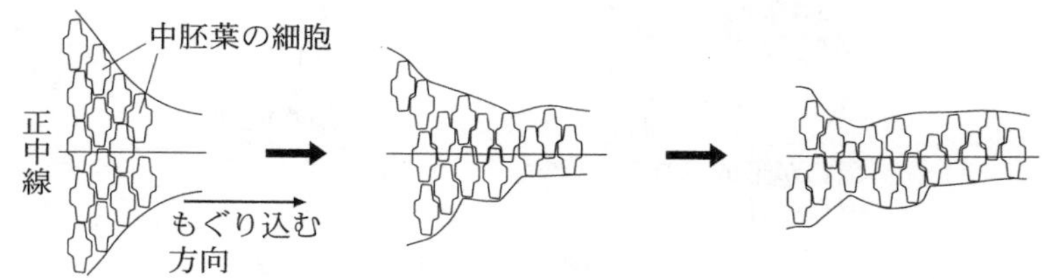

図1―4　原腸形成時の，胚の背側方向からみた中胚葉の細胞運動の模式図

実験2　アフリカツメガエルの，原口が形成された直後の胚2個からそれぞれ，原口背唇部を含む外胚葉から中胚葉にかけての領域を四角に切り出し，内側どうしを貼り合わせる(図1―5)。この組織片(外植体)を約8時間培養すると，(ウ)外植体は細胞数をそれほど増やさないが，原腸形成を模倣するように形をかえる。この方法を用いると，胚の内部にもぐり込む中胚葉の細胞を，胚を輪切りにすることなく，そのまま観察することができる。

はじめに，Cタンパク質は細胞内のどこに存在するかを調べると，細胞質中で均一に分布せず，細胞膜付近の，ある2か所に偏って存在していた。この2か所の位置は，近隣の細胞で同じ方向性をもっていた。次に，Cタンパク質の働きを阻害するタンパク質であるdnCをコードする伝令RNA(dnC RNA)を，4細胞期の背側割球に，Cタンパク質を阻害するのに十分な量だけ注入した。この胚を用いて図1―5の実験をおこない，外植体を観察すると，(エ)通常胚を用いた外植体ではおこるはずの変形がおこらなかった。また，dnC RNA を注入した胚をそのまま発生させて初期幼生を観察したところ，(オ)体長が通常の初期幼生のものより短かった。なお，dnC RNA の注入で，細胞の分化は影響をうけなかった。

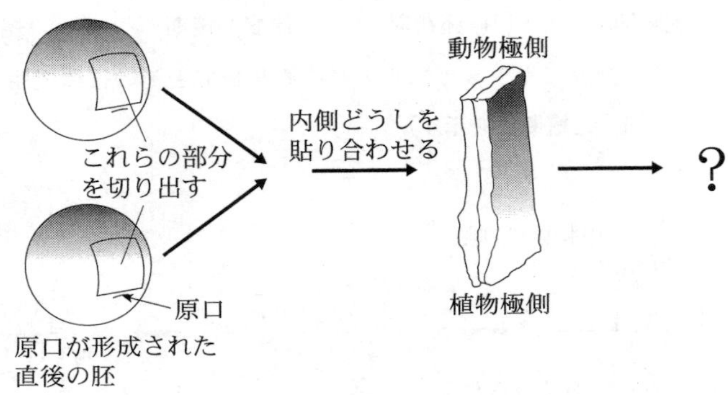

図1―5　実験2の概要

〔問〕

I　文1について，以下の小問に答えよ。

A　空欄1に適切な語を入れよ。

B　下線部(ア)について。2細胞期のイモリ胚を細い髪の毛でくくり，割球を分離すると，2つの割球からそれぞれ完全な個体が発生する場合だけでなく，片方の割球だけが完全な個体に発生し，もう片方の割球は正常に発生しない場合も生じる。これらの結果の違いはなぜ引き起こされるか。灰色三日月環という語を用いて2行程度で述べよ。

C　下線部(イ)について。この結果から，A タンパク質は背側の決定にどのようなはたらきをもつと考えられるか。理由とともに2行程度で述べよ。

D　実験1について。一定量のA RNA にB RNA を加えた混合液を，胚の腹側割球に注入した。加えるB RNA の量を少しずつ増やした時に得られる結果として，最も適切なグラフはどれか。以下の(1)〜(6)から1つ選べ。

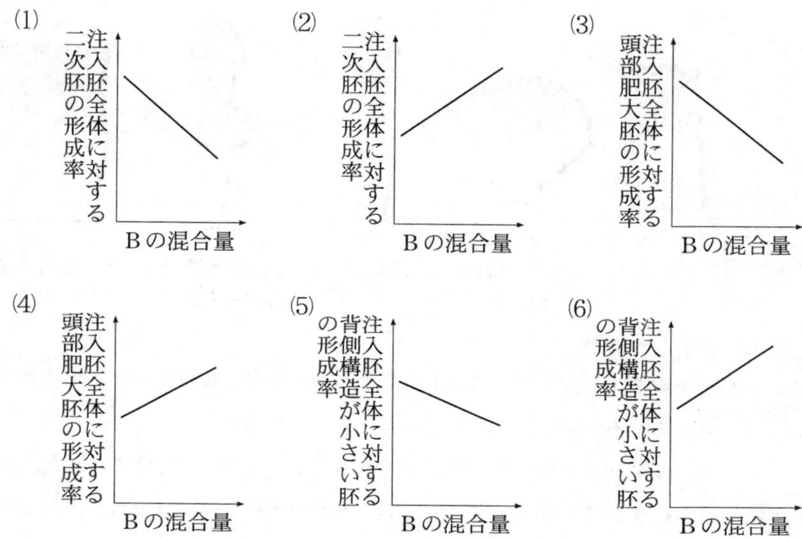

E　Aタンパク質とBタンパク質は，ともに胚の背側，腹側の両方に分布する。このとき，文1で触れた背側化因子は，Aタンパク質のはたらきに，結果としてどのような影響を与えると考えられるか。Bタンパク質と関連づけながら，2行程度で述べよ。

Ⅱ　文2について，以下の小問に答えよ。

A　アフリカツメガエルにおいて，原腸形成によりもぐり込んだ中胚葉の細胞の一部は，棒状の，幼生の体を支える器官へと分化する。この器官の名称を答えよ。

B　下線部(ウ)について。培養した外植体は，どのような形になると予想されるか。下の(1)～(5)の中から1つ選べ。

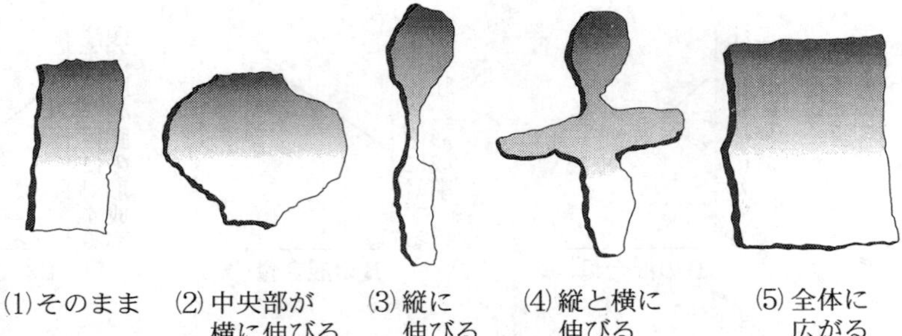

C　下線部(エ)について。このような表現型が生じたのはなぜか。可能性として考えられるものを，以下の(1)〜(5)からすべて選べ。

(1)　Cタンパク質の阻害によって，中胚葉の細胞にならなくなった。

(2)　Cタンパク質の阻害によって，細胞の運動方向がバラバラになった。

(3)　Cタンパク質の阻害によって，原口背唇部ができなくなった。

(4)　Cタンパク質の阻害によって，原腸形成に必要な細胞が足りなくなった。

(5)　Cタンパク質の阻害によって，中胚葉の細胞が動けなくなった。

D　下線部(オ)について。このような表現型が生じたのはなぜか。2行程度で述べよ。

E　Cタンパク質をコードする伝令RNA(C RNA)をある量以上胚の背側割球に注入すると，dnC RNAを注入した場合と同様の作用があった。考えられる理由について，Cタンパク質の細胞内における分布と関連づけながら，1行程度で述べよ。

2012年　入試問題

第2問

次の文1と文2を読み，ⅠとⅡの各問に答えよ。

〔文1〕

人類は定住し農耕を始めるようになってから，安定的に食糧を得るため，植物の遺伝的改良を行ってきた。現在，私たちが栽培しているほとんどの農作物は，野生植物から出現した優良個体の長年にわたる選抜と，交配や人為的な変異を用いた遺伝的改良によって作出されたものである。このような，同一種の中で農業上区別できる系統を，ここでは品種という。

イネは日本において盛んに品種改良が行われてきた作物の1つであり，これまで数多くの品種が作出されている。その中でもコシヒカリは，現在日本で最も多く栽培されているイネ品種である。近年，コシヒカリの優良形質を受けついだ新品種がいくつも開発されている。以下はその3つの品種の例である。

品種Aは，病気に強い品種とコシヒカリとの交配により，病気に強い形質をコシヒカリに付加した品種であり，(ア)戻し交配とDNAマーカー選抜法という手法を組み合せることによって作出された(図2―1)。DNAマーカー選抜法では，できた雑種のDNAの塩基配列を調べることによって，その個体のもつ多数の遺伝子がコシヒカリ由来であるのか，交配相手由来であるのか，またそれらがホモ接合であるのか，ヘテロ接合であるのかを判別することができる。導入したい形質(病気に強い)に関わる遺伝子をもち，それ以外の多くの遺伝子がコシヒカリ由来となった雑種を選抜し，自家受粉を経て，形質が固定されたものを最終的に新品種とする。

品種Bは，コシヒカリの突然変異体を選抜することによって得られた品種であり，コメの粘りがコシヒカリより強い。コメの粘りは，胚乳に蓄積する2種類のデンプン分子，アミロースとアミロペクチンの割合によって決まり，アミロースの割合が低いとコメの粘りが強くなる。

品種Cは，草丈の低い品種とコシヒカリとの交配により，草丈が低く，倒れにくい形質をコシヒカリに付加した品種であり，品種Aと同じ方法によって作られた。

これらの3つの品種を用いて，以下の実験1～3を行った。なお，3つの品種はいずれも純系であり，病気に強い，コメの粘りが強い，草丈が低いという形質以外の形質は，コシヒカリと同等である。またそれぞれの形質は1遺伝子によって支配され，独立に遺伝するものとする。

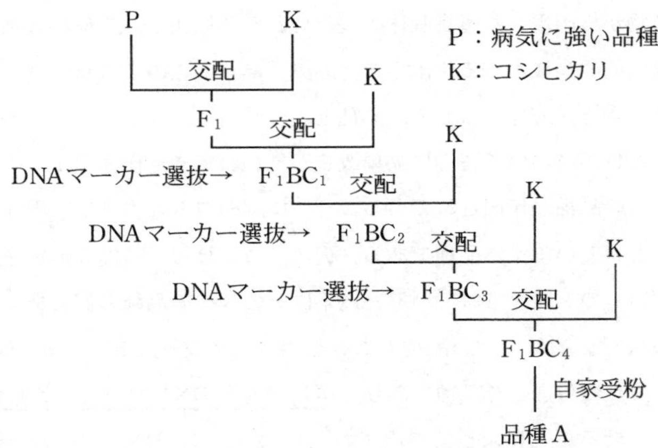

図2－1　戻し交配とDNAマーカー選抜法による品種Aの作出過程。図中のF_1BC_xは，F_1に戻し交配(backcross)をx回行った個体である。

実験1　品種A，B，Cをそれぞれコシヒカリと交配し，F_1種子を得た。F_1個体を自家受粉させ，雑種第2代(F_2)における表現型の分離比を調べたところ，それぞれの集団には，病気に強い個体，自家受粉すると粘りが強いコメのみをつける個体，草丈が低い個体が25％の割合で出現した。

実験2　品種Bとコシヒカリとの交配を，雄親と雌親をそれぞれ入れ替えて行い，2種類のF_1種子を得た。得られた2種類のF_1，コシヒカリ，品種Bの4つについて，種子の胚乳におけるアミロースの割合を調べたところ，コシヒカリが最も高く，コシヒカリ＞コシヒカリを雌親としたF_1＞品種Bを雌親としたF_1＞品種B，の順で低くなった。

実験3　図2―2のような交配により作出した1つの個体Qを自家受粉させ，種子集団Rを得た。この種子集団Rを発芽させ，その後の表現型を調べたところ，病気に強く，自家受粉すると粘りが強いコメのみをつけ，草丈が低いという，品種A，B，Cの性質を兼ね備えた個体が出現した。

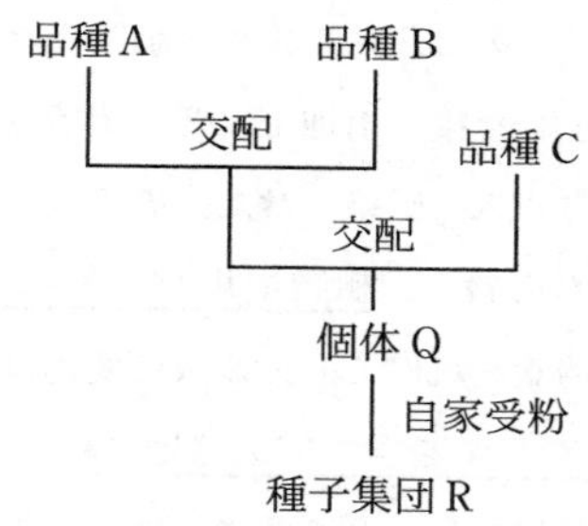

図2―2　種子集団Rの作出過程

〔文2〕

ある植物に他の生物由来の遺伝子を導入して作られた植物を，トランスジェニック植物という。イネでは，土壌細菌であるアグロバクテリウムを用いた遺伝子導入法がよく用いられている。アグロバクテリウムは，自身のもつTiプラスミドの一部を，植物細胞の核のDNAに組み込む性質をもつ。この性質を用いた方法によって，ある遺伝子をイネに導入するために，以下の実験4を行った。図2―3はこの実験の前半部の概要を示したものである。また，図中で示された(イ)，(ウ)，(エ)は，実験説明文中の下線部(イ)，(ウ)，(エ)の操作に対応している。

実験4　導入したい目的遺伝子を含むDNAをPCR法(イ)によって増幅した。この増幅したDNAに対して，酵素反応(ウ)を行うことによって特定の塩基配列の部位を切断し，目的遺伝子を含むDNA断片を得た。続いて，アグロバクテリウムからTiプラスミドを取り出し，酵素反応(ウ)を行うことによってその一部のDNA配列を取り除き，そこに目的遺伝子を含むDNA断片を酵(エ)

素反応によって組み込んだ。次に，この目的遺伝子をもったプラスミドを(オ)アグロバクテリウムに導入し，寒天培地上でアグロバクテリウムを増殖させ，菌体を感染用の溶液に懸濁し，アグロバクテリウム溶液とした。

籾殻(もみがら)を取り外したイネの種子(カ)を殺菌し，植物ホルモンXを含む寒天培地(キ)に置いたところ，胚の細胞が増殖し，約2週間後に多数のカルスが形成された(ク)。それらのカルスを集め，調製したアグロバクテリウム溶液に数分間浸し，水洗した後，培地上で3日間培養することによって，アグロバクテリウムをカルスに感染させた。その後，カルスの表面に増殖したアグロバクテリウムを殺し，植物ホルモンXを含む寒天培地(ケ)で2週間程度培養した。更に培養を続けてもカルスに変化は見られなかったが，カルスを植物ホルモンXとYを含む寒天培地(コ)に移したところ，1週間ほどでカルスの一部が緑色になり，2週間後にはその周辺から多数の芽が形成された(サ)。芽を含む組織を，植物ホルモンを含まない寒天培地上に移植したところ，芽や根が伸長し，植物体へと成長した。この植物のDNAを調べ，目的遺伝子をもったトランスジェニックイネであることを確認した。

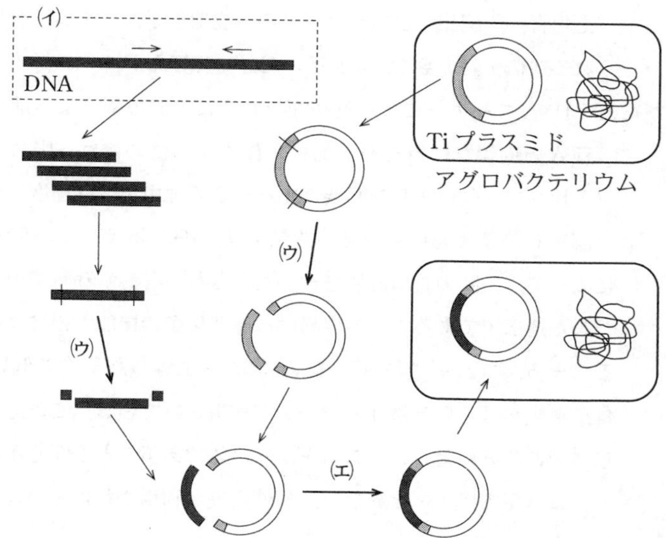

図2—3　遺伝子導入に用いるアグロバクテリウムの調製方法。Tiプラスミドの灰色の部分は，本来アグロバクテリウムが，植物の核のDNAに組み込むDNA領域であることを示す。

〔問〕

I　文1について，以下の小問に答えよ。

A　実験1について。品種Aとコシヒカリとの交配で得られたF_1個体の，病気に対する表現型はどのようになるか，答えよ。

B　実験2について。コシヒカリを雌親としたF_1の方が，品種Bを雌親としたF_1よりも，胚乳におけるアミロースの割合が高くなった理由を，被子植物特有の受精様式を考慮した上で，2行程度で述べよ。

C　実験3について。種子集団Rの中に含まれると考えられる純系の種子の割合を，分数で答えよ。

D　下線部(ア)について。以下の(a)と(b)に答えよ。

(a)　DNAマーカーによる選抜を行わずに，4回の戻し交配によってできた個体(F_1BC_4)を考える。仮に独立に遺伝するn対の遺伝子が存在するとした場合，交配相手とコシヒカリの対立遺伝子がヘテロ接合になると期待される遺伝子対の数を，n を用いた分数で答えよ。

(b) DNA マーカーによる選抜を行わずに，表現型による選抜によって，品種Aと同等な性質をもつ品種を作出するためには，図2－1で示す過程と比べて，長い年月を必要とする。その理由を2行程度で述べよ。

E　品種Cの草丈を低くさせる遺伝子は，1960年代からの急激なコメの増産によって，当時の食糧危機を救ったとされる「緑の革命」で中心的な役割を果たした遺伝子である。この変異はある遺伝子の機能欠損による劣性変異である。一方，コムギにおいて「緑の革命」を主導した草丈の低い品種の作出には，草丈が低くなる優性の遺伝子が利用されている。この違いは，イネが二倍体であるのに対して，コムギが六倍体であることと関連があると考えられる。コムギではイネと異なり，劣性変異が利用されにくい理由を2行程度で述べよ。

Ⅱ　文2について，以下の小問に答えよ。

A　下線部(イ)，(ウ)，(エ)には遺伝子操作でよく用いられる酵素が使われる。それぞれに最も適切な酵素を以下の(1)〜(4)から選び，(イ)—(5)のように答えよ。

(1)　DNA 合成酵素

(2)　DNA リガーゼ

(3)　DNA 分解酵素

(4)　制限酵素

B　下線部(カ)について。イネの種子は，種子貯蔵物質の蓄積の様式が，エンドウの種子とは異なっている。その違いを2行程度で述べよ。

C　下線部(ク)における胚の細胞からカルスへの変化，下線部(サ)におけるカルスから芽への変化のことをそれぞれ何というか。(ク)—〇〇〇，(サ)—×××，のように答えよ。

D　下線部(キ)，(ケ)，(コ)の培地に含まれる植物ホルモンXとYについて正しい記述を，以下の(1)〜(6)からすべて選べ。

(1) X は離層の形成を促進する。

(2) X は幼葉鞘(ようようしょう)の先端から基部方向へ移動する。

(3) X をイネの種子に与えると，胚乳のデンプン分解が促進される。

(4) Y を葉に与えると，老化が抑制される。

(5) Y は果実の成熟を促進する。

(6) Y はイネに病気を引き起こす菌が分泌する物質として同定された。

E　下線部(オ)のプラスミドには，目的遺伝子とともに，あらかじめ，ある除草剤に対して耐性となる遺伝子が組み込んである。また，下線部(ケ)と(コ)の培地にはこの除草剤を加えてある。この方法により，トランスジェニック個体を効率よく取得することができる。その理由を2行程度で述べよ。

第3問

次の文1と文2を読み，ⅠとⅡの各問に答えよ。

〔文1〕

180万～160万年前頃(注1)に始まり，現在に至る新生代第四紀は，寒冷な時期と温暖な時期が繰り返される，気候変動の大きい時期であった。たとえば，最終 [1] はわずか1万数千年ほど前まで続いていた。この気候変動に合わせて，生物は生存に適した気候帯へ，分布域を変化させたと考えられている。その過程で，環境の変化に適応できなかった種や一部の個体群が絶滅したり，分断・隔離された集団が種分化をおこしたり，というようなことがしばしばおこったと推察される。

本州・四国・九州の山岳地帯の樹林には，ルリクワガタ属という小型のクワガタムシの仲間(図3―1)が分布し，現在までに10種が記載されている。このうち，図3―2に水平分布を示した種A，種B，種C，種Dは，長らく1つの種として扱われてきた。最近になって，これらの種は近縁ではあるものの，交尾器(ア)

(雌雄が交尾する時に結合する部分で，交尾時以外は腹部に格納されている)の形態が互いに異なり，遺伝子の塩基配列等によっても互いに識別できる4種であることが明らかになった。図3―2の分布域は，それぞれの種の分布確認地点の最も外側の点をなめらかな線で結んだものである。

種A～種Dの分布域は基本的に重ならない。2種の分布域の間に平地の空白地帯を挟む場合もあるが，生息に適した樹林が連続しているような地域に境界がある場合には互いに隣り合うように分布している。これらの種は気候変動にともなって隔離されて種分化し，その後分布を拡大して，現在のような分布状態になったと推定される。これらの種の分布境界線は，しばしば，図3―3に示したように分水嶺(ぶんすいれい)に近い高地に存在している。そのような境界域を詳しく調べると，幅1kmにも満たない混生地帯をはさんで2種が接している場合がある。したがって，種A～種Dは，互いに分布域が接触しても，混ざり合って生息することがない関係だと推定される。

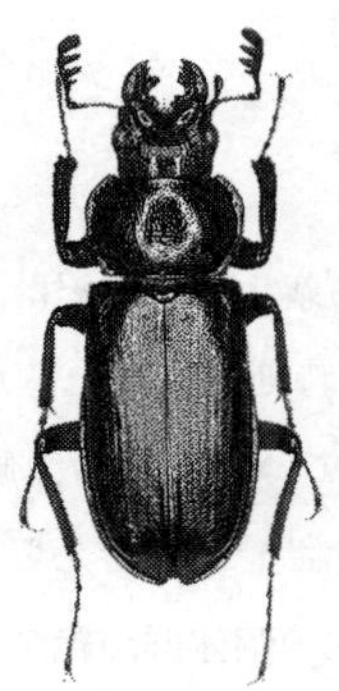

図3―1　ルリクワガタ属の種A(雄)

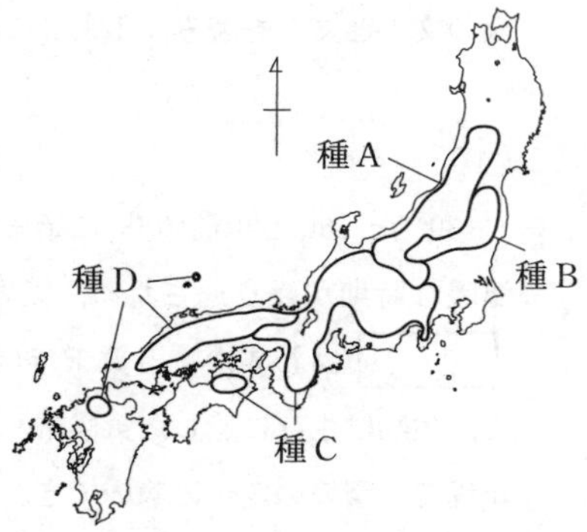

図3―2　種A～種Dの水平分布域

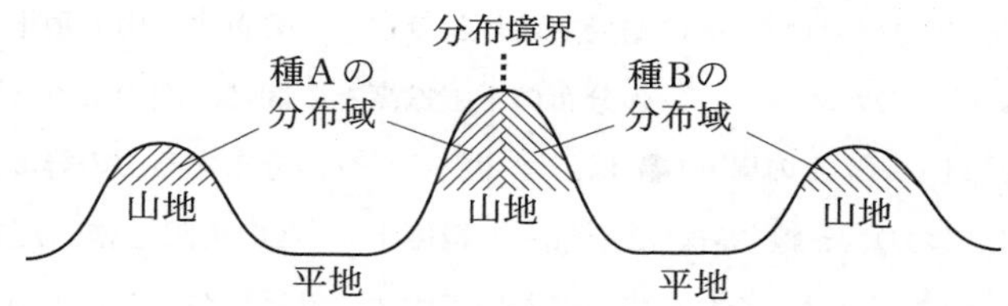

図3—3　種Aと種Bの分布境界付近の模式図。種A～種Dの分布境界付近は同様の状態になることが多い。

種A～種Dでは，1つの容器に異種の雌雄を入れておくと，しばしば交尾をしようとする。しかし，種間交配では交尾が成立する割合は低く，子ができることも稀で，たとえ雑種個体が生じたとしても，多くの場合，生存能力や生殖能力が低い。このような種間交配のために子孫の数が減少することを「繁殖(生殖)干渉」といい，種A～種Dの例のように，近縁な2種が混ざり合って生息することができない原因のひとつと考えられている。

これ以外にも，近縁な種どうしの生息域が隣接しているものの，混ざり合わない現象としては［ 2 ］が知られ，餌やすみかをめぐる［ 3 ］を避ける効果があると考えられている。

（注1）　2009年になって，第四紀の始まりは約260万年前だとする新しい説が広く認められるようになった。

〔文2〕

オオシラビソという高木に成長する樹木は，本州中部～東北地方の山岳地帯に広く分布する一方で，分布を欠く山も多くみられる。(イ)オオシラビソの生育に適していると考えられる標高の範囲であるにもかかわらず，この種が分布しない理由については，現在の気候条件や，種としての水平分布域の変遷などからさまざまな説が唱えられてきた。しかし，気候的にみて分布が可能ではないかと思われ，周囲にも分布が認められるような山でも，オオシラビソが分布しないこともあり，他にも原因があることが予想されていた。

そこで，本州中部～東北地方の多数の山についてオオシラビソの出現状況を調べる研究が行われた。その結果，オオシラビソの分布する山の頂上の標高と，それらの山でのオオシラビソの分布の下限標高との間に，次のような関係が認められた。図3—4(A)の黒丸(●)は，オオシラビソが分布する山の緯度と頂上の標高を示しており，a線(実線)はそれらの緯度1°ごとの下限を結んだものである。一方，白丸(○)は，それらの山においてオオシラビソが分布している最低標高の地点の緯度と標高を示しており，b線(破線)はそれらの緯度1°ごとの下限を結んだものである。a線とb線は，緯度によらず標高差300〜400mを保ってほぼ平行である。また，(ウ)<u>a線より頂上の低い山には，その頂上の標高がb線を超えていても，オオシラビソは全く分布していないことがわかった</u>。オオシラビソのほか，シラビソ，トウヒ，コメツガなどの樹種においても同様の図を作成すると，a線とb線は，やはり標高差約300〜400mをもってほぼ平行になるので，a線とb線の標高差はこれらの樹種に共通の特徴であると思われた。

しかし，ハイマツでは，同様の図を作成すると，図3—4(B)に示すように，a線とb線の標高差はオオシラビソなどにくらべて非常に小さかった。ハイマツは高標高地に生える代表的な低木で，他のマツ類と同様に［　4　］樹としての性質が強く，オオシラビソやトウヒなどの高木は反対に［　5　］樹の性質を示す。

ハイマツは，気候的には許容範囲であったとしても，これらの高木林が優占する場所には生育することがむずかしい。図3—4(B)に示すように，ハイマツの分布がしばしば山の［　6　］付近に限られるのは，このような他の高木との関係が影響していると考えられる。ハイマツは一般的にオオシラビソよりも［　7　］な気候に生育するが，両方の種が生育可能な気候の範囲もある。そのような範囲の場所では，［　5　］樹であるオオシラビソが最終的な競争的強者となる。しかし，気候的な制約から高木の生育しにくい［　6　］付近の環境下では，比較的低標高であってもハイマツが生育する場合がある。

(エ)<u>中部地方の山岳地域(標高1000〜2000m)で地層中の植物の花粉分析(地層の年代を化学的手法で推定し，年代ごとに植物の花粉を同定する)が行われている</u>。その結果，中部地方では，(オ)<u>約3500年前にはオオシラビソを含む複数の樹種の垂</u>

直分布が現在より約 300〜400 m，標高の高い方にずれており，その後，現在の垂直分布に近づいたことが明らかになった。

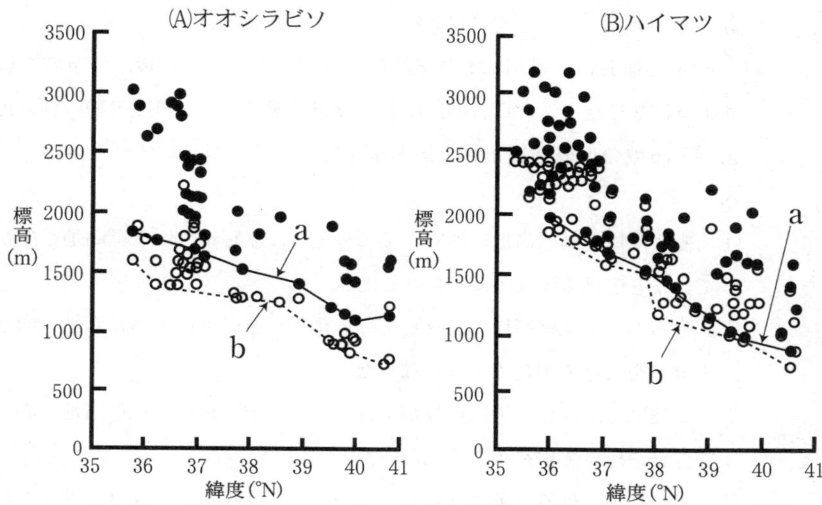

図 3 ― 4　樹木の分布する山の頂上の標高と分布下限標高の関係。a 線と b 線は，緯度を 35°，36°，・・・というように 1°ごとに区切り，それらの間の最低標高の黒丸と白丸を，それぞれ結んだものである。

〔問〕

I　文 1 について，以下の小問に答えよ。

A　空欄 1 〜 3 に適切な語を入れよ。

B　下線部(ア)について。昆虫の複数の集団を比較すると，外見が非常に似通っていて生態もよく似ているが，交尾器の形態に明瞭な差のある場合がある。このような集団どうしは通常，別種として扱われる。その理由を，種の概念と関連づけて，2 行程度で述べよ。

C　種 A〜種 D の垂直分布は，おおむね標高 500〜1500 m の範囲にあり，それは，ほぼ 1 つの植物群系の分布域に相当している。その群系の樹林帯名を答えよ。また，その樹林帯に生育する代表的樹種として適切なものを以下の(1)〜(7)からすべて選べ。

(1) アラカシ　(2) ガジュマル　(3) ミズナラ　(4) シ イ

(5) ブ ナ　(6) タブノキ　(7) トドマツ

D 種Aと種Bは，最初はそれぞれ孤立していたが，その後，分布域を接するようになったと考えられる。現在の分布状態から，これらの種の種分化および分布域の形成過程として最も適切なものを，以下の(1)〜(4)から1つ選べ。

(1) 寒冷期に，高標高地に孤立して種分化し，温暖期に，低標高地へ向かって分布を広げて現在のようになった。

(2) 寒冷期に，低標高地に孤立して種分化し，温暖期に，高標高地へ向かって分布を広げて現在のようになった。

(3) 温暖期に，高標高地に孤立して種分化し，寒冷期に，低標高地へ向かって分布を広げて現在のようになった。

(4) 温暖期に，低標高地に孤立して種分化し，寒冷期に，高標高地へ向かって分布を広げて現在のようになった。

II 文2について，以下の小問に答えよ。

A 空欄4〜7に適切な語を入れよ。

B 下線部(イ)について。オオシラビソの生育に適していると考えられる気温の範囲であるにもかかわらず，この種が分布しない理由を，以下の(1)〜(5)のように考察してみた。この中から，理由として適切でないものを2つ選べ。

(1) オオシラビソは，暖温帯の気候下では生育できない。

(2) オオシラビソは，冬季の積雪量が非常に多い山では生育できない。

(3) オオシラビソは，強風の吹きやすい山では生育できない。

(4) オオシラビソは，遷移の途中に多く出現し，極相に達するとほとんど消滅する。

(5) オオシラビソは，生育に適している気温の範囲全域に，まだ分布を広げられていない。

C　下線部(エ)のような花粉分析は，湿性遷移の過程にある湿地の周辺で掘削を行い，地層中を調査することが一般的であるが，この理由を2行程度で述べよ。

D　下線部(オ)より推定される，調査地での約3500年前の気候として，最も適切なものを以下の(1)～(6)から1つ選べ。

(1)　平均気温は，現在より約2℃高温であった。

(2)　平均気温は，現在より約2℃低温であった。

(3)　平均気温は，現在より約4℃高温であった。

(4)　平均気温は，現在より約4℃低温であった。

(5)　平均気温は，現在より約6℃高温であった。

(6)　平均気温は，現在より約6℃低温であった。

E　文2で述べられた一連の研究の結果，下線部(ウ)のようなオオシラビソの分布の特徴には，過去の分布変遷が関わっていると考えられるようになった。下線部(オ)を考慮して，下線部(ウ)のような分布の特徴が生じた理由を2行程度で述べよ。

2011年

解答時間：2科目150分
配　　点：120点

第1問

次の文1と文2を読み，ⅠとⅡの各問に答えよ。

〔文1〕

ほ乳類の始原生殖細胞は，発生の比較的早い時期に，胚の尿嚢（にょうのう）とよばれる部位に出現する。そして，胚中を移動し，形成中の生殖腺にたどり着く。雄では，生殖腺は腎臓などと同様に［ 1 ］胚葉から分化し，やがて精巣となるが，始原生殖細胞はそこに入っていき，［ 2 ］細胞となる。精巣の中で［ 2 ］細胞は体細胞分裂を繰り返して増殖を続けるが，その一部はやがて分裂を停止し，成長して大きくなる。これが一次精母細胞である。一次精母細胞は減数分裂をおこなって精細胞となる。精細胞は，まだ球形に近い細胞で，それが形を変えて精子となる。精巣から放出された精子は，鞭毛（べんもう）を屈曲運動させることによって雌の生殖器内を遊泳し，卵をめざす。

一方，卵巣内では卵形成が進む。体細胞分裂を停止し，大きくなった一次卵母細胞は第一減数分裂の結果，二次卵母細胞と第一［ 3 ］になる。さらに第二減数分裂で二次卵母細胞は卵と第二［ 3 ］となる。このような卵形成の進行は，生殖腺刺激ホルモンによって制御されている。一般に，ほ乳類では，卵巣内では第二減数分裂の中期で卵形成が停止しており，その状態で排卵され，輸卵管のなかで受精する。受精卵は卵割(ア)を繰り返しながら子宮に到達し，そこで着床する。

ほ乳類に比べて実験が容易な，棘皮（きょくひ）動物のヒトデやウニを用いて，卵形成や，受精後の細胞分裂がどのようなしくみでおこるかを調べた。

実験1　産卵期の，ほぼ成熟したヒトデの卵巣を切り出し，よく海水で洗った後，海水中に静置した。そこに，ほ乳類の生殖腺刺激ホルモンに相当する1-メチルアデニンを加えたところ，卵巣の切り口から，(イ)均一で球形の大きな細胞(一部のものは，小さい細胞で囲まれている)がたくさん放出された。この細胞をすぐに顕微鏡で観察したところ，(ウ)細胞内部に大きな核が観察されたが，やがてそれらの大きな核は見えなくなり，その後しばらくして(エ)細胞が極端な不等分裂をおこした。

実験2　ウニの一種であるタコノマクラの卵は比較的透明度が高く，紡錘体などの内部構造を観察しやすい。タコノマクラの受精卵を動かないように海水中で固定し，第一卵割が始まるのを待った。そして核が見えなくなり，紡錘体が形成され始めたころ，細胞に微小な注射針を挿入し，その紡錘体を吸い取って除去したところ，数時間待っても卵は分裂しなかった。一方，紡錘体がほぼ完全に形成された後に，同様に紡錘体を吸い取ったところ，(オ)細胞にくびれが生じ，それが深まり，やがて細胞は2つに分裂した。このとき，分裂面はもとの紡錘体の赤道面と一致していた。

〔文2〕

精子の鞭毛は，その先端部にいたるまで，サイン波様の屈曲を周期的に作り出すことで，推進力を生み出している。鞭毛にこのような屈曲運動を引きおこしているのは，鞭毛全体にわたって分布しているダイニンとよばれるタンパク質である。ダイニンはATP(アデノシン三リン酸)を分解して得られるエネルギーを運動に変えるはたらきをしているので，ダイニンが鞭毛全体ではたらき，鞭毛の運動を維持するためには，鞭毛全体にわたって十分な量のATPが供給される必要がある。しかし鞭毛は細長く，しかもミトコンドリアは鞭毛の基部(精子の頭部近辺)のみに局在している。したがって，ミトコンドリアにおける代謝(クエン酸回路と電子伝達系)により生産されるATPが主に用いられる場合には，ATPを鞭毛の先端まで十分量供給するしくみが必要となる。一方，鞭毛内の細胞質基質に存在する解糖系で生産されるATPが主に用いられる場合には，解糖系の基質が，精子の細胞外から鞭毛全体に十分に供給されるしくみが必要となる。マウスとウニを用いて，代謝と鞭毛運動の関係を調べる実験をおこなった。なお，精子において，ATPは鞭毛の運動に使われるエネルギーを得るための反応である，

ATP → ADP(アデノシン二リン酸) + リン酸

で消費される。また，上の反応で生じたADPから，

2 ADP → ATP + AMP(アデノシン一リン酸)

の反応で，ADPの一部がATPに再生され，さらに消費される。
(注：上記の反応式は一部簡略化してある。)

実験3　マウスの精子の代謝と鞭毛運動の関係を調べる目的で，精子の培養液に，図1—1の①～⑥の実験条件で，代謝の基質と代謝の阻害剤(薬剤X，薬剤Y)を加える実験を行った。解糖系の基質としてはグルコースを，ミトコンドリアにおける代謝の基質としてはピルビン酸を用いた。グルコースは解糖系でピルビン酸になり，それがミトコンドリアに運ばれて，さらに代謝される。また，薬剤Xはミトコンドリアにおける代謝の阻害剤で，解糖系は阻害しない。薬剤Yは解糖系の阻害剤で，ミトコンドリアにおける代謝は阻害しない。なお，これらの基質や阻害剤は，精子の培養液に加えると，すみやかに精子細胞内に取り込まれることがわかっている。

基質と阻害剤を精子の培養液に加えた直後は，図1—1に示される①～⑥のすべての実験条件において，精子は高い運動活性とATP濃度を示したが，30分後に精子細胞内のAMP，ADP，ATPの濃度を測定したところ，図1—1に示すような結果が得られた。図1—1の最下段には，その時点で観察された精子の運動活性を，高いか低いかで示している。なお，ピルビン酸を基質として用い，ミトコンドリアにおける代謝を調べる実験条件については，精子細胞内に存在するグルコースの影響を除くために，薬剤Yを加えてある。

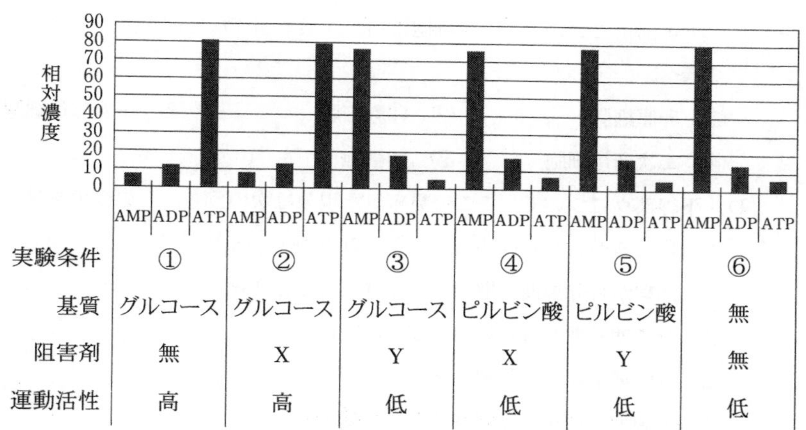

図1—1　マウス精子の培養液に，代謝基質と阻害剤を加えて30分後の精子細胞内に含まれるAMP，ADP，ATPの相対濃度と精子の運動活性

実験4　次に，ウニの精子を用いた実験をおこなった。ウニの精子を海水中にけん濁すると，激しい遊泳運動を示した。その運動は15分過ぎても維持されていた。15分後の海水中の溶存酸素量を測定したところ，著しく減少していた。この，15分間海水中で運動させた精子をすりつぶして調べた結果，(カ)細胞中の成分Zの量が減少していた。また，精子や海水中に含まれる，尿酸や尿素のような窒素を含む老廃物の量は増加していなかった。次に，精子をけん濁した海水中に薬剤Xを加えたところ，急激に精子の運動活性が低下するのが観察された。しかし，薬剤Yを加えた場合には，運動活性の阻害はほとんどみられなかった。

〔問〕

I　文1について，以下の小問に答えよ。

A　空欄1～3に適切な語を入れよ。

B　下線部(ア)について。ほ乳類における，一般の体細胞分裂と卵割の大きな違いは何か。1行程度で述べよ。

C　下線部(イ)について。この細胞は何か。最も適切なものを，以下の(1)～(5)から選べ。

(1)　卵原細胞　(2)　卵胞細胞　(3)　一次卵母細胞
(4)　二次卵母細胞　(5)　卵細胞

D　下線部(ウ)について。ここで見られた現象は次のうち，どの変化を見ていることになるか。最も適切なものを，以下の(1)～(5)から選べ。

(1)　間期から分裂期前期が始まる直前までの変化
(2)　分裂期前期から分裂期中期への変化
(3)　分裂期中期から分裂期後期への変化
(4)　分裂期後期から分裂期終期への変化
(5)　分裂期終期から次の間期への変化

E　下線部(エ)について。1–メチルアデニンを加えた後に生じる，極端な不等分裂においても，紡錘体が作られるのが観察された。その紡錘体は，細胞のどの位置に出現すると考えられるか。最も適切なものを，以下の(1)～(5)から選べ。なお，図は卵の中心と紡錘体の両極を含む断面を模式的に示したものである。

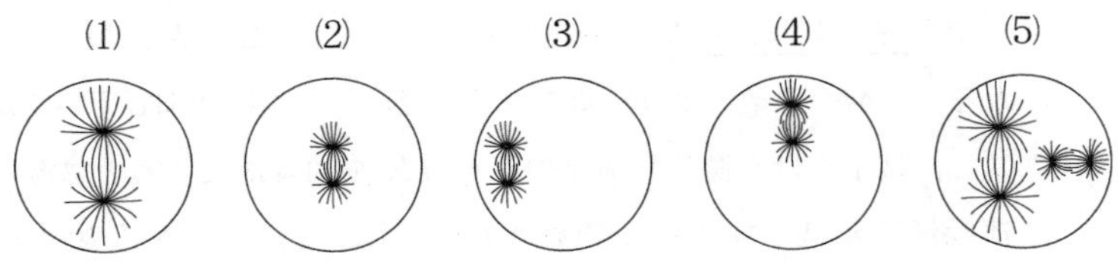

F　下線部(オ)について。細胞にくびれを生じさせ分裂させるしくみは細胞のどこにあると推測されるか。最も適切なものを，以下の(1)～(5)から選べ。

(1)　くびれが生じた場所の細胞膜のすぐ内側
(2)　くびれを含む平面の細胞質全体
(3)　紡錘体の極
(4)　紡錘体全体

⑸　赤道面に集まった染色体

Ⅱ　文2について，以下の小問に答えよ。

A　実験3について。図1—1に示すように，30分後にマウスの精子の運動活性が低い実験条件では，いずれもAMP濃度が最も高かった。その理由を推測して2行程度で述べよ。

B　実験3について。図1—1に示された，マウスの精子を用いた実験の結果からの推測として，誤った記述はどれか。以下の⑴～⑸からすべて選べ。

⑴　精子の運動にはグルコースが基質として使われているので，実際の受精環境にはグルコースが存在している可能性がある。

⑵　精子の運動活性が低い条件ではATPを生産する必要がないので，ATP濃度は30分後でも低い。

⑶　精子の運動活性が高い場合でも精子の運動に使われるATPの量は非常に少ないので，ATP濃度は30分後でも維持されている。

⑷　ミトコンドリアの代謝がはたらかなくても，解糖系のみで充分，精子の運動活性が維持される。

⑸　ピルビン酸が与えられても，解糖系がはたらいていないと，精子の運動活性は低いので，精子の運動には解糖系が大きく寄与している。

C　下線部㈮について。細胞中の成分Zは何か。最も適切なものを，以下の⑴～⑸から選べ。

⑴　グリコーゲン　　⑵　フルクトース　　⑶　タンパク質

⑷　アミノ酸　　⑸　脂　質

D　ウニの精子が，細胞中の成分Zを代謝して遊泳運動のためのエネルギーを得ている理由を，受精の環境がほ乳類と異なることを考慮して，2行程度で述べよ。

E　ウニの精子では，ミトコンドリアで作られたATPを鞭毛の先端部まで供給するために，ある高エネルギーリン酸化合物を介して，ADPからATPを直接的に合成するしくみをもっている。この高エネルギーリン酸化合物は骨格筋にも存在し，運動の維持のためにはたらいている。この高エネルギーリン酸化合物の名称を答えよ。

第 2 問

次の文 1 と文 2 を読み，ⅠとⅡの各問に答えよ。

〔文 1〕

図 2 ― 1 は一般に見られる被子植物の構造を示す模式図である。葉が茎につく位置を節(せつ)といい，節と節の間を節間(せつかん)という。被子植物の体は，花と根を除き，1 つの節間と，節につく葉および側芽からなる単位が，繰り返し規則的に積み重なった構造となっている。新しい茎や葉は頂芽の中にある頂端分裂組織から発生し，次第に発達して完成した形となる。その過程で，図 2 ― 1 に示すように，葉と茎の間に 1 つの側芽が発達する。側芽にも頂端分裂組織があり，新しい茎や葉を作りだす能力をもっている。側芽が伸長することにより側枝が形成される。

1 つの節に 1 枚の葉がつく場合には，葉が茎の周囲に，らせん状に配列する。葉のつき方の規則性を葉序(ようじょ)といい，連続する 2 つの葉が，茎の軸を中心としてなす角度（0° 以上，180° 以下）を開度という。花もまた頂芽や側芽の頂端分裂組織から発生するが，花が形成されると頂端分裂組織の活動が終わる。つまり，花は頂端分裂組織が最後に形成する器官である。地球上に存在する被子植物は，(ア)繰り返し規則的に積み重なった構造を基礎とし，節間と節，葉および側芽の形態をさまざまに変化させることで，30 万種とも 50 万種ともいわれる多様性を実現している。

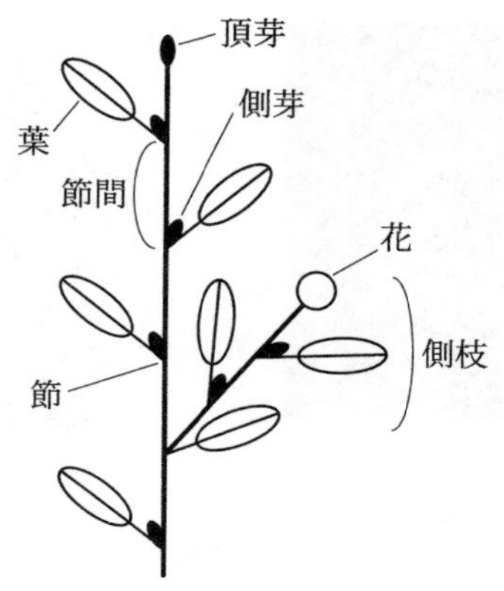

図 2 ― 1　被子植物の構造の模式図

〔文 2〕

(イ)地下にある茎を地下茎とよぶ。地上にある茎(地上茎)と見かけは異なっているが，構造は共通である。たとえば，サトイモ科のウラシマソウという植物は，節間が短くなり肥大して栄養を貯蔵する地下茎(イモ)をもっている。ウラシマソウの地下茎には多くの葉がつき，それぞれの葉のつけ根に 1 個の側芽を形成する。そこで，葉が枯れた休眠期のイモを観察すると，側芽の位置を葉の位置とみなすことにより，葉序を調べることができる。図 2 ― 2 (a)はウラシマソウの地下茎を茎頂側から観察した写真で，図 2 ― 2 (b)はその模式図である。頂芽を中心とし，その周囲にらせん状に配列する側芽の位置を示している。また，図 2 ― 2 (c)は同じ方法で，同じサトイモ科のマムシグサの地下茎の葉序を模式的に示した図である。

一方，樹木の枝のような地上茎においては，茎の太さがおおむね均一であり，節間が長いため，葉序を観察することは難しく，観察には工夫が必要である。

(a)

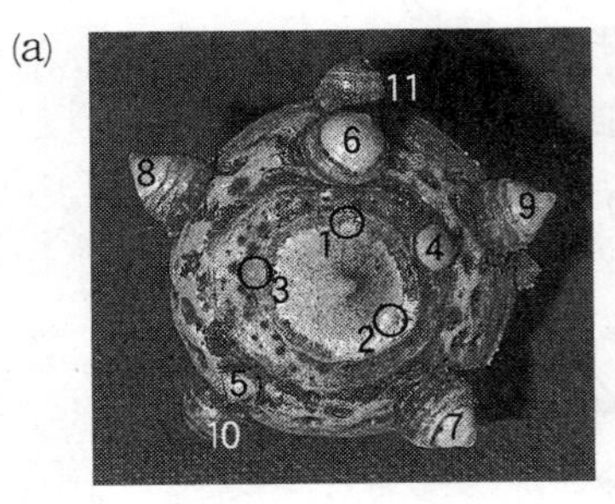

(b)

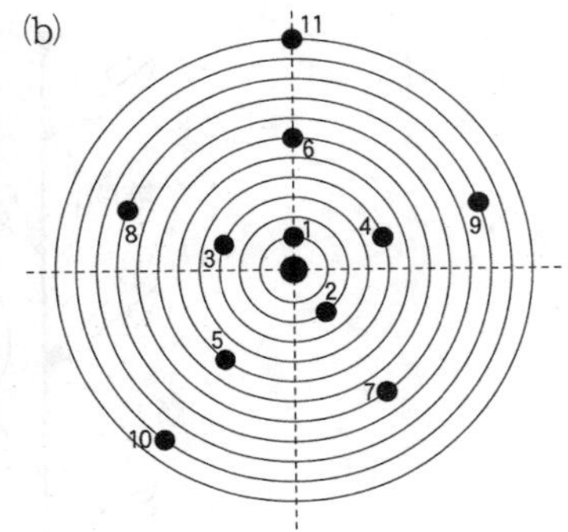

(c)

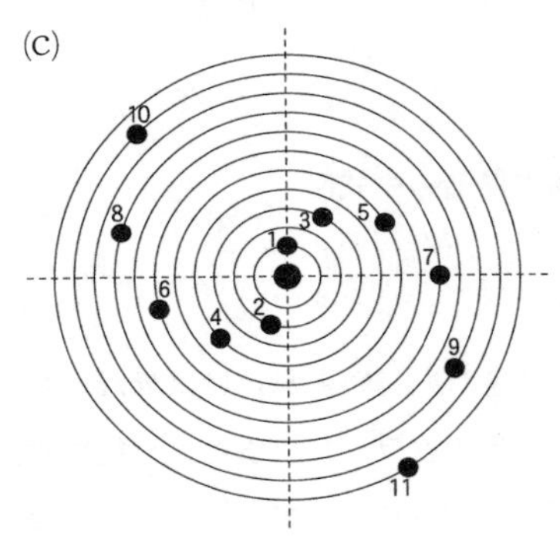

図 2 ― 2　ウラシマソウとマムシグサの地下茎の葉序。(a)ウラシマソウの地下茎。(b)ウラシマソウの地下茎(a)の葉序の模式図。(c)マムシグサの地下茎の葉序の模式図。同心円は節を，中央の黒丸(●)は頂芽を，その他の黒丸(●)は側芽を，数字は茎頂に近いものからの側芽の順序を示す。破線は補助線である。

実験 1　ある落葉樹の地上茎の葉序を調べる目的で，図 2 ― 3 (a)のような枝分かれした枝を，A と C を含む部分と，B 部分とに分けて切り取った。それぞれを平らな粘土の上で 1 回転させたところ，図 2 ― 3 (b)，(c)のような痕跡が得られた。ここで，黒丸(●)は側芽の痕跡，白丸(○)は B 部分を切り取った痕跡，四角(□)は花の落ちた痕跡である。なお，枝の太さは均一なものとし，1 回転の起点と終点に縦線を引いている。

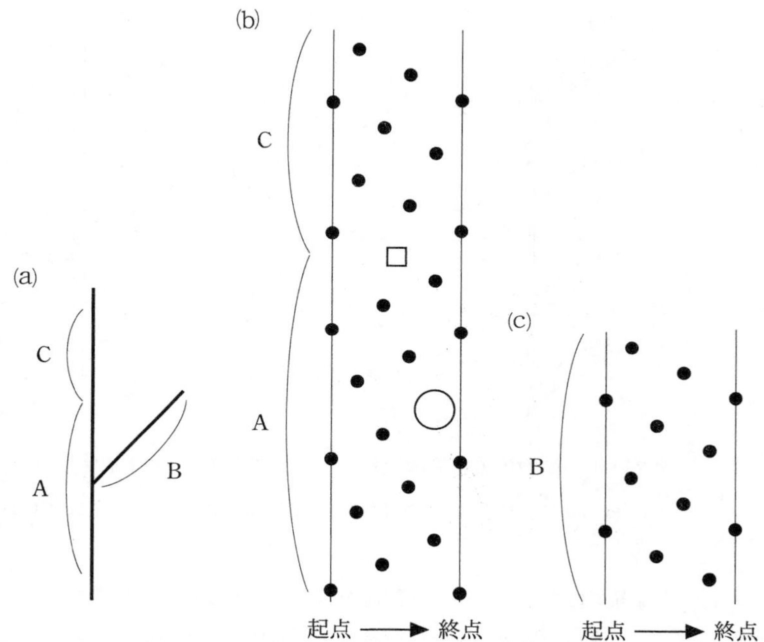

図 2 — 3　地上茎の葉序の調査　(a)葉序を調べた枝の模式図。(b)A と C を含む部分を転がして得られた痕跡。(c)B 部分を転がして得られた痕跡。

〔問〕

I　文 1 について，以下の小問に答えよ。

A　文 1 は被子植物について述べているが，図 2 — 4 に示すように，シダ植物やコケ植物のなかにも，茎のような軸とその周囲に規則的に配列する葉からなる体をもつものがある。これについて，以下の(i)，(ii)に答えよ。

(i)　生活環に注目すると，図 2 — 4 に示したツルコケモモ(被子植物)とコンテリクラマゴケ(シダ植物)の体は相同であるが，それらとマルバハネゴケ(コケ植物)の体は相同ではない。その理由を 2 行程度で述べよ。

(ii)　シダ植物とコケ植物の，このような体の構造について，おもな違いを，1 行程度で述べよ。

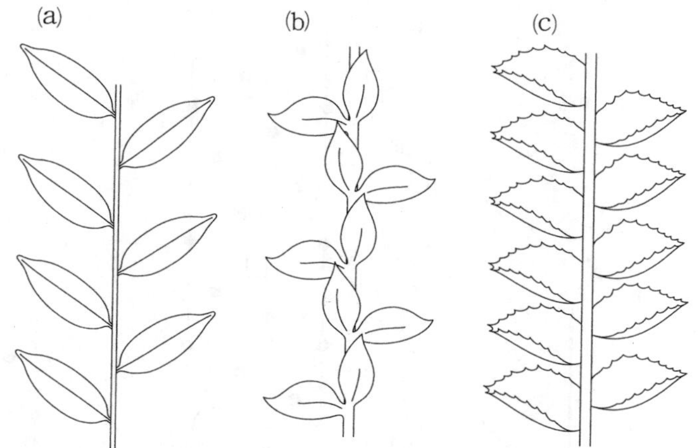

図2―4　植物体の形態の比較　(a)ツルコケモモ(被子植物)
(b)コンテリクラマゴケ(シダ植物)　(c)マルバハネゴケ(コケ植物)

B　下線部(ア)について。誤った記述を以下の(1)〜(5)から2つ選べ。

(1)　エンドウの巻きひげは枝分かれしており，茎が変形したものである。

(2)　サボテンのトゲは束になって規則的に配列しており，葉が変形したものである。

(3)　バラのトゲは茎に不規則についており，葉が変形したものである。

(4)　イチジクの実は中に多くの花があり，茎が変形した部分を含んでいる。

(5)　ウメの芽鱗(がりん)(冬芽を包んでいる鱗状のもの)はらせん状に配列しており，葉が変形したものである。

Ⅱ　文2について，以下の小問に答えよ。

A　下線部(イ)について。地下茎は根とどのように区別できるか。形態的な相違点を3つ，あわせて2行程度で述べよ。

B　図2―2について。ウラシマソウとマムシグサの葉序について，それぞれの開度を整数で求めよ。

C　実験1について。以下の(i)～(iv)に答えよ。

(i)　A部分の葉序の開度を整数で求めよ。

(ii)　B部分の葉序がA部分の葉序と共通な点，異なっている点について，あわせて1行程度で述べよ。

(iii)　A部分とC部分の接続部には，花が落ちた痕跡(□)が見いだされた。これについて次のように考察した。空欄1，2に「側芽」または「頂芽」の語を入れよ。

考察：図2―3(b)において，B部分を切り取った痕跡の位置が，A部分の側芽のらせんに完全に合致しているから，B部分はA部分の側芽が伸長してできた側枝である。この関係により，(ii)の異なっている点が生じたとすると，見かけ上A部分と直線的に連続しているC部分は，A部分の［ 1 ］が伸長してできたと捉えられる。つまり，花がA部分の［ 2 ］に形成されたため，A部分の成長が終わり，代わりにC部分が形成されたと考えられる。

(iv)　A部分とC部分の接続部についての(iii)の考察を正しくあらわしている模式図を，図2―5の(a)～(d)から1つ選べ。点線は，すでに落ちた葉と茎，花をあらわしている。ただし，葉序の開度は無視してよいものとする。

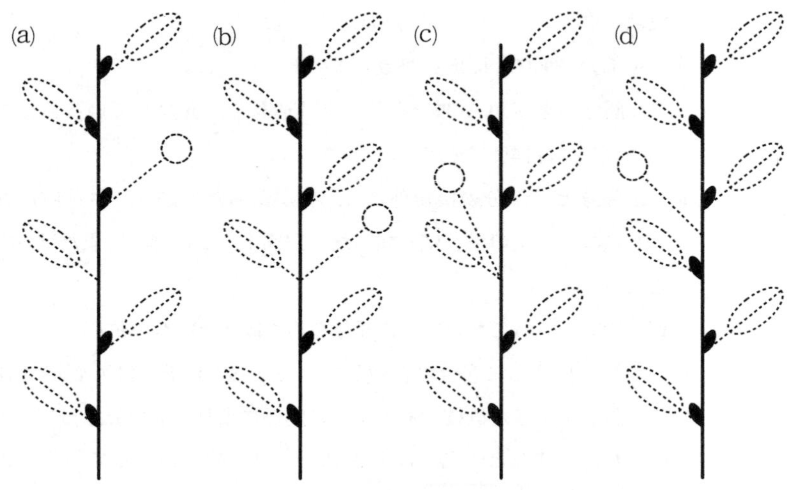

図2―5　A部分とC部分の接続部付近の模式図

第3問

次の文1と文2を読み，ⅠとⅡの各問に答えよ。

〔文1〕

プロテアーゼは，基質となるタンパク質の［ 1 ］結合に［ 2 ］分子を反応させることにより，［ 1 ］結合を開裂させる酵素である。ヒトのからだで生じるさまざまな生体反応が，プロテアーゼのはたらきにより営まれている。たとえば，胃液中のペプシンや，すい液中の［ 3 ］のようなプロテアーゼは，ヒトが食物からアミノ酸を摂取するためにはたらく。しかし，プロテアーゼは，消化のようにタンパク質を小さく断片化するときだけでなく，活性をもたないタンパク質の一部分を切り離して，活性をもつタンパク質へ変換させるときにもはたらく。このようなプロテアーゼとして，真核細胞の細胞質に存在するプロテアーゼPが知られている。

(ア)単細胞の真核生物である酵母におけるプロテアーゼPのはたらきを知るために，酵母のプロテアーゼPの遺伝子の欠損株を作製したところ，P遺伝子欠損株では，脂肪酸の1種であるオレイン酸の合成に必要なL遺伝子の発現がほとんど見られないことがわかった。細胞質に存在する別の酵素Eの遺伝子の欠損株でも同じ表現型がみられた。そこでL遺伝子の発現を促進する転写因子をコードするT遺伝子に注目し，野生型株，P遺伝子欠損株，E遺伝子欠損株について，T遺伝子に由来する細胞内のタンパク質を調べた。すると野生型株では，遺伝子配列から予測されるとおりのアミノ酸配列と分子量をもつTa，Taに分子Sが共有結合したTa–S，およびTaの一部が失われ分子量が小さくなったTbという，3種類のタンパク質が検出された。P遺伝子欠損株ではTbが検出されず，TaとTa–Sが検出されたが，Ta–Sの細胞内含有量は野生型株と比べて顕著に増加していた。E遺伝子欠損株ではTa–SもTbも検出されず，Taのみが検出された。Ta，Ta–S，Tbの細胞内分布を調べたところ，TaとTa–Sは，細胞小器官の1つである小胞体の膜上に存在するが，Tbは核内に存在することがわかった。

〔文2〕

酵母の二倍体の細胞は，栄養環境が悪くなると減数分裂を行い，4個の一倍体胞子を形成する。胞子は栄養条件が良くなると，発芽して一倍体のまま増殖を開始する。酵母には，T遺伝子に塩基配列のよく似たR遺伝子が存在する。T遺伝子とR遺伝子のはたらきに関連があるか調べるために，次の実験を行った。

酵母の二倍体細胞を遺伝子操作し，T遺伝子の2つの対立遺伝子の片方をHIS3遺伝子(ヒスチジン合成に必須の酵素をコードする遺伝子)と置き換えることにより欠損させ，さらにR遺伝子も同様に，2つの対立遺伝子の片方をLEU2遺伝子(ロイシン合成に必須の酵素をコードする遺伝子)と置き換えることにより欠損させた細胞を作製した。この実験に用いたもとの細胞は，ヒスチジンとロイシン要求性の細胞であるが，作製した細胞はTtRr(大文字は野生型，小文字は遺伝子が置き換えられた型の対立遺伝子を意味する)の遺伝子型をもち，tをもつことにより細胞内でのヒスチジン合成が可能となり，ヒスチジンを含まない培地(His(−)培地)で増殖できるようになる。同様にrをもつことでロイシン合成が可能となり，ロイシンを含まない培地(Leu(−)培地)で増殖できる。

この二倍体TtRr細胞(図3—1(a))を減数分裂させると胞子嚢(ほうしのう)内に4つの胞子が形成されるが(図3—1(b))，4つの胞子はT遺伝子座の遺伝子型については，Tもしくはtをもつものが2つずつ，R遺伝子座の遺伝子型については，Rもしくはrをもつものが2つずつとなる。これら4つの胞子をそれぞれ1つずつ分離して，それぞれをヒスチジンとロイシンを含む栄養条件の良い寒天培地(完全栄養培地)に植え継ぎ(図3—1(c))，3日間培養することを2つの胞子嚢についておこなった。胞子嚢1，胞子嚢2からの胞子の増殖結果を考察することにより，それぞれの胞子の遺伝子型が判明し，T遺伝子とR遺伝子が細胞の増殖にどのように関わっているかがわかる。

実験の結果，増殖して培地上でコロニーを形成した場合(図3—1(d)1のイ，1のニ，および2のイ〜ニ)と増殖できなかった場合(図3—1(d)1のロ，1のハ)がみられた。また，完全栄養培地で増殖した細胞をHis(−)培地とLeu(−)培地に植え継いで増殖を調べたところ，それぞれ図3—1(e)，(f)のような増殖パターンを示した。なお，T遺伝子とR遺伝子はそれぞれ異なる染色体上に存在している。

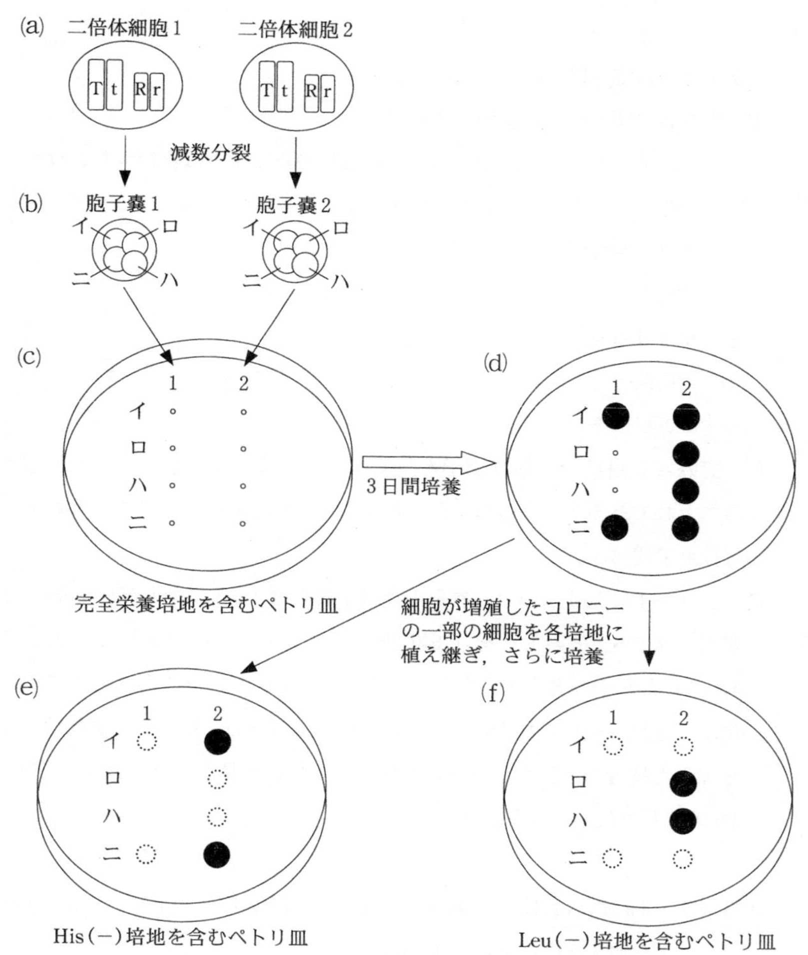

図3−1　二倍体細胞(TtRr)を減数分裂させて得られた胞子由来の細胞の増殖の観察　(b)でそれぞれの胞子嚢に含まれる4つの一倍体胞子をイ〜ニとする。(c)，(d)の小さい丸(◦)は胞子，(d)〜(f)の黒丸(●)は，胞子が出芽して細胞が増殖したコロニーを示す。(e)，(f)の破線白丸(◌)はHis(−)培地，Leu(−)培地で増殖できなかったことを示す。2個の胞子嚢(胞子嚢1，胞子嚢2)について独立して実験を行い，それぞれ縦1列イ〜ニに沿って並べた。(c)〜(f)の細胞の位置関係は一致している。

2011年　入試問題

〔問〕

Ⅰ　文1について，以下の小問に答えよ。

A　文中の空欄1～3に適切な語を入れよ。

B　下線部(ア)について。酵母と同じ，単細胞の真核生物は次のうちどれか。正しいものを，以下の(1)～(5)からすべて選べ。

(1)　メタン生成菌

(2)　乳酸菌

(3)　ゾウリムシ

(4)　大腸菌

(5)　ネンジュモ

C　実際にL遺伝子の転写因子としてはたらいているのはTa，Ta–S，Tbのうちどれであると考えられるか，答えよ。またその理由を2つ，それぞれ1行程度で述べよ。

D　表3―1に示すように，精製したTaまたはTa–Sに対して，精製した酵素E，分子S，酵素Eと分子Sの両者，プロテアーゼPを加えたところ，TaにEとSの両者を加えた場合，およびTa–SにPを加えた場合にのみ変化がみられ，それぞれTa–S，Tbを生成した。一方，Eのみ，またはSのみを加えた場合は，変化が見られなかった。Pの基質となるのはTa，Ta–S，Tbのうちどれか，答えよ。

表3―1　TaまたはTa–Sに酵素E，分子S，酵素Eと分子S，プロテアーゼPを加えた後に生じるTの種類

Tの種類	加えた精製物			
	E	S	EとS	P
Ta	Ta	Ta	Ta–S	Ta
Ta–S	Ta–S	Ta–S	Ta–S	Tb

E　この一連の反応における酵素Eと分子Sの役割を，それぞれ1行程度で述べよ。

F　細胞内のオレイン酸の含量を一定に保つしくみが酵母にあると考えた場合，オレイン酸を培地に過剰に加えたときにおこると予想される反応を，以下の(1)〜(5)からすべて選べ。

(1)　プロテアーゼPの活性が高まる。

(2)　酵素Eの活性が低下する。

(3)　L遺伝子の伝令RNAの量が減少する。

(4)　Tbの量が増加する。

(5)　T遺伝子の伝令RNAの量が増加する。

II　文2について，以下の小問に答えよ。

A　胞子嚢1から得られた完全栄養培地で増殖可能な細胞〔1のイ〕と〔1のニ〕(図3—1(d))は，His(−)培地でもLeu(−)培地でも増殖不可能であることから，以下の(1)〜(4)のどの遺伝子型をもつと考えられるか。それぞれについて，〔1のイ〕—(5)のように答えよ。

(1)　TR

(2)　Tr

(3)　tR

(4)　tr

B　胞子嚢1の結果のみを考慮したとき(胞子嚢2の結果は考慮しない)，完全栄養培地での酵母の増殖におけるT遺伝子とR遺伝子の必要性について，考えられる可能性を2行程度で述べよ。

C　胞子嚢2からの胞子は，すべて完全栄養培地で増殖できたが，His(−)培地とLeu(−)培地に植え継ぐと，いずれか片側の培地でしか増殖できなかった。このことから胞子嚢2に由来する細胞のうち，〔2のイ〕と〔2のロ〕は，以下の(1)〜(4)のどの遺伝子型をもつと考えられるか。それぞれについて，〔2のイ〕—(5)のように答えよ。

(1) TR

(2) Tr

(3) tR

(4) tr

D　胞子嚢1の結果に加えて，胞子嚢2の結果をあわせて考えたとき，完全栄養培地での酵母の増殖におけるT遺伝子とR遺伝子の必要性について，考えられる可能性を1行程度で述べよ。

2010年

解答時間：2科目150分
配　　点：120点

第1問

次の文1と文2を読み，ⅠとⅡの各問に答えよ。

〔文1〕

免疫系には，抗体が主役となる［ 1 ］性免疫と，リンパ球などの免疫細胞が主役となる細胞性免疫がある。

抗体はB細胞で産生される［ 2 ］(Ig)というタンパク質である。代表的なIgであるIgGという分子は，図1―1に示すように，重鎖と軽鎖というポリペプチドが2本ずつで構成され，ジスルフィド結合で結ばれている。各ポリペプチドは可変部と定常部からなる。Y字型に開いた2つの腕の先端部分に存在する溝状の構造を抗原結合部位とよぶ。(ア)抗原と抗体の結合の強さは，抗原結合部位の立体構造と，抗体と結合する抗原表面の部分(抗原決定部位)の立体構造の相補性により決まる。適切なタンパク質分解酵素を用いると，抗原結合部位の立体構造を変化させずに，抗原結合部位を含む断片(Fab)とそれ以外の断片(Fc)に，IgGを分断できる。ここでは，図1-1に示すように，それぞれの部分をFab，Fcとよぶ。

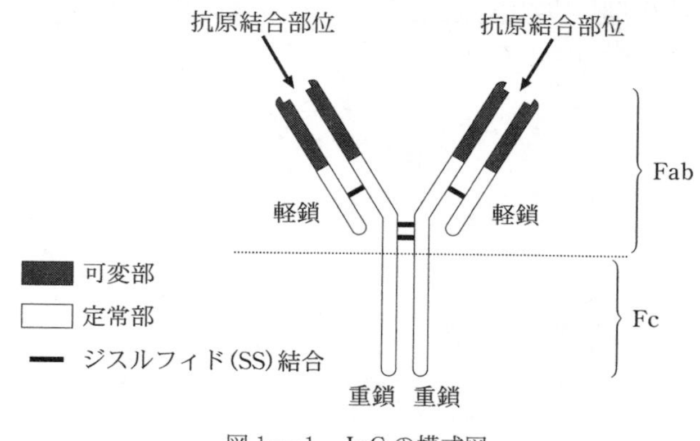

図1―1　IgGの模式図

重鎖の可変部は，V，D，Jとよばれる3つの遺伝子断片にコードされている。未分化なB細胞の染色体には，異なる配列をもつ遺伝子断片が，それぞれ数個～数十個存在する。B細胞が分化するとき，個々のB細胞で，V，D，Jの遺伝子断片が1つずつ選ばれて連結し(DNA再編成)，1個のB細胞では1種類の固有のアミノ酸配列が決定される。軽鎖の可変部についても，V，Jの2つの遺伝子断片によるDNA再編成がおこる。その結果，個々のB細胞は異なる抗原特異性をもつ抗体を産生する。ある抗原に対する抗体を産生することができるB細胞が，生体内で，その抗原と出会うと，増殖(クローン増殖)し，抗体を産生する。このため，その抗原に対する血清中の抗体量が増える。リンパ球の1種である［ 3 ］は，B細胞のクローン増殖を調節する。

マウスにヒトのがん細胞に対する抗体を産生させるため，次の実験を行った。

実験1　ヒトの白血球由来のがん細胞Xの表面タンパク質Yと，正常なマウスの白血球の表面タンパク質Zを単一に精製した。YはXにのみ発現しており，正常なヒトの細胞には発現していない。YとZを同じ濃度で生理的食塩水に溶解し，2匹のマウスに，それぞれ2回ずつ同量注射した。経時的にマウスから血清を分離し，一定量のYおよびZに対する，血清中の抗体の反応の強さ(抗体力価)を測定した。その結果，図1―2のように，(イ)<u>Yを注射した場合，1回目の注射で抗体力価は弱く上昇したが，2回目の注射では強く上昇した</u>。一方，Zを注射した場合には，抗体力価はまったく上昇しなかった。

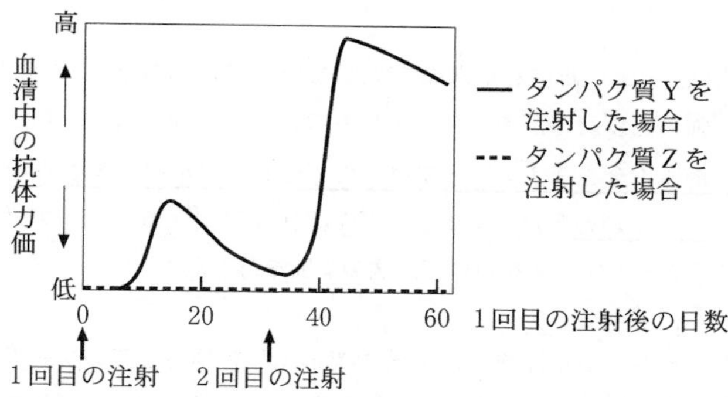

図1―2　タンパク質YとZを注射したマウスの抗体力価の経時的変化

〔文2〕

毒素やウイルスが抗原の場合，抗体が結合するだけで抗原を不活性化することがある。ところが，病原菌やがん細胞が抗原の場合，抗体が結合するだけでは抗原細胞を殺せないことが多い。しかし，たとえば，Fab部分で抗原細胞と結合したIgG抗体のFc部分が，マクロファージの表面にある，Fcに対する受容体と結合すると，抗体を介して結合した抗原細胞に対するマクロファージの食作用が容易になり，抗原細胞が排除されることがある。

がん細胞に対するモノクローナル抗体を用いた，がんの治療が行われている。モノクローナル抗体を作製するには，まず，動物に目的の抗原を注射して，その抗原に特異的な抗体を産生するB細胞を体内でクローン増殖させる。(ウ)B細胞を多く含む器官からB細胞を分離し，無限増殖能をもつミエローマ細胞と融合させる。つぎに，目的の抗原と結合する抗体を産生する融合細胞を1個選び，培養液中で増殖させると，培養液から単一の抗原特異性をもつモノクローナル抗体が得られる。この方法により，実験1においてYに対して十分に血清中の抗体力価が上昇したマウスから，B細胞を分離して，Yに対するモノクローナルIgG抗体(mab 1)を作製した。しかし，ヒトのがん細胞Xの培養液にmab 1を大量に加えても，mab 1はXの細胞表面に結合するのに，Xの増殖は抑制しなかった。

通常は，ヒトの細胞を正常なマウスに注射すると，Xのようながん細胞であっても，強い免疫反応がおこって，ヒトの細胞は排除される。しかし，(エ)遺伝的に胸腺の形成不全を示すヌードマウスに，ヒトのがん細胞Xを注射したところ，血液中でXが増殖した。そこで，がん細胞Xに対するmab 1の効果を調べるため，このヌードマウスを用いて，次の実験を行った。

実験2　ヒトのがん細胞Xが血液中で増殖している2匹のヌードマウスに，精製したmab 1と正常なマウス血清から精製したIgG(正常マウスIgG)を，同じ濃度で生理的食塩水に溶解し，それぞれ，同量注射した。経時的にヌードマウス血液中のがん細胞Xの細胞数を計測した結果，正常マウスIgGを注射した場合は，がん細胞Xの細胞数は増加していたが，mab 1を注射した場合は，しばらくすると，がん細胞Xは血液中にまったく見られなくなった。

〔問〕

Ⅰ　文1について，以下の小問に答えよ。

A　文中の空欄1～3に適切な語を入れよ。

B　マラリアはかつて，日本でもよくみられた感染症であったが，1950年代に撲滅され，現在の日本には常在しない。一方，日本人が海外でマラリアに感染する機会は増えている。マラリアに感染した日本人の血清は，マラリア原虫のタンパク質(抗原)に対して高い抗体力価を示す。ところが，1度もマラリアに感染したことがない日本人の血液中にも，マラリア原虫のタンパク質に結合する抗体を産生できるB細胞が，ごくわずかではあるが存在すると考えられている。その理由を3行程度で述べよ。

C　下線部(ア)について。抗原決定部位と抗原結合部位の結合様式として正しいものを，以下の(1)～(5)からすべて選べ。

(1)　ペプチド結合

(2)　ジスルフィド結合

(3)　ファンデルワールス力

(4) 水素結合

(5) イオン結合

D　ある1種類のIgG抗体が，異なる病原体OおよびPのいずれとも，抗原抗体反応によって特異的に強く結合した。その理由を2行程度で述べよ。

E　実験1について。2種類の変異マウス，$Y^{+/+}$マウスと$Z^{-/-}$マウスに，実験1と同様にYとZをそれぞれ注射して，抗体を産生させる場合を考える。ここで，$Y^{+/+}$マウスはヒトのタンパク質Yの遺伝子をマウスの染色体に組み込んで，Yを細胞表面に発現させた変異マウスであり，$Z^{-/-}$マウスは，マウスのタンパク質Zを先天的につくれない変異マウスである。$Y^{+/+}$マウスにYを注射した場合は，Yに対する血清中の抗体力価は上昇しなかった。一方，$Z^{-/-}$マウスにZを注射した場合は，Zに対する血清中の抗体力価は上昇した。それらの結果が得られた理由を3行程度で述べよ。

F　下線部(イ)について。2回目のYの注射後，抗体力価が著しく上昇した説明として適切なものを，以下の(1)～(5)からすべて選べ。

(1) 1回目のYの注射によりB細胞が産生した抗体は，リンパ組織に貯蔵されていた。2回目のYの注射によりその抗体が一挙に血液中に放出された。

(2) 1回目のYの注射によりB細胞が産生した抗体は，血清中に残っていた。2回目のYの注射によりその抗体自体のYとの結合が著しく強くなった。

(3) 1回目のYの注射によりクローン増殖したB細胞の一部が，記憶B細胞として残っていた。2回目の注射によりその記憶B細胞がすばやく増殖したため，Yと結合できる抗体の産生量が著しく多くなった。

(4) 1回目のYの注射によりクローン増殖したB細胞の一部が，記憶B細胞として残っていた。2回目の注射によりその記憶B細胞にDNA再編成が起きて，Yと結合できる抗体の種類が著しく増えた。

(5) 1回目のYの注射によりクローン増殖したB細胞の一部が，記憶B細胞として残っていた。2回目の注射によりその記憶B細胞にDNA再編成が起きて，1 回目より著しく強く Y と結合できる抗体を産生した。

Ⅱ　文 2 について，以下の小問に答えよ。

A　下線部(ウ)について。B 細胞を多く含む器官として適切なものを，以下の(1)〜(5)からすべて選べ。

(1)　リンパ節

(2)　ひ　臓

(3)　脳

(4)　すい臓

(5)　胸　腺

B　下線部(エ)について。遺伝的に胸腺の形成不全を示すヌードマウスでは，なぜヒトのがん細胞 X は排除されなかったのか。3 行程度で述べよ。

C　mab 1 の Fab(mab 1-Fab) と Fc(mab 1-Fc) を作製し，以下の(1)〜(4)を，実験 2 で用いた mab 1 と同じ濃度で，生理的食塩水に溶解した。X が血液中で増殖している 4 匹のヌードマウスに，実験 2 と同じ方法で，それぞれ，同量注射した。最も強く X の増殖を抑制すると考えられるものを，以下の(1)〜(4)から 1 つ選べ。また，その理由を 2 行程度で述べよ。

(1)　精製した mab 1-Fab

(2)　精製した mab 1-Fc

(3)　精製した mab 1-Fab と mab 1-Fc を等量混合したもの

(4)　精製した mab 1

第2問

次の文1と文2を読み，ⅠとⅡの各問に答えよ。

〔文1〕

DNAの部分的な損傷や複製時の誤りによって塩基配列に変化が生じることを，遺伝子突然変異という。この遺伝子突然変異により，それまでに見られなかった形質が生じ，子孫に遺伝する突然変異体が出現する場合がある。

多細胞生物のからだの形づくりにおいて，本来特定の部位に形成されるはずの器官がつくられず，そこに別の器官が生じる突然変異を［　1　］突然変異という。

がくや花弁などの植物の花器官は［　2　］が進化して特殊化したものと考えられている。これらの花器官の形成では［　1　］遺伝子が調節遺伝子としてはたらいている。シロイヌナズナの場合，花器官ができる領域は4つに区画化される。図2―1の同心円で示すように，外側から，領域1：がく，領域2：花弁，領域3：おしべ，領域4：めしべ，の順に花器官が形成される。この配置は，3種類の調節遺伝子(A，B，C)のはたらきによって制御されている。調節遺伝子A，B，Cは花器官形成において，それぞれはたらく領域が決まっており，その組合せによってどの花器官が形成されるかが決まる。

これまでに，花器官の形成に異常を示すシロイヌナズナの突然変異体が多数得られている。調節遺伝子A，B，Cのそれぞれの機能を失った突然変異体では，表2―1のように，いくつかの花器官の形成に異常を示す。また，調節遺伝子A，B，Cのすべての機能を失った突然変異体では，すべての花器官が［　2　］に［　1　］変異する。

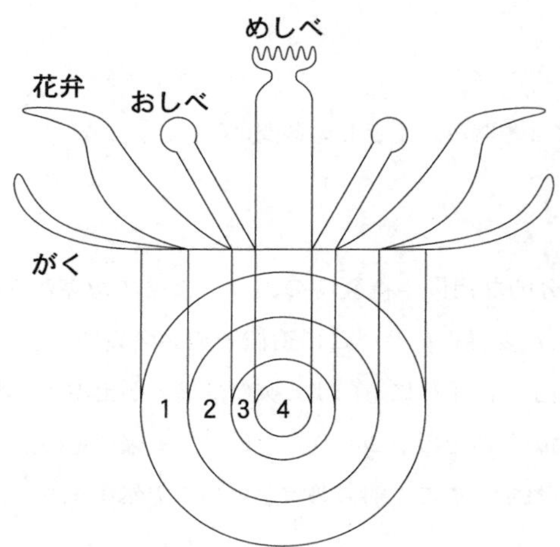

図2—1　花器官が形成される4つの領域

表2—1　花器官形成に異常を示す突然変異体の表現型

変異体の種類	領域 1（がく）	領域 2（花弁）	領域 3（おしべ）	領域 4（めしべ）
野生型	○	○	○	○
A突然変異体	×	×	○	○
B突然変異体	○	×	×	○
C突然変異体	○	○	×	×

（注2—1）　表中の○は正常な花器官，×は本来つくられるべきものとは異なる花器官が形成されることを示す。

〔文2〕

葉を形成していた茎頂部が花芽を形成するように変わることを花成という。ロシアの科学者チャイラヒャンは，植物がどこで光を感知して花成が誘導されるのかをつきとめた。植物の茎頂部もしくは葉のみに光刺激を与え，どちらの器官が光を感知した時に，花成が誘導されるかを調べた。その結果，葉に光刺激を与えた場合にのみ花成が誘導されたことから，未知の花成誘導因子花成ホルモン(ア)の存在を提唱した。

シロイヌナズナは長日植物であり，遺伝子Ｐの機能が失われた突然変異体(以後，Ｐ突然変異体とよぶ)は，長日条件下で野生型よりも花成時期が遅くなる「遅咲き」表現型を示した。一方，遺伝子Ｐを植物体全体で強制的に発現させた変異体(以後，Ｐ過剰発現体とよぶ)では，長日条件下で野生型よりも花成時期が早くなる「早咲き」表現型を示した。さらに，野生型の台木にＰ過剰発現体の穂木を接ぎ木すると，台木の表現型は早咲きになった。このような，変異体を組み合わせて接ぎ木を行った実験の結果を表2—2に示す。

(注2—2)　この接ぎ木実験では，図2—2のように，台木(白で示す)の茎頂部は切除せず，穂木(灰色で示す)は，Ｙ字型になるように接ぎ木した。また，台木と穂木の植物体全体に光刺激を与えた。

表2—2　接ぎ木の組み合わせと台木の花成時期

台木	穂木	台木の花成時期
野生型	野生型	正常
野生型	Ｐ過剰発現体	早咲き
野生型	Ｐ突然変異体	3
Ｐ過剰発現体	野生型	4
Ｐ過剰発現体	Ｐ過剰発現体	早咲き
Ｐ過剰発現体	Ｐ突然変異体	5
Ｐ突然変異体	Ｐ突然変異体	遅咲き

図2—2　台木の茎頂部を残す接ぎ木

〔問〕

I　文1について，以下の小問に答えよ。

A　遺伝情報はDNAからmRNAに写され，次に，そのmRNAの情報に基づきアミノ酸が連結したタンパク質が合成される。これら2つの過程をそれぞれ何というか。また，遺伝情報がDNAからmRNA，さらにはタンパク質へと一方向に流れる原則のことを何というか。それぞれ答えよ。

B　グアニンがアデニンへと変化する遺伝子突然変異を人為的に誘発して，トリプトファンのコドン(UGG)に変異が生じた場合，野生型と異なる表現型を示す突然変異体となることが多い。その理由を3行程度で述べよ。

C　タンパク質のアミノ酸配列はDNAの塩基配列に対応しているが，その塩基配列に変化が生じても，アミノ酸配列に影響を及ぼさず，表現型にも影響を与えない場合がある。一方，タンパク質のアミノ酸配列からDNAの塩基配列を推定することは，DNAの塩基配列からタンパク質のアミノ酸配列を推定することより難しい。これら2つの事がらは同じ理由による。その理由を，遺伝暗号の特徴を考慮して2行程度で述べよ。

D　空欄1，2に適切な語を入れよ。

E　A突然変異体では，領域1から領域4にかけて，めしべ，おしべ，おしべ，めしべの順に花器官が形成された。このことから推測される調節遺伝子A，B，Cの相互の関係について，適切なものを以下の(1)～(5)からすべて選べ。

(1)　調節遺伝子Aは調節遺伝子Bの機能を阻害しており，調節遺伝子Aの機能欠損により，調節遺伝子Bがすべての領域で機能するようになる。

(2)　調節遺伝子Aは調節遺伝子Cの機能を阻害しており，調節遺伝子Aの機能欠損により，調節遺伝子Cがすべての領域で機能するようになる。

(3)　調節遺伝子Aは調節遺伝子BとCの機能を阻害しており，調節遺伝子Aの機能欠損により，調節遺伝子BとCがすべての領域で機能するようになる。

(4)　調節遺伝子Aの機能は，調節遺伝子BとCの機能と関係しない。

(5)　調節遺伝子Aの機能は，調節遺伝子Bの機能に必要である。

F　ラカンドニアという植物の領域3と領域4では，シロイヌナズナと比べて花器官の形成位置が逆転しており，それぞれ，めしべ，おしべが形成される。これは，調節遺伝子A，B，Cの機能する領域がシロイヌナズナとは異なるためであると考えられている。ラカンドニアの領域1と領域2では，がくが形成されると仮定すると，ラカンドニアではどの調節遺伝子がどの領域で機能すると考えられるか。調節遺伝子A，B，Cについてそれぞれ答えよ。

G　シロイヌナズナで，領域1から領域4のすべての領域で調節遺伝子Bを強制的に発現させると，各領域にはどの花器官が形成されるか。それぞれの領域について答えよ。また，調節遺伝子Bを強制的に発現させた後，調節遺伝子Aと調節遺伝子Cの機能を変化させるとすべての領域でおしべが形成されたとする。調節遺伝子Aと調節遺伝子Cの機能をどのように変化させたか。それぞれ答えよ。

Ⅱ　文2について，以下の小問に答えよ。

A　下線部(ア)について。花成ホルモンの別名を答えよ。

B　遺伝子Qの機能を失ったシロイヌナズナの突然変異体も，遅咲きの表現型を示す。文2と表2―2中に示したP突然変異体やP過剰発現体を用いて行った実験を，それぞれQ突然変異体やQ過剰発現体を用いて行っても，同じ結果が得られた。一方，接ぎ木をしていないQ突然変異体の葉で遺伝子Pを強制的に発現させると早咲きになった。しかし，接ぎ木をしていないP突然変異体の葉で遺伝子Qを強制的に発現させても遅咲きのままであった。これら2つの実験から，葉における遺伝子Pと遺伝子Qの機能はどのような関係にあると考えられるか。2行程度で述べよ。

C　タンパク質Pとタンパク質Qのどちらかが花成ホルモンであると考えられた。そこで以下の実験を行った。野生型において，遺伝子Pまたは遺伝子Qを葉のみで強制的に発現させると早咲きになった。一方，遺伝子Pを茎頂部のみで強制的に発現させると早咲きになったが，遺伝子Qを茎頂部のみで強制的に発現させても早咲きにはならなかった。これらの結果から正しいと考えられるものを，以下の(1)～(6)からすべて選べ。

(1)　タンパク質Pは，葉から茎頂部に移動する。

(2)　タンパク質Qは，葉から茎頂部に移動する。

(3)　タンパク質Pもタンパク質Qも葉から茎頂部に移動する。

(4)　花成を誘導するためには，タンパク質Pもタンパク質Qも，ともに茎頂部ではたらくことが必要である。

(5)　花成を誘導するためには，タンパク質Pは葉で，タンパク質Qは茎頂部ではたらくことが必要である。

(6)　花成を誘導するためには，タンパク質Pは茎頂部で，タンパク質Qは葉ではたらくことが必要である。

D　表2―2の空欄3～5に適切な語を入れよ。

E　短日植物であるイネの遺伝子P′と遺伝子Q′は，長日植物であるシロイヌナズナの遺伝子Pと遺伝子Qにそれぞれ相同な遺伝子である。長日条件下において，イネのP′突然変異体は遅咲きで，P′過剰発現体は早咲きであった。一方，長日条件下において，イネのQ′突然変異体は早咲きで，Q′過剰発現体は遅咲きであった。この実験結果から，長日条件下において，イネの遺伝子P′と遺伝子Q′の機能はどのような関係にあると考えられるか。シロイヌナズナの遺伝子Pと遺伝子Qの機能の関係と比較して2行程度で述べよ。

第3問

次の文1と文2を読み，ⅠとⅡの各問に答えよ。

〔文1〕

反射とは，感覚器が受容した刺激が脊髄や脳幹を介して，意識とは無関係に筋肉などの［ 1 ］器をすばやく反応させる現象である。ヒトの最も単純な反射の1つに膝蓋腱(しつがいけん)反射がある。不意に膝の下の腱がたたかれて，太ももの筋肉が伸展すると，その筋肉の中にある感覚器である筋紡錘(きんぼうすい)が，筋肉の伸展を感知する。その情報は感覚神経を伝わって脊髄に入り，［ 2 ］を1つだけ介して運動神経に伝達され，同じ筋肉を収縮させて伸展を打ち消すようにはたらく。

一方，前庭動眼反射では，不意に頭が水平方向に回転させられたとき，内耳の感覚器である［ 3 ］が回転を感知し，その情報が脳幹の神経回路を介して伝達され，視線の方向のずれを打ち消すような眼球運動をひきおこす。これにより，視線の向きが一定に保たれる。図3―1にその神経回路の概略を示す。

この図の中の神経核とは，ニューロンの細胞体が多数集まった部分である。簡単のため，ここでは最小限の数のニューロンを表示している。ニューロンの細胞体からのびる軸索の先端には神経終末が形成され，別のニューロンや眼筋

(外直筋と内直筋)へと接続している。また，興奮性ニューロンとは，接続先のニューロンの活動を増加させるニューロンであり，抑制性ニューロンとは，接続先のニューロンの活動を打ち消して減少させるニューロンである。

この神経回路を見て，感覚器→前庭神経核(以後，神経核Aとよぶ)→外転神経核(神経核B)→動眼神経核(神経核C)→眼筋，と信号が伝達される際のニューロンの活動について考えてみよう。太い矢印で示すように，頭が左側(水平面上で反時計回り)に回転させられる場合，左側の感覚器の活動は増加し，右側の感覚器の活動は減少する。すると，この神経回路により，左側の神経核Aのニューロン(神経核Aに細胞体のあるニューロン)の活動は増加し，右側の神経核Aのニューロンの活動は減少する。また，左側の神経核Bのニューロンの活動は［　4　］し，右側の神経核Bのニューロンの活動は［　5　］する。さらに，左側の神経核Cのニューロンの活動は［　6　］し，右側の神経核Cのニューロンの活動は［　7　］する。その結果，左右の眼球がともに右に回転する。

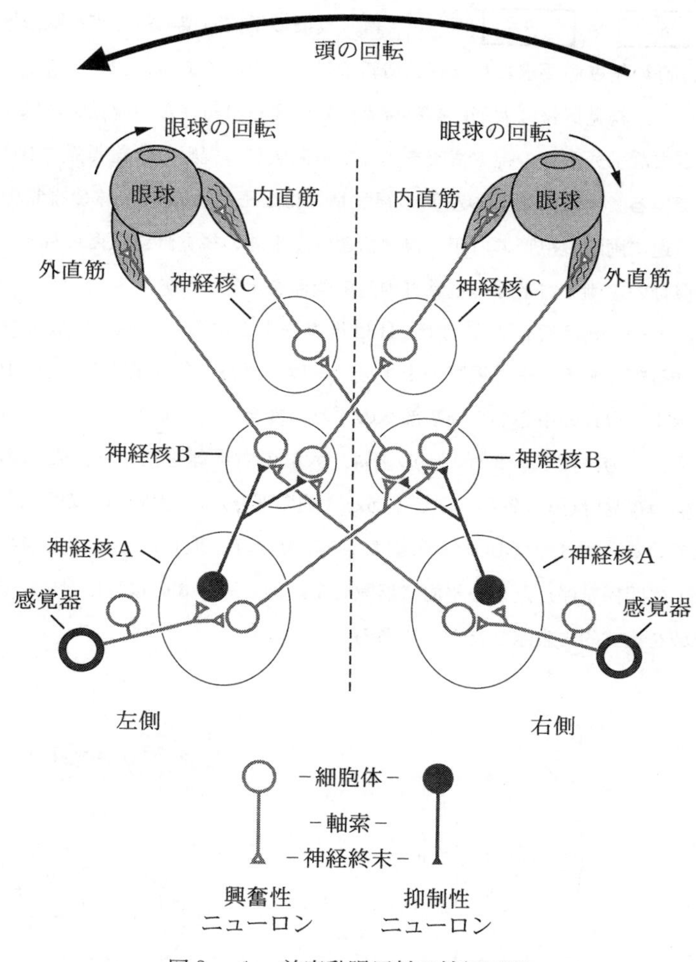

図3―1　前庭動眼反射の神経回路

〔文2〕

感覚器が受容した刺激情報は大脳に伝えられ，処理を受けることで感覚が生じる。例えば皮膚からの情報は，大脳にある皮膚の感覚野(体性感覚野)に伝えられる。この体性感覚野には，皮膚のさまざまな部位からの体性感覚情報を処理する領域が，皮膚の位置関係におおむね対応してならんでいる。ヒトの皮膚の中でも

［ 8 ］や［ 9 ］については，皮膚の単位面積に対応する脳領域が広いので，高い精度が要求される感覚情報の処理が可能である。

一方，視覚情報は大脳にある視覚野に伝えられる。この視覚野には，視野のさまざまな部分からの視覚情報を処理する領域が，視野の位置関係に対応してならんでいる。両眼の視野の左側の視覚情報はともに大脳右半球の視覚野に伝えられ，逆に両眼の視野の右側の視覚情報は左半球の視覚野に伝えられる。図3―2は視野の左側と右半球の視覚野の対応関係を示す。

図3―2(a)は視野の左側で，Hは視野を上下に分ける線，Vは視野を左右に分ける線である。＋は視野の上半分，－は下半分，Fは視野の中心，Pは周辺部を示す。視野の中心から周辺部へのずれの度合いを，角度(2°，10°，40°)であらわす。一方，図3―2(b)の上の図は，大脳の右半球を左から見たものである。大脳の視覚野(黒く塗りつぶしてある大脳の部分)は，大脳の溝の中に折りたたまれている。図3―2(b)の下の図は，その視覚野を取り出して，大脳半球と前後上下の関係を保ったまま平面に展開して，図3―2(a)の視野に対応する視覚野の領域を模式的に表示したものである。

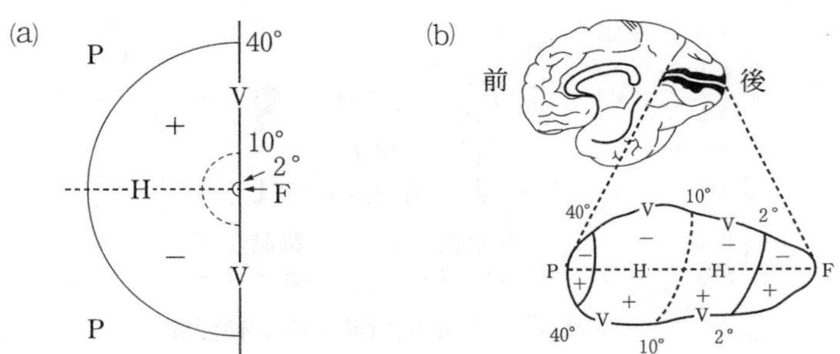

図3―2　視野の左側と右半球の視覚野の対応関係

2010年　入試問題

〔問〕

Ⅰ　文1について，以下の小問に答えよ。

A　空欄1～3に最も適切な語を入れよ。

B　空欄4～7に「増加」または「減少」の語を入れよ。

C　正常な前庭動眼反射における神経核のニューロンの活動について，以下の(a)と(b)に答えよ。

(a)　左側の神経核Bのニューロンと左側の神経核Cのニューロンの活動は相反的に増減する。つまり，一方の活動が増加するともう一方の活動が減少し，逆に一方の活動が減少するともう一方の活動が増加する。同様に，右側の神経核Bのニューロンと右側の神経核Cのニューロンの活動も相反的に増減する。このようなニューロンの活動は眼球に対してどのような作用を及ぼすか。そのときの外直筋と内直筋の挙動とともに1～2行で述べよ。

(b)　左側の神経核Bのニューロンと右側の神経核Bのニューロンの活動は相反的に増減する。同様に，左側の神経核Cのニューロンと右側の神経核Cのニューロンの活動も相反的に増減する。このようなニューロンの活動はどのような左右の眼の動きをひきおこすか。1～2行で述べよ。ただし，(a)で述べた増減の関係は保たれているものとする。

D　図3―1で，右側の感覚器の活動が消失した場合，頭を不意に左側に回転させられると，左右の眼球はそれぞれどちらの方向に動くか。理由とともに3行以内で述べよ。

Ⅱ　文2について，以下の小問に答えよ。

A　下の図3―3で，体性感覚野および随意運動を担う運動野は，大脳のどこにあるか。(1)～(4)から最も適切なものを選び，体性感覚野，運動野の順に記せ。

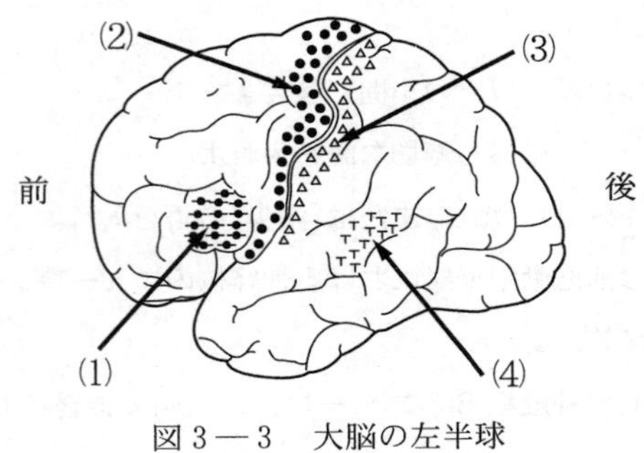

図3―3　大脳の左半球

B　空欄8と9に入る語句として，最も適切なものを次の(1)～(5)から順不同で選べ。

(1)　頭　　(2)　唇　　(3)　腕

(4)　手の指　　(5)　腹

C　図3―2について，次の(1)～(5)から誤った記述を2つ選べ。

(1)　視野の40°よりも外側(周辺部)に対応する視覚野の領域が存在する。

(2)　視野の10°から40°までの部分には，視野の一定の広さあたり，最も広い視覚野の領域が対応する。

(3)　視野の下半分には，視覚野の上半分が対応する。

(4)　視野を上下に分ける線Hに対応する視覚野の部分は，大脳の溝の奥に存在する。

(5)　視野を左右に分ける線Vに対応する右半球の視覚野の部分は2つ存在する。

D　図3―4は，「○」または「×」という視覚対象を見たときの，視野の左側の視覚情報と，対応する右半球の視覚野の領域を太線で示している。一方，図3―5は，ある視覚対象を見たときの，対応する右半球の視覚野の領域を太線で示している。図3―4を参考にして，この視覚対象として最も適切なものを，A，E，H，T，Yの中から選べ。ただし，アルファベットおよび「○」と「×」の線の太さは考慮する必要がないものとする。

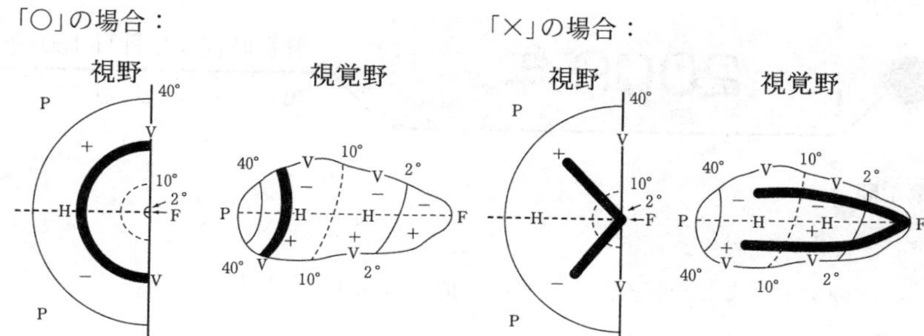

図3—4　視野の左側に見える視覚対象(「○」と「×」)と対応する大脳右半球の視覚野の領域(ともに黒の太線で示す)

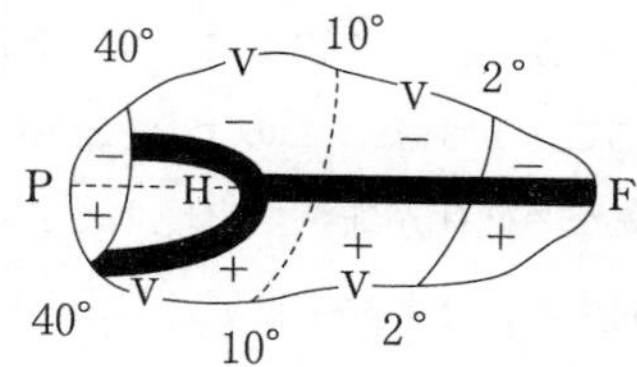

図3—5　ある視覚対象に対応する大脳右半球の視覚野の領域

E　大脳の視覚野に多数存在するニューロンは，それぞれが視野の特定部分の情報処理を担当する。視覚対象が視野の中心付近に提示されるとき，周辺部に提示されるときに比べて，より小さな視覚対象を識別することができる。これを可能にするために，ひとつのニューロンが担当する視野の範囲は視覚野内で均一ではなく，ある特徴をもつ。どのような特徴か。２行程度で述べよ。

2009年

解答時間：2科目150分
配　　点：120点

第1問

次の文1～文3を読み，Ⅰ～Ⅲの各問に答えよ。

〔文1〕

細胞が分裂をくり返していく過程で，DNAは正確に複製されて，細胞から細胞へと伝えられる。しかし，ごくまれにDNAの［ 1 ］が変化して形質の変化がひきおこされることがある。このように，DNAの［ 1 ］が変化したことによって形質の異なる個体が新たに出現することを突然変異という。自然の状態では突然変異の発生率はきわめて低い。しかし，［ 2 ］や［ 3 ］などで人為的に処理することにより，突然変異を誘発することができる。発生に影響を与える突然変異をもつ個体の研究は，発生を調節する遺伝子の発見へとつながった。

〔文2〕

初期発生において，未受精卵の中に存在する母親由来のmRNAが，受精後にタンパク質に翻訳されて胚の発生を制御することが知られている。このようなタンパク質は，母性効果因子とよばれている。母性効果因子の中には，胚の卵割(ア)回数を制御するものがある。卵割は通常の体細胞分裂とは異なる特徴をもつ(イ)。多くの動物の初期発生では，卵割が特定の回数に達するまでは，ある母性効果因子によって胚自身の遺伝子発現が抑制されていることがわかってきた(ウ)。

〔文3〕

母性効果因子の中には，キイロショウジョウバエ胚の前後軸パターン(頭部，胸部，腹部)形成に関与するものもある。

母性効果因子Pの mRNA は，卵形成時に卵の前方に偏在しているため，胚の中で合成されたタンパク質Pもかたよった分布を示す。

図1―1(a)に，正常な初期胚におけるタンパク質Pの分布，およびその分布にしたがって決定される胚の前後軸パターンを示す。(エ)Pをコードする遺伝子 *P* を欠失した母親から生まれた胚は，図1―1(b)のような前後軸パターンとなり，正常に発生できずに死んでしまう。(オ)タンパク質Pを人為的に正常よりも多くしたところ，その胚は図1―1(c)のような前後軸パターンを示した。

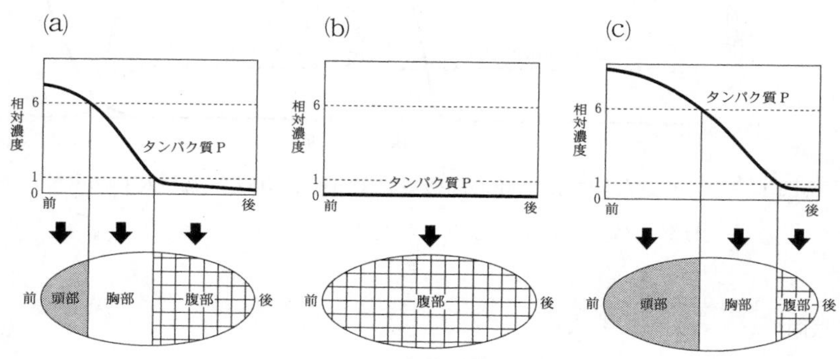

図1―1　キイロショウジョウバエ初期胚の前後軸に対するタンパク質Pの分布(上図)と，そのときの胚の前後軸パターン(下図)。
(a)正常な胚，(b)タンパク質Pをもたない胚，(c)タンパク質Pを正常より多くもつ胚。

母性効果因子Qの mRNA は，図1―2(a)のグラフのように，卵形成時に卵の後方に偏在している。Qをコードする遺伝子 *Q* を欠失した母親から生まれた胚は，腹部構造をもたない。

一方，(カ)母性効果因子Rの mRNA は，卵形成時に卵全体に均一に存在しているが，合成されたタンパク質Rは，図1―2(b)のグラフのように，その分布にかたよりが見られた。Rをコードする遺伝子 *R* を欠失した母親から生まれた胚は，正常な前後軸パターンをもつ。しかしながら，(キ)タンパク質Rを胚の後方で人為的に増やしたところ，胚は腹部形成できなくなった。

(ク)遺伝子 Q を欠失した母親から生まれた胚が腹部形成できないにもかかわらず，遺伝子 Q と遺伝子 R を両方とも欠失した母親から生まれてきた胚の腹部形成は正常であり，胚の前後軸パターンに異常は見られなかった。

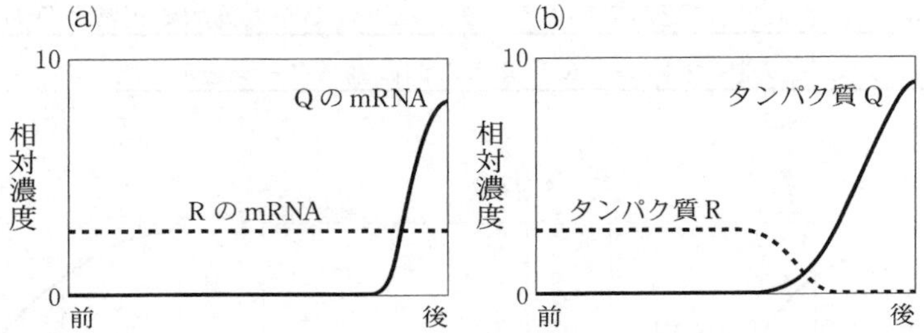

図１―２　正常な卵または胚の前後軸に対する，(a)Q および R の mRNA 分布，(b)タンパク質 Q およびタンパク質 R の分布。

〔問〕

Ⅰ　文１について，以下の小問に答えよ。

A　空欄１～３に入る適切な語句を記せ。

B　遺伝する形質が繁殖に有利にはたらいた場合，その形質をもつ個体が他の個体よりも多くの子孫を残すことにより，その形質が集団に広まるという，1850 年代に唱えられた説を何というか。

Ⅱ　文２について，以下の小問に答えよ。

A　下線部(ア)について。(a)ウニ，(b)カエルの卵割様式および卵の種類について，正しい組み合わせを以下の(1)～(6)からそれぞれ１つずつ選べ。

(1)　等　割―等黄卵

(2)　等　割―心黄卵

(3)　等　割―端黄卵

(4)　不等割―等黄卵

⑸　不等割―心黄卵

⑹　不等割―端黄卵

B　下線部(イ)について。卵割について正しく述べたものを，以下の⑴～⑹から3つ選べ。

⑴　分裂ごとに個々の細胞の大きさは小さくなる。

⑵　分裂ごとにDNAの複製がおこる。

⑶　分裂を経ても細胞の大きさはほとんど変わらない。

⑷　分裂を経ても胚の大きさはほとんど変わらない。

⑸　通常の体細胞分裂と比較して，分裂の進行が遅い。

⑹　1回目の分裂では，細胞あたりの染色体の数が半減する。

C　下線部(ウ)について。魚類の一種，ゼブラフィッシュでは，胚に均一に分布するある母性効果因子Xによって，10回の卵割が終了するまでのあいだ，胚自身の遺伝子発現は抑制されているが，その後，発現が開始する。ある実験で，一倍体(単相)のゼブラフィッシュ胚を作製したところ，11回目の卵割が終了した後に，胚自身の遺伝子発現が開始した。これらの結果から得られる妥当な推論を，以下の⑴～⑸から2つ選べ。ただし，正常のゼブラフィッシュ胚は二倍体(複相)であり，母性効果因子Xの量，胚の大きさ，および卵割のしかたは，一倍体でも二倍体でも同様であるとする。また，胚全体での母性効果因子Xの総量は変化しないものとする。

⑴　胚自身の遺伝子発現が開始するときの胚に含まれるDNA量は，一倍体の胚であっても，二倍体の胚と同じである。

⑵　胚自身の遺伝子発現が開始するタイミングは，胚に含まれる細胞の個数によって決定される。

⑶　胚自身の遺伝子発現が開始するタイミングは，胚に含まれる細胞核の個数によって決定される。

⑷　母性効果因子Xの量を2倍に増やした場合，胚自身の遺伝子発現が開始するまでの卵割回数は1回多くなる。

⑸　母性効果因子Xの量を2倍に増やした場合，胚自身の遺伝子発現が開

始するまでの卵割回数は1回少なくなる。

D　キイロショウジョウバエにおいて，ある母性効果因子Zをコードする遺伝子Zがある。突然変異により機能を喪失したものを対立遺伝子zと表記する。胚において，この母性効果因子が機能をもたない場合には，その胚は正常に発生できない。Zzの母親とZzの父親の交配によって生じた胚のうち，zzの遺伝子型をもつものは正常に発生できるだろうか。理由を含めて3行程度で述べよ。

Ⅲ　文3について，以下の小問に答えよ。

A　下線部(エ)について。図1—1(b)に示した胚の前後軸パターンから考えられる，タンパク質Pの前後軸パターン形成における役割は何か，次の(1)～(4)からすべて選べ。

(1)　頭部形成を抑制する。

(2)　胸部形成を促進する。

(3)　腹部形成を促進する。

(4)　頭部形成と胸部形成に役割をもたない。

B　下線部(オ)について。タンパク質Pはどのようにして胚の前後軸パターン形成に関与すると考えられるか。図1—1(c)の結果に基づいて，2行程度で述べよ。

C　下線部(カ)について。RのmRNAの分布とタンパク質Rの分布が異なる理由を説明した次の(1)～(4)について，間違っているものをすべて選べ。

(1)　タンパク質Rはタンパク質Qを分解する。

(2)　タンパク質QはRのmRNAの翻訳を阻害する。

(3)　タンパク質QはRのmRNAの転写を抑制する。

(4)　タンパク質QはRのmRNAの転写を促進する。

D　下線部(キ)について。この実験から推測されるタンパク質Rの機能を，1行程度で簡潔に述べよ。

E　下線部(ク)について。この結果から，前後軸パターン形成においてQとRはそれぞれどのような役割を果たしていると推測されるか，3行程度で説明せよ。QおよびRについて，遺伝子，mRNA，タンパク質を明確に区別して記せ。

第2問

次の文1と文2を読み，Ⅰ～Ⅲの各問に答えよ。

〔文1〕

動物と異なり自由に動きまわることのできない植物は，さまざまな環境要因の変化(環境刺激)に適応して生きていくために植物独自の機構を発達させている。環境要因の中で代表的なものに光と重力がある。たとえば，光が斜めに差し込む窓際で植物を生育させると茎は光の方向に曲がる。この現象を光屈性という。一方，植物体を横倒しにすると，茎は上に向かって立ち上がってくる。これを重力屈性という。茎は［　1　］の光屈性と［　2　］の重力屈性，根は［　3　］の光屈性と［　4　］の重力屈性を示す。また光と重力は，植物に対してたがいに独立にはたらくことがわかっている。

これらの屈性反応は，環境刺激によって茎や根の片側に成長調節物質がかたより，細胞の伸長速度に差ができることによってひきおこされる。(ア)その成長調節物質として最も重要なものがオーキシンである。図2―1に示すように，オーキシンの作用は器官によって，また濃度によって異なっている。たとえば茎の左側から光が当たり，茎の左側では①，茎の右側では②というオーキシンの濃度差ができたとすると，左側よりも右側の細胞の方がより伸長するので，茎は左側に曲がる。(イ)重力屈性によって茎と根が曲がることも，オーキシン作用のこの特徴から説明することができる。

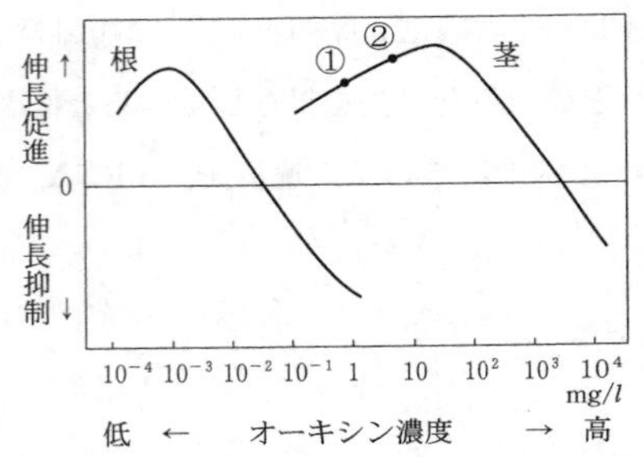

図２―１　オーキシン濃度の茎と根の細胞の伸長におよぼす効果

〔文２〕

植物が重力をどのように感知するかについて，アブラナ科の植物であるシロイヌナズナを材料に用いて研究が進みつつある。図２―２はシロイヌナズナの茎と根(主根)の構造を模式的に示したものである。この中で，茎では内皮細胞，根ではコルメラ細胞に，細胞小器官アミロプラスト(注２―１)が発達している。茎と根の切片を作製してヨウ素染色してみると，植物をどの向きに置いた場合でも，アミロプラストが細胞の中で重力の向きにしたがって沈降しているのが，観察された(図中の黒い点)。このことから，(ウ)アミロプラストが［ 5 ］としてはたらき，細胞が重力方向を感知する結果，植物体内でのオーキシンの濃度差が生じ，重力屈性が示されるのではないかという仮説が立てられた。

(注２―１)　アミロプラスト：色素体と総称される細胞小器官の一種で，とくにデンプン粒を多量に蓄積したもの。

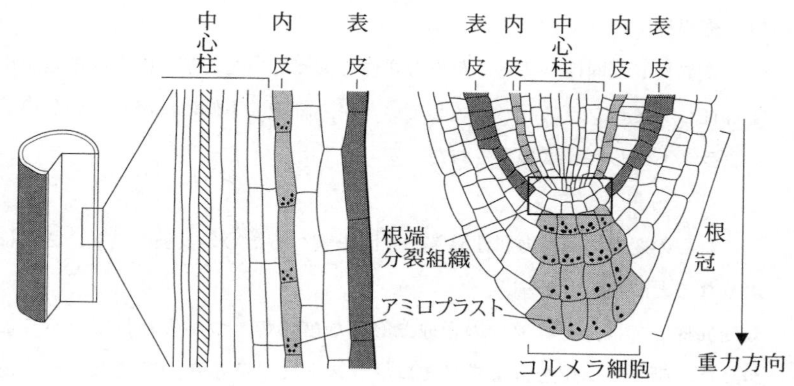

図2―2　茎(左)と根(右)の組織の模式図

このシロイヌナズナから，茎や根が重力刺激(注2―2)に正しく反応できない変異株p，s，zが分離された。これらの変異株は次のような表現型を示した。ただし，いずれも光屈性は正常であった。

(注2―2)　重力刺激：植物体を傾けて，人為的に重力の方向を変えることによって与える。光屈性の寄与を除くために暗所で行う。

(1)　変異株p

茎と根の重力屈性は，どちらも完全には失われていなかったが，野生株に比べると重力刺激に対する反応が鈍くなっていた。茎でも根でも，色素体はデンプン粒を蓄積したアミロプラストにはなっていなかった。

(2)　変異株s

茎の重力屈性は失われていたが，根は正常に重力刺激に反応した。茎と根のどちらにも内皮細胞が形成されず，それ以外の組織は正常であった。

(3)　変異株z

変異株sと同様，茎だけが重力屈性を失っていた。茎では内皮細胞が正常に存在しアミロプラストも発達していたが，細胞の下側に沈降していないアミロプラストがしばしば観察された。

これらの変異株の重力屈性異常の原因を調べるための実験の結果，さらに次のようなことがわかった。

変異株pでは，デンプンの合成に必要な酵素の1つが失われていることがわかった。デンプン粒を含まずアミロプラストになることのできなかった色素体は，通常の重力（$1\times g$）では重力方向に十分沈降できないが，遠心力を加えて通常の5倍の強さの重力環境下（$5\times g$）におくと野生株のアミロプラストと同様に沈降した。そのとき重力屈性もほぼ正常に示した。

変異株zについては，アミロプラストの挙動を調べるために詳細な顕微鏡観察が行なわれた。野生株でも変異株zでも，茎の内皮細胞には非常に大きな液胞が発達していた(エ)。野生株では液胞を横切る細胞質糸（注2―3）が多数存在し，アミロプラストの多くは細胞内下側の細胞質糸の中に観察された（図2―3左）。一方，変異株zでは細胞質糸がほとんど形成されず，アミロプラストは液胞膜と細胞膜の間に挟まれた状態で，細胞内の下側だけでなく上側や側面にも見出された（図2―3右）。さらに，生きたままの茎の組織を顕微鏡観察しながら，重力に対する植物の向きを変えると，内皮細胞のアミロプラストは，野生株では細胞質糸を通って新しい下面に数分で移動したが，変異株zではほとんど動かなかった。また，根のコルメラ細胞では，野生株でも変異株zでも液胞はあまり大きく発達せず，アミロプラストはいずれの場合も細胞質基質の中を自由に動くことができた。

（注2―3）　細胞質糸（原形質糸）：液胞の内側を横切る細胞質基質の連絡通路。液胞膜でできたチューブ状の通路で，その中をさまざまな細胞小器官が通過する。

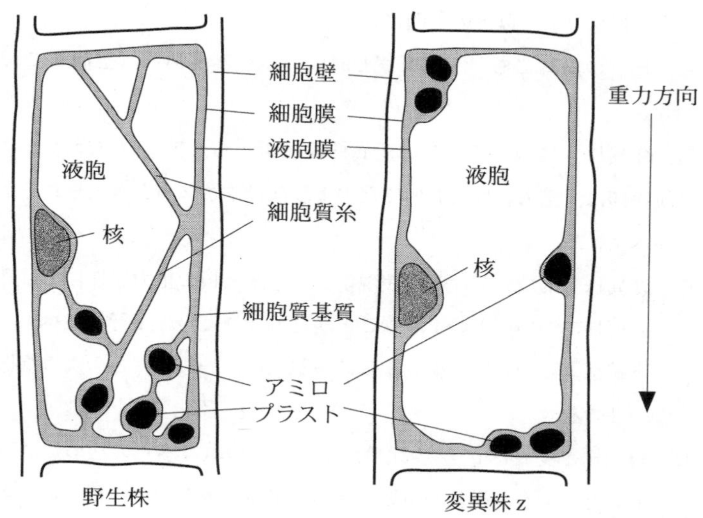

図2—3　野生株(左)と変異株z(右)の茎の内皮細胞

〔問〕

I　文1について，以下の小問に答えよ。

A　空欄1～4に「正」または「負」の語を入れよ。

B　下線部(ア)について。

(a)　オーキシンは植物ホルモンの1種である。どのような化学物質か。化合物名で答えよ。

(b)　植物の成長を調節する植物ホルモンをオーキシン以外に2つ記せ。

C　下線部(イ)について。暗いところで植物体を傾けたとき，茎でも根でも重力方向の下側でオーキシンの濃度がより高くなることが古くから知られている。図2—1で，茎と根の組織内のオーキシン濃度が，茎では10^{-1}～10 mg/l，根では10^{-3}～10^{-1} mg/lの範囲内にあるとして，茎と根が示す重力屈性が逆になる理由を2行程度で述べよ。

Ⅱ　文2について，以下の小問に答えよ。

A　ヒトの内耳にも，下線部(ウ)と同様のしくみがある。空欄5に入る語を記せ。

B　変異株pについて。この変異株の解析から，アミロプラストのデンプン粒蓄積は，重力屈性においてどのような役割があると考えられるか。1行で述べよ。

C　変異株sについて。この表現型から，茎と根の重力屈性における内皮細胞の必要性についてどのようなことが結論できるか。1行で述べよ。

D　下線部(エ)について。植物細胞の液胞には，一般的にどのような機能があるか。2つ記せ。

E　野生株と変異株p，zの比較から，茎での重力感知のためにはアミロプラストのどのような挙動が重要であると推定されるか。1行で述べよ。

F　変異株zの顕微鏡観察の結果から，茎の内皮細胞における細胞質糸の有無とアミロプラストの挙動の間にどのような関係があると推定されるか。2～3行で述べよ。

Ⅲ　植物の重力屈性の機構をさらに理解するために，シロイヌナズナの変異株の探索を続け，茎と根がともに重力屈性を示さない新しい変異株xを得たと仮定する。変異株xでは，茎の内皮細胞でも根のコルメラ細胞でも，アミロプラストが発達して正常に重力方向に沈降し，また光屈性は正常であったとする。この変異株の表現型は，どのような機能を損なっていることが原因と考えられるか。以下の(1)～(6)から，適切なものを2つ選べ。

(1)　アミロプラストでデンプンを合成するしくみ

(2)　アミロプラストの位置情報を検知するしくみ

(3)　液胞を大きく発達させるしくみ

(4)　細胞質糸を発達させるしくみ

(5)　アミロプラストの沈降に応じてオーキシン濃度差を作り出すしくみ

(6)　オーキシンに応答して細胞伸長を調節するしくみ

第3問

次の文1と文2を読み，ⅠとⅡの各問に答えよ。

〔文1〕

私たちの遺伝子には，私たちの生物としての歴史が書き込まれている。今日，ヒト(ホモ・サピエンス)の起源と進化に関する研究では，遺伝子の研究が大きな役割を果たしている。そのなかで注目されたのが，(ア)細胞小器官のひとつであるミトコンドリアである。

ミトコンドリアは，好気的呼吸によってエネルギーを［　1　］という物質として取り出す働きをしている。ミトコンドリアの内部に突出する多数のひだは［　2　］と呼ばれ，ここに［　1　］を合成する酵素が存在する。一方，中央の部分はマトリックスと呼ばれ，ここには核DNAとは異なるミトコンドリアDNAが存在する。ミトコンドリアDNAの分子は，ひとつの細胞に数百から数千個と多数含まれるので，DNA分子が数多く必要だった従来の方法でも，分析が比較的容易であった。今日では，高温でも機能を失わないDNAポリメラーゼを用いてDNAを人工的に増幅する手法である［　3　］によって，微量のDNAでも分析できる。

ミトコンドリアDNAに突然変異が蓄積する速度は，核DNAに比べて5～10倍ほど速い。特に，遺伝子をコードしていないDループとよばれる領域では，(イ)コード領域よりも多くの突然変異が発見されている。そのため，突然変異を目印にして集団の関係を調べるのによく用いられる。

また，ミトコンドリアDNAは，母親由来のミトコンドリアDNAしか子供に伝わらない母性遺伝で子孫に伝わる。(ウ)このミトコンドリアDNAの遺伝様式は，ヒト集団の起源や系統関係を調べるのに適している。現在のヒト集団を広く調べたところ，現代人のもつミトコンドリアDNAは，約10万年から20万年前のアフリカにいた女性に由来する可能性が示された。その結果は，化石の研究によるアフリカ単一起源説とよく一致している。

〔文2〕

ミトコンドリアDNA以外のヒトの遺伝子にも，私たちの進化の歴史が刻まれている。身近な遺伝的多型であるABO式血液型も例外ではない。たとえば，現代の日本人集団では，A型をあらわす遺伝子の割合(遺伝子頻度)について，九州・四国・本州における，図3―1のような地理的勾配が観察される。(エ)<u>これは現在の日本人を形成した祖先集団の影響であると考えられる。</u>

ヒトのABO式血液型は1900年に発見された，最も古くから知られる血液型である。発見当初，ABO式血液型は，独立した2対の対立遺伝子A，aとB，bによって決定する，という説が有力だった。それぞれ，遺伝子Aと遺伝子Bが優性である。これを仮説1とする。(オ)<u>しかし，仮説1ではAB型の親から生まれる子供の血液型の出現頻度をうまく説明することができない。</u>

そこで，別の仮説(仮説2)が提唱された。仮説2では，3つの複対立遺伝子α，β，oがあると考える。遺伝子αと遺伝子βは，それぞれ遺伝子oに対して優性であるが，遺伝子αと遺伝子βの間に優劣はない。それぞれの仮説における，各血液型に対する遺伝子型を表3―1に示す。

この2つの仮説の妥当性を検証するために，集団の血液型頻度から各遺伝子の遺伝子頻度を計算してみよう。まず，仮説1で遺伝子aの遺伝子頻度をp_{a}とすると，遺伝子Aの遺伝子頻度は$1-p_{\mathrm{a}}$となる。同様に，遺伝子bとBの遺伝子頻度は，それぞれp_bおよび$1-p_b$である。一方の仮説2における3つの遺伝子α，β，oの遺伝子頻度を，それぞれp_α，p_β，p_oとすると，それらの3つの合計は1になる。それぞれの遺伝子頻度が，世代を経ても増減しないと仮定すると，表3―2に示したようにA型の血液型頻度は，仮説1では$(1-p_{\mathrm{a}}{}^2)p_b{}^2$，仮説2では$p_\alpha{}^2+2p_\alpha p_o$となる。(カ)<u>それぞれの仮説から導かれる血液型頻度と，実際のヒト集団の血液型頻度を比較することで，2つの仮説の妥当性を検証できる。</u>多くのヒト集団で血液型の調査がなされた結果，今日では仮説2が広く認められている。

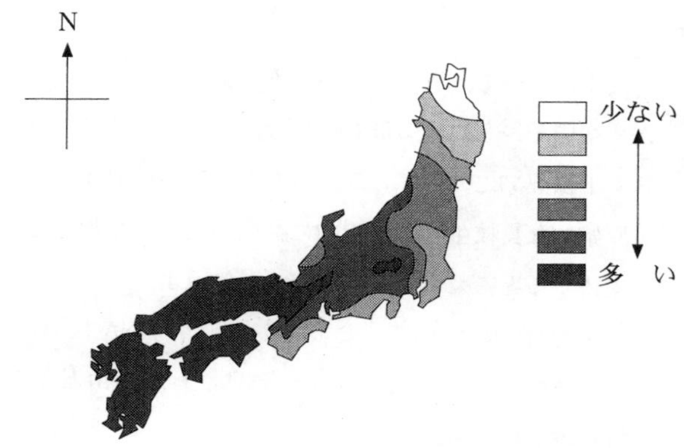

図 3 — 1　現代(20 世紀中頃)の九州・四国・本州における A 型をあらわす遺伝子の頻度の地理的勾配

表 3 — 1　ABO 式血液型と仮説 1 および仮説 2 における遺伝子型

血液型	仮説 1 による遺伝子型	仮説 2 による遺伝子型
O 型	aa*bb*	*oo*
A 型	*Aabb*，*AAbb*	*αα*，*αo*
B 型	aa*Bb*，aa*BB*	*ββ*，*βo*
AB 型	*AaBb*，*AaBB*，*AABb*，*AABB*	*αβ*

表 3 — 2　仮説 1 および仮説 2 における各 ABO 式血液型の頻度

血液型	仮説 1 による血液型頻度	仮説 2 による血液型頻度
O 型	$p_{\mathrm{a}}^2 p_b^2$	p_o^2
A 型	$(1 - p_{\mathrm{a}}^2) p_b^2$	$p_\alpha^2 + 2 p_\alpha p_o$
B 型	$p_{\mathrm{a}}^2 (1 - p_b^2)$	4
AB 型	$(1 - p_{\mathrm{a}}^2)(1 - p_b^2)$	5

2009年　入試問題

〔問〕

Ⅰ　文1について，以下の小問に答えよ。

A　空欄1～3に入る最も適切な語句を記せ。

B　下線部(ア)について。ミトコンドリアや葉緑体などの細胞小器官の起源は，原始的な真核生物の細胞内に共生した原核生物だという説がある。その説を支持すると考えられる事実を2つ答えよ。

C　下線部(イ)について。ミトコンドリアDNAにおいてコード領域よりも，Dループで多くの突然変異が発見された理由として考えられることを，2行程度で述べよ。

D　下線部(ウ)について。ヒト集団の起源や系統関係を調べるためには，祖先でおこった突然変異を子孫が共有することを目印として，個体間や集団間の関係を解析する。母性遺伝というミトコンドリアDNAの遺伝様式が，ヒトの系統解析に適している理由について，以下の(1)～(5)の中から適切なものをすべて選べ。

(1)　ヒトのミトコンドリアDNAは組換えを考慮しなくてよいので，遺伝的変異が突然変異にのみ由来するため。

(2)　卵のミトコンドリアDNAの分子数は，精子のそれよりも多いので，突然変異が蓄積しにくいため。

(3)　卵形成過程の極体放出により，突然変異をおこしたDNAが除去されるので，卵のミトコンドリアDNAには突然変異が蓄積しにくいため。

(4)　DNAを傷つける活性酸素の濃度が，卵母細胞では精母細胞よりも高いので，ミトコンドリアDNAの突然変異が卵で多くおこるため。

(5)　たとえば5世代さかのぼったとき，核DNAは最大32人の祖先に由来するが，ミトコンドリアDNAでは1人の祖先に由来するため。

E　ミトコンドリアDNAでは父方の遺伝情報について調べることができない。ヒト集団について，父系の系統関係を調べる対象として，最も適しているものを1つ答えよ。

Ⅱ　文2について，以下の小問に答えよ。

A　下線部(エ)について。日本列島には，もともと縄文系集団が住んでいたが，弥生時代のはじめに，大陸に由来する渡来系集団が九州北部にあらわれた。現代の日本人はこれらの遺伝的に異なる2つの集団に，おもに由来すると考えられている。このことから，A型をあらわす遺伝子の頻度が現代において地理的に均一ではなく，図3―1のような地理的勾配を示す理由として，どのようなことが考えられるか，2行程度で述べよ。ただし，もともとの縄文系集団においては，A型をあらわす遺伝子の頻度は地理的に均一だったとする。またABO式血液型の遺伝子型によって生存や生殖に有利・不利はないものとする。

B　下線部(オ)について。AB型の親から生まれる子供の血液型について，仮説1では説明できない現象がみられる。どのような現象か，1～2行で述べよ。

C　表3―2の空欄4と5それぞれに入る血液型頻度について，p_α，p_β，p_oを用いて答えよ。

D　下線部(カ)について。ある集団で各ABO式血液型の個体数を調査したところ，表3―3のデータを得た。仮説1では，A型の血液型頻度$(1-p_{\mathrm{a}}{}^2)p_b{}^2$と，O型の血液型頻度$p_{\mathrm{a}}{}^2p_b{}^2$を合計すると$p_b{}^2$となる。表3―3のデータから，この集団における遺伝子bの遺伝子頻度は0.9と推定できる。同様に，B型とO型の血液型頻度を合計した値から，遺伝子aの遺伝子頻度は0.7と推定される。

(a)　仮説1から期待されるAB型の人数は，この集団では何人になるか。有効数字2桁で答えよ。

(b)　同様に，A型とO型の血液型頻度を用いて，仮説2の遺伝子βのこの集団における遺伝子頻度を計算し，有効数字2桁で答えよ。

(c)　仮説2から期待されるAB型の人数は，この集団では何人になるか。有効数字2桁で答えよ。

表3—3　あるヒト集団におけるABO式血液型の個体数

血液型	個体数(合計300人)
O型	109
A型	134
B型	38
AB型	19

2008年

解答時間：2科目150分
配　　点：120点

第1問

次の文1～文3を読み，Ⅰ～Ⅲの各問に答えよ。

〔文1〕

細胞分裂が正常に実行されるためには，さまざまなしくみが連携して機能する巧妙なしかけが必要である。たとえば，細胞が1回分裂する全過程を細胞周期というが，1回の体細胞の細胞周期で一度だけDNA複製がおこるようなしかけがある。また，DNA複製によって1対の姉妹染色分体という染色体構造ができるが，分裂中期までにこの対が離れてしまうと，正確な染色体の分配ができなくなる。これを防ぐために，姉妹染色分体が，ある種のタンパク質(姉妹染色分体結合タンパク質)を介して結合し，近接した状態に配置されるしかけがある。

動物の体細胞の細胞周期では，分裂 [1] 期に染色体を構成するクロマチンが凝縮して，分裂期染色体が構築される。クロマチンは，[2] というタンパク質にDNAが巻きついて，ビーズ状になったものである。さらに，間期から分裂期まで核膜近傍に存在する中心体が2つに増え，これを起点として，微小管とよばれるタンパク質の繊維(紡錘糸)からなる紡錘体が形成される。分裂中期までには，染色体の狭窄(きょうさく)部位に存在する動原体に微小管が結合し，この微小管(動原体微小管)を介して両極へ染色体が引っ張られる。分裂中期では，動原体微小管は姉妹染色分体上でたがいに特定の角度で配置される(ア)。そのため，分裂中期に [3] 面に縦列した染色体上の動原体に，両極からの動原体微小管を介した張力が発生し，均衡することになる。細胞にはこの張力の均衡状態を監視するはたらきがあり，動原体微小管において十分な均衡した張力が生じるまでの間，細胞周期を分裂中期に停止するしかけ(紡錘体チェックポイント)が存在する。

全染色体について十分に均衡張力が生じると，細胞内のある種のタンパク質分解酵素が活性化し，動原体部位に多く存在する姉妹染色分体結合タンパク質を分解する。これを契機に姉妹染色分体が両極に向かって移動を開始する。また，動物細胞では，紡錘体の軸に直交するかたちで［3］面が規定される。その延長上の細胞膜に収縮環とよばれる構造が形成され，細胞をくびり切る［4］を実行するため，分離した姉妹染色分体のセットがもれなく分配される。このような連携的なしかけによって，姉妹染色分体の［5］細胞への均等分配が保証される。

〔文2〕

減数分裂は，動物では精子や卵などの配偶子を形成する際にのみ見られる分裂様式である。減数分裂では(イ)DNAの複製の後，2回の連続する染色体分配がおこるため，二倍体（複相）の生物では最終的に一倍体（単相）の配偶子が形成される。減数分裂の際には，DNA複製後の姉妹染色分体の連結をへたのち，両親由来の相同染色体が対合し，二価染色体が形成される。(ウ)二価染色体上の動原体に微小管が結合し，減数第一分裂では両極に向かって相同染色体が分離される。この際にも，動原体微小管に生じる張力の均衡を監視するはたらきがあるが，この場合，相同染色体間をつなぎとめているのは，姉妹染色分体結合タンパク質ではなく，乗換えによって形成された(エ)キアズマという構造である。

〔文3〕

(オ)連鎖した3点の遺伝子の形質を用いて，それぞれの遺伝子間の組換え率を測定し，それをくり返すことで，染色体地図を描くことができる。これはモーガンの学派が提唱した「遺伝子間距離と乗換え頻度は比例関係にある」という仮説と，染色体上のいずれの領域においても乗換え（もしくは組換え）が一様に生じることが，前提となっている。しかしながら，(カ)上記の方法で得られた染色体地図と，ゲノム計画で明らかになった染色体上の遺伝子の配置（物理的遺伝子地図）を比較したところ，両者における遺伝子間距離が合致しない領域があることが明らかになっている。

2008年　入試問題

〔問〕

Ⅰ　文1について。文中の空欄1～5に入る最も適切な語句を記せ。

Ⅱ　文1と文2について，以下の小問に答えよ。

A　下線部(ア)に記述された動原体微小管の配置に関して，最も適切と思われる角度を，次の(1)～(4)の中から1つ選べ。

(1)　30度

(2)　60度

(3)　90度

(4)　180度

B　下線部(イ)について。体細胞分裂と減数分裂時のDNA複製と中心体の数の変動のしかたの違いについて，3行程度で述べよ。

C　下線部(ウ)について。動原体の配置はどのようなものであるか，以下の図(1)～(4)から最も適切なものを1つ選べ。

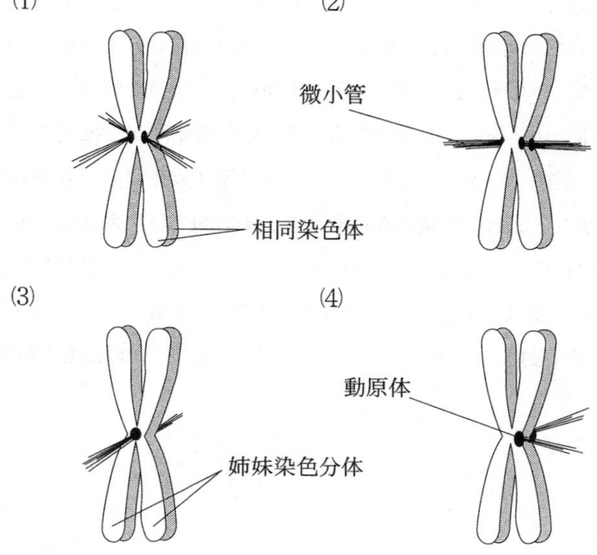

Ⅲ　文2と文3について，以下の小問に答えよ。

A　下線部㈤のキアズマ構造の形成が一部の染色体で欠損すると，精子や卵の形成，およびそれらの染色体の組成にどのような影響があると考えられるか，2行程度で説明せよ。

B　下線部㈵のような解析方法を何というか，名称を記せ。

C　上記の方法で測定された組換え頻度1％に対し，遺伝子間距離が1cM(センチモルガン)と当初定義された。しかしその後，組換えをもたらす乗換えは，必ず減数分裂期DNA合成のあとにおこることが明らかになった。乗換えが1対の相同染色体で1回おこるケースでは，乗換えが生じない姉妹染色分体が1組存在する。したがって，相同染色体あたり1回の乗換えは，50％の組換え頻度に相当することになる。一方，それほど離れていない遺伝子間で，上記Bの手法で距離を測定し，それらの結果をつなぎ合わせて染色体地図を作製した場合，キイロショウジョウバエの第3染色体の一方の末端から，他方の末端までは，105cMであった。以上の情報から，キイロショウジョウバエ第3染色体の，染色体1本あたりの平均乗換え回数を計算せよ。なお，計算式を記入のうえ，有効数字は1桁で答えること。

D　Cのように，短区間の遺伝的距離をつなぎ合わせるのではなく，染色体の両方の末端に存在する遺伝子の表現型を用いて，組換え頻度を測定し，大まかな染色体全体長を，その2つの遺伝子の遺伝的距離から推定する方法もあるだろう。実際，キイロショウジョウバエの第3染色体の一方の末端に存在する遺伝子と，他方の末端に存在する遺伝子の間で組換え率を測定したところ，第3染色体の一方の末端から他方の末端までは，44cMであることがわかった。この値は，上記のCに示された距離105cMよりかなり短い。「組換え頻度」と「乗換えの回数」という言葉を用いて，その理由を3行程度で述べよ。

E　下線部(カ)について。ある染色体領域において，遺伝的な距離が物理的距離に比べて長い場合の説明として，小問CとDの内容もふまえたうえで，次の文章(1)〜(4)の中から不適切と考えられるものを，すべて選べ。

(1)　その染色体領域内では，組換え頻度が相対的に高い。

(2)　その染色体領域内には，組換え測定に適した表現型を持つ遺伝子の数が少ない。

(3)　その染色体領域内では，組換えを活発に行う部位がまれにしか存在しない。

(4)　その染色体領域内には，遺伝子の働きが抑制される領域が多く存在する。

第2問

次の文1〜文3を読み，Ⅰ〜Ⅲの各問に答えよ。

〔文1〕

ヒトのからだには，体外の環境が変化しても，体内部の状態や機能を一定に保とうとする性質があり，これを［ 1 ］という。［ 1 ］には，内分泌系，自律神経系などにおけるフィードバック(ア)が大きな役割を果たしている。

ここで水を大量に飲んだ時のからだの反応について考える。飲んだ水は吸収され循環系に入る。そうすると血液は薄められ，血しょう浸透圧（体液濃度）は減少する。これにより［ 2 ］に存在する浸透圧受容器が反応し，その結果，［ 3 ］からのバソプレッシンの分泌が［ 4 ］される。バソプレッシンの血中濃度が［ 5 ］い時は，腎臓での水の再吸収が減り，排泄量が増え，尿は低浸透圧となる。摂取された水はこれらの過程をへて尿として排泄され，血しょう浸透圧はごくわずかの変動範囲に保持されるのである。

〔文2〕

腎臓は，尿をつくり有害な物質や過剰な物質を体外に排出するなどして，内部環境を一定の状態に保つはたらきをしている。尿をつくる単位構造はネフロンとよばれ，糸球体とそれに続く1本の腎細管(細尿管，尿細管)からなる(図2―1)。このネフロンが，1個の腎臓に約100～120万個ある。

ネフロンにおいて，血しょう中のある物質が毛細血管から尿へと排泄される過程について考える。血しょう中に含まれる物質は，まず腎臓の糸球体でろ過される。ろ過された物質は，その後，腎細管の上皮を介して再吸収されたり，逆に毛細血管から分泌されたりして，最終的に尿へと排泄される。つまり，(イ)ある物質の尿への排泄量は，ろ過，再吸収と分泌という3つの過程によって決定される。

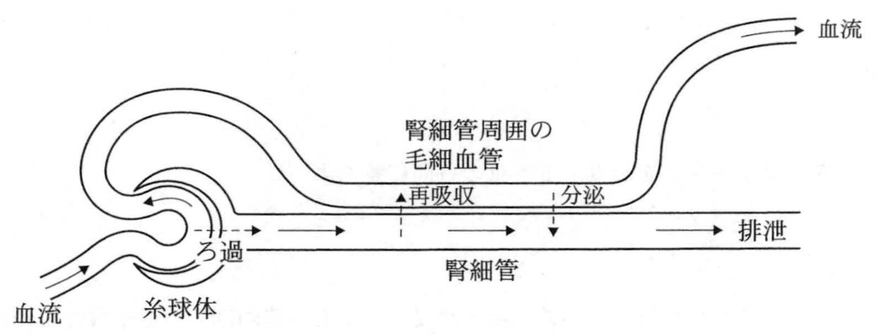

図2―1　ネフロンにおける物質のろ過，再吸収および分泌

〔文3〕

グルコースは，ネフロンでろ過され再吸収されるが，分泌されない物質である。糸球体の毛細血管でろ過されたグルコースは，腎細管の上皮細胞により再吸収され毛細血管に入る。血しょう中グルコース濃度(血糖値)が正常であれば，ろ過されたグルコースはすべて再吸収され，尿中には排泄されない。ところが血糖値が上昇してある値(閾値)をこえると，グルコースは尿中に排泄されるようになる(図2―2)。また，再吸収されないグルコースが腎細管中にあると，浸透圧の効果によって尿量が増える。

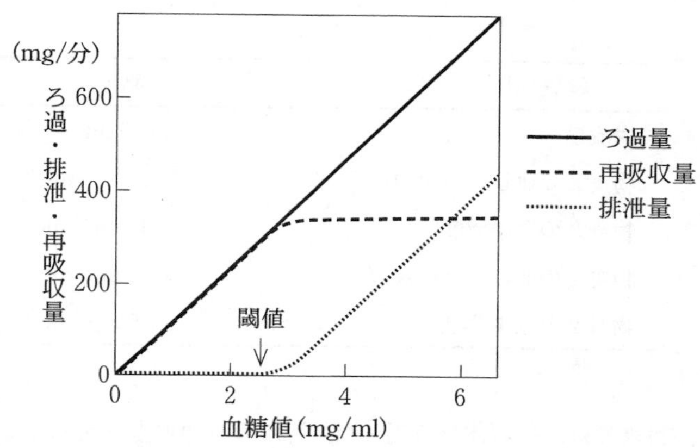

図2―2　血糖値とグルコースのろ過，排泄，再吸収量との関係

〔問〕

Ⅰ　文1について，以下の小問に答えよ。

A　文中の空欄1～5に入る最も適切な語句を記せ。なお，空欄4には「促進」と「抑制」のどちらか，空欄5には「高」と「低」のどちらか適切な語句を選べ。

B　下線部(ア)について。以下の(1)～(4)から誤った記述を1つ選べ。

(1)　内分泌腺から分泌されるホルモンは，血流によって全身に運ばれるが，特定の標的器官にのみ作用をおよぼす。

(2)　交感神経と副交感神経は，多くの場合，器官に対してたがいに反対の作用をおよぼして，そのはたらきを調節している。

(3)　交感神経が興奮すると，その末端からはアドレナリンが，副交感神経ではノルアドレナリンが分泌されて各器官に作用する。

(4)　フィードバックには，負のフィードバックと正のフィードバックがある。

Ⅱ　文2について。表2―1は，腎臓における物質のろ過，再吸収，分泌について調べるために行った検査の測定値である。これらの測定値に基づいて次ページの小問に答えよ。

表2―1

検査項目	測定値
尿流量	0.9 ml/分
物質Xの血しょう中濃度	0.25 mg/ml
物質Xの尿中濃度	35 mg/ml
物質Yの血しょう中濃度	0.02 mg/ml
物質Yの尿中濃度	15 mg/ml

A　物質Xは，糸球体でろ過され，腎細管で再吸収も分泌もされない物質で，また体内で代謝されない。この物質Xを静脈に注入し，動脈血しょう中の濃度が一定値を維持するように静脈への注入を続け，その後，一定時間内の尿を採取した。物質Xが単位時間に尿中に排泄される量(排泄量)(mg/分)を，尿流量(ml/分)と物質Xの尿中濃度(mg/ml)から算出せよ。なお，尿流量とは，単位時間に腎臓から排出される尿量のことである。

B　単位時間にろ過されるある物質の量は，ろ過負荷量(mg/分)とよばれ，その物質の血しょう中濃度(mg/ml)に比例する。ある物質のろ過負荷量を血しょう中濃度で割った値は，糸球体ろ過量(ml/分)とよばれ，さまざまな物質に対して共通である。腎細管で再吸収も分泌もされない物質の排泄量は，ろ過負荷量と同じ値となる。以上のことに基づいて，糸球体ろ過量(ml/分)を算出せよ。

C　下線部(イ)について。ある物質の排泄量は，ろ過負荷量，腎細管での再吸収量および分泌量で決定される。つまり，排泄量とろ過負荷量を比較することによって，その物質の再吸収や分泌について知ることができる。物質Yを静脈に注入し，その後，一定時間内の尿および血しょう中濃度を測定した(表2―1)。物質Yの排泄量(mg/分)と，ろ過負荷量(mg/分)を算出せよ。

D　Cの結果から考えられることとして，正しいものを以下の(1)〜(5)から1つ選べ。

(1)　物質Yは，糸球体でろ過されない。

(2)　物質Yは，腎細管で再吸収も分泌もされない。

(3)　物質Yは，腎細管での再吸収量が分泌量より少ない。

(4)　物質Yは，腎細管での再吸収量と分泌量が同等である。

(5)　物質Yは，腎細管での再吸収量が分泌量より多い。

Ⅲ　文3について，以下の小問に答えよ。

A　健常者の空腹時血糖値は0.7〜1.0 mg/ml である。ある糖尿病の患者の血糖値を測定したところ4.0 mg/ml であった。この患者に適量のインスリンを投与すると，血糖値は0.9 mg/ml まで低下した。インスリン投与後のこの患者に観察されたグルコースの尿中への排泄量と尿量の推移について，以下の記述の空欄6，7に適切な語句を，下の選択肢(1)〜(4)からそれぞれ1つ選べ。また，その理由についてそれぞれ1〜2行で説明せよ。

記述：グルコースの尿中への排泄は［ 6 ］，尿量は［ 7 ］。

空欄6　(1)　消失し　(2)　減少し　(3)　増加し　(4)　変化なく

空欄7　(1)　消失した　(2)　減少した　(3)　増加した　(4)　変化しなかった

B　ある物質の1分間の排泄量がどれだけの血しょう量に由来するかを示す値は，クリアランス(ml/分)とよばれ，排泄量を血しょう中濃度で割った値として求めることができる。これに基づき，グルコースのクリアランスと血糖値の関係を示したグラフと考えられるものを，図2—3の(1)〜(4)から1つ選べ。

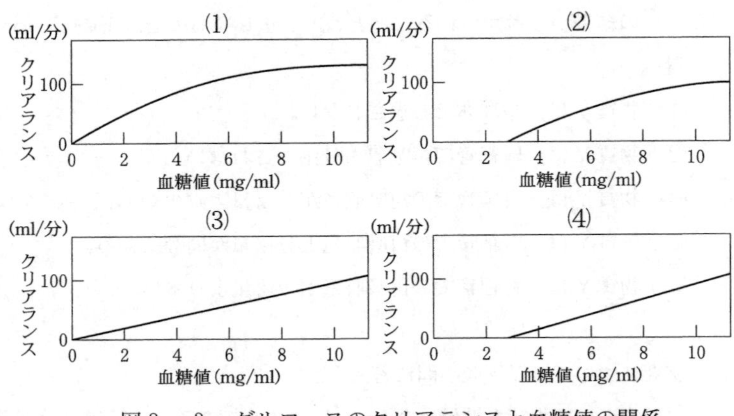

図2―3　グルコースのクリアランスと血糖値の関係

C　インスリン欠乏が高血糖を引きおこす際にみられる現象を以下の(1)～(7)から2つ選べ。

(1)　タンパク質合成の促進

(2)　グリコーゲン合成の抑制

(3)　脂肪分解の抑制

(4)　筋および脂肪細胞へのグルコースの取り込みの抑制

(5)　アミノ酸生成の抑制

(6)　糸球体ろ過量の減少

(7)　尿流量の減少

2008年　入試問題

第3問

次の文1～文3を読み，Ⅰ～Ⅲの各問に答えよ。

〔文1〕

呼吸は，生物が生きていくために必要なエネルギーを，ATPとして獲得する手段である。ヒトの細胞では，呼吸はミトコンドリアで行われる。ミトコンドリアは外膜と内膜に囲まれ，クエン酸回路の酵素を［ 1 ］に，電子伝達系のタンパク質を［ 2 ］にもつ。クエン酸回路は，有機物を［ 3 ］に分解する異化作用の最終段階であり，この回路で取り出された電子が，電子伝達系にわたされる。電子が電子伝達系を流れるとエネルギーが発生するので，このエネルギーを利用してATPが合成される。また，電子伝達系を流れた電子は酸素および水素イオンと結合し，その結果［ 4 ］がつくられる。このように酸素を電子の受容体とする呼吸を，酸素呼吸とよぶ。

〔文2〕

多くの細菌はクエン酸回路と電子伝達系をもち，ミトコンドリアと同様に，有機物を基質とした酸素呼吸を行うことができる。ところが，細菌がもつ電子伝達系は多様性に富んでおり，細菌の中には，電子の受容体として酸素以外の物質(硝酸や硫酸など)を利用する呼吸を行うことができるものがいる。この呼吸を嫌気呼吸と総称する。さらに，無機物(アンモニアや硫化水素など)から取り出した電子を電子伝達系に流してATPを合成することができる細菌もいる。これが化学合成細菌であり，電子の受容体としてはさまざまな物質が利用される。

化学合成細菌と嫌気呼吸を行う細菌の具体例をみてみよう。土壌には，アンモニア酸化細菌と亜硝酸酸化細菌がいる。前者はアンモニウムイオン(NH_4^+)を亜硝酸イオン(NO_2^-)に，後者は亜硝酸イオンを硝酸イオン(NO_3^-)に酸化して電子を得ることで酸素呼吸を行う。両細菌は常に一緒にいるので，土壌にアンモニウムイオンを入れると一気に硝酸イオンに変換されるようにみえる。このことを硝化作用とよび，また，両細菌をまとめて硝化細菌とよぶ。

土壌中には，脱窒素細菌もいる。この細菌は，有機物を基質として，酸素呼吸と嫌気呼吸の両方を行うことができる。この嫌気呼吸では，硝酸イオンが電子受容体となり，気体の窒素(N_2)が生成される。これを硝酸呼吸とよぶ。窒素ガスは土壌から大気へ放出されるので，硝酸呼吸は脱窒作用ともよばれる。

〔文3〕

土壌をガラス管につめ，上から硫酸アンモニウムの溶液を流すと，下から硫酸カルシウムの溶液が出てくる。これは，土壌中のカルシウムイオン(Ca^{2+})と溶液中のアンモニウムイオンとが交換することでおこる現象であり，土壌には外から入ってきた正荷電のイオンを保持する能力があることを意味する。一方，負荷電のイオンは土壌にほとんど保持されない。このような土壌の特性から，硝酸カリウムを畑にまいた場合，カリウムの肥料効果は十分に得られるものの，窒素の肥料効果はそれほど得られないということがおこる。これは，雨水が土壌に浸透し下降していく際に，カリウムイオン(K^+)は土壌に保持されるのにたいして，硝酸イオンは地下水系にまで流されてしまうからである。では，硫酸アンモニウムを窒素肥料としてまいた場合には何がおこるのだろうか。土壌には硝化細菌と脱窒素細菌が多数生息するので，硝化作用と脱窒作用もはたらきそうである。このことを，水田を題材に考えてみよう。

水田では，耕耘(こううん)により土壌表面から20 cm程度の深さに水漏れを防ぐ層(鋤床層(すきどこそう))を作製し，それより上部の土壌を水と混合して作土層(さくどそう)とし，これを水(田面水(でんめんすい))でおおう。これにより，作土層は空気から遮断される。そのため作土層は，田面水と接する表層だけ(厚さ1 cm程度)が好気的状態(酸化層)で，その下層は嫌気的状態(還元層)となっている。作土層の水は鋤床層からゆっくりと漏れ出るため，それに応じて田面水が作土層へ浸透していく(図3―1)。(ア)この状態の水田で，硫酸アンモニウムを窒素肥料として作土層の表面にまいても，その多くはイネに吸収される前に消失してしまい，十分な肥料効果は得られない。

自然界には，大気中の窒素をアンモニアに変換する［ 5 ］細菌がいる。したがって自然界では，[5]細菌と硝化細菌，脱窒素細菌の活動による，窒素→アンモニア→硝酸→窒素という循環系が機能している。

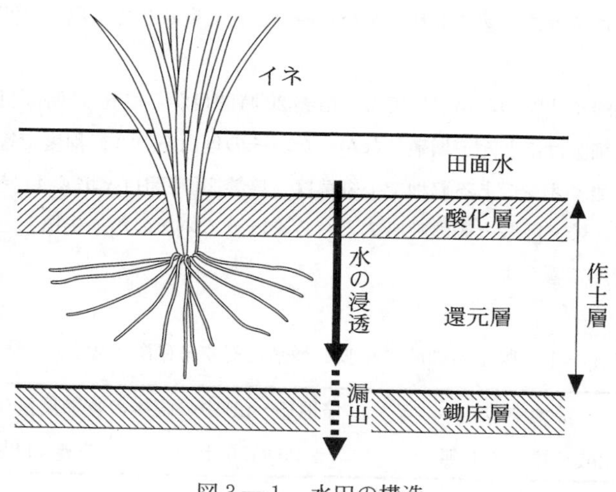

図3―1　水田の構造

〔問〕

Ⅰ　文1について，空欄1～4に入る最も適切な語句を記せ。

Ⅱ　文2について，以下の小問に答えよ。

A　硝化細菌は，細胞を構成する有機物を無機物から合成して生きている。何からどのように合成しているのかを，1行で答えよ。

B　アンモニア酸化細菌がアンモニウムイオンを酸化する過程には，アンモニアと酸素分子を結合させる反応が必要である。では，硝化細菌に嫌気呼吸を行う能力があるとして，嫌気的な条件で硝化作用は進行するのだろうか。進行するかしないかを，理由とともに3行程度で答えよ。

C　脱窒素細菌は，酸素と硝酸イオンの両方があると，酸素呼吸と硝酸呼吸のどちらを行うのだろうか。それを調べるために，十分量の有機物を含み，硝酸イオンの有無にのみ違いのある液体培地が入った2つの容器に，脱窒素細菌を少量(乾燥重量で1 mg)ずつ接種して静置培養し，増殖のようすを比較した。その結果を表3―1に示す。培養開始時の培地には一定量の酸素が溶けていること，ならびに，この細菌の酸素呼吸による酸素消費速度は，酸素が培地に溶けこむ速度よりもかなり速いことに留意して，以下の(a)と(b)に答えよ。

(a) 硝酸イオンのない培地では，培養20時間目から培養44時間目までの間に，細菌はほとんど増殖しなかった。その理由を，2行程度で答えよ。

(b) 硝酸イオンのある培地で，細菌は，培養20時間目と培養44時間目において，酸素呼吸と硝酸呼吸のどちらを行っていたのか。根拠とともに，2行程度で答えよ。

表3―1　脱窒素細菌の呼吸と増殖に対する硝酸イオンの効果

培地中の硝酸イオンの有無	培地(50 ml)中の菌体の乾燥重量(mg)	
	培養20時間目	培養44時間目
なし	25	27
あり	25	63(*)

(*)気体の生成が泡としてみえた。

Ⅲ　文3について，以下の小問に答えよ。

A　空欄5に入る最も適切な語句を記せ。

B　水田土壌の酸化層ならびに還元層において，硝化細菌と脱窒素細菌による硝化作用と脱窒作用はおこるのだろうか。以下の(a)～(d)について，おこるなら「○」で，おこらないなら「×」で答えよ。

(a) 酸化層における，硝化細菌による硝化作用

(b) 酸化層における，脱窒素細菌による脱窒作用

(c) 還元層における，硝化細菌による硝化作用

(d) 還元層における，脱窒素細菌による脱窒作用

C　下線部(ア)について。なぜそのようなことがおこるのかを，5行程度で説明せよ。

D　硫酸アンモニウムは水田のどの部分に与えると，安定してイネに吸収されることになるのだろうか。根拠とともに，2行程度で答えよ。

2007年

解答時間：2科目150分
配　　点：120点

第1問

次の文1～文3を読み，Ⅰ～Ⅲの各問に答えよ。

〔文1〕

私たちのからだには3種類の筋肉がある。これらは，からだを動かすはたらきをもつ骨格筋，心臓を拍動させる心筋，そして小腸や膀胱などの内臓器官の壁を構成し，それらを動かす［ 1 ］筋である。骨格筋と心筋では，筋繊維と呼ばれる細長い細胞が束になっており，その筋繊維の内部には多数の筋原繊維が規則正しく並ぶ。筋繊維を顕微鏡で観察すると，長軸方向に［ 2 ］がみられる。一方，［ 1 ］筋では［ 2 ］はみられない。

骨格筋の運動は，運動神経を介して自分の意思によって制御できる。これに対して，心臓の拍動や小腸などの内臓器官の運動は，自分の意思に関係なく，主に自律神経によって制御されている。自律神経には，［ 3 ］神経と［ 4 ］神経がある。［ 3 ］神経の中枢は中脳，延髄，脊髄にあるのに対して，［ 4 ］神経の中枢は脊髄にあり，いずれも［ 5 ］によってさらに統合的に調節されている。

〔文2〕

心臓と小腸を用いて次のような実験を行った。

実験1　摘出したマウスの心臓から2つの心房を切り出し，心房筋標本を作製した(心房筋標本aと心房筋標本bと呼ぶ)。心房筋標本を，37℃に保温した人工栄養液を満たした容器内に固定し，栄養液には十分な酸素を通気した。心房筋標本の一端を収縮測定装置に連結し，心房筋標本aおよびb

の収縮弛緩反応を測定した(図1—1)。

心房筋標本のうち，心房筋標本aは自発性の律動的な収縮弛緩(自動能)を示したが，心房筋標本bは全く自動能を示さなかった(図1—2)。次に，ウシの副腎をすりつぶして得た抽出液Xを，心房筋標本aを固定した容器内の人工栄養液に加えると，この投与によって心房筋標本aの自動能は増強された。(ア)

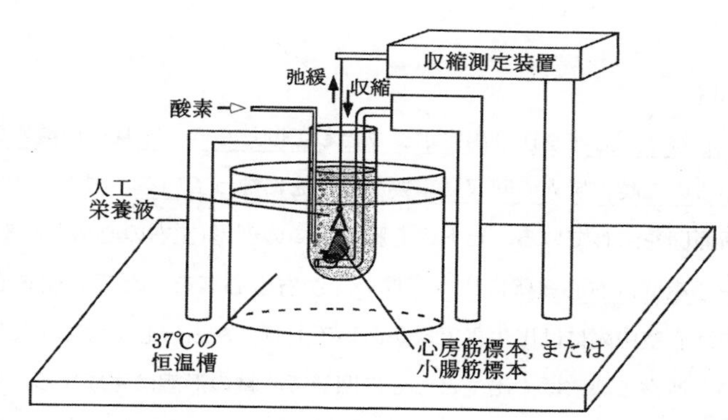

図1—1　心房筋標本と小腸筋標本の収縮測定装置(模式図)

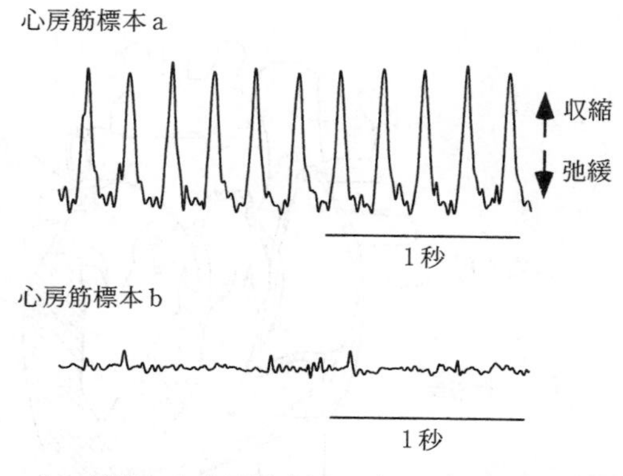

図1—2　摘出した心房筋標本aおよびbの収縮弛緩反応

実験2　マウスの腹部から小腸の一部を取り出した後，粘膜部を取り除いて小腸筋標本を作製し，図1―1の装置に固定した。この小腸筋標本の収縮弛緩反応に対する，自律神経末端(終末)から放出される神経伝達物質Yと神経伝達物質Zの作用を調べた。はじめに神経伝達物質Yを小腸筋標本に投与すると筋は収縮し，その収縮は持続した。この収縮している筋標本に，さらに神経伝達物質Zを投与すると，筋標本はすみやかに弛緩した。

〔文3〕

(イ)心臓は，血液を送り出すポンプとしてはたらき，全身への酸素の供給と，全身からの二酸化炭素の回収に重要な役割をになっている。図1―3はヒトの心臓の断面図を示している。ヒトの心臓は4つの部屋(左右の心房と心室)からなるが，(ウ)左心室壁は右心室壁に比べて厚い。左右の心室をへだてる壁を心室中隔というが，心室中隔には出生まで穴があいており，左右の心室は完全には分かれていない。通常この穴は，出生とともに閉じて心臓の形態は完成する。(エ)しかし，出生後もこの心室中隔の穴がふさがらず，心臓のポンプ機能がそこなわれることがある。

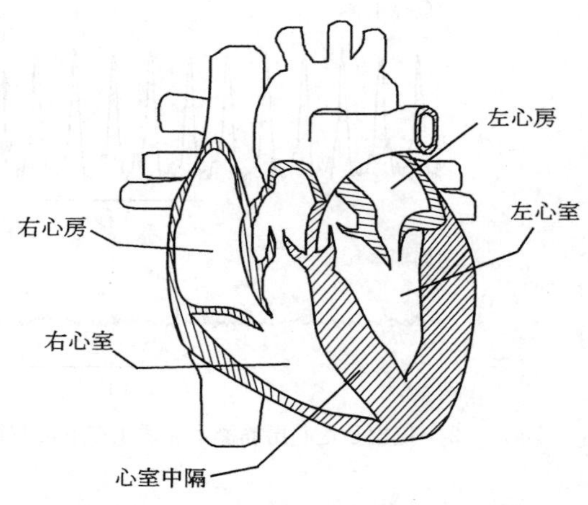

図1―3　ヒトの心臓の断面図(模式図)

2007年　入試問題

〔問〕

Ⅰ　文1について，文中の空欄1～5に入る最も適切な語句を記せ。

Ⅱ　文2について，以下の小問に答えよ。

A　実験1について。自動能を示した心房筋標本aは右心房か左心房かを答えよ。また，なぜ心房筋標本aだけが自動能を生じたのか。その理由を1～2行程度で述べよ。

B　実験1の下線部(ア)について。副腎から得た抽出液Xに含まれるどのような物質がこの反応を引き起こすと考えられるか。その物質名を答えよ。また，この物質のように，特定の器官で産生され，血液循環を介して他の標的器官に作用する物質は，一般に何と呼ばれているか。その名称を答えよ。

C　心房筋標本aは，通常，次ページの図1―4上段(投与前)のような自動能を示す。いま，実験2の神経伝達物質YとZとを，それぞれ単独に心房筋標本aに投与した。この時，心房筋標本aは，神経伝達物質YおよびZに対してどのような反応を示すと考えられるか。図1―4の選択肢(1)～(3)よりそれぞれ選んで記号で答えよ。また，神経伝達物質YとZの名称を答えよ。

D　心房筋標本aの自動能は，ある薬物の投与により，図1―4の投与前の状態から，投与後の選択肢(3)のような状態に変化した。この自動能の変化に見られる2つの特徴を答えよ。また，この薬物を生体に投与した時，心臓の機能にはどのような変化が生じるか。先の2つの特徴と対応させて，それぞれ1行程度で答えよ。

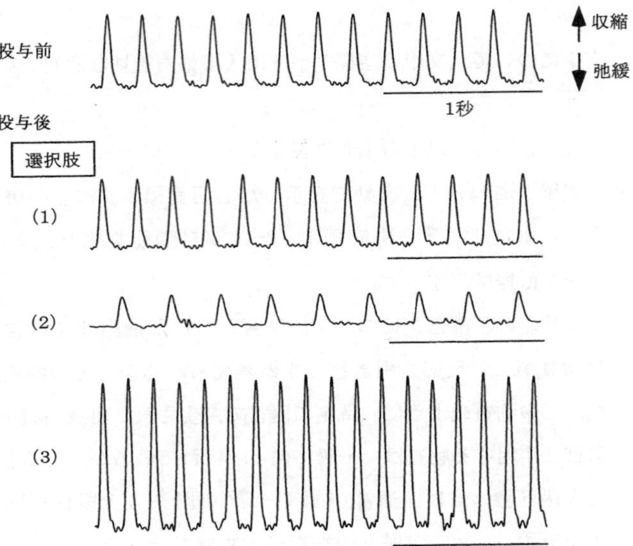

図１—４　心房筋標本ａの自動能に対する神経伝達物質ＹとＺの効果

Ⅲ　文３について，以下の小問に答えよ。

Ａ　下線部(イ)について。表１—１は，健常な人における，心臓の各部屋と心臓に出入りする血管内の血中酸素濃度についてまとめたものである。空欄１～６にあてはまる状態はなにか。血中酸素濃度を高低に二分し，例にならって血中酸素濃度の状態が高い場合は「高」，低い場合は「低」と記せ。

表１—１　心臓に出入りする血管と心臓における血中酸素濃度の状態

	大静脈	大動脈	肺静脈	肺動脈	右心房	右心室	左心房	左心室
血中酸素濃度の状態	低	高	1	2	3	4	5	6

Ｂ　下線部(ウ)について。左心室を形成する壁はなぜ右心室を形成する壁に比べて厚いのか。その理由を１～２行程度で答えよ。

C　下線部(エ)について。心臓のポンプ機能にどのような障害が生じると考えられるか。心臓内での血液の流れに着目して，以下の語句を用いて3行程度で答えよ。ただし，解答にはすべての語句を少なくとも1回は用いること。

（語句）　全身の臓器，右心室内圧，左心室内圧，血液，体循環，肺循環

第2問

次の文1～文3を読み，Ⅰ～Ⅲの各問に答えよ。

〔文1〕

植物の生育は，植物個体中のソースとシンクの機能に基づく分業により支えられている。ソースとは，物質を他の細胞へ供給する細胞群のことであり，シンクとは，ソースから受け取った物質を利用して成長したり貯蔵したりする細胞群のことである。ソースからシンクへの物質の移動は転流と呼ばれ，これを仲介するのが維管束系である。

葉と根の関係を考えてみよう。葉は光合成で炭酸同化を行い，その同化産物の一部を(ア)スクロースの形で根に供給する。一方，根は土壌より無機窒素化合物を吸収し，(イ)それをそのまま葉に供給したり，(ウ)根でアミノ酸に同化してから葉に供給したりする。このように，葉は根に対して炭酸同化産物のソースとなっており，根は葉に対して窒素化合物のソースとなっている。葉と根はこうして獲得した炭素と窒素を使って必要な成分を合成して成長していく。この合成に必要なエネルギーを得るために，葉も根も炭酸同化産物を呼吸基質とした好気呼吸(呼吸)を行う。この呼吸は一日中行われるので，昼間に蓄積された炭酸同化産物は夜間に消費される。再び蓄積が始まるのは，葉に(エ)補償点以上の強さの光が当たる明るさになってからである。

〔文2〕

イネは栄養成長期に十数枚の葉を順次つける(注2－1)。1枚の葉の一生には，4つの段階がある。すなわち，茎頂分裂組織からの分化の段階，成長の段階，成熟葉として活動する段階，老化の段階である。(オ)分化直後の葉は，葉緑体が未発達である。葉の成長段階では，転流してくる窒素の7割以上が葉緑体の発達に使われる。葉緑体の成熟は，出葉した葉の先端部分より始まり，完全展開時に葉全体におよぶ。これ以降を成熟葉と呼び，葉は盛んに光合成を行う。ある時期がくると葉緑体の光合成装置が分解され，炭酸同化速度が低下していく。これが老化の段階である。図2―1は，栄養成長期の後期にあるイネがつけた1枚の葉の窒素量と炭酸同化速度の変化を観察した例である。この図からわかるように，老化段階では葉が保持する窒素量も減少している。その理由は，光合成装置に含まれるタンパク質の分解により生じるアミノ酸に何らかの動きが起きているからである。何が起きているかを知るための観察結果が，図2―2と表2―1である。図2―2は，イネの生育にともなう第5葉～第9葉の窒素量の変化を観察した結果である。また，図2―2の矢印の時点において第6葉と第8葉の師管から採取した液のアミノ酸濃度を測定した結果が，表2―1である。

(注2―1)　種子は発芽すると，まず子葉を生じる。その次に生じる葉が第1葉で，以後順に第2葉，第3葉と呼ぶ。相対的に数字の小さい葉を下位の葉，大きい葉を上位の葉と呼ぶ。葉の原基は，それより下位の葉が作る鞘状構造の中に形成される。葉の伸長とともに鞘状構造の外に出た時点を出葉と呼び，それ以上伸長しなくなった時点を完全展開と呼ぶ。第6葉以降(栄養成長期の後期)では，出葉後7日程度で完全展開する。

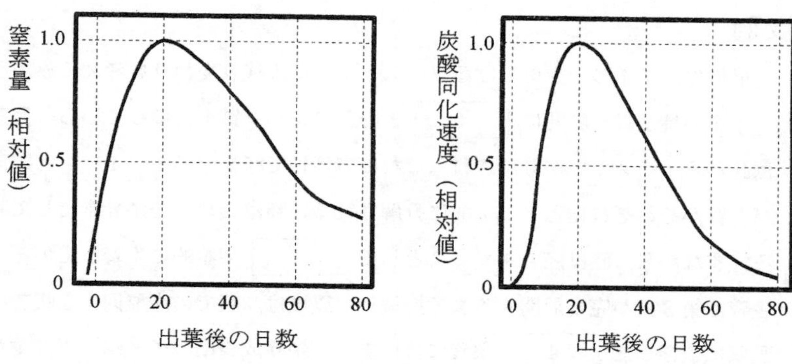

図２―１　イネの葉の一生における窒素量と炭酸同化速度の変化

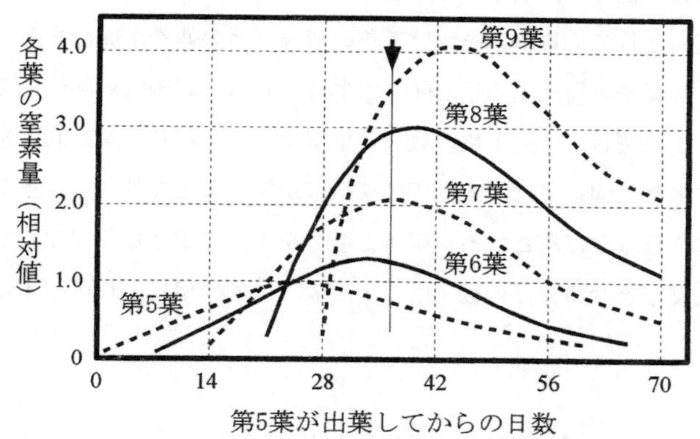

図２―２　イネの生育にともなう第５葉～第９葉の窒素量の変化

矢印は，表２―１に示される師管液を採取した時点をあらわす。

表２―１　図２―２の矢印の時点における第６葉と第８葉から採取した師管液のアミノ酸濃度(全アミノ酸を合算した値)

葉	全アミノ酸の濃度(％)
第６葉	1.7
第８葉	0.83

〔文3〕

最後に，イネの一生におけるソースとシンクの移り変わりを考えてみよう。

イネの種子は，胚乳に［　1　］と貯蔵タンパク質を蓄積している。発芽時には胚から［　2　］が分泌され，これに応答して胚乳中の［　1　］と貯蔵タンパク質がそれぞれ糖とアミノ酸に分解される。胚はこれらを栄養素として利用する。すなわち，胚は胚乳をソースとして［　3　］栄養的に生育している。この生育は第3葉が完全展開するまで持続し，以後は，葉での炭酸同化と根での窒素吸収に依存した［　4　］栄養に移行する。栄養成長期のイネは，下位葉から上位葉への窒素の転流を繰り返しながら，十数枚の葉を成長させる。

茎頂分裂組織が穂に分化すると生殖成長が始まる。生殖成長期の初期には，葉から転流されてくる窒素を用いて花の形成と茎の伸長が進行する。花が開き受粉すると，種子を構成する胚と胚乳が形成される。以後は胚乳が主要なシンクとなる。炭素に関しては，上位の数枚の葉がソースとなり，炭酸同化産物の転流がおこる。窒素に関しては，(カ)すべての葉や茎がソースとなり，それまでに蓄えていた窒素の大部分が転流される。炭素と窒素を十分に蓄積して成熟した胚乳は，胚とともに種子となる。この種子は，［　5　］の作用により休眠する。

〔問〕

Ⅰ　文1について，以下の小問に答えよ。

A　下線部(ア)について。スクロースの転流を仲介する維管束系の組織は何であるかを記せ。

B　下線部(イ)について。無機窒素化合物の転流を仲介する維管束系の組織は何であるかを記せ。

C　下線部(ウ)について。アミノ酸の転流を仲介する維管束系の組織は何であるかを記せ。

D　下線部(エ)について。光の補償点の定義を2行程度で述べよ。

Ⅱ　文2について，以下の小問に答えよ。

A　図2―2について。矢印の時点において，第6葉と第8葉は，下線部(オ)に示される4つの段階のいずれであるか。その根拠とともに，それぞれ1～2行で答えよ。

B　表2―1について。師管液中の全アミノ酸濃度が第6葉で第8葉よりも高くなっているのは，第6葉で何が起きているからか。2行程度で述べよ。

C　図2―1に示した葉は，下表(表2―2)の各生育時期において，炭素ならびに窒素に関して，ソース，シンク，あるいはソースとシンクの機能を果たしている。表2―2の空欄1～6では，ソースあるいはシンクのどちらのはたらきが主となるかを答えよ。

表2―2　図2―1に示した葉の各生育時期における機能

	成長開始から出葉まで	出葉から出葉後7日まで	7日から20日まで	20日から40日まで
炭　素	(1)	ソースとシンク	(2)	(3)
窒　素	(4)	シンク	(5)	(6)

Ⅲ　文3について，以下の小問に答えよ。

A　空欄1～5に入る最も適切な語句を記せ。ただし，空欄2と5には，植物ホルモンの名称を記せ。また，空欄3と4には，独立と従属のどちらか適切なものを記せ。

B　下線部(カ)について。図2―3をもとに，完熟した種子(穂の分化後70日の段階における種子)が蓄えた窒素のうち，茎葉部から転流してきたものはおよそ何割であるかを，計算式を示して答えよ。ただし，穂の分化後30日までは花の形成の期間である。また，種子の形成期には，茎葉部から穂へ転流される窒素はすべて種子に蓄えられるものとし，茎葉部から根への転流も無いものとする。

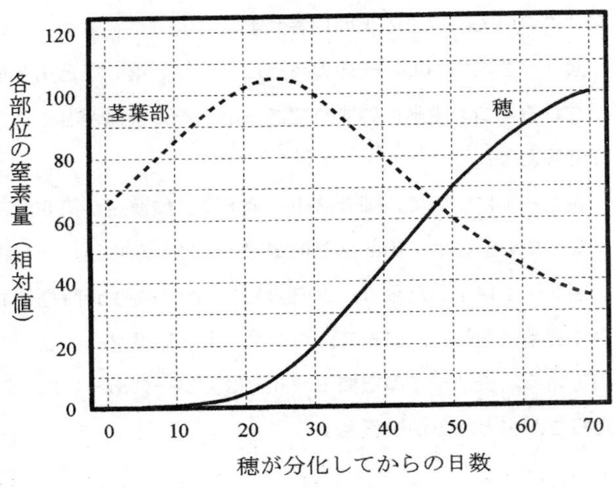

図２―３　種子の成熟にともなう茎葉部と穂の窒素量の変化

第３問

次の文１と文２を読み，Ⅰ～Ⅶの各問に答えよ。

〔文１〕

(ア)生物の形や色などの個々の形質は，対応する遺伝子によって受け継がれ，決定されている。多くの生物は，両親から受け継いだ１対の遺伝子を有している。しかし，これら対をなすそれぞれの遺伝子は必ずしも同一とは限らない。このような遺伝子を対立遺伝子と呼ぶ。すなわち，生物の形質はさまざまな対立遺伝子によって決定されている。対立遺伝子は，大昔の祖先型の遺伝子から進化してきたと考えられている。出発点となる祖先型の遺伝子が子孫に伝わる間に，突然変異により新しい対立遺伝子が生じ，その結果，何種類もの対立遺伝子が受け継がれてきた。突然変異の多くは，(イ)DNAの複製時におこる塩基配列の偶然の変化であり，予測することは不可能である。細胞分裂には，個体が成長する時の

[1]分裂と，配偶子形成時に染色体数が半減する[2]分裂があるが，これらにおいて，最終的に配偶子に伝わった突然変異だけが子孫に受け継がれる。このような突然変異の蓄積により生物は進化してきた。突然変異は，生物の生存または繁殖に影響しない(中立的)か有害な場合がほとんどであり，有益な突然変異は少ない。突然変異はある頻度で常に起こっている。しかし，生存または繁殖に有害な対立遺伝子は，[3]により取り除かれていくため，その種類は増えつづけるわけではない。

中立的な突然変異により生じた対立遺伝子が，生物の集団内に蓄積されるかどうかは，偶然的な効果によっている。通常，このような中立的な突然変異により生じた新しい対立遺伝子は，出現した後の数世代の間に消失する。しかし，ある確率で，古い対立遺伝子が新しい対立遺伝子に置き換わる。この確率は，生物集団の大きさで決まる。このことから，一定の大きさの生物集団では，中立的な突然変異による分子進化(注3−1)は一定速度で起こる，ということができる。

(注3−1)　分子進化：遺伝情報をになうDNAの塩基配列やいろいろなタンパク質のアミノ酸配列に関する進化。

〔文2〕

近年，さまざまな生物のゲノム配列が決定され，DNAの塩基配列やタンパク質のアミノ酸配列を生物間で比較することが盛んに行われている。その結果，多様な生物種で類似した塩基配列をもつ遺伝子が見つかった。このような遺伝子は相同遺伝子と呼ばれ，共通の祖先に由来する，同じような構造や機能をもつ遺伝子であると考えられる。

複数の種において，相同遺伝子のDNA塩基配列やコードするタンパク質のアミノ酸配列を比べると，多くの場合，置換が起こっている。このような置換のほとんどは中立的な突然変異によるものであり，タンパク質の機能をまったく変化させないか，変化させてもわずかである。したがって，(ウ)中立的な突然変異により生じる，ある配列内で起きる塩基またはアミノ酸の置換の数は，進化の過程で，生物が異なる種に分岐してからの年数に正比例すると考えられる。通常，(エ)あるタンパク質の分子進化の速度は，一定年数あたりにおける1アミノ酸あたりの置換率として表すことができる。また，進化の過程でタンパク質のアミノ酸が置換する速度は，タンパク質によって異なり，さらに同一のタンパク質のアミノ酸配列内でも一様ではない。
(オ)

〔問〕

Ⅰ　文1の空欄1～3に入る最も適切な語句を記せ。

Ⅱ　文1の下線部(ア)について，以下の小問に答えよ。

A　単一の遺伝子の変異により引き起こされる，あるヒトの遺伝病Sについて調べたところ，下のような家系図が得られた(図3―1)。遺伝病Sの原因となる対立遺伝子は，優性遺伝子と劣性遺伝子のどちらであるかを，その根拠とともに2行程度で述べよ。ただし，第一世代の個体1と第二世代の個体1と6は，遺伝病Sの原因となる対立遺伝子をもっていないとする。

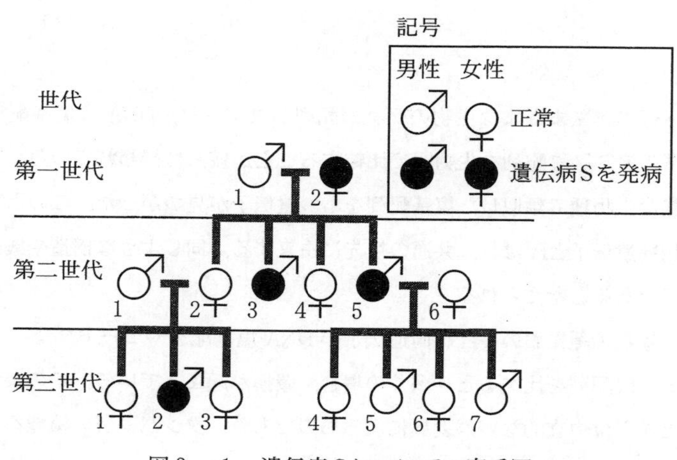

図3―1　遺伝病Sについての家系図

B　この遺伝病Sのような遺伝様式を何と呼ぶか記せ。また，その遺伝様式になると判断した根拠を2行程度で述べよ。

C　第三世代の個体6と遺伝病Sの原因となる対立遺伝子をもっていない男性との間に子供が生まれたとする。生まれた子供が遺伝病Sになる確率を，子供が男性の場合と女性の場合について，それぞれ記せ。

Ⅲ　文1の下線部(イ)について。以下の(1)～(5)から正しくないものを2つ選べ。

(1)　DNA 複製は，DNA リガーゼが鋳型鎖に相補的な塩基をもつヌクレオチドをつぎつぎに結合させることによって進行する。

(2)　DNA 複製時以外に紫外線などにより DNA が損傷を受けた場合，生物はその損傷を修復することができる。

(3)　DNA 複製は，細胞分裂の前期に行われ，引き続いて起こる核分裂，細胞質分裂によって細胞は分裂する。

(4)　DNA 複製は，原核生物では1つの起点から，真核生物では複数の起点から進行する。

(5)　DNA 複製において，遺伝子の DNA の塩基配列に変化を生じる突然変異は遺伝子突然変異と呼ばれる。

Ⅳ　文2の下線部(ウ)について，以下の小問に答えよ。

A　生物の類縁関係を模式的に表した図を系統樹と呼ぶ。4種類の生物種a～dの進化系統関係を明らかにするために，あるタンパク質Xのアミノ酸配列を互いに比較し，アミノ酸の違いを数で表した(表3－1)。そして，この表をもとに系統樹を作成した。

生物種a～dを表す系統樹として最も適切なものはどれか。次ページの(1)～(4)から1つ選べ。ただし，系統樹の枝の長さは生物の進化の時間とは直接対応しないものとする。

表3―1　タンパク質Xのアミノ酸置換数

	哺乳類a	哺乳類b	両生類c	魚　類d
哺乳類a	—			
哺乳類b	15	—		
両生類c	62	64	—	
魚　類d	80	78	62	—

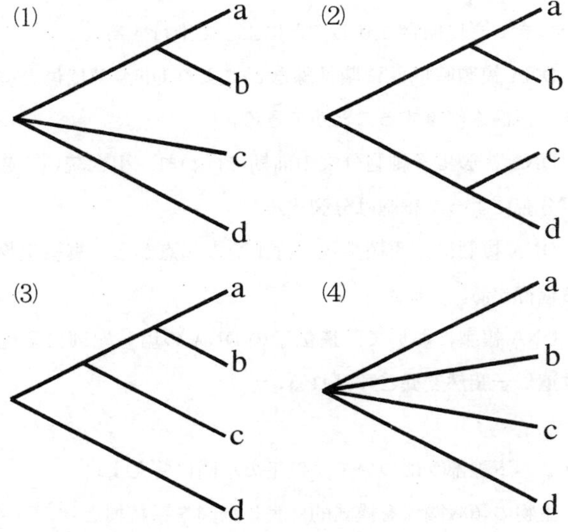

B　化石を用いた研究から，哺乳類aと哺乳類bとは今から約8000万年前に共通祖先から分岐したと推定されている。哺乳類aの祖先と魚類dの祖先とが共通祖先から分岐したのはおよそ何年前と考えられるか，(1)〜(4)から最も適切なものを1つ選べ。ここでいう「分岐」とは，それぞれの祖先が共通祖先から分かれたことを意味する。

(1)　2億3000万年前

(2)　2億9000万年前

(3)　3億9000万年前

(4)　4億3000万年前

V　文2の下線部(エ)について。表3—1のタンパク質Xは140アミノ酸からなるタンパク質であり，哺乳類aと哺乳類bとは今から8000万年前に分岐したとする。タンパク質Xの分子進化の速度を，10億年あたりにおける1アミノ酸あたりの置換率として計算し，有効数字2桁で答えよ。ただし，2つの系統間のアミノ酸置換数は，分岐後の2つの系統におけるアミノ酸の置換の合計であることに留意すること。ここでいう「分岐」とは，それぞれの祖先が共通祖先から分かれたことを意味する。

VI　文2の下線部(オ)について。以下の(1)〜(5)から正しくないものを2つ選べ。

(1)　酵素では，基質と結合する基質結合部位のアミノ酸が置換すると，酵素としてのはたらきが損なわれるため，基質結合部位のアミノ酸の置換速度は一般に非常に小さい。

(2)　フィブリンは前駆体である血液凝固因子フィブリノーゲンからつくられるが，その際切り出されて捨てられるフィブリノペプチドのアミノ酸の置換速度は，フィブリンの置換速度に対して大きい。

(3)　インスリンは2本のポリペプチドが2か所で結合したものであるが，それぞれが独立にはたらくことができるため，どのアミノ酸も同じ置換速度を示す。

(4)　分子量の大きなタンパク質は，多くのアミノ酸で構成されているため，アミノ酸の置換する速度も一般に大きい。

(5)　視覚に頼っている動物では，目の水晶体をつくっているクリスタリンのアミノ酸の置換速度は小さいが，洞穴にすむ視力を失った動物では置換速度が大きくなっている。

Ⅶ　生物の分子進化に関連する以下の小問に答えよ。

A　原核生物種の系統関係を調べるために，原核生物の複数の種において，あるタンパク質Yの相同遺伝子の塩基配列を比べたところ，3塩基ごとに置換速度が大きいという法則性があった。その理由を3行程度で述べよ。

B　真核生物の複数の種において，あるタンパク質Zの相同遺伝子の塩基配列を比べたところ，塩基配列の置換速度が小さい領域と大きい領域が交互に存在していた。また，問Ⅶ—Aの3塩基ごとに置換速度が大きいという法則性は，置換速度が小さい領域だけにあてはまった。その理由を合わせて4行程度で述べよ。

2006年

解答時間：2科目150分
配　　点：120点

第1問

次の文1～文3を読み，Ⅰ～Ⅲの各問に答えよ。

〔文1〕

真核生物の細胞内には，膜に囲まれた細胞小器官が多数存在している。これらの細胞小器官は，細胞質基質とは異なる環境を細胞内に作り出し，さまざまな反応の「場」を提供している。核は核膜により仕切られており，染色体や核小体を含んでいる。［　1　］と［　2　］は二重の膜により囲まれており，［　1　］の内部には好気呼吸に関与する酵素類が多く含まれている。植物に特徴的な細胞小器官である［　2　］は，さらに葉緑体や有色体に分化している。一重の膜に囲まれた細胞小器官には，ゴルジ体，液胞，小胞体などがあり，それぞれに異なる重要な役割を担っている。これらの細胞小器官が正常に機能するためには，そこで多様な反応に関与するさまざまなタンパク質やRNAが，それぞれの目的の場所に輸送される必要がある。そのため，真核細胞には細胞の内部でさまざまなタンパク質やRNAを運搬するしくみが存在する。

〔文2〕

リボソームはRNAとタンパク質からなる巨大な複合体であり，遺伝情報の翻訳を担っている。ほ乳類のリボソームは4種類のリボソームRNAと79種類のリボソームタンパク質により構成されており，その活性はこれらの構成要素の中でも主にリボソームRNAにより担われていることが明らかになりつつある。リボソームが真核細胞内で合成される過程を見てみよう。まず，(ア)リボソームタンパク質をコードする（リボソームタンパク質のアミノ酸配列を決めている）遺伝子の情報をもとにmRNA（伝令RNA）が合成され，これらのmRNAは核から細胞質へ運ばれる。細胞質では，mRNA の情報に従ってリボソームタンパク質が既存のリボソームにより合成される。新たに合成されたリボソームタンパク質は，細胞質から核内へと輸送される。(イ) このリボソームタンパク質と核内で合成されたリボソーム RNA (ウ) が核小体で集合することにより，まず大小二つの複合体が形成される。これらの各複合体は，再び核から細胞質へと運ばれ，完全なリボソームとしてタンパク質の合成を行う。このような核内外への物質の輸送は，核膜に存在する［ 3 ］を通して行われている。

〔文 3〕

一重膜に囲まれた細胞小器官の間では，小さな膜の袋(膜小胞)をやりとりすることにより物質の輸送が行われている。酵母はこの輸送のしくみを研究するうえで優れた研究材料であり，酵母の分泌タンパク質である酵素 A については合成されてから以下のような過程を経て分泌されることがこれまでに明らかとなっている。

酵素 A は，小胞体表面に存在するリボソーム上で合成され，小胞体内腔へと取り込まれる。この段階で酵素 A は最初の修飾(小胞体型の糖鎖の付加)を受けるが，小胞体への取り込みとこの修飾とは翻訳と並行して起こるため，修飾を受けていない酵素 A が検出されることはない。続いて酵素 A は小胞体から形成される膜小胞の内部に取り込まれ，小胞体からゴルジ体へと輸送される。ここで，酵素 A はゴルジ体に特異的な糖鎖の修飾を受ける。これにより酵素 A の分子量はゴルジ体で増加するが，この修飾は一様なものではないため，修飾後の酵素 A の分子量は分子ごとに異なったものとなる。そののち，酵素 A はゴルジ体から形成される膜小胞の内部に取り込まれて細胞膜へと運ばれ，最終的に細胞の外へと分泌される。このような輸送のしくみを明らかにする過程では，細胞小器官間における物質輸送が異常となった酵母の突然変異体 (エ) が非常に重要な役割を果たした。

(注 1)　小胞体内腔では，タンパク質中の特定のアミノ酸残基(アスパラギン残基など)に対し，オリゴ糖が共有結合により付加される。ゴルジ体では，そのオリゴ糖にさらに糖が付加されるなどの修飾を受け，ゴルジ体に特異的な糖鎖が形成される。

実験1　野生型の酵母細胞を放射性同位体 ^{35}S を含むメチオニン存在下で短時間培養することにより，酵素Aを ^{35}S で標識した。そののち酵母を放射性同位体を含まない培地に移し，0分間または30分間培養したのち，細胞内と細胞外の標識された酵素Aをそれぞれ回収した。回収した酵素Aをゲル電気泳動法により分離した結果を図1に示す。なおこの電気泳動法では，分子量が小さいものほど下側に検出される。また，この実験において酵素Aの標識にかかった時間は細胞小器官間の輸送にかかる時間と比べ十分短いものとする。

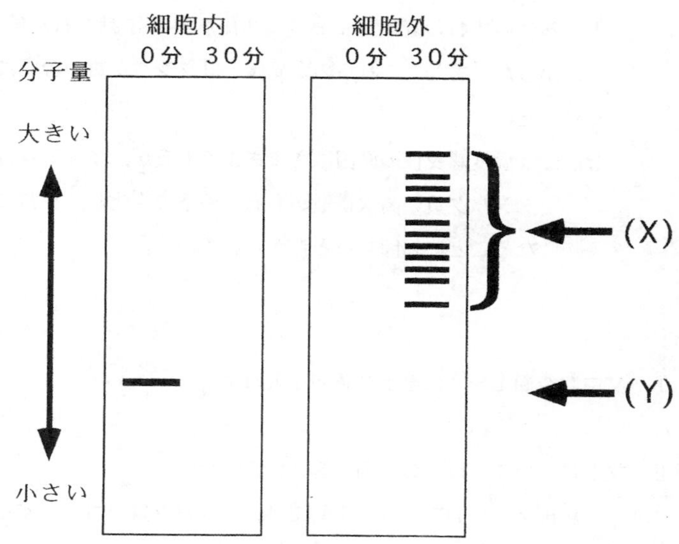

図1　標識された酵素Aの電気泳動パターンの模式図

実験2　下線部(エ)に関し，生存に必須な遺伝子産物の研究では，高い温度で培養した際にのみ表現型を示す温度感受性突然変異体が用いられる。さて，膜小胞を介したタンパク質の輸送機構に損傷を持つ a，b，c の3つの酵母温度感受性突然変異体が得られた。これらの突然変異体は，23 ℃で培養した場合には膜小胞を介したタンパク質の輸送が野生型と同様におこっていたが，35 ℃の高温条件下で培養するとその輸送が停止した。23 ℃で培養したこれらの変異体を，35 ℃に移して1時間培養したのち細胞内部の様子を電子顕微鏡で観察したところ，以下のような表現型が観察された。

(i)　変異体 a では，細胞の中に多くの膜小胞が蓄積していた。

(ii)　変異体 b では，細胞の中に肥大したゴルジ体が蓄積していた。

(iii)　変異体 c では，細胞の中に小胞体が大量に蓄積していた。

また，これらの変異体を35℃で1時間培養したのち，^{35}S を含むメチオニン存在下で短時間培養して酵素 A を標識した。そののち放射性同位体を含まない培地に移して35 ℃で30分間培養し，酵素 A の分析を行ったところ，いずれの変異体においても細胞外に標識された酵素 A は検出されなかった。また，これらの変異体ではタンパク質の合成に異常は見られなかった。

(注2)　温度感受性の原因はさまざまであるが，多くの場合は変異を持つタンパク質の高次構造が高温条件下で変化し，正常に機能できなくなることに起因すると考えられている。

〔問〕

I　文中の空欄1～3に適当な語句を入れよ。

II　文2について，以下の小問に答えよ。

A　下線部(ア)について。真核生物では，タンパク質をコードする遺伝子は多くの場合イントロンにより分断されており，RNA に転写されたのち核内でスプライシングと呼ばれる反応によりイントロン部分が除去され，完成型の mRNA となる。続いて mRNA は細胞質へと輸送され，タンパク質へと翻訳される。このように mRNA の合成と翻訳は異なる区画で行われるため，スプライシングを受ける前の mRNA が翻訳されることはない。では，イントロン部分を含む mRNA がスプライシングを受けずに翻訳された場合，どのようなことがおこると考えられるか。以下の選択肢の中から，正しいものを1つ選べ。

(1) イントロンは本来アミノ酸配列を指定していないので，合成されるタンパク質のアミノ酸配列や翻訳の効率に変化はなく問題は生じない。

(2) イントロンは本来アミノ酸配列を指定していないので，合成されるタンパク質のアミノ酸配列に変化はないが翻訳の効率が低下する。

(3) イントロンは本来アミノ酸配列を指定していないので，翻訳がエキソンとイントロンの最初の境界で止まってしまう。

(4) イントロンは本来アミノ酸配列を指定していないので，イントロン部分が翻訳されてしまうことにより異常なタンパク質が作られる。

(5) イントロンは本来アミノ酸配列を指定していないので，イントロン部分でアミノ酸がタンパク質に無作為に取り込まれてしまうことにより異常なタンパク質が作られる。

B　下線部(イ)について。以下のもののうち，細胞質で翻訳されたのち核に輸送されるものはどれか。(1)～(6)から 2 つ選べ。

(1) ペプシン　(2) ヒストン　(3) 免疫グロブリン
(4) アミラーゼ　(5) ケラチン　(6) DNA ポリメラーゼ

C　下線部(ウ)について。ほ乳類の細胞には，きわめて多数のリボソームが存在し（細胞あたり数百万個），リボソーム RNA の量は細胞内の全 RNA 量の 8 割に及ぶ。一般的に生物はリボソーム RNA 遺伝子の数を増やすことによってこのような多量のリボソーム RNA を確保している。実際，ヒトのゲノムには，それぞれのリボソーム RNA 遺伝子が 100 個以上ずつ存在する。一方，それぞれのリボソームタンパク質をコードする遺伝子は 1 個ずつしか存在しない。リボソーム RNA をコードする遺伝子とは異なり，リボソームタンパク質をコードする遺伝子が 1 個ずつで十分である理由を考察し，2 行以内で述べよ。

D　リボソームタンパク質の合成には既存のリボソームが必要である。では，最初のリボソームタンパク質はどのように作られたのだろうか。原始生命体において触媒活性を持つ分子がどのように進化したかをふまえ，最初のリボソームタンパク質を翻訳したと推測される翻訳装置の特徴を1行で述べよ。

Ⅲ　文3および実験1，2について，以下の小問に答えよ。

A　実験2の変異体aでは，培養終了時細胞内部に図1中Xに対応する分子量の標識された酵素Aが蓄積していた。変異体aでは，酵素Aの輸送のどの段階に異常があると考えられるか。理由とともに2行以内で述べよ。

B　実験2の変異体b，cに関して，培養終了時細胞内部に蓄積していると思われる酵素Aは，図1中X，Yのどちらの分子量のものであると考えられるか。理由とともにそれぞれ2行以内で述べよ。

C　実験2の変異体aと変異体cをかけ合わせることにより，両方の変異を同時に持つ二重変異体を作製した。この二重変異体を35℃で1時間培養したのち，実験2と同様に^{35}Sを含むメチオニン存在下で短時間培養して酵素Aを標識し，そののち^{35}Sを含まない培地に移して35℃でさらに30分間培養した。

a　この二重変異体において，培養終了時に細胞内に検出されると予想される標識された酵素Aの分子量について，正しいものを以下の選択肢より選べ。

(1)　図1中Xの位置に検出される。

(2)　図1中Yの位置に検出される。

(3)　図1中XとY両方の位置に検出される。

(4)　図1中XとYの中間の位置に検出される。

b　この二重変異体の細胞内部の様子を，培養終了後に電子顕微鏡により観察した場合，どの細胞小器官が主に蓄積していることが予測されるか。理由とともに2行以内で述べよ。

2006年　入試問題

第2問

次の文1～文3を読み，Ⅰ～Ⅲの各問に答えよ。

〔文1〕

(ア)植物体の構成成分やエネルギー源となる有機化合物は，光合成により大気中の二酸化炭素から光エネルギーを利用して合成される。太陽光は広いスペクトルをもつが，このうち光合成に利用できる可視領域の400～700 nmの光は地表に届く太陽光エネルギーの45 %を占め，アンテナ複合体とよばれるクロロフィルとタンパク質の複合体で集められ，反応中心とよばれる特別なクロロフィルに渡される。

光合成の電子伝達系は葉緑体のチラコイド膜とよばれる袋状の膜に存在する。電子伝達にともなってチラコイド膜を横切る水素イオンの移動が起こり，チラコイド膜内腔（袋状の膜の内側の可溶性の区画）の水素イオン濃度が上昇する。その結果，膜の内外でpH勾配が生じる。チラコイド膜にはATP合成酵素が存在し，その酵素内部の特別な通路を水素イオンが濃度勾配に従って流れ，ATPが合成される。(イ)すなわち，ATPの生産は水素イオン濃度勾配の解消と共役している。

光合成の電子伝達系では2種類の光化学系（光化学系Ⅰと光化学系Ⅱ）が光エネルギーを吸収して，ATPと還元力（X・2H）の生産を行う。水の分解反応では，それぞれの光化学系が光エネルギーを吸収して，2分子の水を1分子の酸素，4個の水素イオン，そして4個の電子に分解する。このとき，4個の電子は電子伝達系に渡され，4個の水素イオンはチラコイド膜内腔に蓄積する。さらに，その4電子が電子伝達系を伝わっていく間に，8個の水素イオンがチラコイド膜内腔に取り込まれる。このようにして，電子伝達反応にともなってチラコイド膜内腔の水素イオン濃度が上昇する。また，電子は電子伝達系をへて最終的に補酵素Xに渡されて，2個の電子あたり1分子の還元力（X・2H）を作りだす。一方，チラコイド膜のATP合成酵素は，3個の水素イオンをチラコイド膜外部にくみ出すごとに1分子のATPを生産する。

このようにして，電子伝達系により作り出されたATPおよび還元力（X・2H）のエネルギーは，葉緑体のストロマに存在する炭酸固定系によって利用され，これによって二酸化炭素から有機化合物が合成される。

植物A

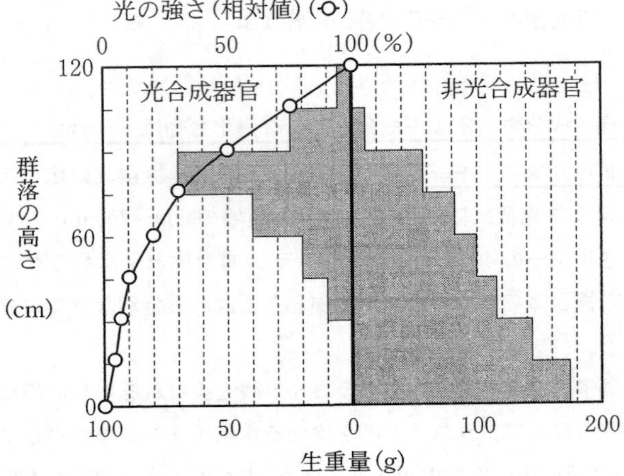

植物B

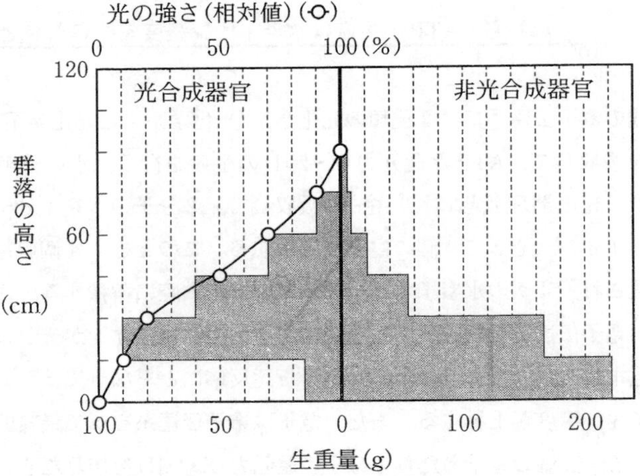

図2　2つの異なる植物A，植物Bの群落について，40 cm 四方の区画を設け，群落内の高さごとの相対的な光の強さを測定し，層別刈取法を行って得られた結果をもとに作成した生産構造図

〔文2〕

野外では多くの場合，植物は集まって群落を構成しており，植物群落における葉の集まり(葉群)を光合成生産の単位と見なすことができる。葉群の光合成速度は個々の葉の光合成速度の和である。しかし，それぞれの葉が受ける光の強さはその位置や向きによって大きく異なるため，葉群内の葉がみな同じような光合成速度をもつわけではない。群落内の光環境と葉(光合成器官)や茎・花など(非光合成器官)の分布を高さ別に調べた(層別刈取法)ものを生産構造図という。図2(前ページ)は植物Aと植物Bの群落について調べた生産構造図である。

また，土地面積あたりの葉面積を葉面積指数という。一般に，ある高さにおける相対的な光の強さの対数と，群落最上部から光強度を測定した点までで積算した葉面積指数(積算葉面積指数)は直線関係にある。ただし，その関係は植物の群落によって異なっている(図3)。(ウ)生産構造図や葉面積指数と光の強さとの関係を描くことで，その植物群落がどのように光を利用しているかがわかる。

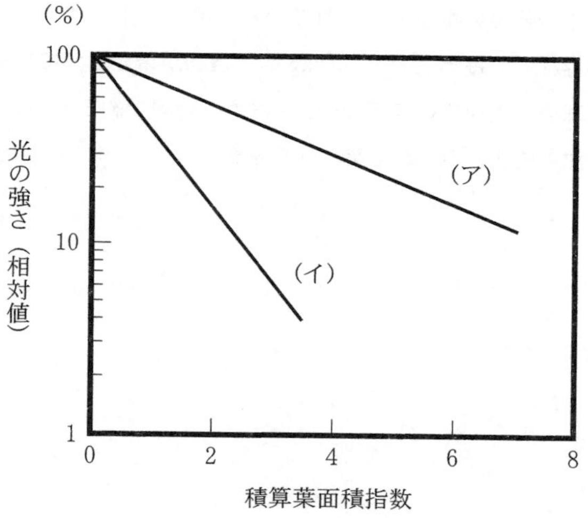

図3　光の強さと積算葉面積指数の関係

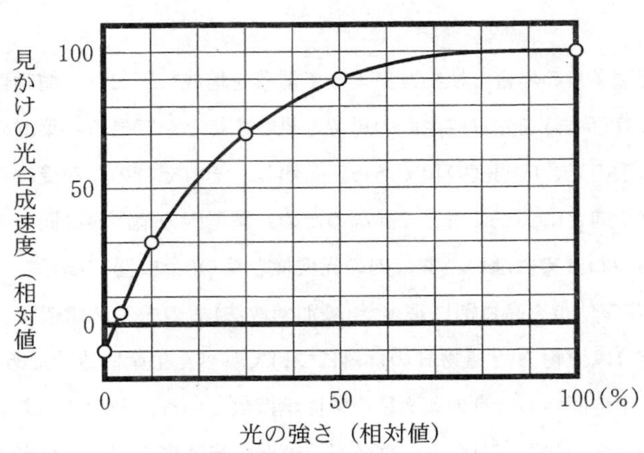

図4　植物Aの光―光合成曲線

〔文3〕

表1は，地球上のさまざまな生態系における植物の現存量と純生産量の推定値で，有機化合物の乾重量で表されている。地球全体では，1.8×10^{15} kg の一次生産者が存在し，毎年 1.7×10^{14} kg の有機物が生産されていると推定されているが，地球の全表面積のほぼ30％を占める陸地で約3分の2が，ほぼ70％を占める海洋で約3分の1が生産されている。

表 1　地球上の主要生態系の植物の現存量と純生産量の推定値

生態系	面積 (10^6 km^2)	その生態系の全現存量 (10^{12} kg)	その生態系の全純生産量 (10^{12} kg/年)
森　林	57	1700	79.9
草　原	24	74	18.9
荒　原	50	18.5	2.8
農耕地	14	14	9.1
沼沢・湿地	2	30	4.0
湖沼・河川	2	0.1	0.5
全陸地	149	1836.6	115.2
浅海域	29	2.9	13.5
外洋域	332	1.0	41.5
全海洋	361	3.9	55.0
全地球	510	1840.5	170.2

〔問〕

I　文 1 について，以下の小問に答えよ。

A　下線部(ア)について。植物体がすべて有機化合物から成り立っていて，1.0 g の有機物を合成するのに 16.8 kJ のエネルギーが必要であるとする。

ある地域の純生産量が 3.0 kg/m^2・年であり，地表に到達する太陽の光エネルギーの放射が 8.0×10^3 kJ/m^2・日とする。光合成に有効な可視領域の放射のうち何パーセントが純生産として利用されるか，有効数字 2 桁で答えよ。

B　下線部(イ)について。以下の(1)～(4)から，これを説明するうえで，<u>正しくないもの</u>をすべて選び，番号で答えよ。

(1)　チラコイド膜を暗所で pH 4 の緩衝液に長時間浸すことで，チラコイド膜内腔を pH 4 にした。その後，ADP とリン酸を含む pH 8 の緩衝液に移すと，ATPが合成された。

(2) 水素イオンの濃度勾配を解消する脂溶性の弱酸である2,4–ジニトロフェノールでチラコイド膜を処理すると，ATP合成は抑制されずに電子伝達系だけが阻害された。

(3) 電子伝達系の活性には，袋状の構造が破れていないチラコイド膜が必要であるが，ATP合成にはチラコイド膜の状態は関係ない。

(4) チラコイド膜を構成する脂質二重膜は，水素イオン(H^+)，OH^-，K^+やCl^-などのイオンを透過させない。

C　光合成の電子伝達系によって1分子の水が分解されるとき，生産されるエネルギーはATP何分子に相当するか計算せよ。ただし，1分子の還元力(X・2H)を作り出すのに必要なエネルギーは，3分子のATP生産に相当するものとし，還元力(X・2H)のエネルギーも加えて計算すること。

Ⅱ　文2について，以下の小問に答えよ。

A　図2の植物A，植物Bの群落をそれぞれ何型とよぶか。また，それらは図3の(ア)，(イ)のどちらに相当するかを記せ。

B　図2の区画において，植物Bの葉1.0gあたりの平均葉面積は60 cm^2であった。植物Bの群落の最上部から地上15cmの高さまでの積算葉面積指数を求め，有効数字2桁で答えよ。

C　下線部(ウ)について。図2，図3から植物Bの型の群落における光合成は，光を利用するうえでどのような特徴を持っていると言えるか。3行程度で述べよ。

D　図4は植物Aの光—光合成曲線である。この植物Aの地上45cmの高さにおける相対的な光合成速度を求めよ。ただし，図4における光の強さ(相対値)は，図2におけるそれと一致するものとする。

E　一般に葉面積指数の増加は光合成器官である葉の面積の増加を意味するため，葉面積指数が大きい群落ほど光合成による生産速度が大きいことが期待される。しかし，実際の植物群落では最適な葉面積指数が存在する。その理由を3行程度で述べよ。

Ⅲ　文3について，以下の小問に答えよ。

A　表1で，現存量1kgあたりの純生産量を森林と草原について計算し，有効数字2桁で答えよ。また森林と草原について，現存量1kgあたりの純生産量に違いが生じる理由を2行程度で述べよ。

B　表1で，それぞれの生態系において植物の現存量が平衡に達している場合，現存量あたりの純生産量は何を意味していると考えられるか，以下の(1)〜(4)から1つ選べ。

(1)　その生態系内の植物の現存量に対する植物の1年間の成長の割合。

(2)　その生態系内の植物の現存量に対する植物の1年間の枯死量の割合。

(3)　その生態系内の植物を構成する有機物が1年間で更新される回数。

(4)　その生態系を構成する有機物が1年間で更新される回数。

C　表1の全陸地と全海洋について，現存量を純生産量で割った値を計算し，有効数字2桁で答えよ。また一般の生態系で問Bと同様の前提の場合，現存量を純生産量で割った値は何を表していると考えられるか，1行程度で述べよ。

D　全陸地と全海洋について現存量を純生産量で割った値を比較し，その違いが何によるものなのか，全陸地・全海洋それぞれで主たる一次生産者の種類とその構造的特徴，および問Cの解答をふまえて理由を考察し，5行程度で述べよ。

第3問

次の文1～文4を読み，Ⅰ～Ⅳの各問に答えよ。

〔文1〕

マラリア症は，病原体であるマラリア原虫(原生動物)が蚊の一種であるハマダラカによって媒介される感染症である。この感染症の特徴はハマダラカによる吸血によって病気が伝わることであり，図5に示すような生活環にしたがって，マラリア原虫がほ乳類などの動物とハマダラカの間を循環しながら増殖する。ハマダラカ体内では，マラリア原虫は有性生殖期を経たのちにオーシストとなり，ひとつのオーシストからは数百のスポロゾイトが生み出される。そのスポロゾイトはハマダラカの唾液腺に侵入することによって初めて感染性を得る。(ア)感染したヒトやネズミは場合によっては致死となるが，媒介するハマダラカ自身はマラリア原虫が体内に侵入しても，寿命や生殖能力に影響をうけない。

ここに，異なる二系統のハマダラカがあり，それぞれX系統とY系統とする。これらの系統は観察されるすべての表現型について純系であり，また外見からは区別がつかない。これらの系統を用いて，以下の実験をおこなった。マラリア原虫をネズミに感染させ，十分な量のマラリア原虫の増加が血中に観察されたのち，このネズミをそれぞれ数十匹のX系統とY系統のハマダラカに吸血させた。一週間の後，一部のハマダラカの腹部を解剖したところ，X系統とY系統ともに体内に多くのオーシストが観察された。しかし，X系統ではそのすべてのオーシストにおいて黒い色素の沈着がみられた。(イ)別の実験から，Y系統のハマダラカはマラリア原虫をネズミに媒介することができるが，X系統はその能力をもたないことがわかり，色素沈着がその原因であると考えられた。

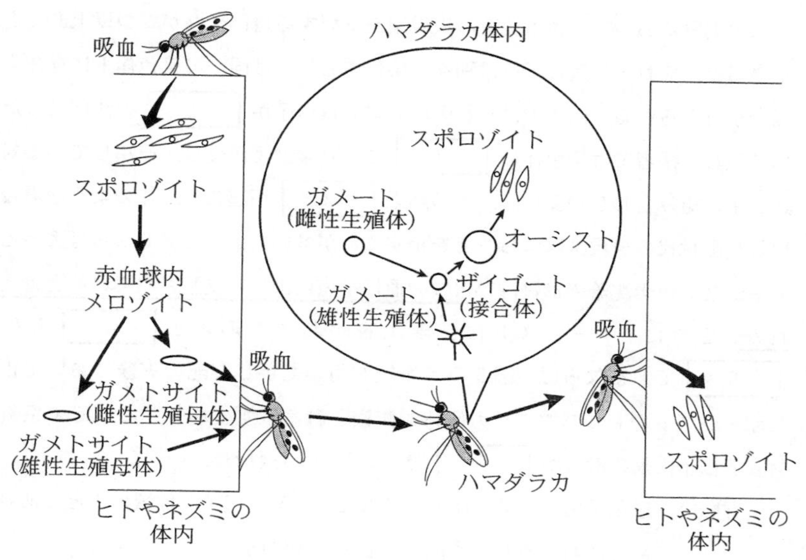

図5　マラリア原虫の生活環

マラリアに感染したヒトやネズミを吸血したハマダラカ体内では雌雄のガメートが受精してザイゴートとなり，それが分化してオーシストとなる。オーシスト内部で作られた大量のスポロゾイトは，ハマダラカが吸血したときにヒトやネズミの血中に送り込まれ，新たな感染を引き起こす。

〔文2〕

X系統のオスとY系統のメスを交配し，次の世代を得た(F1世代)。このメスと，X系統またはY系統のオスを交配することによって，さらに次世代を得た(戻し交配世代)。ハマダラカはメスのみが吸血することから，必然的にマラリア原虫を媒介するのもメスである。この戻し交配世代のメスに，マラリア原虫が感染したネズミを吸血させ，文1の実験と同様に体内のオーシストを観察し，黒い色素の沈着していない正常なオーシストの割合(図6)を調べた。また同時に，(ウ)ハマダラカの体内に存在しているマラリア原虫の総数(正常オーシスト数＋色素沈着オーシスト数)(図7)も調べた。

この実験において，色素沈着の表現型を支配する遺伝子座が二つ以上あると仮定すると，それらの遺伝子座は別々の染色体もしくは同一の染色体上に存在する場合が考えられる。前者ではそれぞれの対立遺伝子が［ 1 ］の法則にしたがい分離し，後者では染色体の［ 2 ］により乗換えが生じ，連鎖している対立遺伝子の組み合わせが変化し，その結果［ 3 ］が起こる。このような場合，戻し交配世代の表現型はばらつきを示すことが多い。よって図6から考えると，オーシスト色素沈着の形質は(エ)ひとつの遺伝子座によって支配されていると考えられた。さらに，オーシストに色素沈着がおきる形質が［ 4 ］または［ 5 ］であるならば，図6のX系統を用いた戻し交配の実験において正常なオーシストをもつハマダラカ個体も観察されるはずであり，よってX系統の対立遺伝子由来の形質が［ 6 ］であると考えられる。

（注3）　遺伝子座とは染色体やゲノムにおける遺伝子の位置のことであり，二倍体における対立遺伝子の遺伝子座は同一である。

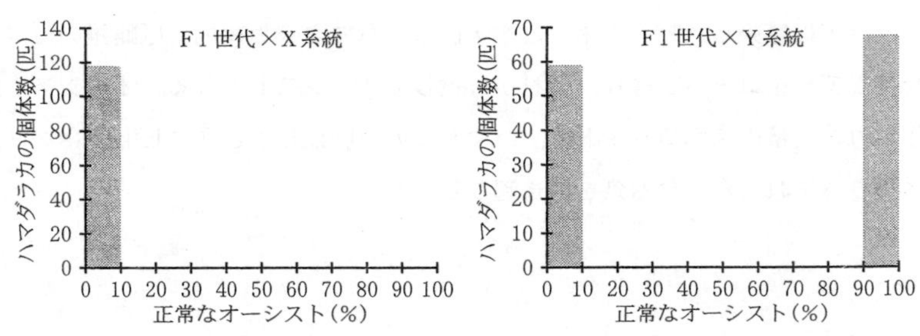

図6　戻し交配世代におけるハマダラカ個体中の正常オーシストの割合

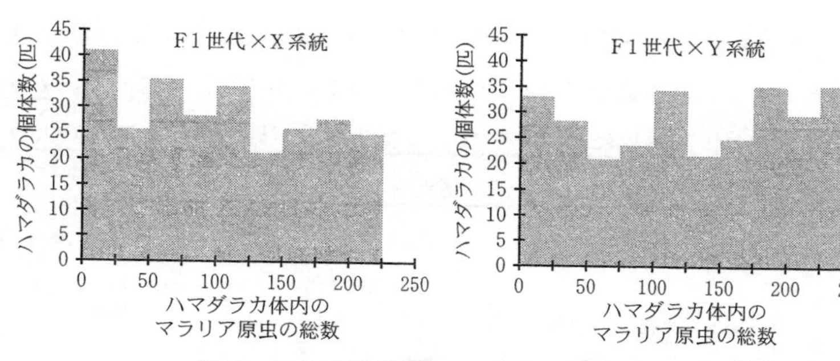

図7　戻し交配世代のハマダラカの体内に
存在しているマラリア原虫の総数

〔文3〕

ハマダラカでは最近ゲノム解読がほぼ終了し，さまざまな手法により表現型と遺伝子の機能の関係を調べられるようになった。そのひとつに，DNA マーカーを用いた手法がある。このDNA マーカーには，ゲノム中に数塩基の短い配列が反復したマイクロサテライトとよばれるものが主に利用され，系統ごとにその反復回数が異なる。その反復回数の違いを検出することによって，そのDNA マーカー近傍の染色体領域がどちらの系統由来のものか判別できる。

いま，ハマダラカのX系統における色素沈着を支配する遺伝子座が，染色体のどこに存在するかを調べるために，DNA マーカーを使った以下の実験をおこなった。別の実験から，ハマダラカがもつ一対の性染色体と二対の常染色体のうち，その遺伝子座は2番染色体に位置することがわかり，(オ)2番染色体上に存在する三種類のDNA マーカー(マーカー1，マーカー2，マーカー3)を用意した。文2の実験において，F1世代のメスとY系統のオスを交配することによって得られた戻し交配世代のハマダラカの体細胞からDNAを抽出し，各DNA マーカーの塩基配列の長さをゲル電気泳動法により判別し，オーシストの色素沈着の表現型との相関を調べた。同時にもとのX系統とY系統に加えF1世代も調べ，それらの代表的な実験データを図8に示した。なお，同じDNA マーカーの組み合わせを示すハマダラカは，色素沈着に関していずれも同じ表現型を示したものとする。これらの結果から，これらのDNA マーカーのうち [7] の近くに，X系統における色素沈着を支配する遺伝子座があると考えられた。実際に調べたところ，ある遺伝子Zが関わっていることが明らかになった。$\underset{(カ)}{\text{Y系統の遺伝子}Z\text{には，X系統には存在しない一塩基挿入が見つかり，これによりY系統ではこの遺伝子}Z\text{由来のタンパク質が存在しないことがわかった}}$。

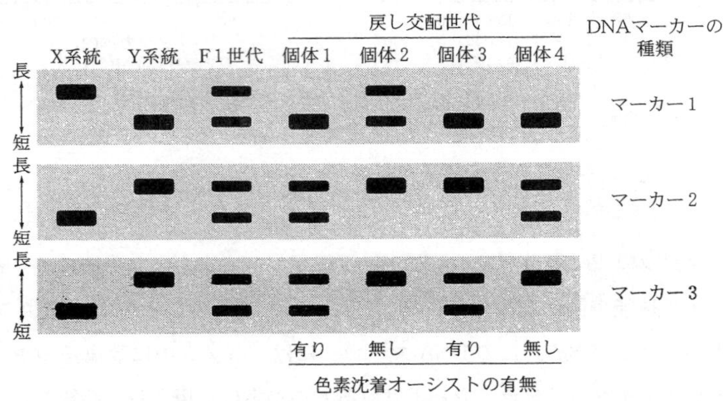

図8　ゲル電気泳動法による各DNAマーカーの長さの判別

〔文4〕

マラリア原虫をもったハマダラカがヒトを吸血すると，マラリア原虫のヒトへの感染が起こる。(キ)マラリア症の患者は定期的な発熱により体力を奪われ，悪性マラリアの場合には死に至ることもある。ヒトに感染したマラリア原虫は赤血球に侵入して爆発的に増殖する。赤血球には［　8　］とよばれる色素タンパク質が存在し，［　9　］の運搬をおこなっている。［　8　］の遺伝子には正常型の対立遺伝子Aと，塩基が1か所だけ置き換わった変異型の対立遺伝子Sがある。対立遺伝子Sから生じる［　8　］分子は，その立体構造が正常型と異なっており，赤血球の形態異常の原因となる。遺伝子型SSの人は赤血球の形態異常を特徴とするかま状赤血球貧血症となり，貧血や循環器障害などの重篤な症状を示して生存が困難になる。遺伝子型ASの人では片方の対立遺伝子が正常なため，通常ではかま状になる赤血球は少なく，症状も軽い。マラリア原虫は遺伝子型ASの人の赤血球内部では増殖しにくく，遺伝子型ASの人は遺伝子型AAの人よりもマラリア抵抗性が高いことが知られている。このため，かま状赤血球貧血症は悪性マラリアが発生する地域で多く見られる。(ク)

〔問〕

Ⅰ　文1について，以下の小問に答えよ。

A　下線部(ア)について。マラリア原虫—ハマダラカ間およびマラリア原虫—ヒト・ネズミ間における，それぞれの生物間の相互関係をあらわす語句を答えよ。

B　下線部(イ)について。どのような実験をすればこのようなことが明らかとなるか，2行以内で述べよ。

Ⅱ　文2について，以下の小問に答えよ。

A　空欄1～6に適当な語句を入れよ。

B　下線部(ウ)について。ハマダラカにおけるマラリア原虫の感染性を支配する遺伝形質について，図7からわかることを2行以内で述べよ。

C　下線部(エ)について。仮にこの形質が複数の遺伝子座によって支配されているとするならば，それはどのような場合か。2行以内で述べよ。

Ⅲ　文3について，以下の小問に答えよ。

A　下線部(オ)について。これらのDNAマーカーは染色体上において互いに十分に離れて存在するものを選んだ。その理由を考え，1行以内で述べよ。

B　空欄7に適当なDNAマーカーの番号を入れ，選んだ理由を2行以内で述べよ。

C　下線部(カ)について。X系統のオスとY系統のメスを交配して得たF1世代のメスに，文1と同様にマラリア原虫が感染したネズミを吸血させ，オーシストを観察したときにみられる現象について，正しいものを以下の(1)～(4)からひとつ選べ。

(1) 色素沈着を抑える機能をもつ遺伝子 Z 由来のタンパク質の量が半分しかないため，色素沈着が起こる。

(2) 色素沈着を誘導する機能をもつ遺伝子 Z 由来のタンパク質の量が半分しかないが，十分な程度に働くことができるため，色素沈着が起こる。

(3) 色素沈着を誘導する機能をもつ遺伝子 Z 由来のタンパク質の量が半分しかないため，色素沈着が起きない。

(4) 色素沈着を抑える機能をもつ遺伝子 Z 由来のタンパク質の量が半分しかないが，十分な程度に働くことができるため，色素沈着が起きない。

Ⅳ　文4について，以下の小問に答えよ。

A　文中の空欄8と9に適当な語句を入れよ。

B　下線部(キ)について。ヒトにおけるマラリア症が依然として猛威をふるう現在，ハマダラカのX系統はマラリア制圧のひとつの重要な手段として注目されている。その理由とともに，具体的な使用方法について2行以内で述べよ。

C　下線部(ク)について。悪性マラリアが発生する地域に住むヒト集団で，ある年に生まれた新生児の遺伝子型を調べたところ，各遺伝子型が AA：AS：SS = 25：10：1の比で観察された。新生児における対立遺伝子 S の遺伝子頻度を既約分数の形で求めよ。

D　この地域では，これらの新生児が成人になるまでの過程で，遺伝子型 AA をもつ者の一部が悪性マラリアで死亡し，遺伝子型 SS をもつ者の全てがかま状赤血球貧血症で死亡する。また，それ以外の者はすべて成人に達するとする。成人における対立遺伝子 S の頻度を調べたところ，新生児における頻度と等しかった。新生児が成人になるまでの過程で遺伝子型 AA をもつ者のうちどれだけの割合が死亡するか。既約分数の形で答えよ。

2005年

解答時間：2科目150分
配　　点：120点

第1問

次の文1〜文3を読み，I〜IIIの各問に答えよ。

〔文1〕

多細胞生物の成長は細胞分裂を伴うが，体細胞では多くの場合 DNA 複製と細胞分裂が交互におこる。この DNA 複製と細胞分裂の周期を細胞周期とよび，1回の細胞分裂の終了から次の細胞分裂の終了までの期間が1細胞周期となる。細胞周期は，DNA の複製が始まるまでの準備期(G_1期)→DNA 合成期(S 期)→分裂が始まるまでの準備期(G_2期)→分裂期(M 期)の順に進行する。M 期での細胞核の分裂は［ 1 ］と核小体が消失して染色体が凝縮していく前期，染色体が赤道面に整列する中期，染色分体が両極に移動していく後期，それらの周囲に［ 1 ］が再形成される終期の順に進行し，次いで細胞質分裂がおこって2つの娘細胞が形成される。さらに分裂増殖を続ける場合は，この細胞周期がくり返される。

動物細胞では，前期に中心体が二分されるとともに微小管が伸長して星状体となり，それらが両極となって［ 2 ］の形成が始まる。植物細胞には中心体はないが，［ 2 ］は形成される。いずれの場合でも両極から伸長した微小管は，［ 3 ］に付着して染色体を動かす。中期には，両極からの力がつり合って染色体が赤道面に並ぶが，後期に入ると，対をなしていた染色分体が分かれ，［ 3 ］微小管が短くなることで染色分体は両極に移動する。終期に入ると，細胞核が再形成され，続いて細胞質分裂がおこって，細胞は2分割される。(ア)

〔文2〕

S期の細胞に水素の同位体 ^{3}H を含むチミジンを与えると，^{3}H チミジンは複製中のDNAにとり込まれ，DNAを標識することができる。いま盛んに分裂増殖し，細胞周期のさまざまな時期を進行中の多数の細胞を含む培養液に，^{3}H チミジンを加えてDNAを短時間標識した。その後，細胞を洗浄して細胞外の ^{3}H チミジンを完全に除き，^{3}H チミジンを含まない培養液に戻して，細胞周期を進行させた。(イ)4時間後から，標識されたM期の細胞が観察され始め，5時間後にはM期の細胞の50％が標識されるに至った。その後にM期の細胞は100％標識されたものになり，やがて減じて，10時間後にはその割合は再び50％になった。引き続き培養を続けたところ，標識されたM期の細胞は全く見られなくなったが，18時間後から再び観察されるようになった。

（注1）　この実験では，細胞を標識した時点で多数の細胞が細胞周期の各時期に一様に分布し，すべての細胞は細胞周期を同じ速度でまわり続けているとする。また，細胞の標識に要した時間は便宜上0時間とし，S期の細胞はすべて標識されたとする。

〔文3〕

窒素の同位体 ^{15}N(窒素 ^{14}N より重い)のみを窒素源として含む培地で，充分に長い期間大腸菌を増殖させ，DNA中の窒素原子がすべて ^{15}N に置きかわった菌を作製した。この大腸菌を ^{14}N のみを窒素源とする培地に移して増殖させると，DNA複製の際に ^{14}N が取り込まれる。菌がいっせいに分裂するように調整してから，分裂するたびに大腸菌を採取して，そのDNAを取り出して調べた。DNAの二重鎖は重さによって遠心分離で区別できる。(ウ)2回目の分裂直後の遠心分離では，DNA二重鎖は，重いもの，中間のもの，軽いものの比率が0：1：1になった。

（注2）　DNA二重鎖中の窒素原子がすべて ^{15}N に置きかわったものを重いDNA鎖，すべて ^{14}N のものを軽いDNA鎖とする。

2005年　入試問題

〔問〕

Ⅰ　文1について，以下の小問に答えよ。

A　文中の空欄1～3に入る最も適当な語句を記せ。

B　下線部(ア)について。一般的な植物細胞と動物細胞の細胞質分裂の違いについて2行で述べよ。

C　細胞を構成する主な構造の中で，一般に動物細胞に比べて植物細胞に特徴的なものを下記の例以外に2つあげ，その構造と主要な機能について各1行で述べよ。

(例)

葉緑体：二重の膜をもつ細胞小器官で，クロロフィルを含み光合成を行う。

Ⅱ　文2について，以下の小問に答えよ。

A　M期の細胞を識別するために染色に用いられる色素を1つあげよ。

B　下線部(イ)について。この細胞が細胞周期のG_2期とM期それぞれを通過するのに要する時間を求めよ。

C　この細胞が細胞周期のG_1期を通過するのに要する時間を求めよ。

Ⅲ　文3について，以下の小問に答えよ。

A　この実験で示されたDNAの複製のしくみを何とよぶか。

B　下線部(ウ)について。4回目およびn回目の分裂直後のDNA二重鎖では，これらの比率はどのようになるか。それぞれの場合について

重いDNA鎖：中間のDNA鎖：軽いDNA鎖

の比率を求めよ。

C　上記Bのn回目の分裂後，再び^{15}Nのみを窒素源とする培地に移し，さらに2回分裂を行わせた。この2回目の分裂直後における

重いDNA鎖：中間のDNA鎖：軽いDNA鎖

の比率を求めよ。

2005年　入試問題

第2問

次の文1～文3を読み，Ⅰ～Ⅲの各問に答えよ。

〔文1〕

植物の系統進化の研究は，はじめは形態的特徴により，のちに物質組成や生理学的特徴に基づいて進められてきた。また，20世紀後半には遺伝子などの塩基配列の比較により系統解析がおこなわれるようになった。2000年に双子葉植物のシロイヌナズナの全ゲノム塩基配列が決められると，(ア)ゲノムの比較を系統進化の研究の主要な手段とすることが可能になってきた。このため，系統的に異なるさまざまな光合成生物のゲノム塩基配列の解析が進められた。種子植物以外でも，コケ植物蘚(せん)類のヒメツリガネゴケや緑藻のクラミドモナス，紅藻のシアニジオシゾンなどで，核ゲノムの研究が進んでいる。

緑色植物(陸上植物や緑藻類)の系統とは異なる真核光合成生物には，紅藻のほか，有色植物(褐藻(かつそう)・ケイ藻などの藻類)が知られている。(イ)有色植物と紅藻はクロロフィル組成や補助色素の種類の点でも大きく異なるが，葉緑体ゲノムに含まれている遺伝子は互いによく似ていて，それぞれの葉緑体は系統的に関連があることがわかった。

葉緑体ゲノムは小型であるため，30以上にものぼる多くの真核光合成生物で塩基配列決定が進んでいる。葉緑体ゲノムには，数十個の光合成関連の重要な遺伝子が含まれている。さらに，光合成をおこなうことが可能な原核生物である［　1　］の全ゲノムについても，10種ほどが解読されている。

葉緑体の起源を説明する仮説として，以前は膜説があった。この説によれば，始原真核細胞で細胞膜の陥入(かんにゅう)によってさまざまなオルガネラができたとされる。(ウ)これに対し現在では，真核光合成生物の葉緑体の起源については，［　1　］と葉緑体との系統関係に基づき，［　2　］が有力とされている。

〔文2〕

蘚類は，被子植物と共通した面が多いが，被子植物で知られているさまざまな生理現象を，より単純な形で示すことが多い。たとえば，(エ)蘚類の茎葉体(配偶体)の葉は，一層の細胞からなるが，被子植物の葉は，通常，複数の細胞層からなる葉肉と表皮をもつ。被子植物の葉は，単位葉面積あたりの光合成能力を高めるために，多層構造になっていると考えられる。

蘚類では，胞子が発芽すると，細胞が一列につらなった原糸体が伸長する。(オ)原糸体は頂端細胞が分裂することで成長し，光の方向に伸長していく性質がある。原糸体は枝分かれしながら成長するが，やがて芽とよばれる細胞塊を形成し，これが成長して茎葉体となる。芽の形成は，植物ホルモンの一種であるサイトカイニンにより促進される。やがて適当な条件下で，造精器・造卵器ができ，受精により胞子体を形成する。(カ)胞子体は複相世代であるが，すぐに減数分裂を行って単相世代である胞子を生ずる(図1)。

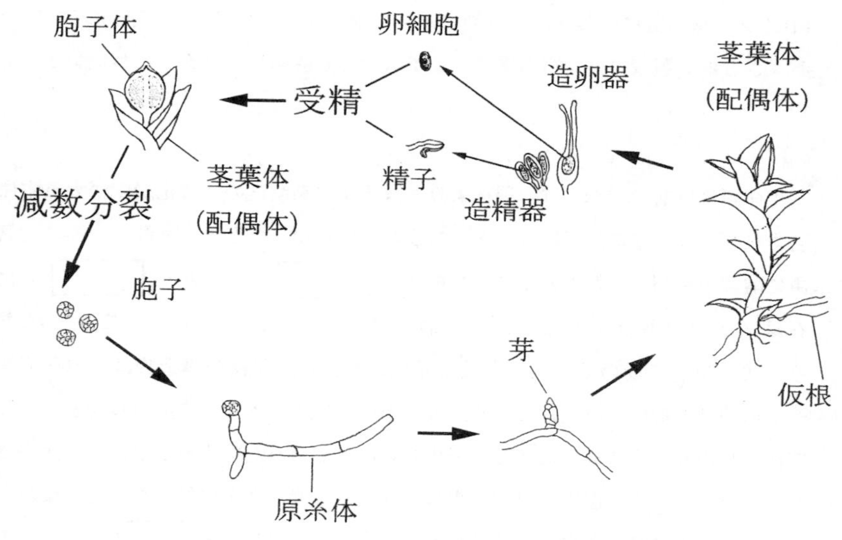

図1　ヒメツリガネゴケの生活環

葉緑体ゲノムにおきた突然変異によって光合成ができなくなり，培地に糖を加えないと生育できない変異株が，ある種の蘚類で得られた。(キ)この変異株と野生株をかけあわせたとき，変異株の卵と野生株の精子を用いた場合，得られた胞子が発芽してできるすべての細胞が変異型となったが，変異株の精子と野生株の卵を用いた場合，得られた胞子が発芽してできるすべての細胞が正常な光合成能力を示した。

ヒメツリガネゴケの特徴の1つに，細胞核遺伝子の相同組換えが高頻度でおこることがある。これを利用すると，塩基配列のわかった遺伝子にねらいを定めてこれを破壊することが可能である。そのため，ヒメツリガネゴケは被子植物の重要な現象の解析のためのモデル植物として利用されている。たとえば，(ク)葉緑体の分裂において，くびれ込む包膜の内側に沿ってリング状の構造をつくるFtsZとよばれるタンパク質が知られているが，このタンパク質をつくる細胞核遺伝子を破壊したコケを作製したところ，細胞あたり1個の巨大葉緑体をもつようになった。野生株の細胞では，細胞あたりの葉緑体数は20個以上である。このため，FtsZタンパク質が，葉緑体の分裂に重要な働きをしていることが推定されている。さらに，類似のタンパク質が，被子植物でも機能していることがわかった。

〔文3〕

生命誕生以前の地球では，現在よりもはるかに高濃度の二酸化炭素が大気中に含まれており，逆に酸素はほとんど含まれていなかったと考えられている。大気中に酸素を最初に多量に発生させたのは，［　1　］であった。［　1　］の化石はストロマトライトとよばれる層状構造を持った石灰岩として残っており，20～30億年前の地層から大量に発見されるが，同様の構造物は，現在でも一部の地域で形成され続けている。大気中の二酸化炭素は，炭酸カルシウムとして沈殿したり，光合成によって有機化合物に変えられたりすることにより除去され，これによって，温室効果が減少し，地上の温度が次第に低くなった。また，大気中や水中に多量の酸素が蓄積していったことにより，［　3　］によって大量にエネルギーを獲得することができる従属栄養生物，特に大型の動物の誕生が可能になった。さらに，酸素に[4]が作用して生ずる[5]の，成層圏での蓄積は，有害な[4]の地上への到達を防ぐことによって陸上への生物の進出を可能にし，現在我々が見るような地球の姿を生み出す重要な要因となった。このように光合成は，現存する生物全体のエネルギーの源であるばかりでなく，豊かな生態系に恵まれた地球環境全体を生み出した原動力でもあった。(ケ)

〔問〕

I　文1について，以下の小問に答えよ。

A　下線部(ア)について。ゲノムという言葉は今日，いくつかの意味合いで用いられる。以下の(1)～(5)から，用法として正しくないものを一つ選べ。

(1)　ゲノムという言葉のもとの意味は，生物の生存に必要な最小限の染色体セットに含まれる遺伝子の総体であった。

(2)　一般に，植物細胞の中には，3種類のゲノムがある。

(3)　大腸菌のゲノムは，単一の環状DNAからなるが，そのほかにプラスミドをもつ場合がある。

(4)　真核生物の各染色体は，それぞれ別々のゲノムを含む。

(5)　パンコムギは6セットの核ゲノムをもつが，これは，それぞれ2セットのゲノムをもつ3種の野生の原種コムギのゲノムが組み合わされたものである。

B　下線部(イ)について。紅藻には含まれないが，褐藻には存在するクロロフィルは何か。

C　空欄1に入れるのにもっとも適切な生物名を記せ。なお，空欄1は文3にも使われている。

D　下線部(ウ)について，以下の問に答えよ。

(a)　空欄2に入れるべき説の名称をあげよ。

(b)　この説が支持される理由を2つあげ，それぞれ2行程度で記せ。

II　文2について，以下の小問に答えよ。

A　下線部(エ)について，次の問に答えよ。

(a)　葉が単に細胞層を重ねた多層構造であれば，光が強い場合，光量に応じた光合成量が確保できないと予想される。その理由を2行程度で記せ。

(b)　(a)の問題点は，多層構造をもつ実際の葉では，どのような構造をつくることで克服されているか，名称を記せ。

B　下線部(オ)について，次の問に答えよ。

(a)　マカラスムギ(単子葉植物)の子葉鞘で知られる光屈性(屈光性)のしくみを2行程度で説明せよ。

(b)　マカラスムギの光屈性のしくみは，コケの原糸体にも全く同じように当てはまるかどうか，その根拠とともに述べよ。

C　下線部(カ)について。被子植物には，単相でも複相でもない特定の核相をもつ組織がある。その名称と核相を記せ。

D　下線部(キ)について。この理由として考えられることを2行程度で説明せよ。なお，この突然変異によって胞子形成には影響がないものとする。

E　下線部(ク)について。このような変異株を野生株と交配してできた胞子を発芽させてできる原糸体における表現型を調べると，どのような表現型の原糸体を生ずる胞子がどのような比率で現れるか述べよ。

Ⅲ　文3について，以下の小問に答えよ。

A　空欄3，4，5に入る最も適切な語句は何か。

B　下線部(ケ)について，以下の(1)～(4)から正しくないものを一つ選べ。

(1)　太陽の光エネルギーを利用する生物には，酸素を発生しないものもある。

(2)　海洋で光合成が行われるようになったのは，褐藻など大型の藻類が生まれてからである。

(3)　光合成生物が誕生する以前の地球では，無機物の酸化還元が生物の主なエネルギー源であった。

(4)　動植物が使う炭素源やエネルギーの大部分は，光合成によって固定された二酸化炭素と太陽光エネルギーに由来する。

第3問

次の文1～文4を読み，Ⅰ～Ⅵの各問に答えよ。

〔文1〕

図2に示すように，網膜の視細胞がとらえた視覚情報は，外側膝状体(がいそくしつじょうたい)を通って，脳の後部にある一次視覚皮質に送られる。網膜の中で鼻に近い半分の視細胞からの情報は反対側の脳へ送られ，耳に近い半分からの情報は同じ側の脳へ送られる。網膜に写る像はレンズによって反転しているので，視野の左半分は右眼からの情報も左眼からの情報も右脳で処理され，右半分は左脳で処理されることになる。視野の同じ位置をとらえる左右の眼の視細胞は，一次視覚皮質の同じ位置に情報を送る。

網膜の中心の少し内側に，視神経が束になって眼から出てゆく部分がある。ここは盲点(盲斑)とよばれ，視細胞がないので光を感じない。下の参考図で，眼と紙の距離を15 cm程度に調節し，片眼を閉じて中央の黒い丸に視点を固定すると，(ア)右眼で見たときは右の×が，左眼で見たときは左の×が，ちょうど盲点に入って見えなくなることがある。

×　　　　●　　　　×

ここに視点を合わせる

参考図

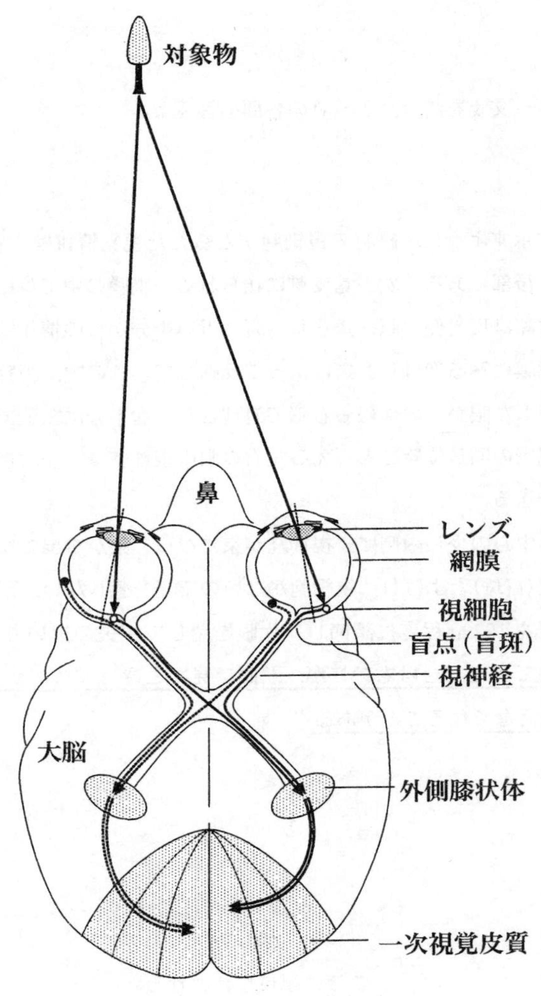

図2　眼と脳の水平断面

視野の同じ位置の像をとらえる2対の視細胞（●と○）の情報経路を示す。

〔文2〕

発生の過程において，一部の細胞は大きく場所を移動する。たとえば脊椎動物では，背中をつらぬく神経管(イ)の背部から神経冠細胞(神経堤細胞)とよばれる一群の細胞が作られ，そこから色素細胞や末梢神経細胞，副腎髄質，顔面の骨などが生じる(図3)。色素細胞は，分裂をくりかえしながら表皮に沿って全身に移動し，1本1本の毛の付け根にある毛母細胞の間に入り込んで，メラニン色素を合成して毛に分泌する(図4)。

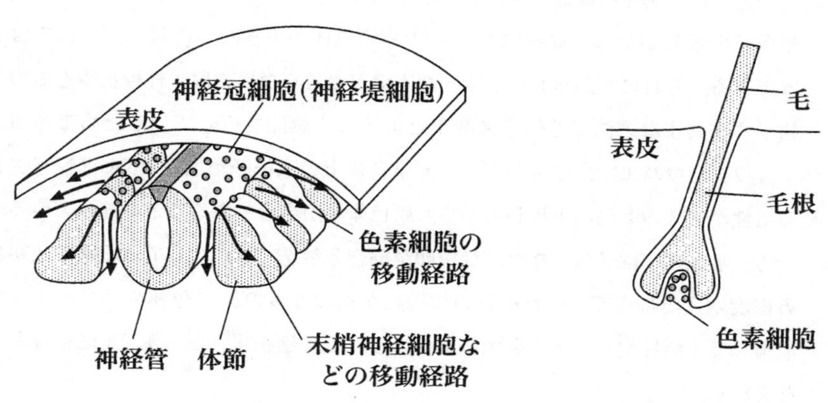

図3　発生中の胚の背部

図4　毛の構造

ネコの体色に関連する常染色体上の対立遺伝子に，白斑遺伝子Sと斑なし遺伝子sがある。この遺伝子は色素細胞の移動を制御しており，遺伝子型がssの場合は色素細胞は体表全体へと広がる。そのため毛は黒一色や茶一色になる。一方，遺伝子型がSSやSsの個体では，色素細胞は体表全体へは広がらない。このため一部の毛は毛根に色素細胞をもたず，白い毛となる。従って，このような遺伝子型をもつ猫の体色は黒と白の斑や，茶と白の斑になる。色素細胞は背側の神経管から広がるため，背中から遠い脚や腹部ほど白くなりやすい。しかし，移動の経路や到達位置は，細胞ごとに厳密に決まっているわけではない。

〔文3〕

多くの動物は父親由来と母親由来の2本が組になった染色体セットをもっている。このうち一部の染色体が3本になると，その染色体上の遺伝子だけ他よりも数が多くなり，伝令RNAに転写される量のバランスが変化してしまう。これは個体に致命的な障害を及ぼすことが多い。たとえば人間は，22組ある常染色体のうち21番染色体以外のどれか1つでも3本になると，胎児はほとんど生きのびることができない。

一方，性染色体は雌雄で本数が異なる場合が多い。たとえばショウジョウバエや多くの哺乳類では，通常はオスではX染色体が1本なのに対し，メスでは2本である。それにもかかわらず重大な支障がおこらないのは，性染色体をもつ生物がさまざまな方法で遺伝子量補正とよばれる調節を行っているためである。ショウジョウバエではオスでだけ，X染色体上の遺伝子が伝令RNAへ転写される活性がメスの2倍に上昇しており，染色体数が半分であることを補っている。一方，哺乳類ではメスでだけ，受精卵が細胞分裂をくりかえして体細胞の数がある程度増えた時点で，それぞれの体細胞がもつ2本のX染色体のうちの1本が凝縮して不活性化し，その染色体上のほとんどの遺伝子が伝令RNAに転写されなくなる。

2本のX染色体のうちのどちらが不活性化されるかは定まっておらず，細胞ごとにランダム(無作為)に決まる。X染色体が3本以上あるような場合も，1本だけが活性を保ち，残りは不活性化される。その後，発生の進行に伴い，それぞれの体細胞はさらに細胞分裂を続けるが，一度不活性化されたX染色体は娘細胞でも引き続き不活性化される。従って哺乳類のメスの体には，父親由来のX染色体が不活性化された細胞群と，母親由来のX染色体が不活性化された細胞群が，斑状に存在することになる。不活性化がおこる時期やその後の細胞分裂の回数の違いにより，斑のサイズには個体差や体の部位による差が生じる。

X染色体上の遺伝子は伴性遺伝とよばれる遺伝形式をとる。ショウジョウバエのメスではX染色体は2本とも活性をもつため，ヘテロ接合の場合の表現型のあらわれ方は常染色体のときと同じである。しかし哺乳類では様相は異なる。

ネコのX染色体上の対立遺伝子に，毛の色が茶色になる茶色遺伝子Oと黒になる黒色遺伝子oがある。メスにはX染色体が2本あるので，遺伝子型には［　1　］，［　2　］，［　3　］の3つの可能性がある。斑なし遺伝子がホモ接合ssである個体では，茶色遺伝子がホモ接合の［　1　］の場合には体色は茶一色になり，黒色遺伝子がホモ接合の［　2　］の場合には黒一色になる。ところがヘテロ接合の［　3　］の場合には，体色は黒でも茶でも，黒と茶の中間でもなく，黒と茶の斑になる。これはX染色体の不活性化によって，色素細胞の一部では父親由来の対立遺伝子だけが発現し，残りでは母親由来の対立遺伝子だけが発現するためである。

また，白斑遺伝子のヘテロ接合Ssやホモ接合SSの個体では，色素細胞の移動の効果が加わるため，茶色／黒色遺伝子が［　1　］の場合は体色は［　4　］，また［　2　］の場合は［　5　］，［　3　］の場合は［　6　］になる。(ウ)この最後の場合が，いわゆる三毛猫(みけねこ)である。

〔文4〕

ヒトの伴性遺伝の例として知られている赤緑色盲(色覚異常)は，X染色体上の，光を感じるタンパク質の遺伝子の突然変異によって生じる。赤緑色盲はありふれた突然変異の一つで，日本では男性の20人に1人が赤緑色盲である。赤緑色盲の遺伝子頻度が男女とも同じで，女性の性染色体について常染色体と同様にハーディー・ワインベルグの法則が成立すると仮定すると，昨年度の東京大学の志願者(男性11,673名，女性3,224名)のうち，概算で男性志願者の約580名が赤緑色盲であり，女性志願者の約［　7　］名が赤緑色盲遺伝子をもつと推定できる。

父親が赤緑色盲でない場合，その娘は赤緑色盲遺伝子のホモ接合にはならないので，赤緑色盲にはならないという記述をよく見かける。しかしこれは誤りで，(エ)まれにヘテロ接合の女性が赤緑色盲の表現型を示すこともある。また，赤緑色盲の検査は色のついた図形を両眼で見ながら行うが，片眼ずつ検査をするとどちらかの眼が赤緑色盲の表現型を示す女性が少数だが存在する。しかしこのような女性は，両眼で検査をすると赤緑色盲と判定されないことが多い。

〔問〕

Ⅰ　文1の下線部(ア)について。

両眼で見ると盲点の存在が意識されない理由を考え，2行程度で述べよ。

Ⅱ　文2の下線部(イ)について。

神経管はどの胚葉から作られるか，答えよ。

Ⅲ　文3について，以下の小問に答えよ。

A　空欄1～3に該当する遺伝子型を答えよ。

B　空欄4～6に該当する毛の色を下の選択肢からそれぞれ選べ。

a：黒，b：茶，c：黒と茶の斑，d：黒と白の斑，e：茶と白の斑，
f：黒と茶と白の斑

C　下線部(ウ)について，三毛猫はほとんどがメスである。これはなぜか，理由を考え，2行程度で述べよ。

Ⅳ　あなたが茶と白の斑のメス猫を飼っているとする。これをどのような毛色のオス猫と掛け合わせれば，三毛猫を産ませることができるか。

A　候補になりうるオスの毛色を，以下の選択肢からすべて選んで記号を答えよ。

a：黒，b：茶，c：黒と茶の斑，d：黒と白の斑，e：茶と白の斑，
f：黒と茶と白の斑

B　またその場合に，三毛猫以外にどのような毛の子猫が同時に生まれうるかを，オスの子猫，メスの子猫それぞれについて上の選択肢のa～eから選び，記号を列挙せよ。(オス親の候補が複数ある場合は，全部をまとめて列

挙せよ。また，オスの三毛猫などごくまれにしかあらわれない毛色の可能性は除外して考えよ。)

Ⅴ　文4について，以下の小問に答えよ。

A　空欄7に該当する数字を有効数字2ケタで答えよ。

B　下線部(エ)について。赤緑色盲遺伝子がヘテロ接合なのに赤緑色盲の表現型を示す女性では，網膜の視細胞がどのようになっている可能性が考えられるか。2行程度で述べよ。

C　赤緑色盲遺伝子をもつヘテロ接合の女性は確率的に視細胞の約半分が赤緑色盲の変異をもつにもかかわらず，ほとんどの人が赤緑色盲の表現型を示さない。この理由を考え，2行程度で述べよ。

Ⅵ　社会に流布しているイメージでは，クローン人間は元になった人間と全く同じになると考えられがちである。2002年に，三毛猫の体細胞から作られたクローン猫が誕生した。生まれたメスの子猫は元になった猫と全く同じ遺伝子セットをもっているが，毛の模様は元になった猫と同じになると考えられるか，違うと考えられるか。また，メスの三毛猫でなく黒と白の斑や茶と白の斑のオス猫からクローンを作った場合は，どうなると考えられるか。理由とともに2行程度で述べよ。

2004年

解答時間：2科目150分
配　　点：120点

第1問

次の文1〜文4を読み，Ⅰ〜Ⅳの各問に答えよ。

〔文1〕

植物細胞は細胞壁で被われている。細胞壁は力学的に一定程度の強度をもった構造で，植物細胞の形と大きさを決めている。植物の組織を，適当な浸透圧のもとで<u>細胞壁成分</u>(ア)を分解する酵素で処理することによって，個々の細胞に分離させ，プロトプラストとよばれる細胞壁が除去された球形の細胞を得ることができる。

プロトプラストは植物細胞の機能や分化の研究に大いに役立つので，プロトプラストを得る試みは古くから行なわれていた。例えば，<u>葉を高張液に浸して，鋭利なカミソリの刃で細切し，おだやかに絞り出す方法</u>(イ)である。この操作で多くの細胞は壊れるが，同時に，ある程度の数のプロトプラストを遊離させることができる。しかし，この方法では収率が低く，上記のように酵素処理による方法が一般的である。

プロトプラストは，ショ糖，ミネラル，植物ホルモン，マニトールなどを含む適当な液体培地で培養すると分裂増殖する。これを寒天培地に移して培養すると，不定形の細胞塊(カルス)を形成する。さらに適当な植物ホルモンを含む培地に移植して培養すると，芽や根が分化して，最終的には完全な植物体に成長する。このように植物の体細胞は潜在的に個体を再形成できる［ 1 ］を保持している。体細胞から再形成された植物体はクローン苗としても利用され，挿し木，株分けなどで繁殖した植物体と同様に，親植物と［ 2 ］的に同一であるという特徴をもっている。

〔文2〕

2種の植物XとYの葉からプロトプラストを得て混合し，ポリエチレングリコール溶液で処理すると2種類の細胞の内容物が混じり合う［ 3 ］が起こり，雑種細胞が生じる。これらの細胞も分裂増殖して，植物体に再分化することがある。XとYの雑種細胞から分化した体細胞雑種について，光合成に関わるルビスコ(RuBisCO)タンパク質を調べた。ラン藻類(編集注)から維管束植物にいたるまで，このタンパク質は分子量の異なるSとLの2種類のポリペプチドからなり，XやYのような植物細胞では，Lの遺伝子は葉緑体に，Sの遺伝子は核にあること(ウ)がわかっている。また，SとLのポリペプチドは種によってそのアミノ酸組成が異なっている。ルビスコSとLのポリペプチドは，ある種の電気泳動法(電気的性質によって高分子を分ける方法)によりさらに分離され，電気的性質の異なるポリペプチドを示すバンド(Sについては3本，Lについては2本)が，X，Yの種によって特徴的な位置に検出された。X，Yおよび両者の体細胞雑種植物4系統a～dについてSとLのポリペプチドを電気泳動して検出した結果は図1のようになった。(エ)

（編集注）シアノバクテリア類のこと。

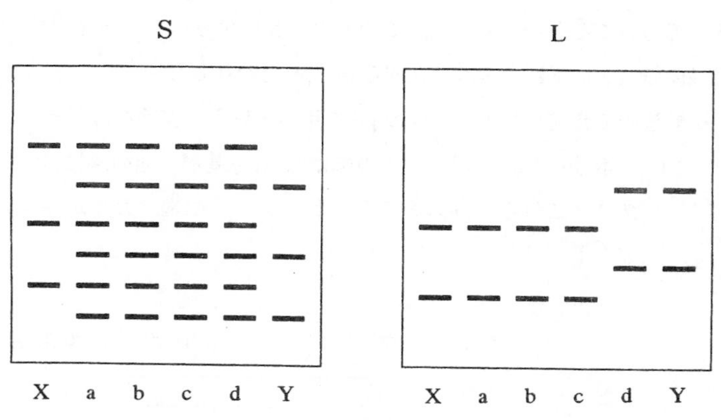

図1　ルビスコSとLの電気泳動の模式図

X，Y，a～dの文字の上のバンドは，電気泳動法により分離されたX，Y，a～dの植物体由来のルビスコのポリペプチドを示す。

〔文3〕

葉緑体のストロマにはルビスコタンパク質が大量に含まれる。このタンパク質はカルビン・ベンソン回路の酵素のひとつである。カルビン・ベンソン回路の反応でつくられた有機物は，エネルギー源や細胞を構成するさまざまな物質の合成のための材料として使われる。また，多くの貯蔵組織では，(オ)<u>ショ糖から巨大な分子である多糖類のデンプンが合成され，貯えられる</u>。

文2でも述べたように，ルビスコタンパク質は分子量の異なる2種類のポリペプチドSとLが組み合わさってできたタンパク質である。核DNAに存在するポリペプチドSの遺伝子の伝令RNAは，細胞質基質で翻訳が行なわれる。一方，葉緑体DNAに存在するLの遺伝子の転写と翻訳は，ともにストロマで行なわれる。

タンパク質合成に必要な種々の成分を含む反応液に，エンドウのSの遺伝子から転写された伝令RNAを加えて，試験管内でタンパク質合成を行なわせることができた。合成されたポリペプチドを調べると，図2に示すようにアミノ末端側に延長部分をもつ，Sよりも長いポリペプチドであった(注1)。この延長部分を「延長ペプチド」と呼ぶことにする。伝令RNAの塩基配列から推定されるアミノ酸配列も，Sのアミノ末端側に「延長ペプチド」をもった，Sよりも長いポリペプチドであることを示していた。このSより長いポリペプチドを以後pSと呼ぶ。葉緑体のストロマにはSは存在するが，pSは存在しない。

試験管内で合成したエンドウのpSを用いて以下の実験を行なった。

（注1）　ポリペプチド鎖の一方の端にはNH_2基が，他の端には，COOH基があり，これらの両端をそれぞれ，アミノ末端，カルボキシル末端と呼ぶ。

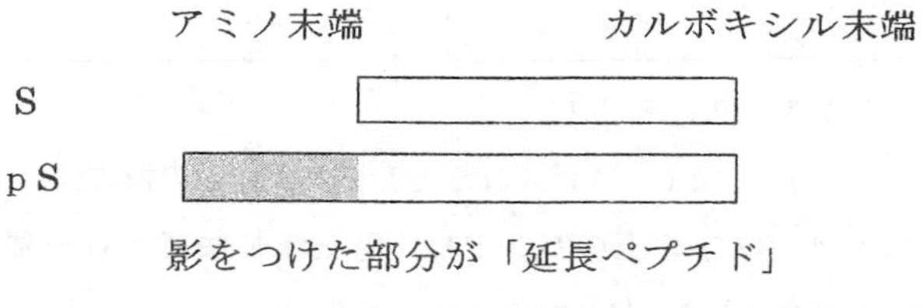

アミノ末端　　　カルボキシル末端

S

pS

影をつけた部分が「延長ペプチド」

図2　SとpSの模式図

実験1　エンドウの葉から，葉緑体を包んでいる膜(包膜)を壊さないように単離した葉緑体(以下，無傷葉緑体と呼ぶ)と，放射性同位体^{14}Cで標識した(注2)人工のpSを，適当な反応液に加えた。一定時間後，反応液を遠心分離して無傷葉緑体を沈殿させて回収した。無傷葉緑体に(カ)タンパク質分解酵素A(この酵素は包膜を透過できず，葉緑体の内部のタンパク質は分解できない)の溶液を加えて一定時間置いたあと，再び無傷葉緑体を回収した。回収した無傷葉緑体についてSとpSの有無と放射能を調べた。その結果，回収した無傷葉緑体の内部にSは認められたが，pSは認められず，Sからは放射能が検出された。

(注2)　アミノ酸の一種が放射性同位体^{14}Cで標識されており，そのアミノ酸はポリペプチド全体に分布しているものとする。本問では，このことを「^{14}Cで標識した」と表す。

実験2　pSの代わりに,

⑴　^{14}Cで標識されたS,

⑵　大腸菌由来の，あるタンパク質B(^{14}Cで標識してある),

⑶　タンパク質Bのアミノ末端にpSの「延長ペプチド」をつないだ人工的なタンパク質(^{14}Cで標識してある),

をそれぞれ用いて，実験1と同様の実験を行なったところ，以下のような結果が得られた。

⑴の場合。回収した無傷葉緑体にはSは認められたが，放射能は検出されなかった。

⑵の場合。回収した無傷葉緑体にはタンパク質Bは認められなかった。

⑶の場合。回収した無傷葉緑体には，「延長ペプチド」がついたタンパク質Bは認められなかったが，タンパク質Bそのものは認められ，放射能も検出された。

〔文4〕

土壌に生息する細菌であるアグロバクテリウムは，大きな環状のDNA(プラスミド)をもつが，宿主となる植物に感染すると，その一部であるT–DNAを植物細胞の核DNAに組み込むことにより，植物腫瘍クラウンゴールを生じて植物の成長に障害を引き起こすことが知られている。通常の植物細胞の培養には植物ホルモンが必要であるが，このクラウンゴールの細胞からアグロバクテリウムを除いて培養すると植物ホルモンを含まない培地でも増殖する植物細胞が生じる。(キ)クラウンゴールの細胞は，(ク)植物が利用できないアミノ酸であるオパインを合成するようになる。

人為的にT–DNAの一部を他の遺伝子に置き換えることで，植物細胞に外来遺伝子を導入して，新しい性質を付与した遺伝子組換え植物を作成することができる。すでに，病気に対する抵抗性などの性質をもった植物体が(ケ)設備の整った実験施設で作成され，安全性の確認されていない植物については厳密な管理下で育成されている。

〔問〕

Ⅰ　文1について，以下の小問に答えよ。

A　下線部(ア)について。細胞壁を構成する最も主要な成分の物質名を記せ。

B　下線部(イ)について。なぜこの方法によってプロトプラストが遊離してくるのか。3～4行で述べよ。

C　文中の空欄1，2に入る最も適当な語句を記せ。

Ⅱ　文2について，以下の小問に答えよ。

A　文中の空欄3に入る最も適当な語句を記せ。

B　葉緑体は独自のDNAをもつが，これはラン藻類のような光合成を行なう単細胞生物が，光合成能をもたない宿主の細胞に共生したことが起源であるとされている。

(a)　下線部(ウ)の事実から，ルビスコタンパク質Sの遺伝子について進化の過程で何が起こったと考えられるか。1行で述べよ。

(b)　葉緑体と同様に共生起源とされるもう1つの細胞小器官の名称と，その主要な機能は何か。それぞれ適当な語句で答えよ。

C　下線部(エ)の結果から，これらの体細胞雑種の遺伝的性質に関して考えられることは何か。推論を2行で述べよ。

Ⅲ　文3について，以下の小問に答えよ。

A　下線部(オ)について。有機物を，小さな分子であるショ糖ではなく，巨大な分子であるデンプンとして貯えることは，細胞にとってどのような利点があると考えられるか。2～3行で述べよ。

B　実験1の反応で，pSについてどのようなことが起こったか。2行以内で述べよ。

C　下線部(カ)について。回収した無傷葉緑体にタンパク質分解酵素Aの溶液を加えた目的は何か。3行以内で述べよ。

D　実験1と実験2の結果から推論できる「延長ペプチド」の機能について，3行以内で述べよ。

Ⅳ　文4について，以下の小問に答えよ。

A　下線部(キ)の原因はどのように考えられるか。1行で述べよ。

B　下線部(ク)について。アグロバクテリウムはオパインを栄養源として利用できる。このような，植物との関係を何と言うか。1語で答えよ。

C　下線部(ケ)の遺伝子組換え植物を実験施設外に出さないための対策として，下記の事項から<u>必須でないもの</u>をすべて選び，その番号を記せ。

(1)　外界から物理的に隔離できる実験施設で作成する。

(2)　光，温度，湿度などが厳密に管理された条件下で育成する。

(3)　種子や花粉などが外に出ないように厳重に管理する。

(4)　人が施設に出入りする際には衣服等を紫外線で殺菌する。

(5)　植物試料を捨てる前に高温等で処理して殺す。

2004年　入試問題

第2問

次の文1と文2を読み，ⅠとⅡの各問に答えよ。

〔文1〕

ヒトやマウスは，甘味，苦味，酸味など，いろいろな味を感じることができる。味覚の受容は，さまざまな構造をもつ化学物質がそれぞれを受容する分子に結合した結果，味細胞が反応し，この情報が感覚神経を介して脳へ伝えられることによって成立する。味細胞は支持細胞とともに集合して たまねぎ形の構造物を形成しており，これが舌にある舌乳頭の一部の側面に分布している。これを［1］と呼ぶ。味細胞はその先端を舌の表面に露出し，基底部で感覚神経の末端に接している。

感覚神経は一般に有髄神経繊維であり，その軸索は［2］で被われている。この部分は電気的絶縁性が強いため，有髄神経繊維では［2］の切れ目である［3］でとびとびに興奮が起こる。このような伝導の方法を［4］という。この結果，有髄神経繊維における伝導速度は，同じ太さの無髄神経繊維よりもずっと大きくなる。

〔文2〕

マウスはその系統により，味覚の受容に違いのあることが知られている。純系の3系統のマウスを用いて，以下の実験を行なった。

実験1　A系統のマウスは甘味，苦味をともに受容できること，甘味を好み苦味を忌避することが知られている。またここで用いる濃度の範囲では，味の嗜(し)好性は変化しない。A系統のマウス10匹について苦味物質X，苦味物質Yに対する応答を検討した。まず，味物質の水溶液を吸い口のついたびん1に，蒸留水をびん2に入れ，この2本のびんをマウスの飼育かごの別々の場所に配置した。この飼育かごの中でマウスを単独で48時間飼育し，マウスが各々のびんから摂取した水溶液の体積を測定した。(ア)びんの位置を交換した後にさらに48時間飼育し，摂取した水溶液の体積を測定して，結果が同様であることを確認した。10匹のマウスについて得られた実験結果の平均値を図3に示す。この際，「びん1から摂取した水溶液の体積」を「びん1とびん2から摂取した水溶液の合計体積(総摂取体積)」で除した値を算出し，これを図示した。

実験2　B系統のマウス，C系統のマウスは，ともに苦味物質Xをまったく受容できない。(イ)A系統とB系統，A系統とC系統，B系統とC系統という3通りの組み合わせで両者を交配させて誕生したF_1マウス(それぞれ(A × B)F_1，(A × C)F_1，(B × C)F_1とする)は，すべてA系統のマウスと同様に苦味物質Xに応答した。次にこのF_1マウスどうしを交配させた。(A × B)F_1どうし，あるいは(A × C)F_1どうしの交配では，「苦味物質Xに応答する個体数」と「苦味物質Xに応答しない個体数」の比は3 ： 1であり，性差は認められなかった。

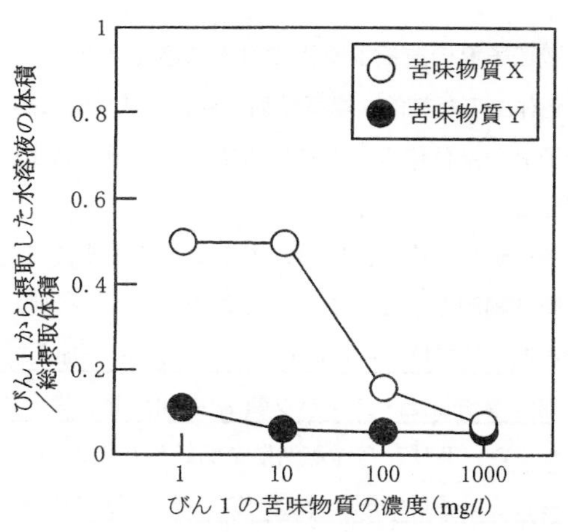

図3　A系統マウスの苦味物質に対する応答
(実験1)

実験3　ヒトですでに知られている苦味の受容にかかわるタンパク質(以後「苦味受容体」と呼ぶ)の遺伝子の塩基配列を参考にして，マウスの苦味受容体の候補遺伝子Pを得た。この遺伝子の伝令RNAから推定されるアミノ酸配列を系統間で比較したところ，A系統とB系統のマウス間では3箇所が異なっていた。C系統マウスの遺伝子Pの塩基配列は，A系統のものとまったく同一であった。

ヒトの苦味受容体の遺伝子については，これを味細胞とは無関係の培養細胞に導入して形質転換することにより，細胞が苦味物質に応答できるようになることが知られている。すなわち，この形質転換の結果，苦味受容体は細胞表面に出現する。またこの細胞は，味細胞と同様に苦味物質Xに応答し，その細胞内カルシウムイオン濃度が上昇する。この変化は遺伝子導入をしなかった細胞では観察されない。A系統とB系統のマウスに由来する遺伝子Pをそれぞれこの培養細胞に導入すると，この遺伝子産物は，ともに同様の密度で細胞表面に出現した。これらの細胞及び遺伝子導入をしなかった細胞に苦味物質X，もしくは苦味物質Yを与えて細胞内カルシウムイオン濃度を測定した結果を，図4～6に示す。

実験4　遺伝子Pの遺伝子断片に蛍光色素を結合させた後，この遺伝子断片を染色体上の相補的な塩基配列の部分に特異的に結合させることにより，遺伝子Pが染色体のどこに位置するかを蛍光によって視覚的に知ることができる。

あらかじめ病原菌に由来するタンパク質Kで免疫したA系統のマウスの脾(ひ)臓細胞からTリンパ球とマクロファージ(大食細胞)を分け取り，(ウ)両者を混合して培地中に同じタンパク質Kを加えて培養したところ，Tリンパ球が増殖した。タンパク質Kを加えない場合にはTリンパ球は増殖しなかった。Tリンパ球が増殖を開始した後にある薬剤を加え，(エ)分裂中期に見られる染色体の配置と分配に必要な構造の形成を阻害した。この薬剤で処理すると，(オ)多くのTリンパ球の細胞内で染色体が観察されるようになった。上述の方法を用い，遺伝子Pは第6染色体の端に近い部分に存在することがわかった。

実験５　ゲノム解析の結果，苦味を受容できないＣ系統のマウスでは，第６染色体上の遺伝子Ｑの領域で，対立遺伝子の双方に欠失が認められた。この欠失はＡ系統とＢ系統のマウスでは見られなかった。Ｃ系統のマウスが苦味物質Ｘを受容できないのは，この遺伝子Ｑの欠失が原因であった。

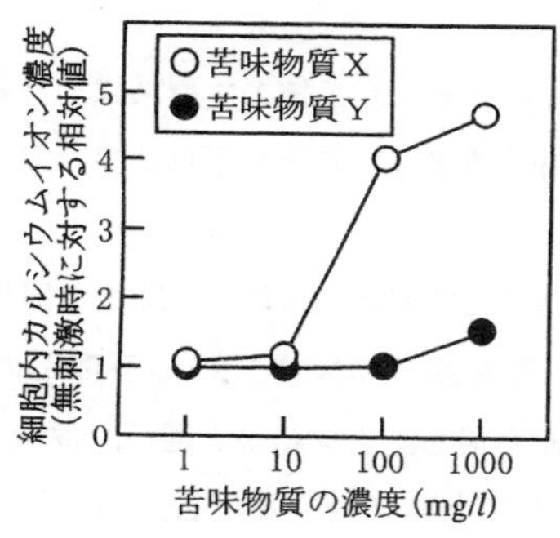

図４　Ａ系統マウスに由来する遺伝子Ｐで形質転換した細胞の苦味物質に対する応答（実験３）

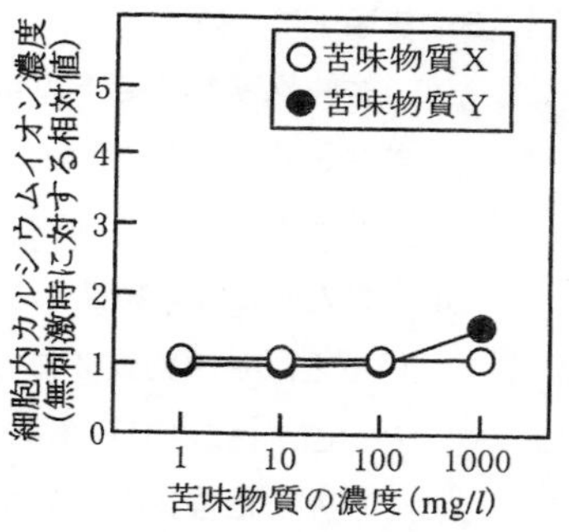

図５　Ｂ系統マウスに由来する遺伝子Ｐで形質転換した細胞の苦味物質に対する応答（実験３）

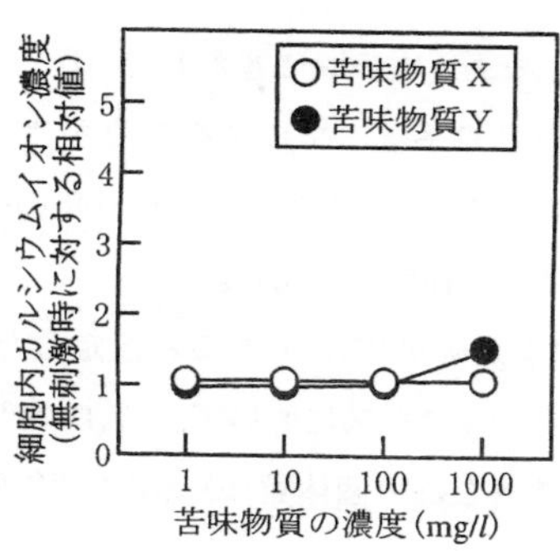

図６　遺伝子を導入していない細胞の苦味物質に対する応答（実験３）

〔問〕

Ⅰ　文1について，空欄1～4に最も適当な語句を入れよ。

Ⅱ　文2について，次の小問に答えよ。

A　下線部(ア)について。これはどのような可能性を排除するための実験操作か。1行で述べよ。

B　実験1について。

(a)　苦味物質の濃度が10 mg/lのとき，A系統のマウスは苦味物質X，Yの苦味を受容しているか。苦味物質X，Yのそれぞれについて，理由とともに答えよ。

(b)　びん1に甘味物質Z，びん2に蒸留水を入れて実験1と同様の方法を用いると，甘味物質Zに対するA系統のマウスの応答はどのようになるか。図7に示す(1)～(6)の中から最も適当な結果を選び，番号で答えよ。

(c)　びん1に苦味物質Xを入れて苦味に対する応答の再実験を行う際，あやまってびん2に蒸留水ではなく，苦味物質Yの1 mg/lの濃度の水溶液を入れてしまった。このとき，苦味物質Xに対するA系統のマウスの応答はどのようになると予想されるか。図7に示す(1)～(6)の中から最も適当な結果を選び，番号で答えよ。

C　実験2から実験5の内容をふまえ，次の問に答えよ。

(a)　下線部(イ)について。B系統とC系統のマウスを交配させて誕生した(B×C)F_1マウスが，苦味物質Xに応答できるようになったのはなぜか。本文中からわかることをもとに2行程度で説明せよ。

(b)　遺伝子Pと遺伝子Qの組換え価が25%であると仮定した場合，(B×C)F_1どうしの交配で誕生するF_2マウスにおいて，「苦味物質Xに応答する個体数」と「苦味物質Xに応答しない個体数」の比率の期待値はいくつになるか。

D　実験3について。この結果から，苦味受容体の候補遺伝子Pは苦味物質Xの受容体であるが，苦味物質Yの受容体ではないと考えた。図4～6に示した苦味物質に対する応答の違いに着目し，このように判断する根拠を2

点あげ，箇条書きでそれぞれ1～2行程度で述べよ。

E　A系統のマウスを用いて遺伝子Pを欠失したマウスを作製し，Pの遺伝子産物が苦味物質Xの受容体であることを証明した。遺伝子Pを欠失したA系統のマウスを用いて，実験1と同様の方法で苦味物質X，苦味物質Yに対する応答を調べた。どのような結果が予想されるか。図7に示す(1)～(6)の中から最も適当な結果を選び，X—(7)，Y—(8)のように答えよ。

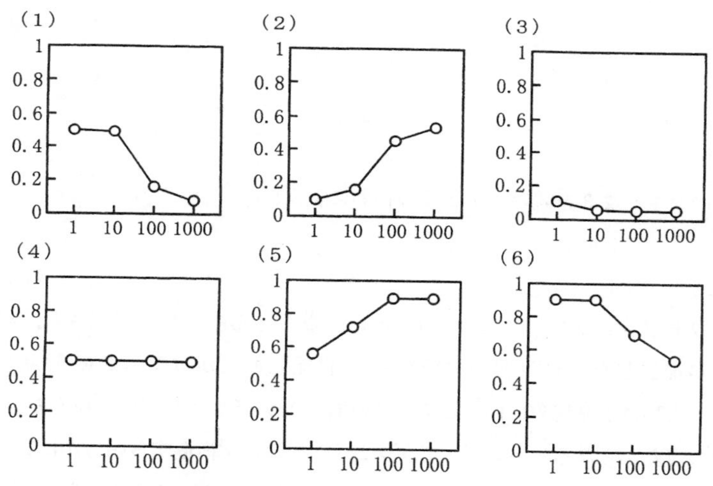

図7　マウスの味物質水溶液に対する応答

縦軸は「びん1から摂取した水溶液の体積」を「総摂取体積」で除した値を，横軸は味物質の濃度(mg/*l*)を示す。

F　実験4について。

(a)　Tリンパ球は，多数の細胞を取得することができ，また種々の処理によって増殖させることが容易であるため，このような実験の材料に使われることが多い。Tリンパ球は遺伝子Pの伝令RNAを含まず，またPの遺伝子産物を有していない。それにもかかわらず，この実験の材料にTリンパ球を用いてもかまわない理由として考えられることを，1行で述べよ。

(b) 下線部(ウ)について。この培養操作におけるマクロファージの役割は何か。1行で述べよ。

(c) 下線部(エ)について。この構造の名称を記せ。

(d) 下線部(オ)について。この薬剤処理によって多くのTリンパ球の細胞内で染色体が観察されるようになった理由として考えられることを，1行で述べよ。

第3問

次の文1～文3を読み，IとIIの各問に答えよ。

〔文1〕

ワトソンとクリックによりDNAの二重らせんモデルが提唱され，すでに50年が経過した。20世紀の中頃から21世紀初頭にかけてのこの50年間において，人類は生命現象に伴うさまざまな神秘を分子レベルで解き明かし，3×10^9対の塩基からなるヒトの巨大なゲノムDNAの化学構造すら明らかにした。DNAに書き込まれた遺伝情報(遺伝子の塩基配列)は，RNAの塩基配列に変換され，さらにタンパク質(アミノ酸配列)に変えられ，生じたタンパク質によりさまざまな生体反応が実行・制御される。このような遺伝情報の流れをセントラルドグマという。したがって，生命現象の最も基本的な仕組みは，設計図としてのDNA情報とそれを具現化するためのセントラルドグマであり，生命体は非常に複雑な化学反応の“るつぼ”といえよう。

細胞中では，通常，DNAは2本の分子がよりあわさり，二重らせん構造を形成している。DNA分子の基本単位はヌクレオチドで，各ヌクレオチドは［　1　］(Dと略す)，リン酸(Pと略す)，塩基という3つの成分から成り立っている。［　1　］は図8のように2ヶ所でリン酸と結合し，P–D–P–D–P–D–P–D–PというようなDNAのバックボーン構造を作っている。

DNAのバックボーンには方向性があり，その一端を5′末端，他端を3′末端という。二重らせん構造を形成する2本のDNA分子は，5′末端，3′末端に関して逆向きである。二重らせんの内側には塩基が位置している。塩基には，アデニン，グアニン，[2]，[3]という4種類があり，それぞれA，G，C，Tという1文字で表記する。[4]とT，[5]と[6]は水素結合を介して対合しており，この対合(塩基対)が遺伝の最も基本的な仕組みである。

なお，水素結合は熱に弱いので，二本鎖DNAの水溶液を高温にすると，2本の分子は解離する。逆に，解離したDNA分子の水溶液をゆっくりと冷やすと，再び塩基対が形成されて二本鎖DNAが再生される。

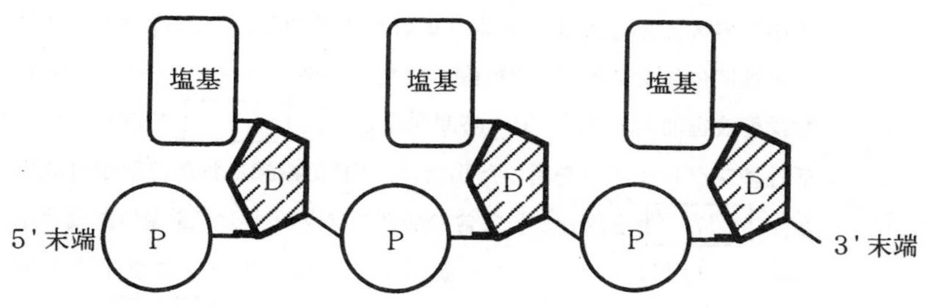

図8　DNA分子の構造の模式図

〔文2〕

細胞の増殖に際し，DNAは複製され，遺伝情報は親細胞から娘細胞へ正しく伝えられる(ア)。このDNA複製の際にも，セントラルドグマは機能するに違いない。しかし，もしそうであるとすると(DNAが複製されるためにはさまざまなタンパク質が必要であることを考えれば)，生命の誕生の際にDNAがタンパク質より先にできたのか，それともタンパク質がDNAより先にできたのかという基本的な疑問に突き当たってしまう。実際，この問題は分子生物学者を長い間悩ませてきた。問題の解決の糸口は，酵素に類似した働きがRNAにもあるという発見により与えられた。一方で，RNAが遺伝子として働くことは，RNAでできたゲノムをもつウイルス(RNAウイルス)の存在を通じて，それ以前から知られていた。これらの知見をもとに，現在のDNA/セントラルドグマの時代(DNAワールド)の以前に，RNAが遺伝子やタンパク質の役割をも果たした時代(RNAワールド)があったという有力な考えが提唱されている。RNAワールドがDNAワールドに移行するには，RNAをDNAに変換する分子機構が必要であると考えられる。

ヒトにエイズを引き起こすHIVや白血病を引き起こすHTLV-Iは，レトロウイルスと呼ばれるウイルスである。レトロウイルスの研究から，RNAをDNAに変換する分子機構の存在を支持する実験結果が得られた。

実験1　精製されたあるレトロウイルスの入った溶液に，ある薬剤Xを加えると，レトロウイルスの外被の膜が溶けて，溶液中の物質がレトロウイルスの中に侵入できるようになる。薬剤Xで処理したレトロウイルス液に，放射性同位体である^{32}Pで標識された活性型ヌクレオチド(注3)を含む適当な緩衝液を加えて37℃で1時間保温した。［ 1 ］を成分として含む活性型ヌクレオチドを用いた場合は，^{32}Pで標識された核酸が合成されたが，［ 7 ］を成分として含む活性型ヌクレオチドを用いた場合は，核酸の合成は起こらなかった。薬剤Xで処理したレトロウイルス液に，RNA分解酵素を加えて37℃で保温したのちに，［ 1 ］を成分として含む活性型ヌクレオチドを加えて同様の反応を行なった場合では，核酸の合成は起こらなかった。

(注3)　活性型ヌクレオチド：連続した3個のリン酸が結合したヌクレオチドで，ATPはその一種である。

実験2　レトロウイルスとポリオウイルスから精製したRNAを含む水溶液を，95℃で加熱後急冷し，ナイロン膜に結合させた(図9)。実験1で合成した^{32}Pで標識された核酸を精製した。この核酸水溶液を95℃で加熱後急冷し，適当な緩衝液を加え，そこにRNAを結合させたナイロン膜を浸し，プラスチック袋に密封して42℃で一晩保温した。ナイロン膜を適切に処理したのち，ナイロン膜の放射能を測定したところ，(イ)レトロウイルス RNA を結合させた領域Bでは，RNA を結合させていない領域Aやポリオウイルス RNA を結合させた領域Cに比べて，100倍以上の高い ^{32}P の放射能が検出された。

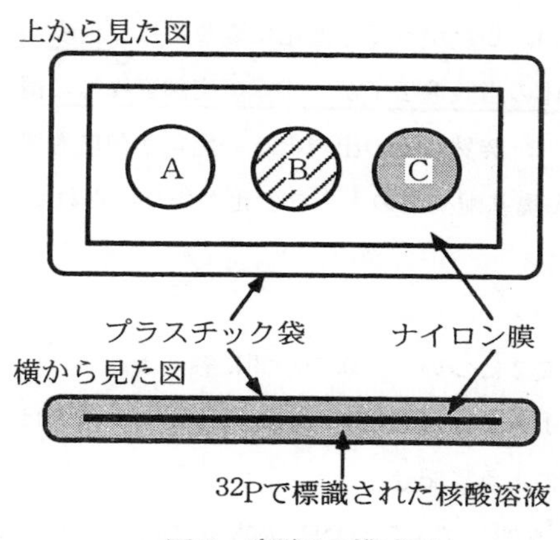

図9　実験2の模式図

A：RNAを結合させていない領域
B：レトロウイルスRNAを結合させた領域
C：ポリオウイルスRNAを結合させた領域

〔文3〕

現在の世界には，それぞれ非常に高い多様性をもったバクテリア，植物，動物といった生物が存在している。また，それ自身は生物とはいえないにしても，生物に寄生して自己を増やすウイルスも多々ある。これらの遺伝情報は基本的に同一のセットの遺伝暗号によりアミノ酸配列情報に変換されることから，(ウ)現存するすべての生物は，同一の起源から生じた生命体の子孫であると推定されている。個体間の小さなばらつきを別にすると，個々の生物種は固有の遺伝情報をもっている。

DNA の塩基配列はさまざまな理由で変化する。ここでは，生殖細胞で起こった親から子へ遺伝可能な突然変異だけを考察することとする。進化の過程で

DNAの塩基配列は変化するので，突然変異が進化と密接に関わっていることは確かであろう。しかし，進化は突然変異だけでは説明できない。生じた突然変異の集団中への固定が重要である。通常，同一の突然変異が種を構成している他の個体の当該遺伝子に起こることは，種を構成する集団の数がよほど大きくない限り考えにくい。したがって，進化に際しては，(エ)何らかの過程で，集団を構成するすべての個体の当該遺伝子が，すべて突然変異型に置き換わる機構が存在しなくてはならない。突然変異の出現とその固定が何度も繰り返され，現在見られる種固有のDNA塩基配列上の大きな変化が作り出されたと考えられる。

〔問〕

I　文1，文2について，次の小問に答えよ。

A　空欄1～7に最も適当な語句を入れよ。解答は，1．タンパク質，2．アミノ酸のように記せ。

B　下線部(ア)について。DNAの複製に際し，新しいヌクレオチドは，常に合成されているDNA鎖の3′末端にしか付加されないことが知られている(図10参照)。図10(b)は図10(a)よりも複製が少し進んだときの未完成の模式図である。

(a)　6行程度のスペースを使って図10(b)を写し取り，図中の新生W鎖と新生C鎖の合成がどのように進行するかを示せ。新しく合成された部分を点線で表し，合成の方向がわかるように矢頭をつけること。

(b)　得られた図を参考にして，W鎖とC鎖のそれぞれに相補的な鎖(DNA分子)の合成における相違点を3行程度で述べよ。

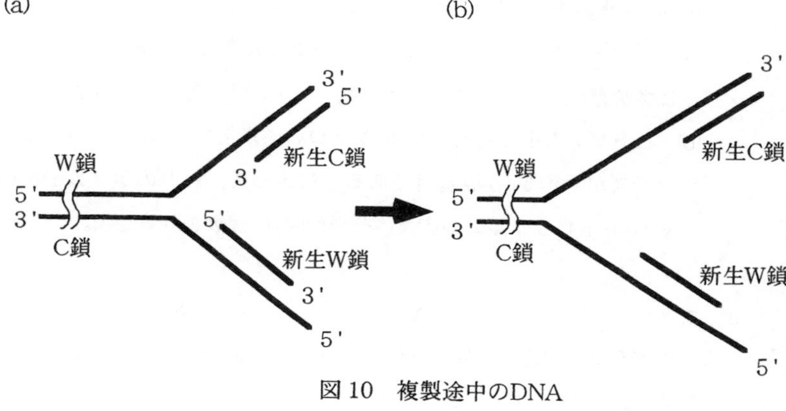

図10　複製途中のDNA

C　実験1と実験2は，レトロウイルス粒子に含まれる「ある酵素」の性質を調べたものである。この酵素の性質として，実験1と実験2からわかることを以下の(1)〜(8)からすべて選び，番号で答えよ。

(1)　DNAの塩基配列を写し取ってDNAを合成する活性がある。
(2)　DNAの塩基配列を写し取ってRNAを合成する活性がある。
(3)　RNAの塩基配列を写し取ってDNAを合成する活性がある。
(4)　RNAの塩基配列を写し取ってRNAを合成する活性がある。
(5)　DNAの塩基配列を写し取ってDNAを合成する活性はない。
(6)　DNAの塩基配列を写し取ってRNAを合成する活性はない。
(7)　RNAの塩基配列を写し取ってDNAを合成する活性はない。
(8)　RNAの塩基配列を写し取ってRNAを合成する活性はない。

D　下線部(イ)について。なぜこのような結果になったのか。ポリオウイルスRNAの塩基配列がレトロウイルスRNAの塩基配列と著しく異なることを踏まえて，3行程度で説明せよ。

E　ヒトのゲノムDNAの塩基配列を調べてみると，遺伝子の数はおよそ3万個であった(ただし，後述するレトロウイルスや広義のその仲間の遺伝子を除く)。一方，レトロウイルスや広義のその仲間のDNAが，全ゲノムDNA

の50％程度を占めていることがわかった。

(a) どのような仕組みで「レトロウイルスや広義のその仲間」がヒトのゲノムに多数存在するようになったのか，1～2行で考えを述べよ。

(b) ヒトゲノム中に見出される「レトロウイルスや広義のその仲間」の一個のサイズが平均5000塩基対であると仮定して，ヒトのゲノムDNAに存在する「レトロウイルスや広義のその仲間」の個数を計算せよ。

Ⅱ 文3について，次の小問に答えよ。

A 下線部(ウ)の記述と矛盾しないものを以下の(1)～(4)からすべて選び，番号で答えよ。

(1) ヒトとサルは共通の祖先から由来した生物であるが，ヒトとハエはそうではない。

(2) ヒトのインターフェロン遺伝子で形質転換した大腸菌から，ヒトのインターフェロンを合成できる。

(3) 酵母とハエは共通の祖先から由来した生物であるが，セイタカアワダチソウとヒトは同じ祖先に由来した生物ではない。

(4) ハエのある種の突然変異体に，ヒトの遺伝子を導入して正常に戻すことができる。

B DNAと同様にRNAにも方向性がある。アミノ酸配列への変換は，5′から3′の方向に行われる。5′-UCUAGUGCGCGCUUUC-3′（上付きで1, 5, 10, 15番目の位置を示す）は，遺伝子Xの伝令RNAのヌクレオチド配列の一部で，この中にはロイシン―バリン―アルギニン―アラニン―フェニルアラニンというペプチドに対応するヌクレオチド配列が含まれている。左から10番目のCをA，G，Uのいずれに置き換えても，アミノ酸配列に変化は見られなかったが，左から6番目のUをCに置き換えると，バリンがアラニンに，左から11番目のGをCに置き換えると，アラニンがプロリンに変化した。

(a) なぜ10番目のCを変化させたときだけアミノ酸配列は変わらなかったのか。1行で説明せよ。

(b) ここからわかるアミノ酸のコドンをすべて示せ。解答は AUG—メチオニン，GGG—グリシンのように記せ。

C　下線部(エ)について。突然変異の固定にはさまざまな要因が考えられる。ここで考える突然変異は，淘汰に特に有利なものではないとすると，どのような機構が考えられるか。1～2 行で述べよ。

D　種を構成する個体の生息地域が，ある時を境に物理的に隔離されると，その境界を越えて突然変異が伝播する速度は著しく小さくなり，生息地域に特徴的な DNA 塩基配列が生じる。このような生息地域依存的な DNA 塩基配列の違いは，それが直接病気と関わらなくても，遺伝病の探索や病気にかかりやすい体質の研究に重要である。なぜか。考えを 2～3 行で述べよ。

2003年

解答時間：2科目150分
配　　点：120点

第1問

次の文1～文3を読み，Ⅰ～Ⅲの各問に答えよ。

〔文1〕

ニワトリを用いて以下の実験を行った。

実験1　1ヶ月齢の10羽の若鳥に，(ア)以下の2つのテストを両方受けさせた。片方のテストAではオレンジ色に染めた米粒を餌として与え，もう片方のテストBでは，緑色の米粒を餌として与える。両方のテストとも，米粒と同じオレンジ色または緑色に塗った砂利(米粒と似た大きさ)の，どちらか一方の砂利が密に付着した板を背景とした。そこに米粒を一定数まき，その上に鳥かごを置いて，中に1羽を入れる。(イ)各個体について，米粒の色と異なる色の背景，または同じ色の背景の実験を，時間をおいて両方の色とも行った。各テストとも，どちらの色の背景を先に試しても，食べ方の傾向に違いはなかった。ある個体の結果が図1である。

昆虫を捕食する鳥であるルリカケスを用いて，以下の実験を行った。

実験2　6羽のルリカケスを1羽ずつ鳥かごに入れ，その前にテレビ画面を置いて，そこに餌となるガの写真を映し出す。餌の写真として，種内で羽の模様がさまざまに異なるシタバ類のガを用いる。近縁な2種であるRとL(羽の模様が少し異なる)を，それらの羽模様とよく似た模様の背景の中に映し出した。実験として，Rのみを続けて映したとき，Lのみを続けて映したとき，これら2種を無作為に映したとき，の3つのテストを行った。ガを正確につつく正しい応答をしたときには，人工餌がもらえる。その結果が図 2 である。

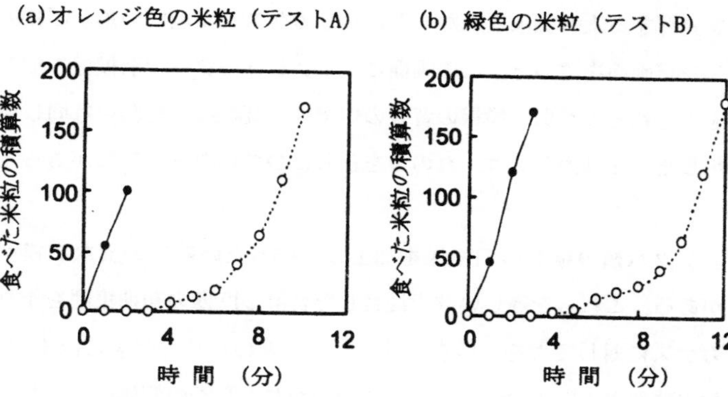

図1　ニワトリが食べた米粒の積算数

●—● 背景の色が米粒と異なる場合
○----○ 背景の色が米粒と同じ場合

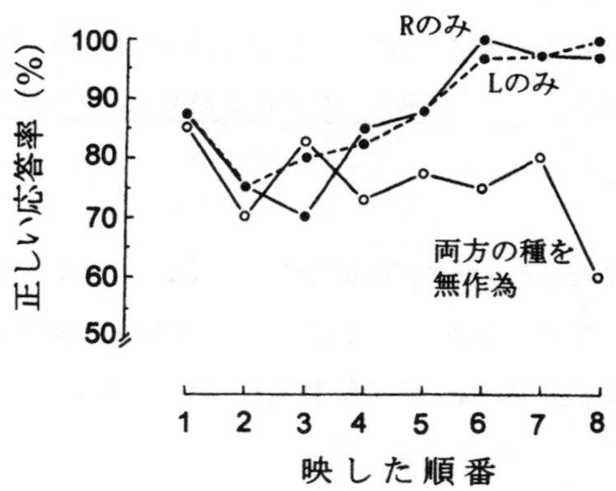

図2　ルリカケスに2種のガを見せたときの
正しい応答率

〔文 2〕

さらに，ルリカケスを用いて，以下の 2 つの実験を行った。採餌行動で同程度の能力を発揮するよう訓練された 6 羽のルリカケスを 1 羽ずつ鳥かごに入れ，その前にテレビ画面を置いた。この画面に，コンピューターで羽模様を加工したガの模型を，それとよく似た模様の背景の中で映す(図 3)。実験中は同じ模様の背景を使用した。ルリカケスは，ガの像を正確につついたら人工餌がもらえる。

実験 3　シタバ類の種 L の羽模様を加工して作った隠蔽(いんぺい)度の異なる模型 1 ～ 3 がある。これらを等しい数で混合した合計 240 匹の初期集団を作り，ルリカケスに対してガを 1 匹ずつ映した。1 羽のルリカケスには 40 匹分の模型の映像が 1 匹ずつ映る。正確につつかれたらその個体は食われて死んだとし，その生き残った頻度に応じて，翌日には模型の個体数の割合を変えて 240 匹の集団を構成し直し，再びルリカケスに提示した。このように，1 日の試行をガの模型集団にとっては「1 世代」として換算し，各模型の個体数の変化を調べた。その結果が図 4 (a)である。模型 1 は，背景に対して最も隠蔽された羽模様を持つので，50 日後の実験終了時には個体数が一番多くなった。(ウ)一方，隠蔽度のやや劣る模型 2 と 3 も最後まである程度の頻度で残った。

実験 4　実験 3 が終わった状態のガの集団に，それまで登場しなかった模型 4 を少数導入し，同様の実験を 50 日間行った。模型 4 は模型 1 に比べてやや隠蔽度が劣る模型である。その結果が図 4 (b)である。

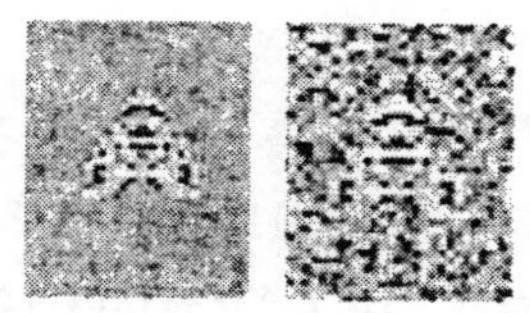

図3　ガの模型の1例（模型2）

左図：目立つ背景に置いたとき
右図：実験で使用した背景に置いたとき

実験はすべて白黒画像で行った

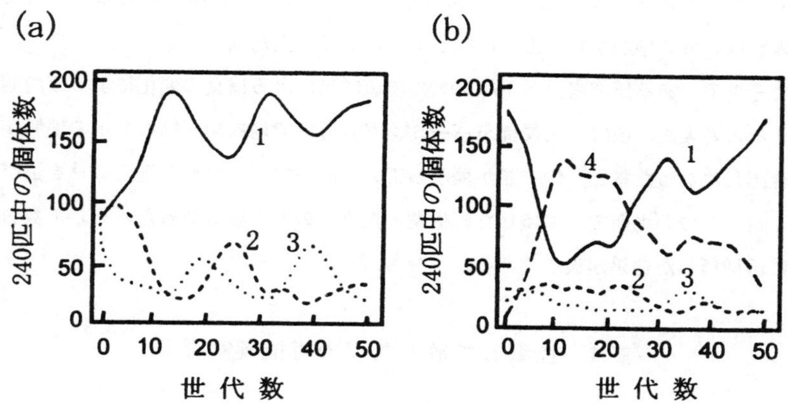

図4　ルリカケスにガの模型を見せたときの各模型の個体数変化

図中の数字は模型の番号を示す

〔文3〕

ガの一種オオシモフリエダシャクには，灰色と白のまだら模様の野生型と，暗色の黒化型の2タイプがある。19世紀前半のイギリスでは黒化型はほとんど見られなかったが，(エ)工業化が進むにつれて，大都市の近郊では黒化型の頻度が増え始めた。ところが，工場がない田舎の地方では，野生型が非常に高い頻度を占め続けた。

この2つの体色の表現型は，1組の対立遺伝子によって決まっていて，(オ)優性の対立遺伝子Cを持つCCとCcは黒化型になりccが野生型になる。野生型は，灰白色の(カ)地衣類で被われた木の幹にとまっていると，羽と背景の模様が似ているので目立たない。黒化型は，工場から出る煤煙（ばいえん）などの影響で地衣類が枯れて，黒っぽい幹の地肌がむき出しになった木の上で目立たない。

そこで，ある研究者は，下線部(エ)の現象は鳥による捕食の変化によって説明できると考えた。彼は，工業都市バーミンガム近郊で地衣類が枯れて木の地肌がむき出しになった林と，地衣類が繁茂している田舎のドーセット地方の林を選び，これら2つの場所で，標識した野生型と黒化型のガを多数放った。そして数日後に再捕獲した結果が表1である。

表1　標識して放したガの再捕獲割合

場所	再捕獲された割合	
	野生型	黒化型
バーミンガム	13%	28%
ドーセット	13%	6%

[問]

I　文1について，次の小問に答えよ。

A　与えた米粒と背景の色に関して，図1の2つのテストA，Bの結果には共通の傾向が3点ある。各1行ずつ箇条書きで述べよ。

B　下線部(ア)と(イ)について。このように同一個体で２つの米粒の色と２つの背景の色をともに試すのはなぜか。以下から最も適切なものを１つ選んで，番号で答えよ。

(1)　実験の繰り返し数を増やして，得られた平均値の信頼性を高めるため。

(2)　実験の繰り返し数を増やして，微妙な差でも検出しやすくするため。

(3)　２つのテストで捕食行動に差が生じるかどうかを問題としているため。

(4)　色の識別能力や採餌効率など，個体の能力の差異による影響を排除するため。

C　図２で，ＲとＬを片方だけ映し続けたときには，提示回数とともに正しい応答率が上昇した。しかし，ＲとＬを無作為に映したときには，提示回数が増えても正しい応答率は上昇しなかった。後者で上昇しなかった理由を，１行程度で述べよ。

II　文２について，次の小問に答えよ。

A　図４（a）の結果が下線部(ウ)のようになった理由を，１行程度で述べよ。

B　図４（a）で，模型１と模型２または３の頻度が交互に逆転しながら変動する理由を，２行程度で述べよ。

C　図４（b）で，模型４の頻度が10世代目までは増えた理由を，１行程度で述べよ。

D　もし仮に極端に隠蔽されたガの模型が集団中に現れた場合，他の模型の個体数はどうなるか。以下の(1)〜(4)から最も適切なものを１つ選んで，番号で答えよ。

(1)　急速に個体数を減らすが，ある程度のところで食われなくなり，以後はそのレベルを保つ。

(2)　食われて急速に数を減らし，やがて消滅近くまで減少する。

(3)　個体数が増えたり減ったりしながらある程度の数まで減少するが，以後はそのレベルを保つ。

(4)　個体数が増えたり減ったりしながら，やがて消滅近くまで減少する。

Ⅲ　文3について，次の小問に答えよ。

A　下線部(エ)について。この現象は何と呼ばれているか。

B　下線部(オ)について。いま野生型ccと黒化型CCとCcが1：1：1からなる集団を考える。この集団で交配が完全に無作為に起こるとすると，次世代の体色の比率は，野生色：黒化色でいくつになるか。ただし，細胞質の効果はなく，どの対立遺伝子の組み合わせでも等しい数の子を残し，鳥の捕食はここでは考えないものと仮定する。答えを導く途中の過程も簡潔に記せ。

C　下線部(カ)は2つの生物の共生体であるが，それらは何と何か。

D　表1について。このような鳥による採餌行動は，やがて自然選択による進化をもたらすと言われている。この[文3]の例は，自然選択が作用して進化が生じるのに必要な条件をすべて満たしている。それらの条件を2行程度で述べよ。

E　1956年に法律で工場からの大気汚染物質の排出が規制されてからは，次第に木の表面に地衣類が回復してきて，それとともに黒化型の頻度が減り始めた。それ以降，地衣類が繁茂した状態が続くと，黒化型の頻度はどうなると考えられるか。最も適切なものを以下から1つ選んで，番号で答えよ。

(1)　黒化型はやがて完全に消滅する。

(2)　野生型から体色の対立遺伝子に突然変異が生じて黒化型が現れ，この頻度が低いと鳥に食われにくいので，ある程度まで個体数を増やす。

(3)　野生型から体色の対立遺伝子に突然変異が生じて黒化型が現れるので，非常に稀(まれ)な頻度で黒化型が見られる。

(4)　野生型から体色の対立遺伝子に突然変異が生じ，体色は野生型ばかりになっても，その中に低頻度で黒化型遺伝子をヘテロで持った個体が隠れて混じる。

第2問

次の文1と文2を読み，ⅠとⅡの各問に答えよ。

〔文1〕

植物の花成は遺伝的なプログラムと環境によって制御されている。現在，花成の制御経路は大きく分けて3つ存在すると考えられている。植物ホルモンのジベレリンを介する経路，光周期依存的な経路，低温依存的な経路である。ジベレリン量の減少した変異体では花芽形成が遅れる。ジベレリンに対する応答に重要な役割を果たす遺伝子 *S* がある。通常，遺伝子 *S* の産物は核に存在するが，ジベレリンを投与すると核から消失する$_{(ア)}$。

限界暗期が10時間の長日植物がある。この植物に6時間の明期と暗期を交互に与えると花芽は［ 1 ］。明期を12時間，暗期を12時間とすると，花芽は［ 2 ］。12時間の暗期開始後6時間の時点で1分間の光照射を行うと，花芽は［ 3 ］。暗期をまったく与えない場合，花芽は［ 4 ］。光は発芽にも影響を与える。レタスの種子は光によって発芽が促進される。この場合，促進効果があるのは赤色光であり，遠赤色光(近赤外光)は抑制的にはたらく。光発芽種子のあるものは群落の外では発芽するが，群落の下層では，上層の葉を透過した光が届いていても発芽しない$_{(イ)}$。植物は光の波長を識別しているのである。

茎頂を切り取り培養し，数週間の低温処理を与えると花芽形成が促進される。ただし，花芽への分化が誘導されるのは低温処理直後ではなく，低温処理終了から数週間後である。したがって，低温刺激を受けた植物の茎頂は花芽の分化まで低温刺激を‘記憶’していると考えられる。しかし，低温処理の効果は種子には受け継がれない。低温刺激により，植物の遺伝子の塩基配列に変化は生じないと考えられる。低温刺激の‘記憶’は［ 5 ］の過程では安定に維持されるが，［ 6 ］の過程では維持されない。遺伝子 *F* は花芽形成を抑制している。低温刺激により遺伝子 *F* の発現は減少し，遺伝子 *F* の発現抑制が維持される。ある変異体では低温処理による花芽形成の促進が認められない。この変異体では，遺伝子 *F* の発現は低温刺激により一過的に減少したが，その後再び発現が上昇した。低温刺激の‘記憶’の実体は，[7]と考えられる。

〔文 2〕

花は4種類の花器官(萼(がく)，花弁，雄しべ，雌しべ)からなり，中心には雌しべが位置する。それぞれの花器官の数や形は種によって異なっているが，花の基本型は萼—花弁—雄しべ—雌しべという順序を持つ(図5)。花には4つの領域が存在し，それぞれの領域にひとつの花器官が形成される。植物の変異体の中には萼が雌しべに転換したり，花弁が萼になるなど野生型と異なった器官に分化するものがある。これらの花の変異体を用いた解析から，花器官の分化は3種類のグループ(A，B，C)の遺伝子により制御されるというモデルが広く支持されている。図5の花では，第1領域でAグループの遺伝子が機能し萼が，第2領域でAグループとBグループの遺伝子が機能し花弁が，第3領域ではBグループとCグループの遺伝子が機能して雄しべが，第4領域ではCグループの遺伝子が機能して雌しべが，それぞれ形成されると考えられている。AグループとCグループの遺伝子は互いに発現を抑制しあい，野生型植物では両者は同一の細胞では発現しない。Cグループの遺伝子は花器官を生み出す花芽分裂組織の成長を抑制し，雌しべへの分化を促進する機能を持っていると考えられる。A～Cグループの遺伝子が野生型と異なる領域で発現すると，その領域では野生型と異なる花器官が分化する。この花の形づくりのモデルに基づいて，花弁だけの花をつくりたいと考えた。そこで[8]グループ遺伝子の欠失した変異体に遺伝子操作を加え，第1～4領域，すべてにおいて強制的に[9]グループ遺伝子を発現させた。その結果予想通り，多数の花弁のみで構成される花となった。花の変異体は，バラやキクなどの園芸種に見られるように，我々のごく身近にも存在している。

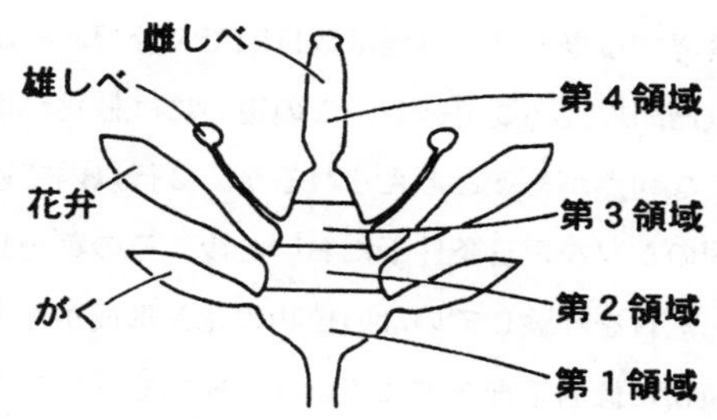

図5　花の構造の模式図

〔問〕

I　文1について，次の小問に答えよ。

A　遺伝子Sの機能に異常を生じた変異体$s-1$と$s-2$がある。遺伝子Sの機能を失った変異体$s-1$はジベレリンを過剰に投与されたような形質を示し，変異体$s-2$はジベレリンに対して応答しなかった。以上の事実と矛盾すると考えられるものを次の文(1)〜(5)よりすべて選び，番号で答えよ。

(1)　遺伝子Sの産物はジベレリンに対する応答を抑制する。

(2)　変異体$s-1$の背丈は野生型に比べ低い。

(3)　野生型植物にジベレリンを投与すると，遺伝子Sの産物の機能が抑制される。

(4)　変異体$s-2$の方が変異体$s-1$よりも背丈が高い。

(5)　変異体$s-2$では遺伝子Sの産物の本来の機能が野生型よりも強くなっている。

B　下線部(ア)の変化は遺伝子Sの産物に何が起こったためと考えられるか。2つの可能性について1行で述べよ。

C　空欄1〜4にあてはまる語句を次の(a)と(b)から選び，記号で答えよ。

(a)　形成される　　　　(b)　形成されない

D　下線部(イ)について。光のどのような違いが群落の下層における発芽を抑制したのか2行以内で述べよ。

E　花芽を誘導する際の日長処理は数日間で十分であるが，花芽を誘導する低温処理は数週間以上必要である。この違いには植物が季節変化を感知する上でどのような利点があると考えられるか。２行以内で述べよ。

F　短日植物のシソを短日条件下においた後，その葉を長日条件で育てた植物に接ぐと，短日を経験していない植物の花芽形成が促進される。一方，低温処理した植物に低温処理を加えていない植物を接いでも，低温処理していない植物の花芽形成は促進されない。次の文(1)〜(5)から間違っているものをすべて選び，番号で答えよ。

(1)　葉で日長を感じることができる。

(2)　日長刺激を空間的に隔たった場所へ伝える仕組みの存在が示唆される。

(3)　日長刺激と低温処理により，植物は同一の花成促進物質を葉で合成する。

(4)　茎頂の細胞には低温刺激を受容する仕組みが存在する。

(5)　低温処理により拡散性花成促進物質が合成される。

G　空欄５，６に入る最も適切な語句を次の(1)〜(12)の中からそれぞれ選び，５－(13)，のように記せ。

(1)　転　写　　(2)　翻　訳　　(3)　成長運動　　(4)　核分裂
(5)　形質転換　　(6)　体細胞分裂　　(7)　膨圧運動　　(8)　同　化
(9)　異　化　　(10)　細胞板形成　　(11)　細胞質分裂　　(12)　減数分裂

H　空欄７に入る最も適切な語句を次の(1)〜(8)の中から選び，番号で答えよ。

(1)　低温刺激による遺伝子 F の一過的発現上昇

(2)　低温刺激による遺伝子 F の一過的発現抑制

(3)　低温刺激後の遺伝子 F の発現抑制の維持

(4)　低温刺激後の遺伝子 F の発現上昇の維持

(5)　低温刺激後の遺伝子 F の発現抑制からの回復

(6)　低温刺激後の遺伝子 F の発現上昇からの回復

(7)　低温刺激による花成ホルモンの合成

(8)　低温刺激の日長刺激への変換

Ⅱ　文2について，次の小問に答えよ。

A　突然変異によってAグループの遺伝子が機能を失うと，Cグループの遺伝子が4つの領域すべてにおいて発現するようになる。第1～4の各領域にはどのような花器官が分化すると予想されるか。第5領域―がく，のように記せ。

B　空欄8，9に入る最も適切な語を，それぞれ記せ。

C　Cグループの遺伝子が機能を失うと花芽分裂組織が残り，多数の花器官が生じる。Bグループの遺伝子とCグループの遺伝子の両方が機能を失った突然変異体の花は，どのような構造になると予測されるか。1行で述べよ。

第3問

次の文1と文2を読み，ⅠとⅡの各問に答えよ。

［文1］

がんは，遺伝子や染色体の異常によって細胞が無秩序に増殖して起こる病気で，がん原遺伝子やがん抑制遺伝子などに異常が積み重なって発症する。遺伝子の異常としては(ア)1塩基の変異(点突然変異)や数塩基の欠失，(イ)染色体の異常としては一部分の欠失などがよく知られている。

がん原遺伝子は，変異によって活性化してがん化を引き起こすようにはたらく遺伝子で，一対の遺伝子の一方に異常が起これば，がん化を引き起こすことがある。がん化能を獲得したがん原遺伝子は，がん遺伝子と呼ばれる。*ras* 遺伝子は代表的な例で，いろいろながんで点突然変異が見つかっている。正常な *ras* 遺伝子産物には活性状態と不活性状態があり，活性状態では多くの場合，細胞の増殖を促進する役割を果たしている。(ウ)しかし，*ras* 遺伝子に点突然変異が起こると恒常的に活性化した遺伝子産物ができることがあり，細胞のがん化を引き起こす一因となる。

がん抑制遺伝子は，変異によって失活することにより細胞のがん化が引き起こされるような遺伝子である。正常な状態では細胞のがん化を抑制するようにはたらいていると考えることができるので，この名称がある。このようながん抑制遺伝子の概念は，(エ)正常細胞とがん細胞を融合すると融合細胞が正常細胞の表現形質を示すこと，(オ)遺伝性がん患者の細胞には特定の染色体の一部に欠失などの異常がみられることと良く符合する。

がん抑制遺伝子には以上のようなはたらきがあるので，一対の遺伝子の一方に異常が起きて失活した(第1ヒット)だけではがん化は引き起こされず，もう一方にも異常が起きて(第2ヒット)両方失活したときに初めてがん化が引き起こされると考えられる。この考え方を2段階ヒット理論(two-hit theory)と呼ぶ。

初めて実体が明らかになったがん抑制遺伝子は，眼の腫瘍である網膜芽細胞腫の原因遺伝子 *Rb* である。網膜芽細胞腫には，片方の *Rb* 遺伝子の変異が親から遺伝している遺伝性のものと，非遺伝性のものが知られている。(カ)遺伝性の網膜芽細胞腫では，非遺伝性の場合と異なって早期に発症する頻度が高く，両眼に発症する場合があるが，このような発症の仕方も，two-hit theory により説明できる。

［文2］

がん抑制遺伝子の中で最も有名なものは *p53* 遺伝子で，ほとんどの種類のがんで高頻度に変異が見出される。一般に，一対の遺伝子の一方は欠失し，他方は点突然変異を起こしている場合が多く，two-hit theory がよくあてはまる。

p53 遺伝子の産物(p53と記す)は，他の遺伝子の転写を活性化するはたらきをもつタンパク質で，4分子が複合体を形成してはじめて機能することができる。がん細胞で見出される，変異を起こしたp53は，転写を活性化するはたらきを失っている。したがって，(キ)一方の *p53* 遺伝子が正常で他方の *p53* 遺伝子に点突然変異が起きて失活している場合には，変異を起こしたp53が正常なp53の機能を阻害する可能性もある。そこで，この仮説を検証し，さらにp53の機能を調べるために以下の実験を行った。

実験　現在の技術では，任意の遺伝子を培養細胞に導入して発現させることが可能である。そこで，正常*p53*遺伝子が完全に欠失したあるがん細胞をシャーレで培養して，正常*p53*遺伝子や変異*p53*遺伝子を発現させて，生細胞数の変化を経時的に計測した（図6）。もとのがん細胞は，aのような曲線を描いて増殖したが，正常*p53*遺伝子を発現させた場合には細胞増殖の抑制が起きた（増殖曲線b）。(ク)さらに正常p53の発現量を増やしたところ，増殖曲線cのような生細胞数の変化がみられた。しかし，変異p53を大量に発現させても，このような現象は観察されなかった（増殖曲線d）。(ケ)一方，正常p53とこの変異p53を同時に発現させた時には，増殖曲線eのような生細胞数の変化が観察された。

細胞が様々な要因によって遺伝子の傷害などのストレスを受けると，p53の発現の増加と活性化が起こり，p53の作用によって細胞は間期で停止する。その間に傷害が修復されると，DNA複製・細胞分裂が再開される。一方，傷害が大きくて修復が不可能な場合には，(コ)上記の実験の増殖曲線cのような現象が起こる。このようなp53の活性を利用して，*p53*遺伝子に異常のあるがん細胞に正常*p53*遺伝子を発現させることにより，がんを治療しようという試みも報告されている。また一方で，p53の機能を阻害する薬剤が，放射線などによるがん治療の副作用軽減に有用である可能性もある。例えば，(サ)p53の機能を一時的に阻害する薬剤を投与したマウスは，致死量の放射線を照射しても生存できたという実験結果が報告されている（なお，この実験では放射線やp53の機能を阻害する薬剤による発がんは起こらなかった）。p53の機能を阻害する薬剤を併用することにより，放射線などによるがんの治療をより効果的に進められる可能性もある。

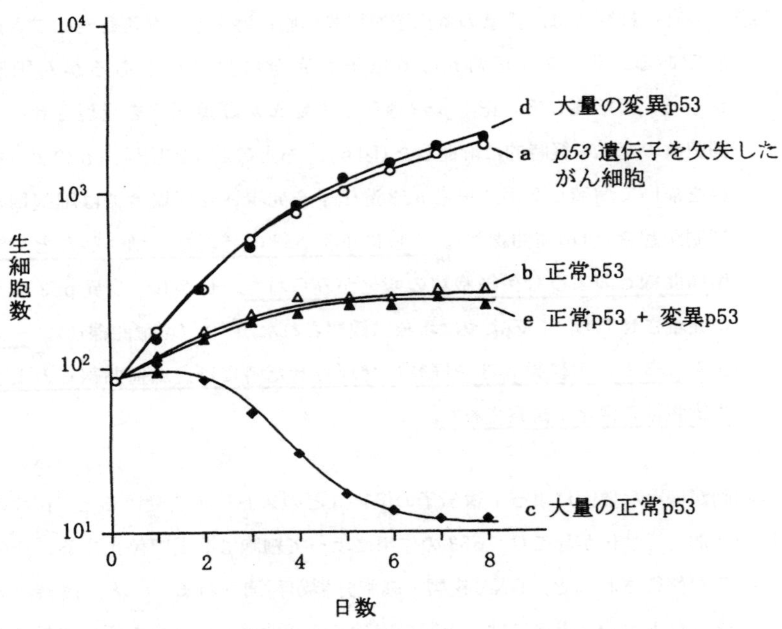

図6　p53を発現させたがん細胞の増殖曲線

〔問〕

I　文1について，次の小問に答えよ。

A　下線部(ア)について。一般に点突然変異によって，遺伝子産物のアミノ酸配列にどのような変化が起こると考えられるか，2通りあげよ。

B　下線部(イ)について。染色体の一部の欠失以外で，染色体構造に異常が生じる例を3つあげよ。

C　下線部(ウ)について。*ras* 遺伝子の変異はいろいろながんで見出されるが，遺伝子産物の12番目のグリシンや61番目のグルタミンなどのアミノ酸が特定のアミノ酸に変化したものに限定されている。このような現象が観察される理由を述べた次の文(1)～(5)の中から最も適切なものを1つ選び，番号で答えよ。

（1）　これらの変異によって置き換わった特定のアミノ酸そのものに発がん性があるから。

（2）　12番目や61番目などのアミノ酸に対応するコドンは，突然変異の頻度が高いから。

（3）　これらの変異が起こると，*ras* 遺伝子産物の活性が変化して，がん細胞の増殖に有利にはたらくから。

（4）　これらの変異が起こると，*ras* 遺伝子産物の転写が活性化されて，大量に産生されてしまうから。

（5）　これらの変異が起こって活性化した *ras* 遺伝子産物は，細胞の増殖を抑制できないから。

D　ある膀胱(ぼうこう)がん患者のがん細胞から取り出したDNAより *ras* 遺伝子の塩基配列の一部を決定し，伝令RNAの配列に直したところ，(a)のようになった。また，ある肺がん患者のがん細胞の場合には伝令RNAの異なる部分で，(c)のようになった。それぞれに対応する領域の正常型 *ras* 遺伝子の配列を(b)および(d)に示してある。ただし，遺伝情報は左から右へ翻訳されるものとする。

（a）　膀胱がんのがん細胞での配列…GGUGGGCGCCGUCGGUGUGGGCA…

（b）　正常細胞での配列　…GGUGGGCGCCGGCGGUGUGGGCA…

（c）　肺がんのがん細胞での配列　…AUACCGCCGGCCGGGAGGAGUAC…

（d）　正常細胞での配列　…AUACCGCCGGCCAGGAGGAGUAC…

それぞれ，*ras* 遺伝子産物の何番目のアミノ酸が，どのアミノ酸に変わったものか。遺伝暗号表(表2)を参考にして，膀胱がん：18番アラニン→リシンのように答えよ。なお，がん細胞における *ras* 遺伝子産物の変異は12番目のグリシンと61番目のグルタミンに限定されるものとする。

表 2　遺伝暗号表

コドン	アミノ酸	コドン	アミノ酸	コドン	アミノ酸	コドン	アミノ酸
UUU	フェニルアラニン	UCU	セリン	UAU	チロシン	UGU	システイン
UUC		UCC		UAC		UGC	
UUA	ロイシン	UCA		UAA	停止	UGA	停止
UUG		UCG		UAG		UGG	トリプトファン
CUU		CCU	プロリン	CAU	ヒスチジン	CGU	アルギニン
CUC		CCC		CAC		CGC	
CUA		CCA		CAA	グルタミン	CGA	
CUG		CCG		CAG		CGG	
AUU	イソロイシン	ACU	トレオニン	AAU	アスパラギン	AGU	セリン
AUC		ACC		AAC		AGC	
AUA		ACA		AAA	リシン	AGA	アルギニン
AUG	メチオニン	ACG		AAG		AGG	
GUU	バリン	GCU	アラニン	GAU	アスパラギン酸	GGU	グリシン
GUC		GCC		GAC		GGC	
GUA		GCA		GAA	グルタミン酸	GGA	
GUG		GCG		GAG		GGG	

伝令 RNA の塩基配列として表記されている。

E　下線部(エ)および(オ)の現象を，文中のがん抑制遺伝子の概念を用いて，それぞれ 1 行程度で説明せよ。

F　下線部(カ)のような発症の仕方の違いが生じる理由を，上記の two-hit theory に基づいて 1 行程度で述べよ。

II　文 2 について，次の小問に答えよ。

A　なぜ下線部(キ)のような可能性があると考えられるのか。 1 つの考え方を 1 行程度で述べよ。

B　下線部(ク)について。p53 の作用によって細胞に何が起きたと考えられるか，1 行で述べよ。

C　下線部(ケ)の実験は，下線部(キ)の仮説の実験的検証と考えられる。この結果が何を意味するか，p53 の機能発現のしくみに着目して 2 行程度で述べよ。

D　p53 のもつ下線部(コ)の機能は，がん抑制遺伝子としてのはたらきに最も重要であると考えられている。その理由を推測し，2 行程度で述べよ。

E　下線部(サ)について。なぜこのような結果が得られたのか，p53 の機能を阻害する薬剤の正常細胞に対する作用に注目して，1 行程度で説明せよ。

2002年

解答時間：2科目150分
配　　点：120点

第1問

次の文1と文2を読み，ⅠとⅡの各問に答えよ。

〔文1〕

生体は細菌やウイルスが侵入した際に，この感染から生体を防御するためのしくみを持っている。哺乳動物における細菌感染を例にこのしくみを考えてみよう。感染の初期にはたらく細胞は大食細胞(マクロファージ)と呼ばれる白血球である。この細胞は通常，組織中に存在し，侵入した細菌を貪食することで初期の生体防御に重要な役割をはたしている。さらに，過去に侵入した細菌の種類を記憶し，2回目以降の侵入に対して速やかにこれを排除するしくみが存在する。これには，やはり白血球の一種であるリンパ球が中心的な役割をはたしている。リンパ球には大きく分けて［ 1 ］細胞と［ 2 ］細胞という2つのタイプが知られており，それぞれの役割が異なっている。［ 1 ］細胞は大食細胞から細菌を処理したという信号を受け取り，その情報を変換して［ 2 ］細胞に伝達する。さらに［ 1 ］細胞が異物に直接作用してこれを排除することがあり，これを細胞性免疫とよぶ。［ 2 ］細胞は［ 1 ］細胞からの指令を受け取ると，増殖して抗体を産生する。抗体は［ 3 ］ともよばれるタンパク質である。抗体が結合した細菌は大食細胞などの白血球によって速やかに排除される。抗体を介したこのしくみは体液性免疫とよばれる。細胞性免疫や体液性免疫は，生体を防御するためには重要であるが，時として生体に不利な状況を生み出すこともある。自己のタンパク質や細胞に対して抗体が産生されたり，細胞性免疫が発揮されたりするためにおこる［ 4 ］疾患や，近年増加している花粉症などの原因であるアレルギー反応などはその例である。また近年，あるウイルスが［ 1 ］細胞に感染して免疫系を破壊することで生じる［ 5 ］という疾

2002

患が世界的に問題となっている。

［文2］

大食細胞による異物排除のしくみを知るために以下の実験1を行った。

実験1　3羽のウサギA，B，Cを用意した。ウサギAには生理食塩水に懸濁した酵母の死菌を1週間おきに4回皮膚下に注射した。ウサギBには生理食塩水だけを同様に注射した。ウサギAとBからは血液を採取して血清を分離した。ウサギCには何も注射せず，大食細胞と白血球の単離にもちいた。

蛍光色素で一様に色付けした酵母の死菌をウサギAの血清と混合し，37℃で30分間おいた。その後，遠心分離機にかけて血清から分離した酵母の死菌を，ウサギCから単離した大食細胞に加えた。これを37℃で2時間培養液中(ア)で培養した後，大食細胞1000個について，細胞ごとの蛍光強度を測定した。ウサギBの血清でも同様の実験を行った。図1にはウサギAとウサギBの実験の結果をあわせて示した。

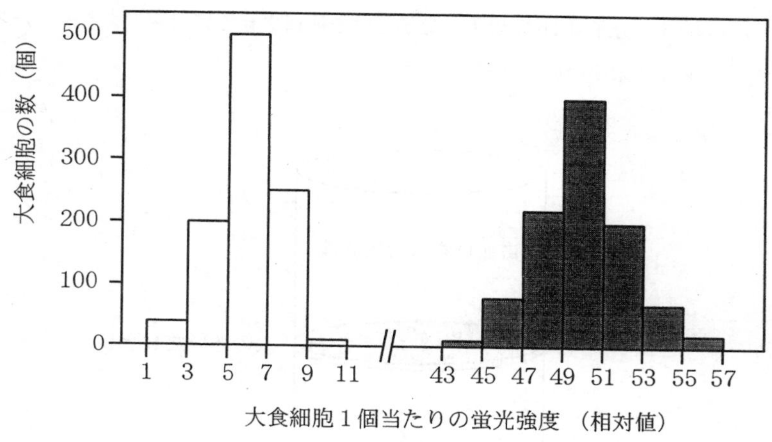

図1　大食細胞の蛍光強度のヒストグラム

■　ウサギAの血清を用いた場合

□　ウサギBの血清を用いた場合

大食細胞から放出される物質の特徴を知るために以下の実験2を行った。

実験2　実験1と同様にウサギAの血清で処理した酵母の死菌を加えて大食細胞を培養した。この培養液から酵母の死菌と大食細胞を取り除き，液1として以下の実験にもちいた。図2に示すような，上下に部屋がしきられた装置を4つ準備した。上下の部屋のしきりには，運動性のある白血球が通過可能なごく小さな穴が多数あいている。下の部屋を以下の液1～液4のいずれかでみたし，上の部屋にウサギCから単離した白血球3000個を含んだ培養液を入れ，37℃で2時間培養した。その後，しきりの下方に移動した白血球の数を数えたところ，図3の結果が得られた。

液1　酵母の死菌と大食細胞を取り除いた培養液

液2　液1を95℃で10分間加熱した液

液3　分子量2000以下の分子だけを通過させる膜で液1をろ過したろ液

液4　未使用の培養液

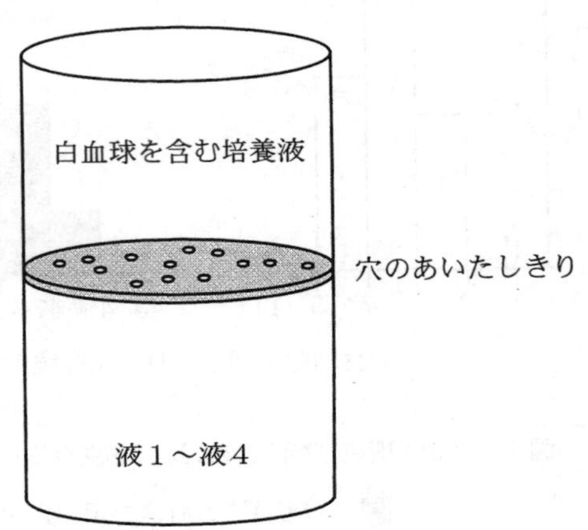

図2　装置の模式図

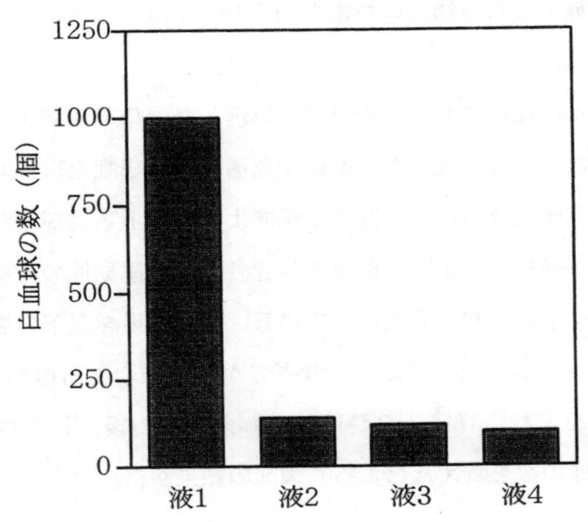

図3　しきりの下方に移動した白血球の数

2002年　入試問題

[問]

I　文1について，次の小問に答えよ。

A　空欄1～5に最も適当な語句をいれよ。

B　異物に対する生体の反応を利用して，特定の疾患の予防や治療が行われている。この代表例は「予防接種」と「血清療法」である。それぞれの原理を各2行以内で述べよ。

II　文2について，次の小問に答えよ。

A　下線部(ア)について。この実験には蒸留水ではなく，適切な糖や塩類を含んだ培養液を使わなければならない。培養液に糖や塩類を加える理由を2つあげよ。

B　図1の横軸の「大食細胞1個当たりの蛍光強度」は何を示していると考えられるか。2行以内で述べよ。

C　図1でウサギAとBで違いが生じた理由として考えられることを，2行以内で述べよ。

D　ウサギAの血清を大量の酵母の死菌と混合し，37℃で30分間おいた。その後，そこから酵母の死菌を取り除いた血清をもちいて実験1と同様の実験を行った。結果は図1のどちらのウサギの血清の結果に近くなると考えられるか，理由とともに2行以内で述べよ。

E　図3の結果から，大食細胞が培養液中に何らかの物質を放出していることがわかる。この物質は白血球に対してどのような作用を持った物質であると考えられるか，1行で述べよ。

F　小問Eの作用は，生体内での感染防御にどのような意義を持つか，2行以内で述べよ。

G　小問Eで考察した物質は，糖，脂質，タンパク質のいずれであると考えられるか。図3の結果をふまえて，理由とともに2行以内で述べよ。

第2問

次の文1と文2を読み，ⅠとⅡの各問に答えよ。

〔文1〕

イモリ胚では，フォークト(ドイツ)が用いた［ 1 ］法などにより胞胚や原腸胚に関して予定運命図(編集注)が作られている(図4)。それによると，背側の予定外胚葉域から将来，神経組織が生じる。1920年代のシュペーマン(ドイツ)の移植実験により，イモリ初期原腸胚では［ 2 ］の作用により神経組織が形成されることがわかっている。このように，ある組織や細胞がほかの組織の発生運命を変える現象を誘導と呼び，［ 2 ］のような領域を特に形成体(オーガナイザー)と呼んでいる。カエル胚を用いた最近の研究により，この神経誘導の分子的実体が徐々に明らかになってきた。それによると，外胚葉は本来，神経組織に分化する性質を持っている。しかし，初期胚の胚全体に存在するタンパク質Aが外胚葉の神経への分化を阻害し，表皮への分化を促進している。タンパク質Aは細胞の外側に存在する分泌タンパク質である。原腸胚初期になると，細胞の外側でタンパク質Aと結合してそのはたらきを抑制するタンパク質Bが形成体から分泌される。その結果，形成体に隣接した背側外胚葉でタンパク質Aのはたらきが弱まり，その領域の外胚葉は本来の発生運命である神経組織へと分化すると考えられている。

(編集注) 原基分布図のこと。

実験1　分泌タンパク質であるAとBの機能を調べるために，カエル後期胞胚より動物極周囲の予定外胚葉域の一部(この組織片を外胚葉片と呼ぶ)を切り出して，培養皿の中で培養を行った(図5)。表1に示された様々な条件下で一定の期間培養した後，外胚葉片の中に分化してきた組織を調べた。

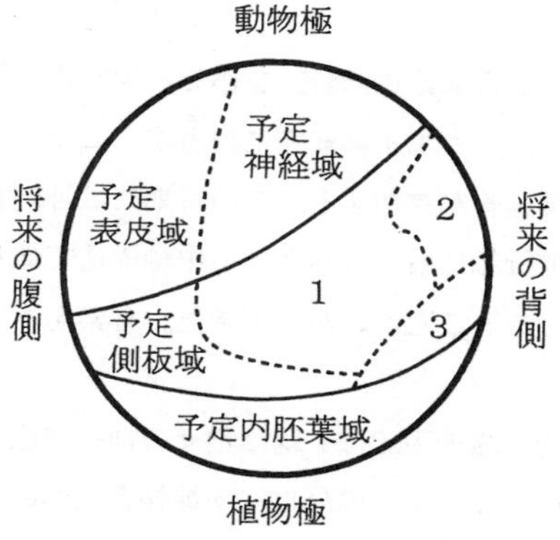

図4　イモリ後期胞胚表面の予定運命図

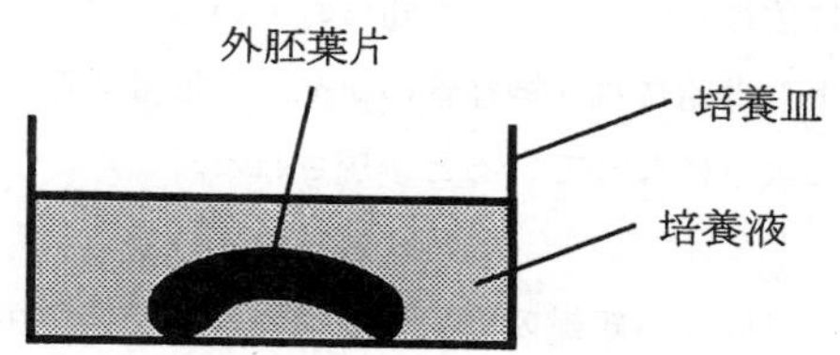

図5　外胚葉片の培養実験の模式図

表1　外胚葉片の培養実験の結果

培養条件	分化してきた主な組織
そのまま培養する	a
充分大きな形成体と接触させて培養する	b
タンパク質Aを充分量加えて培養する	c
タンパク質Bを充分量加えて培養する	d

〔文 2〕

神経組織は，発生が進むと管構造（神経管）を作る。神経管は将来，中枢神経系（脳と脊髄）となる。図6(a)は，カエル神経胚に相当するニワトリ胚胴部断面図の一部であり，胚の中央に神経管が存在する。この時期には神経管の腹側に脊索が接している。脊索は胚の前後軸に沿って存在する中軸構造であり，様々な誘導現象に関与する重要な組織であることがわかってきた。脊索をもつ動物群は脊椎動物と［ 3 ］である。

将来，脊髄となる神経管組織の中では，既に種々の神経細胞（ニューロン）が分化を始めている。これらのニューロンの分化は，神経管以外の周辺組織からの影響を受けている場合が多い。たとえば，図6(b)のように神経管の腹側では運動神経（運動ニューロン）が分化する。運動ニューロンの分化は，脊索から分泌されるタンパク質Cに依存していることが知られている。タンパク質Cは脊索が神経管と接した領域より供給され，神経管の組織内へ拡散する。その濃度分布は神経管組織内で図7のようになっていると予想される。

実験 2　ニワトリ胚では組織の除去や組織片の移植操作が比較的容易である。脊索と運動ニューロンの分化の関係を調べるため，運動ニューロンが分化する前に，脊索の除去や他の胚から取り出した脊索を移植する実験を3種類行った。運動ニューロンが分化する領域と脊索の位置を調べた結果，図8のようになった。

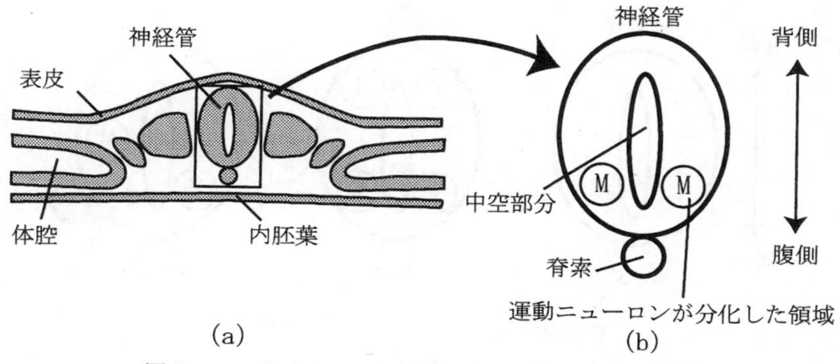

図6　ニワトリ胚の胴部断面図(a)と神経管領域の拡大図(b)

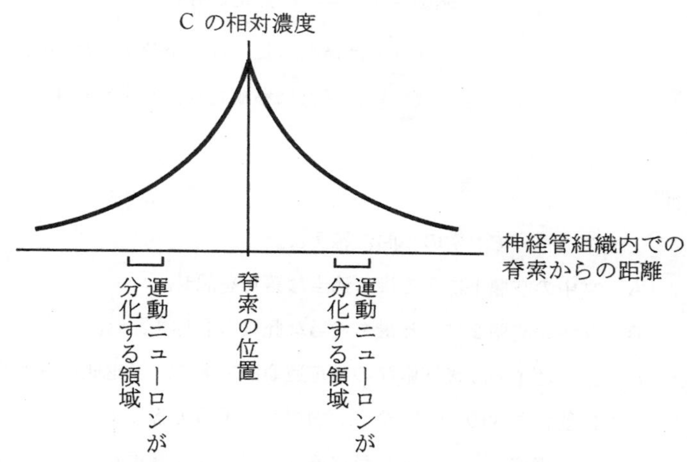

図7　タンパク質 C の神経管組織内での濃度分布を示す模式図

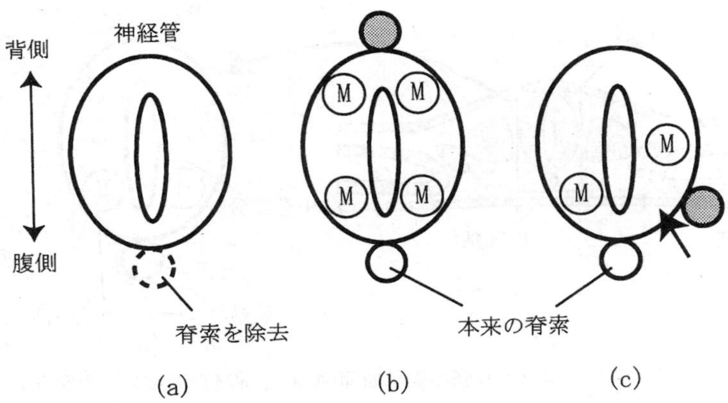

図8　運動ニューロンの分化と脊索の関係を示す模式図

Ⓜ は運動ニューロンが分化した領域を示す

● は新たに移植された脊索を示す

〔問〕

I　文1について，次の小問に答えよ。

A　文中の空欄1に入る最も適当な語句を記せ。

B　文中の空欄2に入る最も適当な胚域の名称を記せ。

C　図4はイモリ後期胞胚の予定運命図である。予定側板域から生じる組織または器官を次の(1)～(7)から2つ選び，番号で答えよ。

(1)　内臓筋　　(2)　骨格筋　　(3)　脊椎骨　　(4)　消化管上皮

(5)　すい臓　　(6)　血　管　　(7)　肺

D　図4のイモリ後期胞胚を動・植物極を含み紙面に平行な面で切断した時の断面図として，最も適当なものを次の(1)〜(5)から１つ選び，番号で答えよ。ただし，灰色で塗られた領域が組織である。

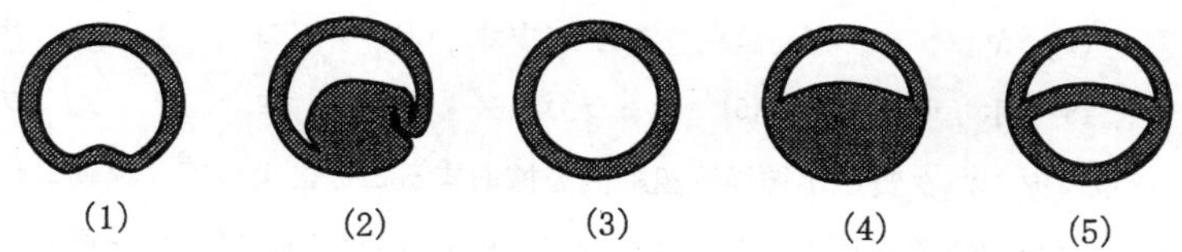

E　実験１の培養実験の結果，表１の各条件下で外胚葉片から主として生じた組織ａ〜ｄを，以下の(1)〜(5)から１つずつ選び，ａ—６，ｂ—７，ｃ—８，ｄ—９のように答えよ。ただし，用いた培養液には，外胚葉片の発生運命を変えるようなタンパク質はもともと含まれていない。

(1)　表　皮　(2)　骨　(3)　神　経　(4)　脊　索　(5)　筋　肉

F　実験１で用いた外胚葉片は，細胞同士の接着を低下させる処理によってばらばらの細胞にすることができる。これらの細胞を培養液でよく洗浄した後，ばらばらのままで培養すると，ある細胞に分化した。どのような種類の細胞に分化したか。以下の(1)〜(5)から１つ選び，番号で答えよ。また，その理由を２行以内で述べよ。ただし，洗浄の過程で取り除かれたタンパク質は，培養の過程で新たに産生されなかったものとする。

(1)　表　皮　(2)　骨　(3)　神　経　(4)　脊　索　(5)　筋　肉

Ⅱ　文２について，次の小問に答えよ。

A　脊索は，イモリ胚では図４の予定運命図において，１〜３のいずれの領域から生じてくるか。１つ選び，番号で答えよ。

B　脊椎動物の脊索は，将来どのような発生運命をたどるか。次の(1)〜(5)から１つ選び，番号で答えよ。

(1)　発達して脊椎骨となる　　(2)　脊椎骨を囲む筋組織になる

(3) 退化する　　(4) 神経管の一部となる

(5) 消化管と融合する

C　文中の空欄3に入る最も適当な動物群の名称を記せ。また，その動物群に属する動物を次の(1)〜(8)から2つ選び，番号で答えよ。

(1) ヤツメウナギ　(2) ナメクジウオ　(3) ナマコ　(4) サ　メ

(5) ホ　ヤ　(6) シーラカンス　(7) ウ　ニ　(8) プラナリア

D　タンパク質Cが神経管組織内を拡散することによって，運動ニューロンの分化が誘導されることを直接示す実験を行いたい。雲母片を用いた最も適当な実験を考え，その概略と予想される結果を2行以内で述べよ。

E　図8(c)の移植の結果，運動ニューロンが分化する領域の数が(b)に比べて減少している。(c)において，矢印で示された領域で運動ニューロンが分化しない理由を図7を参考にして2行以内で述べよ。

F　脊索を移植する位置を図8(c)の場合より背側へ徐々に移動させると，運動ニューロンが分化した領域の数が全体で2から3へ変化した。この時の状態を図8の(b)や(c)にならって図示せよ。

第3問

次の文1と文2を読み，ⅠとⅡの各問に答えよ。

〔文1〕

地球上にはさまざまな生物種が存在し，集団内で生殖を行って子孫を残している。生殖にあたっては親から子へと遺伝子が伝えられる。遺伝子の化学的本体はDNAである。真核細胞において，DNAは主に細胞核に存在するが，色素体(葉緑体)やミトコンドリア(ア)にも存在する。これらのDNAは体細胞分裂や減数分裂によって生じる娘細胞に分配される。細胞核のDNA上の遺伝子は基本的にメンデルの法則に従って次世代に伝わる。ところが，色素体やミトコンドリア内の

DNA上の遺伝子はこれに従わない。たとえば，多くの被子植物の受精過程(イ)においては，精細胞由来の色素体にあるDNAは分解され消失する。したがって，色素体遺伝子は母方(卵細胞)だけから伝わることになる。このような遺伝を母性遺伝という。

〔文2〕

被子植物においてよく見られる突然変異に白花や斑(ふ)入りがある。ある草原で野外観察を行ったところ，シソ科の植物で紫色の花を多数つける1種が一面に広がって集団をなしていた(これらを紫花株と呼ぶ)。さらに調べたところ，集団内の1箇所に白い花をつける個体がいくつか見つかった(これらを白花株と呼ぶ)。また別の場所では，葉が全体に緑色である通常の個体のほかに，(ウ)葉に白い斑がある個体もいくつか見つかった。この集団を継続的に観察した結果，行動範囲の広いハチが花色の区別なく花粉を運ぶこと，この植物は栄養生殖をしないことが明らかとなった。また，白花株の個体数，葉に斑のある株の個体数はともに増加する傾向にあることがわかった。そして，(エ)数年後には，白花株は最初に発見された場所から遠く離れた場所でもあちこちで見られるようになった。これに対し，葉に斑のある株は，最初に発見された場所の近くに限って見られた。

実験1　多くの被子植物は他家受粉して種子を形成するが，自家受粉(同一個体内での受粉)が可能なものもある。このシソ科植物の受粉について調べるため，現地で実験を行い，ハチが頻繁に飛来する条件のもとで，種子ができるかどうか調べた。実験と結果は以下のとおりであった。

(1)　つぼみをそのまま開花させて放置したところ，種子ができた。

(2)　花がつぼみのうちに袋をかぶせ，袋の中で開花させて放置したところ，種子ができなかった。

(3)　開花直前のつぼみを開き，雄しべから花粉が放出されていないことを確かめたうえで，雄しべだけをとり除いて放置したところ，種子ができた。

（4）（3）と同様に雄しべをとり除き，その花にすぐに袋をかぶせて放置したところ，種子ができなかった。

（5）（3）と同様に雄しべをとり除き，その花の雌しべに他の個体からとった花粉を受粉させてから，すぐに袋をかぶせて放置したところ，種子ができた。

（6）（3）と同様に雄しべをとり除き，その花の雌しべに同じ個体からとった花粉を受粉させてから，すぐに袋をかぶせて放置したところ，種子ができた。

実験2　観察した集団の白花株のうち1個体から種子を採取して持ち帰った。持ち帰った種子をまいたところすべてが発芽し，花を咲かせた。開花した個体には白花株と紫花株があった。

実験3　実験2で得られた白花株と紫花株を1個体ずつ選んで交配したところ，その種子からは再び，白花株と紫花株とが生じた。

〔問〕

I　文1について。

A　下線部(ア)について。下記の反応経路のうち，色素体(葉緑体)とミトコンドリアに存在するものをそれぞれ，次の(1)～(6)から2つずつ選び，色素体―7，8，ミトコンドリア―9，10のように番号で答えよ。

（1）　解糖系　　（2）　電子伝達系(水素伝達系)

（3）　アルコール発酵　　（4）　乳酸発酵

（5）　クエン酸回路　　（6）　カルビン・ベンソン回路

B　下線部(イ)について。被子植物に特徴的な受精様式をなんというか。1語で記せ。

Ⅱ　文2について。

A　実験1について，次の小問に答えよ。

(a)　実験1で花に袋をかぶせているが，これは何のためか。1行で述べよ。

(b)　実験1と矛盾しない推論として，以下の(1)～(6)のうちから適当なものを3つ選び，番号で答えよ。

(1)　種子を形成できるのは他家受粉の場合に限られる。

(2)　種子を形成できるのは自家受粉の場合に限られる。

(3)　自家受粉によって種子を形成できる。

(4)　受粉しないと種子はできない。

(5)　種子が形成されるには，雄しべが花についていることが必要である。

(6)　外部からの助けなしには，同じ花の中の雄しべから雌しべに受粉することはない。

(c)　自家受粉は，植物の生存に不利なことが多いが，場合によっては有利な面もあると考えられる。

(i)　自家受粉が不利である理由を2行以内で述べよ。

(ii)　種子を作って繁殖することを考慮し，自家受粉の有利な点を2行以内で述べよ。

B　実験に用いた植物の花色が，一対の対立遺伝子W(白花を発現する遺伝子)とP(紫花を発現する遺伝子)で支配されていると仮定する。なお，対立遺伝子にはAとaのように同じアルファベットを用いることが多いが，ここでは優性・劣性が不明であったためWとPとした。この仮定に基づいて以下の問いに答えよ。

(a)　実験2，3から，種子を採取した野生の白花株の花色に関する遺伝子座の遺伝子型は，Wが優性の場合とPが優性の場合について，それぞれ1つに特定できる。表2はそれぞれの場合について遺伝子型などをまとめたものである。表2の空欄①～④に遺伝子型を，⑤，⑥に比を記入せよ。答は①―XX，⑤―7：8のように記せ。

表2

	実験2で種子を採取した白花株個体の遺伝子型	実験3の交配で用いた白花株個体と紫花株個体の遺伝子型		実験3の交配で得られた白花株と紫花株の遺伝子型		実験3の交配で得られる白花株と紫花株の比(白：紫)
		白花株個体	紫花株個体	白花株	紫花株	
Wが優性の場合	①	②	③	WP	PP	⑤
Pが優性の場合	WW	WW	WP	WW	④	⑥

(b)　実験3で得られた株を用いて交配実験を行い，WとPのどちらが優性かを判定したい。交配はどのような組み合わせで行ったらよいか，最も効果的な組み合わせを判定基準とともに2行以内で述べよ。

C　下線部(ウ)について。葉に斑が入る性質は，多くの植物で母性遺伝することが知られている。観察された植物において，葉に斑が入る性質が母性遺伝するかどうかを交配実験して調べたい。どのような方法で行ったらよいか，判定基準とともに3行以内で述べよ。

D　下線部(エ)について。葉に斑が入る性質が母性遺伝するとすれば，下線部(エ)の事実は，斑入りの遺伝子とメンデルの法則に従う白花の遺伝子で，広がり方に違いがあることによって説明できる。これについて以下の小問に答えよ。

(a)　移動性のない植物個体は，生殖活動を通じて自分の遺伝子を離れた場所に拡散させる。被子植物は遺伝子を運ぶために何を作っているか。主なものを2つ記せ。

(b)　白花の遺伝子と斑入りの遺伝子の広がり方が違う理由を2行以内で述べよ。

2001年

解答時間：2科目150分
配　　点：120点

第1問

次の文を読み，Ⅰ～Ⅳの各問に答えよ。

［文］

生物が生きていくのに必要な機能の多くは，タンパク質が担っている。タンパク質はアミノ酸の重合体(ア)で，共有結合でつながったアミノ酸の鎖は折りたたまれて立体的な構造となり，酵素活性などの生理機能を発揮する。こうした立体構造は，多くの場合，水素結合などの非共有結合で維持されている。多くのタンパク質の立体構造中には，規則的な構造(イ)が見いだされる。

酵素は，生体内でのさまざまな化学反応の触媒(ウ)として働く。無機触媒とは違って，生体触媒である酵素の反応には，基質特異性がある(エ)。温度を上げていくとあるところで活性が失われる(オ)という現象も，酵素の特徴である。このような現象を変性と呼ぶ。タンパク質の変性温度は，生物が生育する環境を反映していることが多い。たとえば，温泉の湧き出し口近くに生息する細菌のタンパク質には，90℃でも変性しないものがある。

(カ)ある半数体の単細胞真核生物は，25℃の培養で図1のようにふえた。培養温度を25℃から35℃にすると，すぐに細胞のふえる速さが変わった。35℃では，細胞数が2倍になるのに12時間かかった。また，培養温度を15℃にしたところ，細胞数が2倍になるのに20時間かかった。この真核生物の集団をある化学物質で処理し，突然変異をおこさせたところ，15℃と25℃では野生型細胞と同じようにふえるのに，35℃ではふえる速さが異常な変異型細胞(キ)があらわれた。この変異型細胞を25℃でふやし，35℃に移して12時間たってから観察したところ，死んだ細胞はほとんど見られなかった。

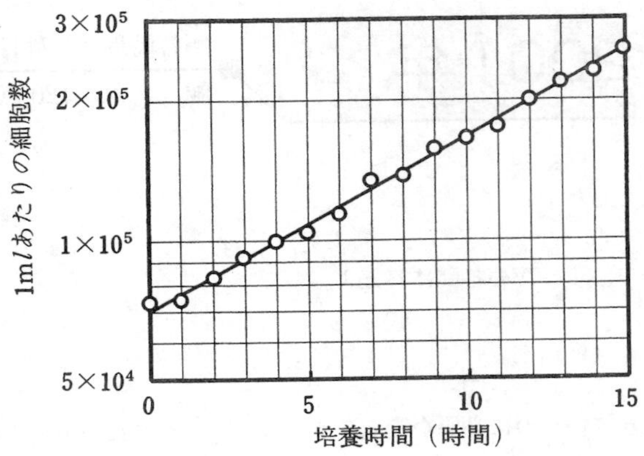

図1　25 °Cでの野生型細胞のふえ方の測定結果
細胞数は，15時間目まで1時間ごとに数え，常用対数目盛りで示した。

変異型細胞の遺伝子などを詳しく解析したところ，細胞のふえる速さが異常になるのは，酵素Aの1つのアミノ酸が他のアミノ酸に置き換わったためであることがわかった。また，この酵素は，X→Y（Xは酵素反応の基質，Yは酵素反応の産物）という反応の触媒として働くことがわかった。変異型細胞では，酵素Aの遺伝子以外に突然変異はおこっていなかった。

野生型細胞の酵素A（野生型酵素A）と変異型細胞の酵素A（変異型酵素A）の活性に対する温度の影響を調べるため，それぞれの細胞から酵素Aをとりだして，次のような実験をおこなった。

実験　0 °Cで保存してあった一定量の野生型酵素Aあるいは変異型酵素Aをふくんだ溶液を，それぞれ7本の試験管に入れ，15 °Cから45 °Cまで5度おきの温度に保った水槽に10分間置いた。その後，それぞれの試験管に一定量の基質Xを加え，1分間反応させた。試験管に酸を加えて反応を止めてから，生成した物質Yの量を測った。1分間の物質Yの生成量を縦軸に，温度を横軸にして測定値を図にしたところ，図2のようになった。

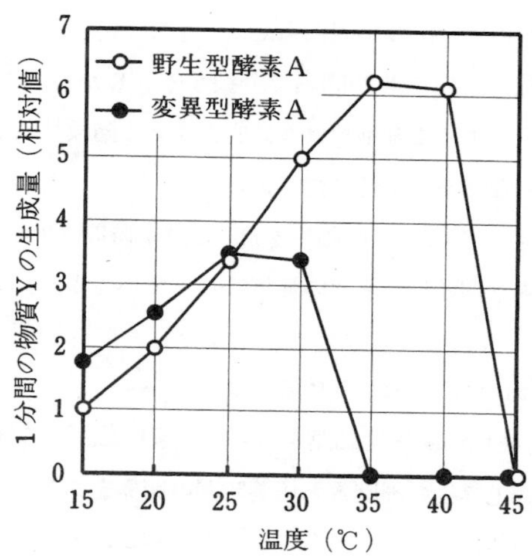

図2　各温度での物質Yの生成量の測定結果

〔問〕

I　次の小問に答えよ。

A　下線部(ア)について。タンパク質のなかでアミノ酸どうしをつなぐ共有結合を何と呼ぶか。

B　下線部(イ)について。タンパク質に見いだされる規則的構造の名称を2つ記せ。

C　下線部(ウ)について。触媒とはどのようなものか。1行で述べよ。

D　下線部(エ)について。酵素による反応が基質特異性を示すのはなぜか。構造との関係を考慮して，2行以内で述べよ。

E　下線部(オ)について。温度を上げていくと，ある温度以上で酵素活性が失われるのはなぜか。1行で述べよ。

II　下線部(カ)について。次の小問に答えよ。

A　この細胞は，一定の時間間隔で分裂する。しかし，この細胞を培養すると，図1に示すように細胞数は連続的にふえ，階段状に2倍ずつふえることはなかった。なぜか。1行で述べよ。

B　図1に示すように，この細胞を25℃でt時間（$0 \leqq t \leqq 15$）培養した。細胞数は培養を開始したときの何倍になっているか。tの関数として記せ。

III　下線部(キ)について。次の小問に答えよ。

A　25℃で培養した変異型細胞を35℃に移した。下の(a)，(b)2つの場合について，温度上昇後の細胞数と培養時間の関係をあらわす線として最も適当なものを，図3に示した1～7のうちから選び，それぞれ(a)—8，(b)—8のように答えよ。培養温度は，図3に示した矢印の時点で変えた。

(a)　酵素AはDNAの複製に必須だが，それ以外に影響を与えない場合

(b)　酵素Aは細胞質分裂の完了に必須だが，それ以外に影響を与えない場合

ただし，この酵素は，細胞内でも細胞からとりだした場合でも同じようにふるまうものとする。また，DNA複製が完了していない細胞は，細胞質分裂ができないものとする。

B　小問Aでそのように考えた理由を，(a)，(b)それぞれについて，各4行以内で述べよ。

C　DNAを染色した細胞を顕微鏡で観察すれば，細胞内の核の数を数えることができる。変異型細胞の培養温度を35℃に上げてから12時間後に，細胞あたりの核の数を数えた。大部分の細胞で観察される核の数はいくつか。小問Aの(a)，(b)2つの場合について，それぞれ(a)—8，(b)—8のように答えよ。

Ⅳ　図2に示すように，15 °C では，変異型酵素Aの活性は野生型酵素Aの活性のほぼ2倍であった。ところが，この温度では，野生型細胞と変異型細胞のふえる速さはほとんど変わらなかった。細胞のふえる速さが，酵素Aの活性の高低によらなかったのはなぜか。2行以内で述べよ。ただし，この酵素は，細胞内でも細胞からとりだした場合でも同じようにふるまうものとする。また，酵素Aは，細胞がふえるのに必須であるとする。

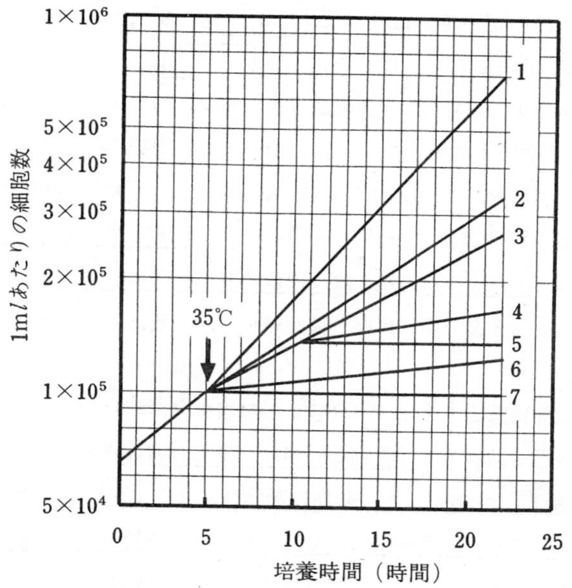

図3　培養温度を 25 °C から 35 °C に変化させた時の細胞のふえ方

細胞数は常用対数目盛りで示した。

2001年　入試問題

第2問

次の文1と文2を読み，ⅠとⅡの各問に答えよ。

〔文1〕

ほ乳動物の雌では，(ア)生まれる前あるいは直後に卵巣内の生殖細胞（注1）はすべて減数分裂を開始し，第一分裂前期で停止した状態で存在している。したがって成体の卵巣内の生殖細胞はすべて［ 1 ］であり，これ以前の［ 2 ］や［ 3 ］は存在しない。なおここでは［ 1 ］を単に卵と呼ぶことにする。

ほ乳動物では，卵巣内で十分に成長した卵は，卵に種々の物質輸送をおこなう卵丘細胞に周囲をおおわれている。この卵と卵丘細胞の複合体は，卵胞液と呼ばれる液体で満たされた卵胞内に存在する（図4）。生体内では黄体形成ホルモン（LH）の働きで卵は減数分裂を再開するが，(イ)以下に述べる実験の結果（表1）に示されるように，この過程には，複数の要因が関与している。減数分裂を再開した卵は，第二分裂中期で再び分裂を停止し，一般にこの状態で卵胞から排出される。

精子の頭部にある［ 4 ］は多くの酵素を含んでおり，これらの酵素は精子の卵への接近を助ける。(ウ)ほ乳動物の卵は，多くの場合減数分裂の第二分裂中期で受精を開始（注2）するが，この時期は動物種によって異なる。ウニのように減数分裂が終了してから受精を開始するものや，ホッキ貝のように第一分裂前期で開始するものもある。第二分裂中期で受精を開始したほ乳動物の卵は，受精開始の刺激によって減数分裂を完了する。マウスでは受精開始後6時間には卵由来の核（雌性前核）と精子由来の核（雄性前核）が観察できる。これら2つの前核が融合すると直ちに(エ)卵割が始まる。多くのほ乳動物ではこれらの過程を実験的に体外でおこなわせることもでき，医療や畜産などに応用されている。

（注1）　生殖細胞：配偶子および配偶子を形成しうる細胞。

（注2）　ここでは精子と卵の細胞膜の融合過程をさすものとする。

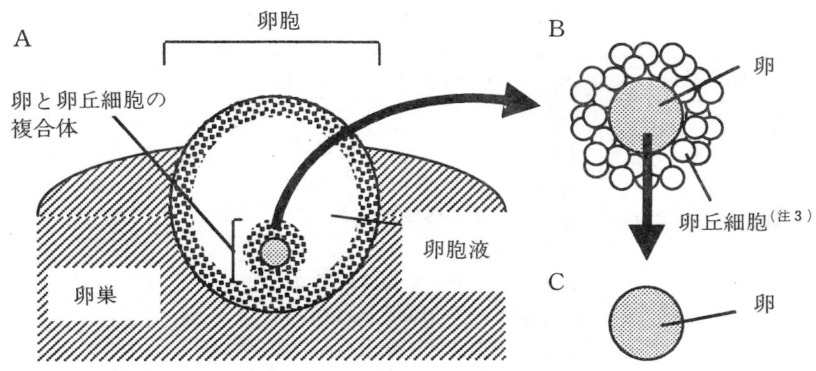

図4　ほ乳動物の卵巣の模式図

ほ乳動物の卵巣内に存在する卵の状態(A)，卵と卵丘細胞の複合体(B)，卵丘細胞を取り除いた卵(C)。

（注3）ろ胞細胞の一部。

実験　減数分裂の第一分裂を再開する機構を調べるために，ブタの卵巣から十分に成長した卵と卵丘細胞の複合体を取り出して，種々の条件で体外培養した。直径3 cmの培養皿に滅菌した培養液の小滴（約0.2 ml）を入れたものを準備し，37 °C，5 ％二酸化炭素，95 ％空気，湿度100 ％の培養器内に24時間静置した。この培養液中に種々の物質を添加し（表1），卵と卵丘細胞の複合体（図4 B），または卵丘細胞を取り除いた卵（図4 C）を入れ，再び培養器に戻した。48時間後に，第一分裂を再開したか，しなかったかを調べたところ，表1のような結果となった。なお，ここで使用した伝令RNA合成阻害剤は細胞膜を自由に透過できる。

表1　減数分裂の再開におよぼす培養条件の効果

卵の状態	培養液への添加物	減数分裂の再開
卵と卵丘細胞の複合体	なし	＋
	LH	＋
	卵胞液	−
	伝令 RNA 合成阻害剤	−
	LH と卵胞液	＋
	LH と伝令 RNA 合成阻害剤	−
	卵胞液と伝令 RNA 合成阻害剤	−
	LH と卵胞液と伝令 RNA 合成阻害剤	−
卵丘細胞を除去した卵	なし	＋
	LH	＋
	卵胞液	＋
	伝令 RNA 合成阻害剤	＋
	LH と卵胞液	＋
	LH と卵胞液と伝令 RNA 合成阻害剤	＋

＋：再開した。
−：再開しなかった。

〔文2〕

本来その動物が持たない外来の遺伝子を人為的に導入した動物を，トランスジェニック動物とよぶ。ほ乳動物の場合，トランスジェニック動物の作製法としては，(オ)導入したい遺伝子の DNA を微小なガラス管で雄性前核に注入し，胚自身の核内 DNA に組み込まれる(注4)ことを期待する方法が多く用いられてきた。この場合，ほ乳動物の核内 DNA のうち，遺伝子として機能する部分はごく一部であることを利用している。この方法では，注入した DNA が胚の核内 DNA に組み込まれる量や場所を制御することはできない。そのため(カ)導入した遺伝子の発現の有無にかかわらず，この遺伝子とは機能的に関連がない，胚自身の遺伝子の機能が阻害されてしまうことがある。

1997年に英国でヒツジの(キ)体細胞の核を卵の核と入れ換えて，その体細胞を提供した個体と遺伝情報を等しくした［　5　］動物が作られドリーと名づけられた。その翌年には日本人研究者などによって，マウスとウシで体細胞の核を用いた［ 5 ］動物が相次いで作られた。このときのマウスの［ 5 ］動物の作製法としては，まず微小なガラス管で減数分裂の第二分裂中期で停止している卵から染色体を除去し，この卵細胞質内に卵丘細胞の核を注入した後に(ク)受精の開始と類似の働きを持つ刺激を与えるという方法が使われた。この操作後の卵を妊娠可能な状態の子宮に移植して出産させた。

これらの成功により，体細胞の核を使って個体を作製できることが証明された。このことは，培養した体細胞にDNAを導入し，核内DNAに都合良く組み込まれた細胞だけを選び出して，その核を使ってトランスジェニック動物を作る方法が可能であることを示している。

（注4）　染色体のDNA鎖が切れ，その切れ目に，注入した遺伝子のDNAが挿入され，再びつながること。

〔問〕

Ⅰ　文1について。次の小問に答えよ。

A　空欄1，2，3，4に最も適当な語句を入れよ。

B　下線部(ア)について。ほ乳動物の卵巣内の生殖細胞数は，生後，動物の年齢が進むにしたがってどのように変化すると考えられるか。1行で述べよ。

C　下線部(イ)に関しておこなった実験について。表1の実験結果をもとに，以下の問に答えよ。

(a)　ブタの卵が卵巣内で減数分裂の第一分裂を停止するために必要なものは何か。2つあげよ。

(b)　以下の文の中から，実験結果より考えて明らかに否定されるものを2つ選び，番号で答えよ。

(1)　卵胞液には伝令RNAの合成を阻害する働きがある。

(2)　LHは卵に作用して，減数分裂の再開を促進する。

(3)　伝令RNA合成阻害剤は卵丘細胞に作用して，減数分裂の再開の阻害を解除する。

(4) 卵胞液は卵に作用して，減数分裂の再開を阻害する。

(5) LH は卵と卵丘細胞が存在するときのみ，減数分裂の再開を促進する。

(6) 減数分裂を再開するために，卵丘細胞内で伝令 RNA が合成される。

(c) 卵丘細胞を除去した卵の培養液にタンパク質合成阻害剤を加えると，減数分裂の再開が起こらなかった。一方，表1からわかるように，卵丘細胞を除去した卵の培養液に伝令 RNA 合成阻害剤を加えても，減数分裂は再開する。減数分裂が再開するために，卵内でタンパク質の合成が必要であるのに，伝令 RNA の合成が必要ないのはなぜか。その理由として考えられることを2行以内で述べよ。

D　下線部(ウ)について。分裂直後の体細胞の DNA 量を2Cとしたとき，減数分裂の第一分裂前期(a)，第二分裂中期(b)，減数分裂の完了(c)の3つの状態の DNA 量について，それぞれCを用いて(a)―5Cのように答えよ。ただし精子由来の DNA は考えないものとする。

E　下線部(エ)について。卵割とそれ以外の体細胞分裂の大きな違いは何か。1行で述べよ。

II　文2について。次の小問に答えよ。

A　空欄5に最も適当な語句を入れよ。

B　下線部(オ)について。DNA を雄性前核に注入して作製されたトランスジェニック動物と，2細胞期の1つの割球の核に DNA を注入して作製されたトランスジェニック動物の，最も大きな違いは何か。2行以内で述べよ。

C　下線部(カ)について。このようなことが起こるのはなぜか。2行以内で述べよ。

D　下線部(キ)について。この操作をおこなっただけでは，必ずしもすべての遺伝情報が等しくはならない。その理由として考えられることを1行で述べよ。

E　下線部(ク)について。この操作は何のためにおこなうのか。1行で述べよ。

F　下線部(ク)について。DNA複製前の体細胞の核を注入した場合は，この操作をおこなうときに，さらに細胞質分裂を阻害する試薬を加える必要がある。その理由は何か。2行以内で述べよ。

第3問

次の文1～4を読み，Ⅰ～Ⅳの各問に答えよ。

〔文1〕

生物は，少数の例外をのぞいて，(ア)太陽の光エネルギーを生命の維持に利用している。緑色植物は，光合成によって，光のエネルギーを利用して二酸化炭素と水から有機物を合成する。有機物の形をとったエネルギーは，食物連鎖の過程でさまざまな仕事をし，最終的には熱エネルギーとなって地球外へと失われる。一方，物質も生物間を移動していく。(イ)植物は草食動物に食べられ，草食動物は肉食動物に食べられる。また，動物の死骸や排泄物，あるいは枯れた植物などは微生物により無機化合物や簡単な有機化合物に分解され，よく象徴的にいわれるように「再び土にかえる」。そして，その物質を利用してまた新たな生命が育まれる。生物が利用している物質は，30～40種類の元素からなり，これらは［1］と呼ばれる。すべての［1］は，生物と無生物の間を循環している。これが物質循環である。

地球上の物質循環は光合成生物の出現によって大きく変化し，地球環境と生物は相互作用をしながら変化してきた。(ウ)原始大気の主成分であった二酸化炭素は，光合成の基質として使われ，現在では大気のわずか0.035％(編集注)を占めるに過ぎない。代わって光合成の副産物である酸素の量が増大し，これは好気呼吸の発達をうながした。(エ)好気呼吸の効率的なエネルギー獲得様式は，生命に新たな進化の可能性をひらいた。また，酸素量の増大はオゾン層の形成をもたらした。オゾン層によって紫外線から保護されるようになった生物は，ここに初めて本格的に陸上への進出を果たしたと考えられている。一方，大気中の窒素分子の量は，地球の歴史を通して大きくは変化しなかった。窒素はアミノ酸やヌクレオチドの合成に不可欠な元素であり，窒素分子から放電などにより有機窒素化合物が生成され，原始生命の誕生につながったと考えられる。

（編集注）2001年当時のデータ。

〔文2〕

窒素は自然界において，窒素分子，無機窒素化合物，有機窒素化合物の3つの形をとっている。自然界での窒素の循環について，現在考えられている概略を示したのが図5である。植物は無機窒素化合物を吸収してアミノ酸やタンパク質などの有機窒素化合物を作り，それを動物が利用する。枯れた植物，動物の遺体や排泄物などを従属栄養微生物が分解する。有機窒素化合物が分解されると，アンモニウム塩が生じる。(オ)アンモニウム塩は植物によって直接利用されるか，あるいは生物作用によって亜硝酸塩を経て硝酸塩に酸化される。酸素の少ない環境下ではアンモニウム塩のままのこともある。以上が自然界での窒素の主要な循環経路で，図5では太い矢印で示している。

〔文3〕

大気と海水中には大量の窒素分子が存在し，それぞれ図5に示された太い窒素循環につながっている。つまり，(カ)窒素分子からも，生物作用で無機窒素化合物を作るしくみがある。しかし，窒素分子を利用できる生物は限られていて，自然界では窒素分子からつくられる無機窒素化合物の量は，陸域と海洋で合わせて，年間に窒素換算で0.5億トン程度と推定されている。これは図5に示された太い窒素循環で移動している量に比べると著しく少ない。自然界にはまた(キ)生物により無機窒素化合物を窒素分子にもどす脱窒の働きがある。脱窒により窒素分子にもどる量は年間に0.5億トン程度と考えられ，窒素分子から無機窒素化合物が生物作用により生産される量とほぼ等しい。

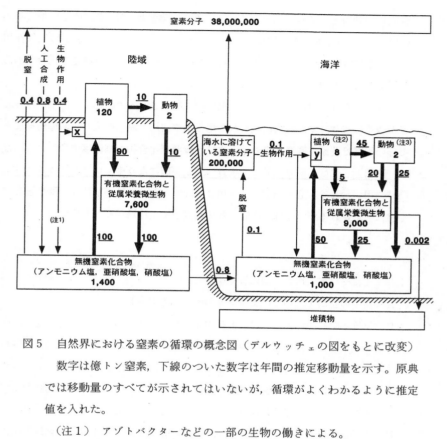

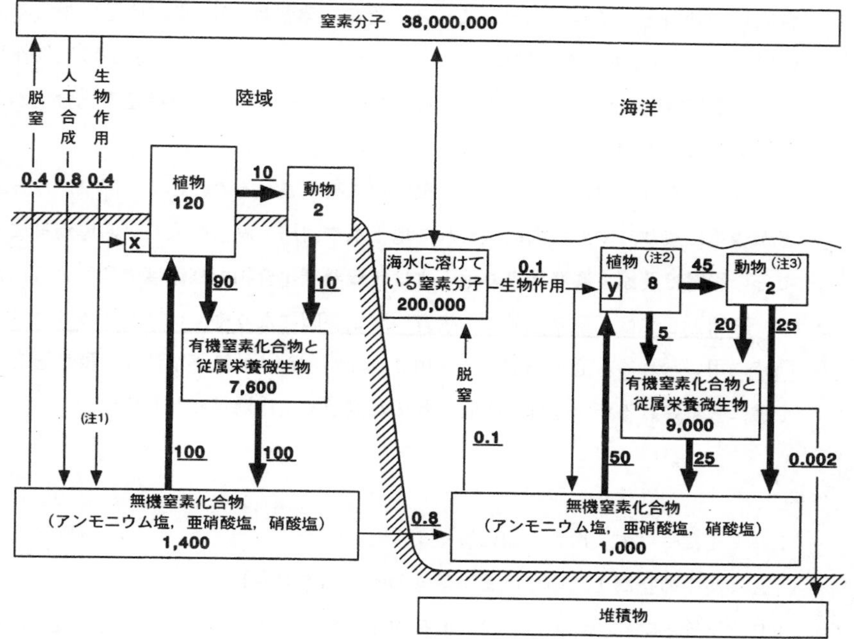

図５　自然界における窒素の循環の概念図（デルウッチェの図をもとに改変）

数字は億トン窒素，下線のついた数字は年間の推定移動量を示す。原典では移動量のすべてが示されてはいないが，循環がよくわかるように推定値を入れた。

（注１）　アゾトバクターなどの一部の生物の働きによる。

（注２）　大部分が植物プランクトンからなる。

（注３）　大部分が動物プランクトンからなる。

〔文４〕

窒素循環の中で，人や家畜も大きな役割を果たしている。たとえば，陸域の動物に含まれる窒素のうち，30〜50％が人と家畜のものである。陸上の植物では，窒素は大部分が森林の樹木に含まれており，農作物に含まれるのは５％程度である。この農作物を育てるために，人は窒素分子からアンモニウム塩を人工的に合成して肥料として農地にまいている。その窒素量は1970年には世界中で年間0.3億トンだったものが，1989年には0.8億トンに増え，窒素分子から生物作用でできる無機窒素化合物の年間量を超えている。一方，人は無機窒素化合物から窒素分子に人工的にもどすことはしていない。

農地にまかれた窒素肥料のうち，農作物に吸収されるのはごく一部で，ほとんどが農地に残り，やがて雨に洗われて地下水や河川・湖沼に入り，沿岸海域にまでその影響は及ぶ。農業地帯の地下水は無機窒素化合物を高濃度で含むようになる。(ク)肥料としては，窒素以外にも生育の限定要因になりやすいリンやカリウムも同時に用いられる。通常，植物に利用されなかったリンは不溶性リン酸塩として土壌に吸着されるが，一部は吸着されずに湖沼や沿岸海域に流れ出す。

〔問〕

I　文1について。次の小問に答えよ。

A　文中の空欄1に当てはまる最も適当な語句を入れよ。

B　下線部(ア)について。人は，直接生命の維持に用いるエネルギーの他に，産業活動などで石油や石炭のエネルギーを使っている。これも，結局，太陽のエネルギーを使っていることになるが，それはなぜか。1行で述べよ。

C　下線部(イ)について。食物連鎖の段階を1つ経るごとに上位の生物の利用できる物質とエネルギーは減少してしまう。それはなぜか。1行で述べよ。

D　下線部(ウ)について。現在，大気中の二酸化炭素濃度が上昇し，地球温暖化の危険が指摘されているが，二酸化炭素濃度の上昇の原因は何か。1行で述べよ。

E　下線部(エ)について。好気呼吸は嫌気呼吸（発酵）に比べてなぜ効率的なのか。理由を2行以内で述べよ。

II　文2について。次の小問に答えよ。

A　下線部(オ)について。次の問に答えよ。

(a)　自然界でアンモニウム塩を硝酸塩へ変える生物作用を何というか。

(b) また，それを進めている生物名を1つあげよ。

B 動物に対する植物の現存量は，陸域では60倍なのに対して海洋では4倍にすぎない。これは海洋の植物の窒素吸収効率が高いことに起因していると考えられる。このことを図中の数値を用いて3行以内で説明せよ。

C 無機窒素化合物から植物を経た動物への窒素の流れは，陸域と海洋で大きく異なる。窒素の流れに，なぜそのような違いが生じるかを3行以内で述べよ。

III 文3について。次の小問に答えよ。

A 下線部(カ)について。次の問に答えよ。

(a) 自然界で大気中の窒素分子を生物が直接利用することを何というか。また，その際に窒素分子からつくられる無機窒素化合物名は何というか。

(b) 図5のxで窒素分子を直接利用している生物名を1つあげよ。この生物は植物と共生している。同じくyでの生物名を1つあげよ。

B 下線部(キ)について。脱窒について最も適当と思われるものを2つ選び番号で答えよ。

(1) 脱窒で使われる基質はアンモニウム塩である。

(2) 脱窒で使われる基質は硝酸塩である。

(3) 脱窒をする生物は一部の細菌である。

(4) 脱窒をする生物は一部の土壌動物である。

(5) 脱窒によって生物はエネルギーを獲得する。

C 図5は地球全体を示したものであり，地域によってはそれぞれの区分の窒素の現存量の割合が図5とは異なっている。たとえば，熱帯林では「有機窒素化合物と従属栄養微生物」と「無機窒素化合物」の区分の現存量は少なく，大部分が「植物」と「動物」の区分に含まれる。なぜそうなるか，その理由を考えて2行以内で述べよ。

IV　文4について。次の小問に答えよ。

A　陸域には大量の無機窒素化合物が存在しているにもかかわらず，窒素肥料を人工合成して農地にまくのはなぜか。その理由として考えられることを2行以内で述べよ。

B　下線部(ク)について。窒素のみを肥料として与えたときと，リンやカリウムをともに与えたときで，無機窒素化合物から植物への窒素の流れの太さはどのようにちがうと考えられるか。理由とともに2行以内で述べよ。

C　陸域に人工肥料をまくことでおこる海洋の環境問題を1つあげよ。

2000年

解答時間：2科目150分
配　　点：120点

第1問

次の文1～4を読み，I～IVの各問に答えよ。

〔文1〕

自然界において生物は，(ア)自分と同じ種の個体だけでなく，自分とは異なる種の個体とも，さまざまな相互作用を行いつつ生活している。微生物の中には，動植物の細胞内に入り込んで生活しているものさえいる。このような場合には，2つの種の間の密接な相互作用が，(イ)何らかの意味で双方に利益をもたらしている例が多い。(ウ)マメ科植物と［ 1 ］の関係は，その一例である。昆虫類の中には，細胞内にすみついた微生物を，卵の細胞質を通じて子孫に伝え，世代を超えて維持している種も少なくない。

〔文2〕

オナジショウジョウバエ（キイロショウジョウバエの近縁種）には，ある種のリケッチア（真核細胞の中でしか増殖できない特殊な細菌）に感染した個体のいることが知られている。このリケッチアをWと呼ぶことにする。Wはオナジショウジョウバエの細胞質で増殖するが，核へは入らない。また，Wは卵の細胞質を通じて次世代へ伝えられるだけで，他の感染経路をもたないことがわかっている。この昆虫のWに感染した雌と雄をそれぞれ ♀(黒) と ♂(黒) ，非感染の雌と雄をそれぞれ ♀ と ♂ で表すことにする。このWの次世代への伝えられ方を知る目的でいくつかの実験を行い，次のような結果を得た。

2000

実験結果

1. **♀** × **♂** の交配からは，♀ × ♂ の交配とほぼ同数の雑種第一代（F_1）が得られた。**♀** × **♂** の交配により得られた F_1 はすべてWに感染しており，雌雄の比はほぼ1：1であった。
2. **♀** × ♂ の交配からは，♀ × ♂ の交配とほぼ同数の F_1 が得られた。**♀** × ♂ の交配により得られた F_1 はすべてWに感染しており，雌雄の比はほぼ1：1であった。
3. ♀ × **♂** の交配からは，F_1 が得られなかった。

〔文3〕

生物は，自分の子孫（遺伝子）をできるだけ多く残そうとしている。Wは，オナジショウジョウバエ（宿主）を一種の「乗り物」に使って，自らの子孫を増やすことで，宿主との相互作用から利益を得ている。他方，(エ)Wに感染した宿主もWとの相互作用から利益を得ている。なぜなら，〔文2〕の実験結果から推測できるように，W感染個体を含むオナジショウジョウバエの個体群では，(オ)**♀** は ♀ よりも多くの子孫を残せるからである。

ところで，オナジショウジョウバエの雌には，複数の雄と交尾し，得た精子を受精嚢（のう）に貯えておく性質があり，雄には複数の雌との間に交尾をくり返す性質がある。しかし，実際に卵に入れる精子は1個だけであり，2個以上の精子が卵に入ることはできない。このため，受精をめぐって，複数の雄に由来する多数の精子の間に競争が起こる。また，いくつかの実験から，**♂** のつくる精子は ♂ の精子よりも，運動性の高いことが示されている。(カ)精子間に競争があることを考えると，**♂** の精子の運動性が高いことは，W感染個体が感染によって得る利益をさらに大きなものにしている。

〔文4〕

オナジショウジョウバエはWの他に，よく似た性質のリケッチアVに感染する。しかし，これら2つのリケッチアに同時に感染することはない。それぞれWおよびVに感染したオナジショウジョウバエの間で交配実験を行った。その結果，W感染雌とV感染雄の間にも，V感染雌とW感染雄の間にもF_1は得られず，次世代が得られたのは，交配した雌雄が同じリケッチアに感染している場合だけであった。同じ種でありながら，異なるリケッチアに感染することによって，W感染群とV感染群の間には［　2　］が生じたと考えられる。

〔問〕

I　文1について。

A　空欄1に，最も適当な微生物名を入れよ。

B　下線部(ア)について。広く，同種の動物個体間にみられる現象のうちで，種内の遺伝的多様性を高めているものは何か。最も重要な現象を1つ記せ。

C　下線部(イ)について。異種生物間のこのような関係を一般に何というか。

D　下線部(ウ)について。マメ科植物は［　1　］との相互作用によって，どのような利益を得ているか。1行で述べよ。

II　文2について。

A　それぞれが複数の雌雄からなるオナジショウジョウバエの2つの群，pとqがある。pとqのうちの，少なくとも一方は，W感染群（すべてがW感染個体）であることがわかっている。どちらが感染群であるか，あるいは双方ともが感染群であるかを最も簡単に判別するためには，2つの交配実験を行えばよい。それらはどのような交配実験か。また，どのような結果が期待できるのか。合わせて4行以内で述べよ。

B　♂の精子は，卵に入っても卵核と合体できないように不活性化されていることがわかった。そうすると，♀のつくる卵の細胞質には，不活性化された♂の精子を再活性化する因子が含まれていると考えられる。なぜそのように考えられるか。〔文 2〕の実験結果を参照して，2 行以内で述べよ。

Ⅲ　文 3 について。

A　下線部(エ)について。一部の個体が W に感染することは，オナジショウジョウバエの個体群全体にとっては，むしろ不利にはたらくと考えられる。その理由を 2 行以内で述べよ。

B　下線部(オ)について。●♀ が ♀ よりも多くの子孫を残せると考えられる理由を 2 行以内で述べよ。

C　下線部(カ)について。♀，♂，●♀，●♂ が同じ数だけ存在するオナジショウジョウバエの個体群があり，内部で任意に交配を行わせた。集団としてみたときに，●♂ の精子は ♂ の精子に比べて 1.5 倍の頻度で卵に入ったものとすると，F_1 世代では，感染個体の数は非感染個体の数の何倍になるか。

Ⅳ　文 4 について。

A　空欄 2 に，最も適当な語句を入れよ。

B　異なるリケッチアに感染したオナジショウジョウバエは，[2] の結果，長い期間の後には，互いに形態も性質も異なる別種へと分化すると予測される。どのようなしくみで別種へ分化すると予想されるか。そのしくみを 3 行以内で述べよ。

第2問

次の文1～3を読み，Ⅰ～Ⅲの各問に答えよ。

〔文1〕

光合成とは，植物などが太陽光のエネルギーを用いて二酸化炭素と水から有機物を合成する反応である。光合成の反応に使われる二酸化炭素は，空気中から葉の表皮に存在する気孔を通して取り込まれる。気孔の開き具合は環境条件によって左右され，空気中の湿度が低下した際などに気孔が閉じる。また，植物ホルモンの1種である［　1　］を与えた場合にも気孔が閉じることが知られている。

実験1　ある植物を温度20℃，相対湿度80％の温室の中で太陽の光が十分当たる条件において生育させた。ある晴れた日の朝に気孔を観察すると，気孔は十分開いた状態であった（「全開」状態とする）。この条件下で植物にある処理を行うと，他の状態は変えずに気孔の開き具合のみを，完全に閉じた状態（「閉」状態）や，半分ほどの開き具合になった状態（「半開」状態）に変えることができた。それぞれの状態で，太陽の光が十分に当たる生育条件での光合成を測定すると，光合成速度は気孔の開き具合に従って変動し，「閉」の状態の葉では「全開」の状態のときに比べて大きく低下し，「半開」の状態では「全開」と「閉」の状態の中間であった。

〔文2〕

太陽の直射光が当たれば，植物の光合成は多くの場合，光飽和の状態となるが，植物群落内においては，個々の植物が成長すると葉の重なりが多くなり，群落内の下層ほど受光量が低下する。このことが植物群落内における，光合成器官である葉と，光合成能力に乏しい茎や花（ここでは非光合成器官とする）の垂直的な分布構造にも影響を及ぼしている。

実験2　葉の形状や，つき方が異なる2種の草本がある。それらの草本を用いて単一種からなる2つの群落(a)，(b)を作り，それぞれに1m×1mの方形の枠を設定した。その方形枠内の群落を上部から10cmごとに，順次，層別に刈り取り，光合成器官と非光合成器官に分けて乾燥重量を測定した。その結果を群落別に示したものが図1である。

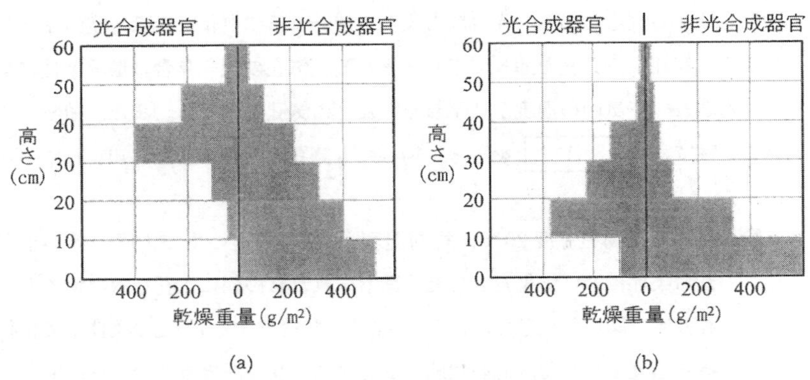

図1　各群落における光合成器官と非光合成器官の層別重量分布

〔文3〕

(ア)植物の葉における主要な光合成色素であるクロロフィルが主に青紫色光と赤色光をよく吸収するために，群落の下層では光の量だけでなく，光の質も群落の外に比べて変化している。ある植物を光以外の条件は同一にして，(イ)太陽光そのままの条件，および，(ウ)群落の中のように光が弱く，青紫色光と赤色光の割合が低下した条件，の2種類の光条件に移して育てた。すると，下線部(ウ)の条件で育てた植物は下線部(イ)の条件で育てた植物に比べ，(エ)節間が長くて背の高い形状となった。この節間の伸びは下線部(イ)の条件に移すと止まった。また，この植物の種子の発芽実験を行ったところ，(オ)下線部(イ)の条件では発芽したが，下線部(ウ)の条件では発芽しなかった。

〔問〕

I　文1について。

A　空欄1に最も適当な語句を入れよ。

B　光合成の速度に影響を与える外界のいろいろな要因のうち，実験1の生育条件で光合成の限定要因となっているのは何か。そう考えた理由とともに2行以内で述べよ。

C　実験1と同様の光合成速度の測定を，「閉」状態でも光が限定要因となる弱光（ただし光補償点以上とする）においても行った。気孔が閉じるにつれて起こる光合成速度の変化は，このような弱光下では，十分な強さの太陽光下に比べてどのようになると考えられるか。最も適当なものを次の(1)〜(5)のうちから1つ選び，番号で答えよ。

(1)　気孔が閉じた際の速度の低下の割合は，太陽光下での測定のときに比べ大きくなる。

(2)　気孔が閉じた際の速度の低下の割合は，太陽光下での測定のときと同程度である。

(3)　気孔が閉じた際の速度の低下の割合は，太陽光下での測定のときに比べ小さくなる。

(4)　気孔が閉じると，速度は0まで落ちる。

(5)　気孔が閉じると，速度は増加する。

D　気孔が「閉」状態となっている葉の中（気孔とつながっている細胞間の隙(すき)間）の二酸化炭素濃度を測定した。葉に太陽光が当たっているときの濃度（a），光が限定要因となる強さの光（ただし光補償点以上）が当たっているときの濃度（b），光が当たっていないときの濃度（c），および大気中の二酸化炭素濃度（d）に関して，それらの濃度が高い順にa＞b＞c＞dのように記せ。

II　文2について。

A　図1の(a)，(b)各々の群落の中で光が減衰していく様子を示した図（最上層を100としたときの光の強さを高さごとに示したもの）として最も適当なものを次の①〜④のうちから選択し，(a)－⑤，(b)－⑥のように答えよ。

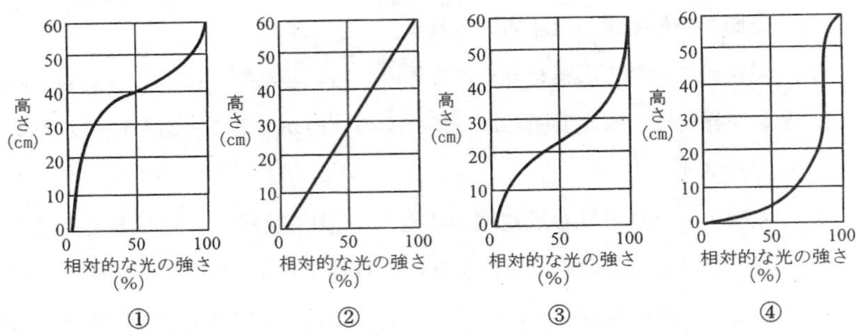

B　図1(a)の草本群落では，生育の過程で下層の葉が枯死脱落している。このように下層の葉が枯死することにより，物質生産の効率が上がると考えられる。それはなぜか。3行以内で述べよ。

C　図1(b)の草本群落について。同じ条件のもとで個体間の間隔を狭め，高密度で栽培を行うと，光合成器官の垂直的な分布構造に違いが見られた。どのような違いか。1行で述べよ。

D　次の(1)〜(4)に示すような形態上の特徴を有する草本の群落は，図1(a)，(b)の群落のどちらにより近い分布構造を示すと考えられるか。それぞれ，(5)－(a)のように答えよ。

(1)　広く大きな葉を茎から水平につける。

(2)　上層では葉が茎周辺に集中して斜めにつき，下層ほど葉がより水平につく。

(3)　地面から直接細長い葉が斜めに伸びる。

(4)　地面から直接出た葉柄の先に傘（かさ）が開いたように葉を展開する。

III　文3について。

A　下線部(ア)の事実から，植物の葉が人に通常緑色に見える理由を2行以内で説明せよ。

B　下線部(ウ)の条件で下線部(エ)のような形状をとることが，群落内ではこの植物個体にとってどのような利点となると考えられるか。2行以内で述べよ。

C　下線部(オ)のような特徴を示す種子を何というか。

D　下線部(オ)の発芽実験において，下線部(ウ)の条件に置いた種子を次に示す条件(1)～(4)に移した。発芽する条件をすべて選び，番号で答えよ。

(1)　白色（可視）光を当てる。　(2)　赤色光を当てる。

(3)　近赤外光を当てる。　(4)　暗所に置く。

E　下線部(オ)のように下線部(ウ)の条件で発芽しないことは，この種子にとってどのような利点となると考えられるか。2行以内で述べよ。

第3問

次の文1～4を読み，I～IVの各問に答えよ。

〔文1〕

ヒツジが感染するスクレーピーという中枢神経系の病気が知られている。この病気にかかったヒツジの脳の抽出物をハムスターの脳内に接種すると，病原体は脳内で増殖し，数カ月の潜伏期(注1)をおいてハムスターは発病する。

種々の方法で測定するとスクレーピーの病原体の大きさはウイルスより小さいことが判明した。もし病原体がウイルスであれば，その増殖に必要な遺伝情報は［1］または［2］のどちらかに蓄えられているはずである。たとえば［1］をもつウイルスは感染した細胞内で，［1］→［2］→タンパク質，という遺伝情報の流れにそって増殖する。しかし，この病原体は，ウイルスと異なり，［3］によっても感染力を失わなかった。その結果から，スクレーピーの病原体は，［1］も［2］ももたずに増殖できる特殊な因子（プリオンと呼ばれる）ではないかという考えがでてきた。

スクレーピーを起こすプリオンが，ハムスターの脳から精製され，ある特定のタンパク質であることがわかった。驚いたことに，このタンパク質は正常なハムスターにも存在した。正常なハムスターに存在するこのタンパク質を PrP^{c}（注2）とし，発病したハムスターに見られるタンパク質を PrP^{Sc} とする。PrP^{Sc} と PrP^{c} のアミノ酸配列は全く同じであったが，両者の立体構造は異なることがわかった（以後，PrP^{Sc} をプリオンの本体とする）。以上から，PrP^{c} と PrP^{Sc} は同一の宿主遺伝子（PrP 遺伝子）からつくられ，PrP^{c} から PrP^{Sc} への変化は，ポリペプチド鎖への［　4　］ののちに起こると考えられる。

（注1）　潜伏期：病原体が宿主に入り込み，十分量の病原体が複製されて症状が出現するまでの期間。

（注2）　アミノ酸配列は種間で少しずつ異なるが，すべての哺(ほ)乳類がこのタンパク質を発現していると考えられている。

〔文2〕

ハムスターの脳内で増殖したプリオンを他のハムスターの脳に接種すると，ハムスター由来のプリオンが増殖し，ハムスターは発病した。しかし，マウスの脳で増殖したプリオンをハムスターに接種しても発病しなかった。逆に，マウスにマウス由来のプリオンを接種すると発病したが，ハムスター由来のプリオンを接種しても発病しなかった。

この種間の感染の違いを調べるために，遺伝子組換え技術によりハムスターの PrP 遺伝子をもったマウスが作製された。このマウスはマウスの PrP^{c} とハムスターの PrP^{c} の双方を発現する。このマウスにハムスター由来のプリオンを接種したところ，マウスは発病した。またマウス由来のプリオンを接種しても，やはり発病した。このことは，(ア)ハムスターのプリオンはハムスターの PrP^{c} と相互作用しやすく，それを PrP^{Sc} に変えていき，一方，マウスのプリオンはマウスの PrP^{c} と相互作用しやすく，それを PrP^{Sc} に変えていくことを示している。このようにしてプリオンが増殖するという考えをプリオン説という。

数年前にイギリスにおいて流行した狂牛病は，ウシがヒツジのプリオンに感染したものである。ヒツジからウシへの感染があるなら，当然，ウシからヒトへの感染もあるのではないかという心配がでてくる。狂牛病のプリオンがヒトに感染するかどうかを確かめるために，$_{(イ)}$科学者たちは，ヒトPrP遺伝子をもったマウスを作製し，そのマウスに狂牛病にかかったウシの脳の抽出物を接種した。その結果，接種されたマウス（寿命は約2年）にはマウスPrP^{Sc}は出現したが，ヒトPrP^{Sc}は検出できなかった。この事実は，潜伏期を2年以内と限れば，［5］は狂牛病にはかからず，［6］はかかる可能性があるということを示している。

〔文3〕

プリオン説をさらに検証するために，PrP遺伝子を欠失したマウスが作製された。2本の相同染色体のいずれにもPrP遺伝子がないマウスの遺伝子型をPrP −/− とする。このPrP −/− マウスは正常に成長した。このPrP −/− マウスおよび野生型のPrP +/+ マウスの脳内に，マウスのプリオンを接種して経過を観察した。その結果，PrP +/+ マウスは百数十日後に発病したが，$_{(ウ)}$PrP −/− マウスは2年近く観察しても発病しなかった。一方，マウスにマウスあるいはハムスターのPrP^{C}を大量に発現させると，自然に発病するマウスが現れた。よって，PrP^{Sc}を接種しなくても，個体内でPrP^{C}からPrP^{Sc}への変化が一定の確率で起こっているらしい。

ヒトには遺伝性のプリオン病がまれに存在する。図2に示したように，遺伝性プリオン病の遺伝形式は，父親から男児への遺伝があることなどから，［7］染色体［8］遺伝と考えられる。この病気の人のPrP遺伝子産物には，アミノ酸の置換が1箇所でみられた。$_{(エ)}$これと同じ異常をもつPrP遺伝子を発現するマウスをつくると，このマウスはプリオンを接種しなくても発病した。

一方，ヒトのプリオン病の大部分は非遺伝性であり，また特殊な例を除いて，動物やヒトからの感染によるものではないと考えられ，毎年100万人につき約1人の割合で発病する。上に述べたことを考慮に入れれば，ヒト非遺伝性プリオン病については，ヒトのPrP^{C}の発現量が［9］し，発病する可能性があげられる。または，体細胞のPrP遺伝子に一定の確率で［10］が生じ，自然発病するという可能性も考えられる。

〔文 4〕

ヒトの PrP 遺伝子を導入したマウスにヒトのプリオンが接種された。予想に反して，ヒトのプリオンをこのマウスに感染させるのは，野生型マウスに対するのと同様に容易ではなかった。この実験から，マウス PrP 遺伝子が存在する場合には，ヒト PrP^{C} が PrP^{Sc} になりにくいのではないかと考えられた。そこで下線部(イ)に述べた狂牛病の感染実験を再検討するために，(オ)科学者たちは遺伝子組換え技術によって新たに作製したマウスを用いて，感染実験を行った。

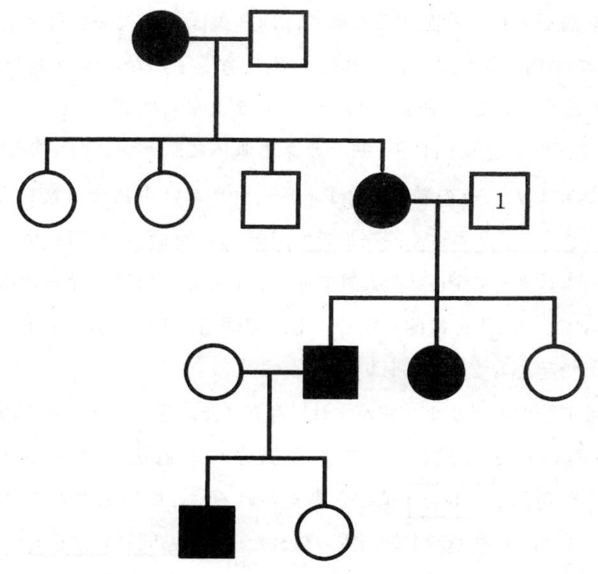

図 2　遺伝性プリオン病の家系の例

□ と ○ はそれぞれ正常な男性と女性を，■ と ● はそれぞれ発病した男性と女性を表す。ただし，図中の □1 で表される男性は病気の原因遺伝子をもたないことがわかっている。

2000年　入試問題

〔問〕

Ⅰ　文1について。

A　空欄1，2，4に，それぞれ最も適当な語句を入れよ。

B　空欄3に当てはまるのはどのような操作か。最も適当なものを次の(1)〜(4)のうちから1つ選び，番号で答えよ。

(1)　加熱処理　(2)　紫外線照射　(3)　アルカリ処理　(4)　酸処理

Ⅱ　文2について。

A　空欄5と6に，それぞれ最も適当な動物名を入れよ。

B　下線部(ア)について。双方のPrP^cを発現しているマウスに，ハムスターのプリオンを接種して発病させた。この発病したマウスの脳の抽出物を，マウスおよびハムスターに接種した。この場合，それぞれについて発病するかどうかを述べよ。

C　下線部(イ)について。なぜこのような実験を行ったのか。その理由をプリオン説にもとづいて2行以内で述べよ。

Ⅲ　文3について。

A　下線部(ウ)について。その理由をプリオン説にもとづいて2行以内で述べよ。

B　空欄7と8に，次の(1)〜(6)のうちから最も適当なものを選び，それぞれ7－(7)のように答えよ。

(1)　X　(2)　Y　(3)　常　(4)　優　性　(5)　劣　性　(6)　伴　性

C　下線部(エ)について。この実験結果にもとづくと，ヒト遺伝性プリオン病の発病のしくみはどのように説明されるか。2行以内で述べよ。

D　空欄9と10に，それぞれ最も適当な語句を入れよ。ただし，空欄9には増加または減少のいずれかを入れよ。

Ⅳ　文4の下線部(オ)について。どのようなマウスを作製したと考えられるか。2行以内で述べよ。

1999年

解答時間：2科目150分
配　　点：120点

第1問

次の文1と文2を読み，ⅠとⅡの各問に答えよ。

〔文1〕

ヒトの消化器官のはたらきは，ホルモンや神経によってきめ細かに調節されている。小腸粘膜中の細胞から分泌されるセクレチンは，ホルモンの第一号として知られている。このホルモンは，イヌの(ア)十二指腸内に0.4％塩酸を注入すると，すい液の分泌が増大する，という実験をきっかけに発見された。(イ)セクレチンの主な作用は，すい臓から重炭酸イオンを多く含んだ水溶液を分泌させることである。すい臓からの消化酵素の分泌は，(ウ)コレシストキニンという別のホルモンによって引き起こされる。ヒトのコレシストキニンは，アミノ酸や脂肪が十二指腸粘膜に触れると分泌される。

血糖量が上昇すると，すい臓の［1］から［2］が分泌される。この反応は，ブドウ糖を静脈内に注射したときより，口から飲ませたときの方がはるかに大きい。これは，小腸粘膜に糖質が触れると分泌されるあるホルモンによって［2］の分泌が増強されるためであり，食後，急に多量の糖が吸収されても，(エ)血糖量が上がりすぎないように調節するのに役立っている。このように，消化器官のはたらきは，食物の成分に対応して調節されている。

消化にかかわるタンパク質分解酵素には，いくつかの種類がある。胃液に含まれるペプシンや，すい液に含まれるトリプシンは，特定のアミノ酸部位でタンパク質を切断して断片化する作用を持つ。(オ)図1に示すように，ペプシンとトリプシンの酵素反応の速度は，pHにより大きく変化する。

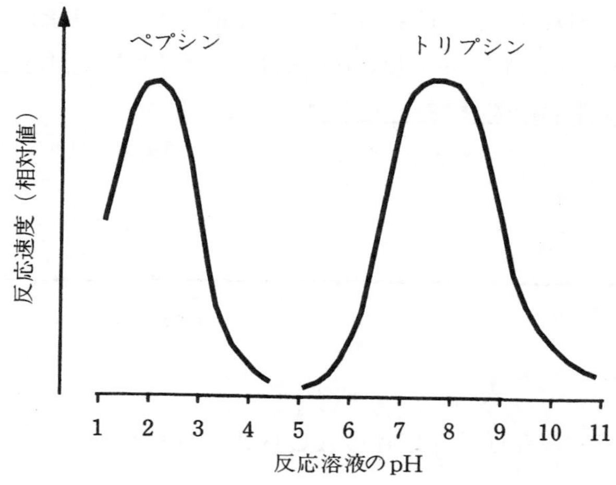

図 1　ペプシンおよびトリプシンの酵素反応の速度と pH の関係

〔文 2〕

タンパク質を構成するアミノ酸を，それが生合成される順番に左から右へ並べて書いたとき，(カ)トリプシンは，リシン-X またはアルギニン-X のペプチド結合を切断する。X はどんなアミノ酸でもよいが，これがプロリン(注)のときは，例外的に切断しない。また，その他にも切断されにくい配列や条件が存在するが，ここでは考えないことにする。トリプシンのこの性質は，タンパク質の研究にしばしば利用される。

ある動物の遺伝病 Y を考える。その病因は，130 個のアミノ酸からなるタンパク質 Z の性質が変化したことである。正常型の Z にトリプシンを作用させて，十分に分解したところ，表 1 に示すように，a ～ j の 10 種の断片が生じた。次に，遺伝病 Y の個体から変異型の Z を取り出し，その性質を調べた。このタンパク質を構成するアミノ酸の数も 130 個であった。変異型の Z にトリプシンを作用させたところ，(キ)表 1 に示すように，断片 d と g が検出されず，新たに 26 個のアミノ酸からなる断片 k が生じた。

次に，正常型と変異型の Z のアミノ酸配列を指定する伝令 RNA を取り出し，塩基配列を比較した。その結果，Zのアミノ酸配列の中央付近を指定する塩基配列中に，ただ1箇所違いが検出された（図2）。すなわち，(ク)矢印の位置のCが，変異型では別の塩基に置き換わっていた。

（注）プロリンはイミノ酸に分類されるが，この問題中ではアミノ酸として扱う。

↓

・・・AUGAGACACGAAGCGG・・・

図2　正常型のタンパク質Zのアミノ酸を指定する伝令RNAの塩基配列の一部

表1　タンパク質Zにトリプシンを作用させて生じた断片のアミノ酸数

断片	正常型のZ	変異型のZ
a	2	2
b	3	3
c	20	20
d	8	なし
e	10	10
f	32	32
g	18	なし
h	5	5
i	22	22
j	10	10
k	なし	26

表2　コドンとアミノ酸の対応表

UUU, UUC フェニルアラニン UUA, UUG ロイシン	UCU, UCC, UCA, UCG セリン	UAU, UAC チロシン UAA, UAG 終止	UGU, UGC システイン UGA 終止 UGG トリプトファン
CUU, CUC, CUA, CUG ロイシン	CCU, CCC, CCA, CCG プロリン	CAU, CAC ヒスチジン CAA, CAG グルタミン	CGU, CGC, CGA, CGG アルギニン
AUU, AUC, AUA イソロイシン AUG メチオニン	ACU, ACC, ACA, ACG トレオニン	AAU, AAC アスパラギン AAA, AAG リシン	AGU, AGC セリン AGA, AGG アルギニン
GUU, GUC, GUA, GUG バリン	GCU, GCC, GCA, GCG アラニン	GAU, GAC アスパラギン酸 GAA, GAG グルタミン酸	GGU, GGC, GGA, GGG グリシン

U：ウラシル，C：シトシン，A：アデニン，G：グアニン。

「終止」は，対応するアミノ酸がなく，翻訳が終止することを示す。

1999年　入試問題

〔問〕

I　文1について。

A　下線部(ア)の操作は，消化器官で通常起きているどのような現象を模倣したものか。1行で述べよ。

B　下線部(イ)について。セクレチンはタンパク質の消化において，どのような役割をもっていると考えられるか。下線部(オ)を参照して，2行以内で述べよ。

C　下線部(ウ)について。コレシストキニンは胆のうを収縮させる作用も持っていることが知られている。胆のうが収縮すると何が起こるか。次の(1)～(5)のうちから最も適当なものを1つ選び，番号で答えよ。

(1)　胆汁が肝臓に送られ，肝臓のはたらきが促進される。

(2)　胆汁の分泌が抑制されることにより，胆汁が濃縮される。

(3)　胆汁が十二指腸へ送られ，タンパク質の過剰な消化が抑制される。

(4)　すい液の 胆のう への逆流が抑制される。

(5)　胆汁が十二指腸へ送られ，脂肪の消化が促進される。

D　空欄1と2にそれぞれ最も適当な語句を入れよ。

E　下線部(エ)とは逆に，ヒトでは血糖量を上昇させるホルモンが複数存在する。そのようなホルモンの名称を2つ記せ。

II　文2について。解答には，必要に応じて表2を用いること。

A　下線部(キ)の現象は，タンパク質Zのアミノ酸配列中に1箇所変異が生じた結果である。どのようにアミノ酸が変異したのか。下線部(カ)のトリプシンの性質に基づいて，考えられるすべての可能性を2行以内で述べよ。ただし，塩基配列はまだ分かっていないものとする。

B　図2に示した伝令RNAは，左から右へ翻訳される。このことについて，次の(a)～(c)の問に答えよ。

(a)　矢印のCをコドンの第1文字目であるとして，図2の伝令RNAの配列をすべて翻訳し，–グリシン–グリシン–のように答えよ。なお，アミノ酸が一通りに決まらない部分は翻訳する必要はない。

(b) 矢印のCがコドンの第2文字目である可能性はない。その理由を2行以内で述べよ。

(c) 矢印のCを，コドンの第3文字目であるとして翻訳すると，下線部(キ)の結果を説明できない。その理由を3行以内で述べよ。

C 下線部(ク)について。前問で，図2の矢印のCがコドンの第1文字目であることは確定した。そこで，変異型のZにおいて，矢印のCがどのような塩基に置き換わっていたのかを推定したい。次の(a)～(c)について，妥当である場合は○，妥当でない場合は×を記し，その結論に至った根拠をそれぞれ2行以内で述べよ。

(a) CがUに置き換わった。

(b) CがAに置き換わった。

(c) CがGに置き換わった。

第2問

次の文1～4を読み，I～Vの各問に答えよ。

〔文1〕

植物は［1］体世代と［2］体世代を繰り返し，世代交代を行う。［1］体世代は減数分裂(ア)によって核内の染色体の数が半減した単相世代である。(イ)これらの2つの世代の生活環全体に対する割合は，植物の種類によって異なっている。被子植物の花粉は［1］体世代の細胞であり，核には対立遺伝子が1つしかない。花粉に現れる形質は，花粉自身の対立遺伝子によって支配されている場合と，その花粉を生じる個体（おしべ）の対立遺伝子によって支配されている場合がある。この代表的な例が被子植物の自家不和合性であり，(ウ)ナス科やアブラナ科のある種の植物で，自家受粉では子孫がつくられない現象として発見された。

〔文2〕

ナス科の植物Xの自家不和合性は，S_1，S_2，S_3，・・・，S_nのような多くの対立遺伝子によって支配されている。図3は，遺伝子型S_1S_2の おしべ 由来の花粉をS_1S_2，S_1S_3，S_3S_4の各遺伝子型の めしべ にそれぞれ受粉させたときのようすを模式的に示したものである。花粉管（太線）が下の点線まで伸長しているのは受精できることを，途中で止まっているのは受精できないことを表している。この図からわかるように，植物Xでは めしべ と同じ対立遺伝子を持つ花粉は受精することができない。すなわち，花粉自身の遺伝子型が自家不和合性を決定している。

〔文3〕

アブラナ科の植物Yの自家不和合性は，対立遺伝子T_1，T_2，T_3，・・・，T_nによって支配されている。図4に示すように，この植物Yでは おしべ の対立遺伝子が めしべ の対立遺伝子と1つでも一致すれば，その おしべ 由来の花粉はすべて受精できない。すなわち，この自家不和合性は，花粉自身の遺伝子型ではなく，それが由来する おしべ の遺伝子型によって決定されている。なお，植物Xとは異なり，植物Yでは自家不和合を示す花粉管はほとんど伸長しない。

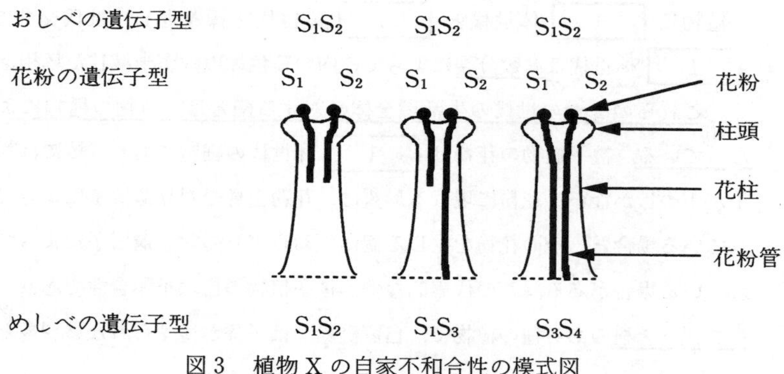

図3　植物Xの自家不和合性の模式図

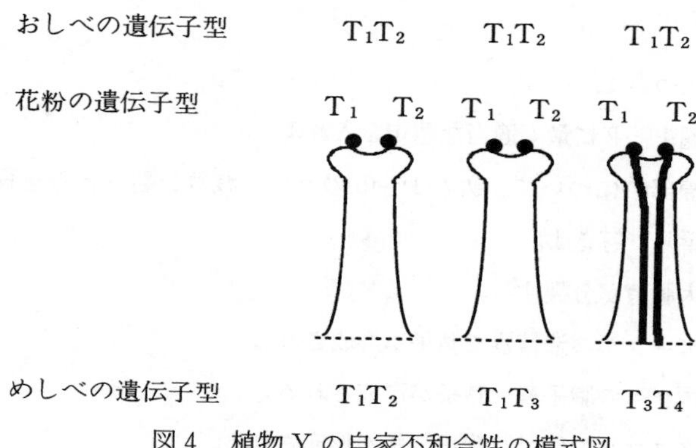

図4　植物Yの自家不和合性の模式図

〔文4〕

自家不和合性を支配する遺伝子は，めしべ でもはたらいている。図5は植物Xの めしべ の対立遺伝子S_1～S_5からつくられた各Sタンパク質を，特殊な方法により分離・検出した結果である。それぞれのSタンパク質は1本のバンド（図5のa～eの太線）として観察される。

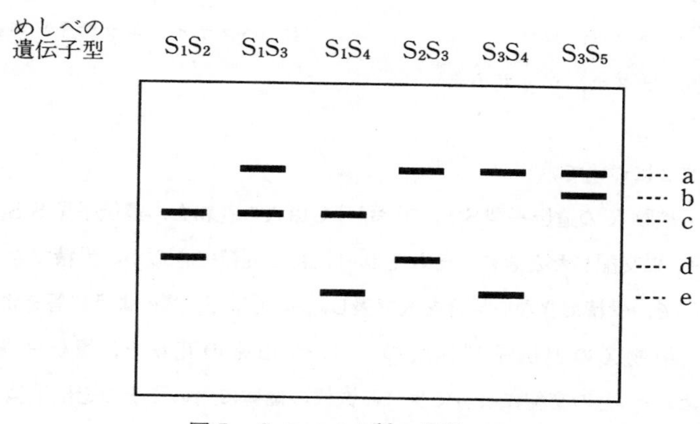

図5　Sタンパク質の分離パターン

〔問〕

I　文1について。

A　空欄1と2に最も適当な語句を入れよ。

B　下線部(ア)について。次の(1)〜(5)のうち，減数分裂を含む過程をすべて選び，番号で答えよ。

(1)　大腸菌が分裂する。

(2)　ゼニゴケの造精器で精子が形成される。

(3)　スギナの胞子嚢(のう)で胞子が形成される。

(4)　クロマツの葯(やく)で花粉四分子が形成される。

(5)　アサガオの胚珠で胚嚢(のう)細胞から卵細胞が形成される。

C　下線部(イ)について。生活環全体に対して［ 2 ］体世代の占める割合が大きい順に，次の植物を左から並べよ。

ワラビ，スギゴケ，イネ

D　下線部(ウ)について。次の(1)〜(5)の植物の組合わせのうち，ナス科とアブラナ科の植物を1つずつ含むものを2つ選び，番号で答えよ。

(1)　キャベツ，バラ　　(2)　エンドウ，ダイコン

(3)　トマト，カブ　　(4)　ハクサイ，ムラサキツユクサ

(5)　ナズナ，ジャガイモ

II　文2について。

A　植物Xの遺伝子型S_3S_4の おしべ 由来の花粉を，遺伝子型S_2S_3の めしべ に交配したときに，それぞれの花粉は受精できるか。受精できる場合を○で，受精できない場合を×で表し，S_5−○，S_6−×のように答えよ。

B　植物Xの遺伝子型S_2S_4の おしべ 由来の花粉と，遺伝子型S_1S_2の めしべ との交配によって生じる次代の個体についてその遺伝子型と分離比を答えよ。なお，次代ができない場合は，次代なしと記せ。

C　植物Xの遺伝子型S_2S_3 AaBbの おしべ 由来の花粉を，遺伝子型S_1S_2 AaBbの めしべ に交配することを考える。Aとa，Bとbはそれぞ

れ対立遺伝子であり，Aとaは S 遺伝子とは異なる染色体に存在する。また，S_1 と B，S_2 と b，S_3 と B とが同一染色体上に非常に近接して存在しており，これらの遺伝子間での組換えは起こらないものとする。この交配により，遺伝子型が AaBB となる個体は，次代の全個体の何パーセントになると期待されるか。その数値（%）を答えよ。ただし，次代ができない場合は，次代なしと記せ。

III　文3について。

A　植物 Y の遺伝子型 T_2T_3 の おしべ 由来の花粉と，遺伝子型 T_1T_5 の めしべ との交配によって生じる次代の個体についてその遺伝子型と分離比を答えよ。なお，次代ができない場合は，次代なしと記せ。

B　遺伝子型が不明な植物 Y の個体がある。この個体の おしべ 由来の花粉を異なる遺伝子型の めしべ に交配した。遺伝子型 T_2T_3，T_3T_5 の めしべ と交配した場合には種子が生じた。一方，遺伝子型 T_1T_2，T_1T_3，T_2T_4 の めしべ と交配した場合には，種子は生じなかった。これらの結果から，交配に用いた おしべ の遺伝子型を推定し，T_6T_7 のように答えよ。

IV　文4について。

A　植物 X の対立遺伝子 S_4 からつくられた S タンパク質は，図5のどのバンドに相当するか。a～e の中から最も適当なものを1つ選び，記号で答えよ。

B　植物 X の遺伝子型 S_1S_2 の おしべ 由来の花粉を，遺伝子型 S_2S_5 の めしべ に交配したとき，次代では，どのバンドを持つ個体がどのような分離比で生じるか。次の文の空欄3～6に，次の(1)～(8)の中から正しいものをそれぞれ選び，7－(9)のように番号で答えよ。なお，番号は重複して選択してもよい。また，空欄4と5は順不同である。

[3] とbのバンドを持つ個体と [4] と [5] のバンドを持つ個体が，[6] の分離比で生じる。

(1) a　(2) b　(3) c　(4) d　(5) e

(6) 1：3　(7) 1：1　(8) 3：1

V　自家不和合性のしくみを持つ植物は，自家受粉では子孫を生じることができない。これらの植物には，このしくみを持たない植物と比較して，遺伝的にどのような特徴があると考えられるか。2行以内で述べよ。

第3問

次の文1～3を読み，Ⅰ～Ⅲの各問に答えよ。

〔文1〕

秋に川で受精したサケの卵は発生後稚魚になり，稚魚は春になると川を下っていく。そして沿岸でしばらく生活したのちに外洋へと回遊の旅に出る。外洋で成長したのち，サケは生まれた川に戻り（母川回帰），産卵する。こうしてサケの一生は再び繰り返される。この一連の行動には，(ア)淡水・海水間の移動に伴う浸透圧調節，神経系による母川回帰・回遊・(イ)産卵などの行動の制御，および内分泌系による生殖機能の調節が必要とされる。

〔文2〕

サケは母川の匂いを記憶し，その匂いをたどって母川回帰する，という(ウ)嗅覚記憶仮説がハスラーによって最初に提唱された。現在でもこの仮説はほぼ支持されているが，脳での匂いの学習・記憶のしくみに関してはほとんど解明されていない。一方，海産動物アメフラシの神経節（脊椎(せきつい)動物の脳に相当する）などでは，多数の研究結果から，学習・記憶に関するしくみの一端が徐々に分かってきている。

脳における情報処理は脳を構成する単位である 1 の電気的な信号が次の 1 に 2 と呼ばれる接合部を介して伝えられるのが基本になっている。 1 に生じた 3 と呼ばれる電気的信号は軸索を伝導して 2 に伝えられ，そこで 3 の持続時間に依存した量だけカルシウムイオンが流入して 4 の放出（分泌）を引き起こすことにより興奮が伝達される。アメフラシにおいては，ある種のしくみにより 2 の軸索末端部側における 3 の持続時間が長くなり，その結果 4 の放出（分泌）量が 5 することが，えら引き込み行動でのある種の学習・記憶の基礎になっていると考えられている。

〔文3〕

母川に帰ってきた(エ)雄サケの輸精管内には，精巣でつくられた精子が蓄えられている。一方，産卵期に入った雌サケの卵巣には，長い「卵黄形成」の過程を経て卵黄が蓄積した卵母細胞がすでに存在している。卵母細胞が受精可能になるには卵黄形成に引き続く「卵成熟」と呼ばれる過程が必須である。卵黄形成と卵成熟の過程は，ともに脳下垂体から分泌される生殖腺刺激ホルモンGTHにより調節されている。

サケの1個の卵母細胞の周りには濾胞（ろほう）組織と呼ばれる細胞層（細胞Aの層と細胞Bの層より成る）が存在しており，これら全体を卵胞と呼ぶ（図6）。サケの卵胞は大型なので，濾胞組織を卵母細胞から分離したり，濾胞組織をさらに細胞Aの層と細胞Bの層に分けて培養するような実験操作が容易である。

卵黄形成における卵母細胞と濾胞組織の役割を知るために以下の実験1と実験2を行った（図6を参照せよ）。(オ)実験1の結果から，卵黄形成期にはGTHが卵母細胞ではなく濾胞組織にはたらいてホルモンEを生成させることがわかった。ホルモンEは肝臓にはたらき，卵黄の原料となる物質Vを生成させ，それが血流を介して卵母細胞に運ばれて卵黄になる，と考えられている。

卵黄形成が完了して産卵期に入ったサケの卵胞の濾胞組織は，GTHに反応して，ホルモンEではなく，卵成熟誘起ホルモンMIH(カ)を生成するようになる。つまり，産卵期には濾胞組織のホルモン合成系が変化することによって，卵黄形成に使われたのと同じ濾胞組織が今度は卵成熟にはたらくようになるわけである。

実験1　卵黄形成期の卵胞全体を培養皿に取り出し，GTHを含む培養液中で培養したのち，培養液中のEの量を測定すると，多量のEが検出された。次に，［ 6 ］。

実験2　濾胞組織を細胞Aの層と細胞Bの層（単に細胞A，細胞Bと呼ぶことにする）に分離して，Eの生成における各々の細胞のはたらきを調べた。GTHを含む培養液中で細胞Aと細胞Bをそれぞれ別に培養したのち，培養液中のEの量を測定したが，Eは検出されなかった。次に，GTHを含む培養液中で細胞Aを培養したのち，細胞Aを取り除いた培養液の中で細胞Bを培養すると多量のEが検出されるようになった。逆に，GTHを含む培養液中で細胞Bを培養したのち，細胞Bを取り除いた培養液の中で細胞Aを培養するとEは検出されなかった。

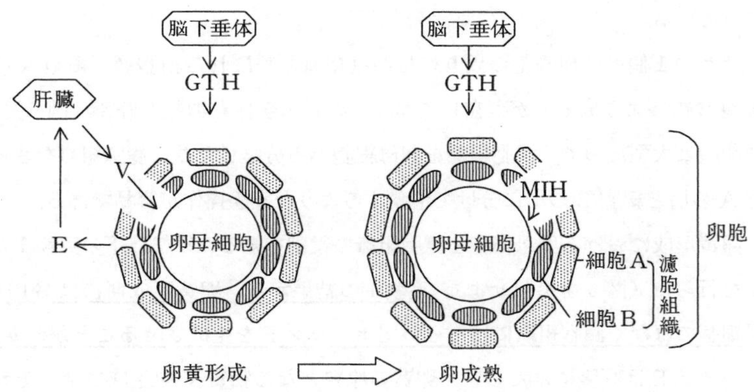

図6　サケの卵胞で卵黄形成と卵成熟が起きるしくみを示した模式図

1999年　入試問題

〔問〕

I　文1について。

A　下線部(ア)について。サケのように淡水と海水の間を移動する魚の えら では，あるしくみが発達していると考えられる。それはどのようなしくみか。2行以内で述べよ。

B　下線部(イ)について。産卵行動のように動物が生まれつきもっている行動を何と呼ぶか。その名称を答えよ。また，そのような行動の例として最も適当なものを次の(1)～(5)の中から1つ選び，番号で答えよ。

(1)　レモンを見ただけで だ液 を出す。

(2)　クモやアリが巣作りをする。

(3)　カモの ひな が生まれてすぐに見た動く おもちゃ について歩くようになる。

(4)　サルがイモを洗って食べるようになる。

(5)　試験で緊張すると尿意をもよおす。

II　文2について。

A　下線部(ウ)の嗅覚記憶仮説を検証するためにはどのような実験をしたらよいか。2行以内で述べよ。

B　空欄1～5に最も適当な語句を入れよ。ただし，空欄5には増加または減少のいずれかを入れよ。

III　文3について。

A　下線部(エ)について。次の文の空欄7～9に最も適当な語句を入れよ。

輸精管の中ではさまざまな しくみ により精子の運動は抑制されている。精子は川の水の中に放出されると，抑制が解除され，運動を開始する。精子は［ 7 ］を動かすことによって卵に向かって泳ぐが，運動のエネルギーは，［ 8 ］の分解によって得ている。［ 8 ］は細胞小器官の1つである［ 9 ］において作られる。

B　下線部(オ)について。このように考えるもとになった実験1はどのようなものであったと考えられるか。空欄6に入れるべき実験内容を，予想される実験結果とともに3行以内で述べよ。

C　実験2の結果から，ホルモンEが生成されるときに細胞A，細胞Bのそれぞれが果たす役割について考えられることを，合わせて3行以内で述べよ。

D　下線部(カ)について。MIHを含む培養液で産卵期の未成熟の卵母細胞を培養すると卵成熟が起きたが，MIHを卵母細胞の細胞質に注入しても卵成熟は起きなかった。一方，卵成熟を起こした卵母細胞の細胞質の一部を抜き取って未成熟の卵母細胞の細胞質に注入すると卵成熟が起きた。このことから，卵成熟が引き起こされるしくみについて，MIHの果たす役割に注目しながら2行以内で述べよ。

東大入試詳解25年　生物〈第3版〉

編　　者	駿台予備学校
発 行 者	山﨑良子
印刷・製本	三美印刷株式会社
発 行 所	駿台文庫株式会社

〒101-0062　東京都千代田区神田駿河台1-7-4
小畑ビル内
TEL. 編集 03(5259)3302
販売 03(5259)3301
《第3版①－848pp.》

落丁・乱丁がございましたら，送料小社負担にてお取替えいたします。

ISBN978-4-7961-2418-8　　Printed in Japan

駿台文庫 Web サイト
https://www.sundaibunko.jp